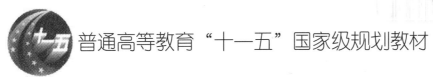

普通高等教育"十一五"国家级规划教材

网络信息安全技术

（第二版）

周明全　吕林涛　李军怀　等编著

西安电子科技大学出版社

内 容 简 介

本书是一本计算机网络安全方面的专业教材，主要介绍了网络安全的基础理论和关键技术。本书遵循理论与实际相结合的原则，既注重基本原理、概念的准确严谨，又关注技术内容的新颖和先进性。

本书是在第一版的基础上修订的，增加了黑客攻击和防范技术、网络漏洞扫描技术，删除了"代理服务及应用"一章。

本书共分为 12 章，内容包括网络安全概述、密码技术、密钥管理技术、数字签名与认证技术、黑客攻击和防范技术、网络漏洞扫描技术、网络入侵检测原理与技术、Internet 基础设施的安全性、电子商务的安全技术及应用、包过滤技术原理及应用、防火墙技术以及信息隐藏技术。为配合教学，书中各章后均附有习题，以帮助学习者加深对书中内容的理解。本书附录中给出了近年来国家有关部门颁布的网络安全相关法规，读者可结合需要参考使用。

本书力求为读者展现目前计算机网络安全的新技术，内容具有系统性和实用性的特点，语言叙述通俗易懂，并精心设计了大量图表，易于理解。

本书可作为高等学校计算机及相关专业本科生或研究生的教材，也可作为网络信息安全领域专业人员的参考书。

图书在版编目(CIP)数据

网络信息安全技术/周明全，吕林涛，李军怀等编著. —2 版.
—西安：西安电子科技大学出版社，2010.8(2024.12 重印)
ISBN 978 - 7 - 5606 - 2448 - 8

Ⅰ. ①网… Ⅱ. ①周… ②吕… ③李… Ⅲ. ①计算机网络－安全技术－
高等学校－教材 Ⅳ. ①TP393.08

中国版本图书馆 CIP 数据核字(2010)第 111588 号

策　　划　臧延新
责任编辑　南　景　臧延新
出版发行　西安电子科技大学出版社(西安市太白南路 2 号)
电　　话　(029)88202421　88201467　　邮　　编　710071
网　　址　www.xduph.com　　　　　电子邮箱　xdupfxb001@163.com
经　　销　新华书店
印刷单位　陕西天意印务有限责任公司
版　　次　2010 年 8 月第 2 版　2024 年 12 月第 15 次印刷
开　　本　787 毫米×1092 毫米　1/16　印　张　21.25
字　　数　505 千字
定　　价　48.00 元
ISBN 978 - 7 - 5606 - 2448 - 8
XDUP 2740002－15
如有印装问题可调换

第二版前言

自 2003 年 11 月本书第一版出版以来，深受广大读者的欢迎和关心，并被多所院校信息类专业选做网络信息安全课程教材，在教学中发挥了重要作用。随着网络通信技术的迅速发展对网络信息安全技术教育产生了新的要求，作为普通高等教育"十一五"国家级规划教材，作者根据教学过程中的信息反馈对第一版结构及内容进行了全面的更新与修改，旨在让学习者树立建造安全网络的理念，掌握网络安全的基本知识，了解网络与信息安全技术的基本原理，掌握现代网络系统存在的安全威胁及防范措施，学习了解网络安全体系结构与模型，掌握现代基本的密码技术和密码技术的应用，学习现代基本的身份认证和识别技术、防火墙技术、病毒与黑客攻击的防御技术、通用系统的安全增强技术，进一步了解信息安全新技术、网络信息安全的评价体系、法律法规和发展趋势，以适应培养金融、商业、公安、军事和政府等部门信息安全人才的需求。

本书的编写注重贯彻基本原理、实用技术相结合的原则，既考虑所介绍技术的相对成熟性，又兼顾技术的先进性，力求追踪计算机网络信息安全技术发展新水平。针对近年网络安全技术发展的新特点，本书对第一版内容进行了适当的增加、修改和删减，增加了第 5 章黑客攻击和防范技术、第 6 章网络漏洞扫描技术，并在第 7 章增加了入侵防护系统的内容，删除了原第 10 章代理服务技术及应用。本书具有概念准确、论述严谨、内容新颖、图文并茂、系统实用的特色。

本书由周明全教授策划并负责全书定稿工作。第 2 章、第 3 章、第 5 章、第 12 章由周明全、王学松撰写，第 4 章、第 9 章、第 10 章、第 11 章由吕林涛撰写，第 1 章、第 7 章由李军怀撰写，第 6 章、第 8 章由张翔撰写。鉴于作者水平有限，对书中存在的问题，恳请读者批评指正。本书编写过程中参考和引用的参考文献列于书后，在此对这些参考文献的作者一并表示衷心的感谢！

编　者
2010 年 1 月

第一版前言

计算机网络是计算机技术和通信技术密切结合形成的新的技术领域。Internet/Intranet 的发展，对整个社会的科学技术、经济发展、国防建设、文化思想带来了巨大的影响和推动。信息化带动了社会的工业化、现代化。网络技术为人类的进步做出了巨大的贡献。

网络技术的本质是信息共享。网络的发展使世界变得越来越小，人类的交往变得越来越多。在人类共享网络技术的利益之时，相伴而来的信息安全问题也日益突出。随着信息技术的普及与推广，人们已清醒地认识到在发展信息网络技术的同时，做好网络安全方面的理论研究与应用技术开发，是信息技术发展的重要内容。近年来，各国政府都把网络安全作为国家安全的一部分来认识，是国家海、陆、空之外的重要关防建设。无疑，网络信息安全问题的研究和技术的开发是现在和将来相当长一段时间内重要的热点。

在信息学科的专业教育中开设网络安全的课程，旨在让学生们从学习网络技术时就树立建造安全网络的观念，掌握网络安全的基本知识，了解设计和维护安全的网络体系及其应用系统的基本手段和常用方法，为从事信息网络的研究和开发打下良好的基础。

通过网络的攻击侵入，设置网络安全机制，是一对矛与盾的关系。而掌握矛和盾的人均是熟悉计算机网络的"行内人"。网络安全不仅是一个技术问题，也是一个法律问题和社会问题，所以网络安全教育必须与信息教育同步开展。信息科技工作者除了专业技术以外，还应具有良好的网络文化道德，懂得网络管理的政策法规，营造良好的网络文化氛围，不做网上违法的事情。因此，网络安全教育包括网络安全技术与网络安全法规两个方面。

本书共分为 11 章，通过对网络安全的基本概念、安全标准和网络安全防护体系，数据加密技术，密钥管理技术，数字签名和认证协议，网络攻击与检测技术，Internet 的基础设施安全，防火墙，信息隐藏等技术的阐述，较全面地介绍了计算机网络安全的基本理论和关键技术；对当前常用的网络安全技术的原理和应用进行了详细的阐述，每章均附有习题。在这些基础之上，信息隐藏技术、包过滤技术、代理服务技术可作为进一步学习的技术。为了加强网络法规的教育，在附录部分摘录了与网络安全相关的部分法规，供工作学习参考之用。因此，本书既能够作为初学者的教材与自学用书，也可作为网络工作者常备的参考书。

本书的第 1、2、3、5、11 章由周明全、李军怀、茹少峰共同撰写，第 4、7、8、9、10 章由吕林涛撰写，第 6 章由张翔撰写。西北大学耿国华教授、西安理工大学张景教授对本书的编写提出了许多宝贵意见，周明全教授完成统稿。西北大学计算机科学系耿国华教授审阅了全书并提出了宝贵意见。西北大学计算机科学系研究生魏佼佼、李康、康华，西安理工大学计算机学院研究生刘海玲、张晓丽、马臻等参加了本书的相关编写工作。本书在编写过程中参考了许多相关的文献，在此对这些文献的作者一并表示感谢。

由于作者水平有限，编写时间仓促，对书中存在的错误和问题，殷切希望读者批评指正，各位专家给予指教。

编　者
2003 年 8 月

目　　录

第 1 章　网络安全概述

　　随着 Internet/Intranet 技术的发展和普及使用，全球信息化已成为人类发展的大趋势。由于计算机网络具有连接形式多样性、终端分布不均匀性和网络的开放性、互联性等特征，致使网络易受黑客、恶意软件和其他不轨行为的攻击，使得计算机网络安全问题日益突出。网络安全已经涉及到国民经济的各个领域，并成为信息化建设的一个核心问题。

　　本章主要从网络安全的概念、威胁网络安全的因素、网络安全防护体系以及网络安全的评估标准等几个方面对网络安全基础知识进行介绍。

1.1　网络安全的基础知识

　　在社会日益信息化的今天，信息已经成为一种重要的战略资源，信息的应用也从原来的军事、科技、文化和商业渗透到当今社会的各个领域，在社会生产、生活中的作用日益显著。传播、共享和自增值是信息的固有属性，与此同时，又要求信息的传播是可控的，共享是授权的，增值是确认的。因此，信息的安全和可靠在任何状况下都是必须要保证的。信息网络的大规模全球互联趋势、Internet 的开放性以及人们的社会与经济活动对计算机网络依赖性的与日俱增，使得计算机网络的安全性成为信息化建设的一个核心问题。

　　全球性信息化浪潮日益深刻，以 Internet 为代表的信息网络技术的应用正日益普及和广泛，应用层次正在深入，应用领域从传统的小型业务系统逐渐向大型关键业务系统扩展，典型的如党政部门信息系统、金融业务系统、企业商务系统等。伴随网络的普及，网络安全成为影响网络效能的重要问题，而 Internet 所具有的开放性、国际性和自由性在增加应用自由度的同时，对安全也提出了更高的要求，这主要表现在：

　　（1）开放性的网络导致网络的技术是全开放的，任何个人、团体都可能从中获得所需的信息，因而网络所面临的破坏和攻击可能是多方面的。例如，来自物理传输线路的攻击能对网络通信协议和实现实施攻击，可以对软件实施攻击，也可以对硬件实施攻击。

　　（2）一个国际性的网络还意味着网络的攻击不仅仅来自本地网络的用户，它可以来自 Internet 上的任何一台机器，也就是说，网络安全所面临的是一个国际化的挑战。

　　（3）自由意味着网络最初对用户的使用并没有提供任何的技术约束，用户可以自由地访问网络，自由地使用和发布各种类型的信息。用户只对自己的行为负责，而没有任何的法律限制。

　　开放的、自由的、国际化的 Internet 的发展给政府机构、企事业单位带来了革命性的改革和开放，使得他们能够利用 Internet 提高办事效率和市场反应能力，以便更具竞争力。

通过 Internet,他们可以从异地取回重要数据,同时又要面对网络开放带来的数据安全的新挑战和新危险。如何保护企业的机密信息不受黑客和商业间谍的入侵,已成为政府机构、企事业单位信息化健康发展所要考虑的重要事情之一。

1.1.1 网络安全的基本概念

网络安全从其本质上来讲就是网络上信息的安全。它涉及的领域相当广泛,这是因为在目前的公用通信网络中存在着各种各样的安全漏洞和威胁。从广义范围来说,凡是涉及到网络上信息的保密性、完整性、可用性、真实性和可控性的相关技术与原理,都是网络安全所要研究的领域。

网络安全是指网络系统的硬件、软件及其系统中数据的安全,它体现于网络信息的存储、传输和使用过程。所谓的网络安全性就是网络系统的硬件、软件及其系统中的数据受到保护,不因偶然的或者恶意的原因而遭到破坏、更改、泄露,系统可以连续可靠正常地运行,网络服务不中断。它的保护内容包括:

(1) 保护服务、资源和信息;

(2) 保护结点和用户;

(3) 保护网络私有性。

从不同的角度来说,网络安全具有不同的含义。

从一般用户的角度来说,他们希望涉及个人隐私或商业利益的信息在网络上传输时受到机密性、完整性和真实性的保护,避免其他人或对手利用窃听、冒充、篡改等手段对用户信息的损害和侵犯,同时也希望用户信息不受非法用户的非授权访问和破坏。

从网络运行和管理者角度来说,他们希望对本地网络信息的访问、读写等操作受到保护和控制,避免出现病毒、非法存取、拒绝服务和网络资源的非法占用及非法控制等威胁,制止和防御网络"黑客"的攻击。

对安全保密部门来说,他们希望对非法的、有害的或涉及国家机密的信息进行过滤和防堵,防止其通过网络泄露,以免由于这类信息的泄密对社会产生危害,给国家造成巨大的经济损失,甚至威胁到国家安全。

从社会教育和意识形态角度来讲,网络上不健康的内容会对社会的稳定和人类的发展造成阻碍,必须对其进行控制。

由此可见,网络安全在不同的环境和应用中会得到不同的解释。

1.1.2 网络安全的特征

根据网络安全的定义,网络安全应具有以下六个方面的特征。

(1) 保密性:指信息不泄露给非授权的用户、实体或过程,或供其利用的特性。

(2) 完整性:指数据未经授权不能进行改变的特性,即信息在存储或传输过程中保持不被修改、不被破坏和丢失的特性。

(3) 可用性:指可被授权实体访问并按需求使用的特性,即当需要时应能存取所需的信息。网络环境下拒绝服务、破坏网络和有关系统的正常运行等都属于对可用性的攻击。

(4) 可控性:指对信息的传播及内容具有控制能力,可以控制授权范围内的信息流向及行为方式。

（5）可审查性：指对出现的安全问题提供调查的依据和手段，用户不能抵赖曾做出的行为，也不能否认曾经接到对方的信息。

（6）可保护性：指保护软、硬件资源不被非法占有，免受病毒的侵害。

1.1.3　网络安全的目标

网络安全的目标是确保网络系统的信息安全。网络信息安全主要包括两个方面：信息存储安全和信息传输安全。

信息的存储安全就是指信息在静态存放状态下的安全，如是否会被非授权调用等。它一般通过设置访问权限、身份识别、局部隔离等措施来保证。针对"外部"的访问、调用而言的访问控制技术是解决信息存储安全的主要途径。

在网络系统中，任何调用指令和任何信息反馈均是通过网络传输实现的，所以网络信息传输上的安全就显得特别重要。信息的传输安全主要是指信息在动态传输过程中的安全。为确保网络信息的传输安全，尤其需要防止如下问题：

（1）截获（Interception）。对网络上传输的信息，攻击者只需在网络的传输链路上通过物理或逻辑的手段，就能对数据进行非法的截获与监听，进而得到用户或服务方的敏感信息。

（2）伪造（Fabrication）。对用户身份仿冒这一常见的网络攻击方式，传统的对策一般采用身份认证方式防护，但是，用于用户身份认证的密码在登录时常常是以明文的方式在网络上进行传输的，很容易就被攻击者在网络上截获，进而可以对用户的身份进行仿冒，使身份认证机制被攻破。身份认证的密码 90% 以上是用代码形式传输的。

（3）篡改（Modification）。攻击者有可能对网络上的信息进行截获并且篡改（增加、截去或改写）其内容，使用户无法获得准确、有用的信息或落入攻击者的陷阱。

（4）中断（Interruption）。攻击者通过各种方法中断用户的正常通信，达到自己的目的。

（5）重发（Repeat）。"信息重发"的攻击方式，即攻击者截获网络上的密文信息后，并不将其破译，而是把这些数据包再次向有关服务器（如银行的交易服务器）发送，以实现恶意的目的。

网络安全不仅仅是一个纯技术问题，单凭技术因素确保网络安全是不可能的。网络信息因为其自身的特点，如在复制、获取上的便捷性，使得网络安全问题成为涉及到法律、管理和技术等多方因素的复杂系统问题。

1.1.4　网络安全需求与安全机制

网络安全的设计首先应该考虑到网络的安全需求和网络的安全机制。

1. 网络安全需求

网络安全需求包括：

（1）解决网络的边界安全问题；

（2）保证网络内部的安全；

（3）实现系统安全及数据安全；

（4）建立全网通行的身份识别系统，并实现用户的统一管理；

（5）在用户和资源之间进行严格的访问控制；

（6）实现信息传输时数据的完整性和保密性；

（7）建立一整套审计、记录的机制；

（8）融合技术手段和行政手段，形成全局的安全管理。

2. 网络安全机制

网络安全机制包括访问控制机制、加密机制、认证交换机制、数字签名机制、业务流分析机制和路由控制机制。

从网络协议体系来看，网络系统安全可从物理层、链路层、网络层、操作系统、应用平台、应用系统几方面来分别讨论。

（1）物理层信息安全主要有防止物理通路的损坏、物理通路的窃听、对物理通路的攻击(如干扰)等。

（2）链路层的网络安全需要保证通过网络链路的数据不被窃听。

（3）网络层的安全需要保证网络只给授权的用户使用授权的服务，保证网络路由正确，避免被拦截或监听。

（4）操作系统安全要求保证用户资料、操作系统访问控制的安全，同时能够对该操作系统上的应用进行审计。

（5）应用平台指建立在网络系统之上的应用软件服务，如数据库服务器、电子邮件服务器、Web 服务器等。由于应用平台的系统非常复杂，因此通常采用多种技术(如 SSL 等)来增强应用平台的安全性。

（6）应用系统完成网络系统的最终目的——为用户服务，应用系统的安全与系统设计和实现关系密切。

综上所述，在一般情况下，分布在网络层的安全机制，主要保护网络服务的可用性，解决系统安全问题；分布在应用层的安全机制，主要保护合法用户对数据的合法存取，解决数据安全问题。通过网络层和应用层，集成系统安全和数据安全，可构成立体的网络安全防护体系。通常，网络层的安全措施包括防火墙和安全检测手段，防火墙主要是限制访问，安全检测主要是预防黑客的攻击。应用层的安全措施包括：建立全局的电子身份认证系统；实现全局资源的统一管理；为实现数据完整性和数据保密性的信息传输加密；实现通信记录和统计分析等。

1.2　威胁网络安全的因素

计算机安全事业始于 20 世纪 60 年代。当时，计算机系统的脆弱性已日益为美国政府和一些私营机构所认识。但是，由于当时计算机的速度和性能较落后，使用的范围也不广，再加上美国政府把它当作敏感问题而施加控制，因此，有关计算机安全的研究一直局限在比较小的范围内。

进入 20 世纪 80 年代后，计算机的性能得到了成百上千倍的提高，应用的范围也在不断扩大，计算机已遍及世界各个角落。并且，人们利用通信网络把孤立的单机系统连接起来，相互通信和共享资源。但是，随之而来并日益严峻的问题是计算机信息的安全问题。人们在这方面所做的研究与计算机性能和应用的飞速发展不相适应，因此，它已成为未来信息技术中的主要问题之一。

由于计算机信息有共享和易扩散等特性，它在处理、存储、传输和使用上有着严重的脆弱性，很容易被干扰、滥用、遗漏和丢失，甚至被泄露、窃取、篡改、冒充和破坏，还有可能受到计算机病毒的感染。

根据美国 FBI 的调查，美国每年因为网络安全造成的经济损失超过 1.70 亿美元。75％的公司报告财政损失是由于计算机系统的安全问题造成的。超过 50％的安全威胁来自内部；入侵的来源首先是内部心怀不满的员工，其次为黑客，另外是竞争者等。无论是有意的攻击，还是无意的误操作，都将会给系统带来不可估量的损失。黑客威胁的报道如今已经屡见不鲜了，国内外甚至美国国防部的计算机网络也都常被黑客们光顾。

前些年，国内由于计算机及网络的普及率较低，加之黑客们的攻击技术和手段都相应较为落后，因此，计算机安全问题暴露得不是太明显。但随着计算机的飞速发展和普及，攻击技术和手段不断提高，对本来就十分脆弱的系统带来了严重的威胁。据调查，国内考虑并实施完整安全措施的机构寥寥无几，很多机构仅仅用了很少的安全策略或根本无任何安全防范。

在计算机网络和系统安全问题中，常用的攻击手段和方式有：利用系统管理的漏洞直接进入系统；利用操作系统和应用系统的漏洞进行攻击；进行网络窃听，获取用户信息及更改网络数据；伪造用户身份、否认自己的签名；传输释放病毒和 Java/ActiveX 控件等来对系统进行有效控制；IP 欺骗；摧毁网络结点；消耗主机资源致使主机瘫痪和死机等等。

1.2.1　网络的安全威胁

由于互联网络的发展，整个世界经济正在迅速地融为一体，而整个国家犹如一部巨大的网络机器。计算机网络已经成为国家的经济基础和命脉。计算机网络在经济和生活的各个领域正在迅速普及，整个社会对网络的依赖程度也越来越大。众多的企业、组织、政府部门与机构都在组建和发展自己的网络，并连接到 Internet 上，以充分共享、利用网络的信息和资源。网络已经成为社会和经济发展的强大动力，其地位越来越重要。伴随着网络的发展，也产生了各种各样的问题，其中安全问题尤为突出。了解网络面临的各种威胁后，防范和消除这些威胁，实现真正的网络安全已经成了网络发展中最重要的事情。

1. 网络面临的主要威胁

网络面临的主要威胁大多来自以下几方面。

（1）黑客的攻击。黑客对于大家来说，不再是一个高深莫测的人物，黑客技术也逐渐被越来越多的人掌握，目前，互联网中有很多黑客网站，这些站点介绍了一些攻击方法和攻击软件的使用以及系统的一些漏洞，因而系统或站点遭受攻击的可能性就变大了。尤其是现在还缺乏针对网络犯罪卓有成效的反击和跟踪手段，使得黑客攻击的隐蔽性好、"杀伤力"强，成为网络安全的主要威胁。

（2）管理的欠缺。网络系统的严格管理是企业、机构及用户免受攻击的重要措施。事实上，很多企业、机构及用户的网站或系统都疏于这方面的管理。据 IT 界企业团体 ITAA 的调查显示，美国 90％的 IT 企业对黑客攻击准备不足。目前，美国 75％～85％的网站都抵挡不住黑客的攻击，约有 75％的企业网上信息失窃，其中 25％的企业损失在 25 万美元以上。

（3）网络的缺陷。因特网的共享性和开放性使网上信息安全存在先天不足，因为其赖以生存的 TCP/IP 协议族缺乏相应的安全机制，而且因特网最初的设计考虑的只是不会因局部故障而影响信息的传输，基本没有考虑安全问题，所以它在安全可靠、服务质量、带宽和方便性等方面存在着不适应性。

(4) 软件的漏洞或"后门"。随着软件系统规模的不断增大，系统中也不可避免地存在安全漏洞或"后门"，比如我们常用的操作系统，无论是 Windows 还是 UNIX 几乎都存在或多或少的安全漏洞，众多的服务器、浏览器、一些桌面软件等都被发现存在安全隐患。例如，2008 年 10 月发现的以微软 Windows 操作系统为攻击目标的计算机蠕虫病毒 Conficker，在 2009 年上半年，通过 USB 和 P2P 感染了数百万台电脑，给广大用户造成了巨大损失。可以说任何一个软件系统都可能会因为程序员的一个疏忽、设计中的一个缺陷等原因而存在漏洞，这也是网络安全的主要威胁之一。

(5) 企业网络内部。网络内部用户的误操作、资源滥用和恶意行为使得再完善的防火墙也无法抵御来自网络内部的攻击，也无法对网络内部的滥用做出反应。

2. 网络存在的威胁

目前网络存在的威胁主要表现在以下几个方面。

(1) 非授权访问：没有预先经过同意就使用网络或计算机资源，如有意避开系统访问控制机制对网络设备及资源进行非正常使用，或擅自扩大权限越权访问信息。这主要有以下几种形式：假冒、身份攻击、非法用户进入网络系统进行违法操作、合法用户以未授权方式进行操作等。

非授权访问的威胁涉及到受到影响的用户数量和可能被泄露的机密信息。对于某些组织来说，入侵是一种很具威胁的事，它将动摇该组织中其他人的信心。而入侵者往往将目标对准政府部门或学术组织。

(2) 信息泄漏或丢失：指敏感数据在有意或无意中被泄漏出去或丢失，它通常包括信息在传输中丢失或泄漏(如"黑客"利用电磁泄漏或搭线窃听等方式可截获机密信息，或通过对信息流向、流量、通信频度和长度等参数的分析推出有用信息，如用户口令、账号等重要信息)、信息在存储介质中丢失或泄漏、通过建立隐蔽隧道等窃取敏感信息等。

信息泄露取决于可能泄密的信息的类型。具有严格分类的信息系统不应该直接连接Internet，但还有一些其他类型的机密信息不足以禁止系统连接网络。私人信息、健康信息、公司计划、信用记录等都具有一定程度的机密性，必须给予保护。

(3) 破坏数据完整性：以非法手段窃得对数据的使用权，如删除、修改、插入或重发某些重要信息，以取得有益于攻击者的响应；恶意添加、修改数据，以干扰用户的正常使用。

(4) 拒绝服务攻击：不断对网络服务系统进行干扰，改变其正常的作业流程，执行无关程序使系统响应减慢甚至瘫痪，影响正常用户的使用，甚至使合法用户被排斥而不能进入计算机网络系统或不能得到相应的服务。

拒绝服务会影响许多与用户或单位的生存至关重要的任务。攻击者可通过一些常用的黑客手段入侵并控制一些网站，使得网络系统拒绝服务，造成其网络严重瘫痪。因此，在将这种系统连接网络之前，必须慎重地评价使系统丢失服务的威胁。

(5) 利用网络传播病毒：通过网络传播计算机病毒，其破坏性大大高于单机系统，而且用户很难防范。

当然，网络威胁并不是对计算机安全性的惟一威胁，也不是影响计算机安全性的惟一原因。因为网络安全性仅是一个大的计算机安全规划的一部分，还应包括物理安全性和灾害恢复计划等。

3．网络安全威胁的类型

总的来说，网络安全的威胁主要包括下面几种类型。

（1）物理方式。所谓物理安全，就是指保护网络信息相关的硬件设备不受到不被允许的接触和破坏。最常见的物理威胁包括偷窃、废物搜寻、间谍行为与证件伪造等内容。

（2）认证系统。所谓认证系统，就是指通过一定手段识别用户是否具有接受或者提供某种服务的权力。如果没有认证系统，网络服务就没有安全性可言。常见的认证系统威胁包括算法问题、口令破解、口令圈套和口令过简。

（3）物理连接。网络的使用，即网络线缆的连接，对计算机数据造成了新的安全威胁，这些威胁包括窃听、拨号进入、冒名顶替等内容。

（4）系统漏洞。系统漏洞是指系统的建立者或者用户在有意或者无意的情况下在系统中产生了不经过认证就能访问系统资源或者享有系统的服务。这种威胁包括服务安全、初始化、配置和用户疏忽。

（5）编程。许多网络信息安全问题来自编程，包括构建系统代码本身的问题和人为构建恶意代码破坏系统。这种攻击往往都是致命的。这种威胁包括恶意代码、病毒、特洛伊木马和逻辑炸弹。

各种威胁对网络安全特性的影响如表 1.1 所示。

表 1.1　各种威胁对网络安全特性的影响

威胁	保密性	完整性	可访问性	法律/伦理
偷窃	×		×	×
废物回收	×			
间谍行为	×	×	×	×
证件伪造	×	×		×
口令圈套	×	×	×	
口令破解	×	×	×	
算法问题	×	×	×	
口令过简	×	×	×	
窃听	×			×
拨号进入	×	×	×	
冒名顶替	×	×	×	
服务安全	×	×	×	
初始化	×	×	×	
配置	×	×	×	
用户疏忽	×	×	×	
计算机病毒	×	×	×	×
特洛伊木马	×	×	×	
逻辑炸弹		×	×	×
恶意代码	×	×	×	
"×"表示此项威胁影响到网络安全特性。				

1.2.2 网络安全的问题及原因

中国互联网络信息中心调查报告[①]（2009 年 7 月发布）显示，网络安全已成为目前各界十分关注的问题。根据调查，半年内有 57.6％的网民在使用互联网过程中遇到过病毒或木马攻击。同时，有 1.1 亿网民在过去半年内遇到过账号或密码被盗的问题，占总体网民的 31.5％。网络安全不容小视，安全隐患有可能制约电子商务、网上支付等交易类应用的发展。

1. 网络安全面临的问题

随着信息化快速融入社会的各个领域，如电子政务、电子商务、数字企业、数字社区、远程教育、网络银行等，整个社会对网络信息系统已形成强烈依赖。同时，网络和信息安全问题也日益尖锐。网络和信息安全面临的挑战主要包括：

（1）泄密窃密危害加大。办公自动化和家庭计算机的普遍应用，使得信息的获取方法、存储形态、传输渠道和处理方式都发生了前所未有的变化，带来了泄密渠道增多、信息可控性减弱、保密监管难度增大等问题，泄密、窃密所造成的危害也不断加大。由于信息网络越来越开放，这便为恶意攻击者实施远程攻击，窃取国家机密、军事机密、商业秘密及个人隐私等信息创造了条件。恶意攻击者通过窃取、倒卖涉密信息或在互联网上恶意公开个人私密信息，以获取利益达到其他目的。

（2）核心设备安全漏洞或后门难以防控。据调查，一些重要网络系统中使用的信息技术产品都不可避免地存在一定的安全漏洞。这些漏洞可能是开发过程中有意预留的，也可能是无意疏忽造成的。特殊情况下，特定安全漏洞可能被利用实施入侵，修改或破坏设备程序，或从设备中窃取机密数据和信息。

（3）病毒泛滥防不胜防。据公安部发布的《2008 年全国信息网络安全状况暨计算机病毒疫情调查报告》，在已发生的网络信息安全事件中，感染计算机病毒、蠕虫和木马程序的情况占全部类型的 72％。木马、间谍病毒的猖獗是导致网络和信息安全事件日益增多的重要因素之一。另据金山软件发布的中国电脑病毒疫情及互联网安全报告，仅 2009 年 5 月，新增电脑病毒、木马 240 万个，感染电脑数量为 2000 多万台次；据瑞星"云安全"数据中心发布的统计数据，2009 年上半年度截获的挂马网站（网页数量）总数目为 2.9 亿个，平均每天截获 162 万个。这些数据显示，病毒、木马、蠕虫泛滥将长期影响网络和信息安全整体情况。

（4）网络攻击从技术炫耀转向利益驱动。当前我国的信息与网络安全防护能力尚处于初级阶段，不少应用系统仍处于不设防状态，大批中小型政府网站、企业网站因缺乏专业的防护能力而成为"黑客"入侵的最大受害者。国防科技大学的一项研究表明，我国与互联网相连的网络管理中心有 95％都遭到过境内外黑客的攻击或入侵，其中银行、金融和证券机构是攻击重点。有统计显示，2009 年 1 月至 5 月，全国有 3 万多个网站遭到"黑客"入侵。而新开通的国防部网站从上线运行第一天起就受到大量的、不间断的攻击，仅第一个月内受到的攻击就达 230 多万次。

目前，攻击 Internet 的手段是多种多样的，攻击方法已超过计算机病毒种类，总数达数千种，而且很多都是致命的。围绕着信息与信息技术，建立在深刻的科学理论和高新技

---

① http://www.cnnic.cn

术基础上，大到国家、小至个人都展开了激烈尖锐的斗争。谁掌握了信息——当今最重要的战略资源，谁就掌握了主动权。信息安全问题已经成为信息化社会的焦点。因此，基于我国特点，制定合适的网络安全策略，构筑我国的信息安全防范体系，开发我国的信息安全产品，形成信息安全的民族产业，是关系国计民生和国家安全的大事，无论从政治上还是从经济上，信息安全技术都是极为重要的。

2. 网络安全事故发生的原因

1）网络安全事故发生的几个原因

（1）现有网络系统和协议存在不安全性；

（2）思想麻痹，没有正视黑客入侵所造成的严重后果，因而没有投入必要的人力、财力、物力来加强网络的安全性；

（3）没有采用正确的安全策略和安全机制；

（4）缺乏先进的网络安全技术、工具、手段和产品；

（5）缺乏先进的灾难恢复措施和备份意识。

2）局域网（站点）安全事故发生的几个原因

（1）网络系统的流量；

（2）网络提供和使用的服务；

（3）网络与 Internet 的连接方式；

（4）网络的知名度；

（5）网络对安全事故的准备情况。

1.3　网络安全防护体系

网络安全防护体系是基于安全技术的集成基础之上，依据一定的安全策略建立起来的。本节将要讨论的内容就是网络安全策略和网络安全体系。

1.3.1　网络安全策略

安全策略是指在一个特定的环境里，为保证提供一定级别的安全保护所必须遵守的规则。实现网络安全，不但要靠先进的技术，而且也得靠严格的管理、法律约束和安全教育，主要包括如下内容：

（1）威严的法律。安全的基石是社会法律、法规与手段。应建立一套安全管理标准和方法，即通过建立与信息安全相关的法律、法规使非法分子慑于法律，不敢轻举妄动。

（2）先进的技术。先进的安全技术是信息安全的根本保障。用户对自身面临的威胁进行风险评估，决定其需要的安全服务种类，选择相应的安全机制，然后集成先进的安全技术。

（3）严格的管理。各网络使用机构、企业和单位应建立相对应的信息安全管理办法，加强内部管理，建立审计和跟踪体系，提高整体信息安全意识。

网络安全策略是一个系统的概念，它是网络安全系统的灵魂与核心，任何可靠的网络安全系统都是构建在各种安全技术集成的基础之上的，而网络安全策略的提出，正是为了实现这种技术的集成。可以说网络安全策略是我们为了保护网络安全而制定的一系列法律、法规和措施的总和。

当前制定的网络安全策略主要包含五个方面的策略。

1．物理安全策略

物理安全策略的目的是：保护计算机系统、网络服务器、打印机等硬件实体和通信链路免受自然灾害、人为破坏和搭线攻击；验证用户的身份和使用权限，防止用户越权操作；确保计算机系统有一个良好的电磁兼容工作环境；建立完备的安全管理制度，防止非法进入计算机控制室和各种偷窃、破坏活动的发生。

抑制和防止电磁泄漏(即 TEMPEST 技术)是物理安全策略的一个主要问题。目前，主要防护措施有两类：一类是对传导发射的防护，主要采取对电源线和信号线加装性能良好的滤波器，减小传输阻抗和导线间的交叉耦合。另一类是对辐射的防护，这类防护措施又可分为两种：一是采用各种电磁屏蔽措施，如对设备的金属屏蔽和各种接插件的屏蔽，同时对机房的下水管、暖气管和金属门窗进行屏蔽和隔离；二是干扰的防护措施，即在计算机系统工作的同时，利用干扰装置产生一种与计算机系统辐射相关的伪噪声向空间辐射来掩盖计算机系统的工作频率和信息特征。

2．访问控制策略

访问控制是网络安全防范和保护的主要策略，它的主要任务是保证网络资源不被非法使用和非法访问。它也是维护网络系统安全、保护网络资源的重要手段。各种安全策略必须相互配合才能真正起到保护作用，但访问控制可以说是保证网络安全最重要的核心策略之一。它主要由入网访问控制、网络的权限控制、目录级安全控制、属性安全控制、网络服务器安全控制、网络监测和锁定控制、网络端口和结点的安全控制组成。

1) 入网访问控制

入网访问控制为网络访问提供了第一层访问控制。它能够控制哪些用户能够登录到服务器并获取网络资源，控制准许用户入网的时间和准许他们在哪台工作站入网。

用户的入网访问控制可分为三个步骤：用户名的识别与验证、用户口令的识别与验证、用户账号的缺省限制检查。三道关卡中只要任何一关未过，该用户便不能进入该网络。

对网络用户的用户名和口令进行验证是防止非法访问的第一道防线。用户注册时首先输入用户名和口令，服务器将验证所输入的用户名是否合法。如果用户名验证合法，才继续验证用户输入的口令，否则，用户将被拒之网络之外。用户的口令是用户入网的关键所在。为保证口令的安全性，用户口令不能显示在显示屏上，口令长度应不少于 6 个字符，口令字符最好是数字、字母和其他字符的混合。用户口令必须经过加密，加密的方法很多，其中最常见的方法有：基于单向函数的口令加密、基于测试模式的口令加密、基于公钥加密方案的口令加密、基于平方剩余的口令加密、基于多项式共享的口令加密、基于数字签名方案的口令加密等。经过上述方法加密的口令，即使是系统管理员也难以得到它。用户还可采用一次性用户口令，也可用便携式验证器(如智能卡)来验证用户的身份。

网络管理员应该可以控制和限制普通用户的账号使用，访问网络的时间、方式。用户名或用户账号是所有计算机系统中最基本的安全形式。用户账号应只有系统管理员才能建立。用户口令应是每个用户访问网络所必须提交的"证件"。用户可以修改自己的口令，但系统管理员应该可以控制口令的以下几个方面的限制：最小口令长度、强制修改口令的时间间隔、口令的惟一性、口令过期失效后允许入网的宽限次数。

用户名和口令验证有效之后，再进一步履行用户账号的缺省限制检查。网络应能控制用户登录入网的站点、限制用户入网的时间、限制用户入网的工作站数量。当用户对交费网络的访问"资费"用尽时，网络还应能对用户的账号加以限制，用户此时应无法进入网络访问网络资源。网络应对所有用户的访问进行审计。如果多次输入口令不正确，则认为是非法用户的入侵，应给出报警信息。

2）网络的权限控制

网络的权限控制是针对网络非法操作所提出的一种安全保护措施。用户和用户组被赋予一定的权限。网络控制用户和用户组可以访问哪些目录、子目录、文件和其他资源，可以指定用户对这些文件、目录、设备能够执行哪些操作，受托者指派和继承权限屏蔽（IRM）可作为其两种实现方式。受托者指派控制用户和用户组如何使用网络服务器的目录、文件和设备。继承权限屏蔽相当于一个过滤器，可以限制子目录从父目录那里继承哪些权限。我们可以根据访问权限将用户分为以下几类：

（1）特殊用户（即系统管理员）；

（2）一般用户，系统管理员根据他们的实际需要为他们分配操作权限；

（3）审计用户，负责网络的安全控制与资源使用情况的审计。

用户对网络资源的访问权限可以用一个访问控制表来描述。

3）目录级安全控制

网络应允许控制用户对目录、文件、设备的访问。用户在目录一级指定的权限对所有文件和子目录有效，用户还可进一步指定对目录下的子目录和文件的访问权限。对目录和文件的访问权限一般有八种：系统管理员权限（Supervisor）、读权限（Read）、写权限（Write）、创建权限（Create）、删除权限（Erase）、修改权限（Modify）、文件查找权限（File Scan）、存取控制权限（Access Control）。用户对文件或目标的有效权限取决于以下三个因素：用户的受托者指派、用户所在组的受托者指派、继承权限屏蔽取消的用户权限。一个网络系统管理员应当为用户指定适当的访问权限，这些访问权限控制着用户对服务器的访问。八种访问权限的有效组合可以让用户有效地完成工作，同时又能有效地控制用户对服务器资源的访问，从而加强了网络和服务器的安全性。

4）属性安全控制

当使用文件、目录和网络设备时，网络系统管理员应给文件、目录等指定访问属性。属性安全控制可以将给定的属性与网络服务器的文件、目录和网络设备联系起来。属性安全在权限安全的基础上提供了更进一步的安全性。网络上的资源都应预先标出一组安全属性。用户对网络资源的访问权限对应一张访问控制表，用以表明用户对网络资源的访问能力。属性设置可以用来更改已经指定的任何受托者指派和有效权限。属性往往能控制以下几个方面的权限：向某个文件写数据，拷贝一个文件，删除目录或文件，查看目录和文件，执行文件，隐含文件，共享，系统属性等。网络的属性可以保护重要的目录和文件，防止用户对目录和文件的误删除、执行修改、显示等。

5）网络服务器安全控制

网络允许在服务器控制台上执行一系列操作。用户使用控制台可以装载和卸载模块，可以安装和删除软件等。网络服务器的安全控制包括可以设置口令锁定服务器控制台,以防止非法用户修改、删除重要信息或破坏数据;可以设定服务器登录时间限制、非法访问者检测和关闭的时间间隔。

6)网络监测和锁定控制

网络管理员应对网络实施监控,服务器应记录用户对网络资源的访问,对非法的网络访问,服务器应以图形、文字或声音等形式报警,以引起网络管理员的注意。如果非法用户试图进入网络,网络服务器应会自动记录企图尝试进入网络的次数,如果非法访问的次数达到设定数值,那么该账户将被自动锁定。

7)网络端口和结点的安全控制

网络中服务器的端口往往使用自动回呼设备、静默调制解调器加以保护,并以加密的形式来识别结点的身份。自动回呼设备用于防止假冒合法用户,静默调制解调器用以防范黑客的自动拨号程序对计算机进行攻击。网络还常对服务器端和用户端采取控制,用户必须携带证实身份的验证器(如智能卡、磁卡、安全密码发生器)。在对用户的身份进行验证之后,才允许用户进入用户端。然后,用户端和服务器端再进行相互验证。

3. 防火墙控制

防火墙是近几年发展起来的一种保护计算机网络安全的技术性措施,它是一个用以阻止网络中的黑客访问某个机构网络的屏障,也可称之为控制进/出两个方向通信的门槛。在网络边界上通过建立起来的相应网络通信监控系统来隔离内部和外部网络,以阻挡外部网络的入侵。当前主流的防火墙主要分为三类:包过滤防火墙、代理防火墙、双穴主机防火墙。

1)包过滤防火墙

包过滤防火墙设置在网络层,可以在路由器上实现包过滤。首先应建立一定数量的信息过滤表,信息过滤表是以其收到的数据包头信息为基础而建成的。信息包头含有数据包源 IP 地址、目的 IP 地址、传输协议类型(TCP、UDP、ICMP 等)、协议源端口号、协议目的端口号、连接请求方向、ICMP 报文类型等。若一个数据包满足信息过滤表中的规则,则允许数据包通过;否则,禁止通过。这种防火墙可以用于禁止外部不合法用户对内部的访问,也可以用来禁止访问某些服务类型。但包过滤技术不能识别有危险的信息包,无法实施对应用级协议的处理,也无法处理 UDP、RPC 或动态的协议。

2)代理防火墙

代理防火墙又称应用层网关级防火墙,它由代理服务器和过滤路由器组成,是目前较流行的一种防火墙。它将过滤路由器和软件代理技术结合在一起。过滤路由器负责网络互连,并对数据进行严格选择,然后将筛选过的数据传送给代理服务器。代理服务器起到外部网络申请访问内部网络的中间转接作用,其功能类似于一个数据转发器,它主要控制哪些用户能访问哪些服务类型。当外部网络向内部网络申请某种网络服务时,代理服务器接受申请,然后它根据其服务类型、服务内容、被服务的对象、服务者申请的时间、申请者的域名范围等来决定是否接受此项服务,如果接受,它就向内部网络转发这项请求。代理防火墙无法快速支持一些新出现的业务(如多媒体)。

3)双穴主机防火墙

双穴主机防火墙是用主机来执行安全控制功能的。一台双穴主机配有多个网卡,分别连接不同的网络。双穴主机从一个网络收集数据，并且有选择地把它发送到另一个网络上。网络服务由双穴主机上的服务代理来提供。内部网和外部网的用户可通过双穴主机的共享数据区传递数据，从而保护了内部网络不被非法访问。

4. 信息加密策略

信息加密的目的是保护网内的数据、文件、口令和控制信息，保护网上传输的数据。网络加密常用的方法有链路加密、端点加密和结点加密三种。链路加密的目的是保护网络结点之间的链路信息安全；端点加密的目的是对源端用户到目的端用户的数据提供保护；结点加密的目的是对源结点到目的结点之间的传输链路提供保护。用户可根据网络情况酌情选择上述加密方式。

信息加密过程是由多种多样的加密算法来具体实施的，它以很小的代价提供很大的安全保护。在多数情况下，信息加密是保证信息机密性的惟一方法。据不完全统计，到目前为止，已经公开发表的各种加密算法多达数百种，主要分为常规加密算法和公钥加密算法。

在常规密码中，收信方和发信方使用相同的密钥，即加密密钥和解密密钥是相同或等价的。比较著名的常规加密算法有：美国的 DES 及其各种变形，比如 Triple DES、GDES、New DES 和 DES 的前身 Lucifer；欧洲国家的 IDEA；日本的 FEAL - N、LOKI - 91、Skipjack、RC4、RC5 以及以代换密码和转轮密码为代表的古典密码等。在众多的常规密码中影响最大的是 DES 密码。

常规密码的优点是有很强的保密度，且可经受住时间的检验和攻击，但其密钥必须通过安全的途径传送。因此，其密钥管理成为系统安全的重要因素。

在公钥密码中，收信方和发信方使用的密钥互不相同，而且几乎不可能从加密密钥推导出解密密钥。比较著名的公钥加密算法有：RSA、背包密码、McEliece 密码、Diffe - Hellman、Rabin、Ong - Fiat - Shamir、零知识证明的算法、椭圆曲线、EIGamal 算法等等。最有影响的公钥加密算法是 RSA，它能抵抗到目前为止已知的所有密码攻击。

公钥密码的优点是可以适应网络的开放性要求，且密钥管理问题也较为简单，尤其是可方便地实现数字签名和验证，但其算法复杂，且加密数据的速率较低。尽管如此，随着现代电子技术和密码技术的发展，公钥加密算法将是一种很有前途的网络安全加密体制。

当然，在实际应用中人们通常将常规密码和公钥密码结合在一起使用，比如：利用 DES 或者 IDEA 来加密信息，而采用 RSA 来传递会话密钥。如果按照每次加密所处理的比特来分类，可以将加密算法分为序列密码和分组密码，前者每次只加密一个比特，而后者则先将信息序列分组，每次处理一个组。

密码技术是网络安全最有效的技术之一。一个加密网络，不但可以防止非授权用户的搭线窃听和入网，而且也是对付恶意软件的有效方法之一。

5. 网络安全管理策略

在网络安全中，除了采用上述技术措施之外，加强网络的安全管理，制定有关规章制度，对于确保网络安全、可靠运行，将起到十分有效的作用。网络的安全管理策略包括：确定安全管理等级和安全管理范围；制定有关网络操作使用规程和人员出入机房管理制度；制定网络系统的维护制度和应急措施等。

随着计算机技术和通信技术的发展，计算机网络将日益成为工业、农业和国防等方面的重要信息交换手段，渗透到社会生活的各个领域。因此，认清网络的脆弱性和潜在威胁，采取强有力的安全策略，对于保障网络的安全性而言十分重要。

1.3.2 网络安全体系

在很长一段时间内，网络安全方面的开发采用补堵系统漏洞的方法。但随着网络应用系统的日益丰富，系统漏洞更是层出不穷，单纯的补漏只能一直走在攻击者后面，疲于奔命，何况在堵漏的同时，还有可能引入新的漏洞。

另外，由于网络安全不仅仅是一个纯技术问题，单凭技术因素确保网络安全是不可能的。正如前面所述，网络安全问题是涉及到法律、管理和技术等多方因素的复杂系统问题。因此，网络安全体系由网络安全法律体系、网络安全管理体系和网络安全技术体系三部分组成(如图 1.1 所示)，它们相辅相承，只有协调好三者的关系，才能有效地保护网络的安全。其中，政策、法律、法规是安全的基石，它是建立安全管理的标准和方法，主要包括社会的法律政策、企业的规章制度及网络安全教育等内容。

| 网络安全管理体系(安全管理等) |
| 网络安全技术体系(加密、授权、认证、访问控制等) |
| 网络安全法律体系(政策、法律、法规等) |

图 1.1 网络安全体系结构

下面我们主要从网络安全技术和网络安全管理两个方面来讨论在网络安全中可以采取的一些措施。

1. 网络安全技术方面

通过对网络的全面了解，按照安全策略的要求，整个网络安全技术体系由以下几个方面组成：物理安全、网络安全和信息安全。

1) 物理安全

保证计算机信息系统各种设备的物理安全是整个计算机信息系统安全的前提。物理安全是保护计算机网络设备、设施以及其他媒体免遭地震、水灾、火灾等环境事故，人为操作失误或错误和各种计算机犯罪行为导致的破坏过程。它主要包括三个方面。

(1) 环境安全：对系统所在环境的安全保护，如区域保护和灾难保护(参见国家标准 GB 50173—93《电子计算机机房设计规范》、GB 2887—89《计算站场地技术条件》、GB 9361—88《计算站场地安全要求》)；

(2) 设备安全：主要包括设备的防盗、防毁、防电磁信息辐射泄漏、防止线路截获、抗电磁干扰及电源保护等；

(3) 媒体安全：包括媒体数据的安全及媒体本身的安全。

显然，为保证信息网络系统的物理安全，在网络规划和场地、环境等要求之外，还要防止系统信息在空间的扩散。计算机系统通过电磁辐射使信息被截获而失秘的案例已经很多，在理论和技术支持下的验证工作也证实这种截取距离在几百甚至可达千米的复原显示给计算机系统信息的保密工作带来了极大的危害。为了防止系统中的信息在空间上的扩散，通常是在物理上采取一定的防护措施，来减少或干扰扩散出去的空间信号。当重要的政策、军队、金融机构在兴建信息中心时，这将成为首要设置的条件。

正常的防范措施主要有三个方面：

（1）对主机房及重要信息存储、收发部门进行屏蔽处理，即建设一个具有高屏蔽效能的屏蔽室，用它来安装运行主要设备以防止磁带与高辐射设备等的信号外泄。为提高屏蔽室的效能，在屏蔽室与外界的各项联系、连接中均要采取相应的隔离措施和设计，如信号线、电话线、空调、消防控制线，以及通风波导、门的关起等。

（2）对本地网、局域网传输线路传导辐射的抑制，由于电缆传输辐射信息的不可避免性，因此均采用了光缆传输的方式。大多数是在 Modem 出来的设备用光电转换接口，将光缆接出屏蔽室外进行传输。

（3）对终端设备辐射的防范，终端机尤其是 CRT 显示器，由于上万伏高压电子流的作用，辐射有极强的信号外泄，但又因终端分散不宜集中采用屏蔽室的办法来防止，故现在的要求除在订购设备上尽量选取低辐射产品外，主要采取主动式的干扰设备（如干扰机）来破坏对应信息的窃取，个别重要的电脑或集中的终端也可考虑采用有窗子的装饰性屏蔽室，此类方式虽降低了部分屏蔽效能但可大大改善工作环境，使人感到像是在普通机房内工作。

2）网络安全

如图 1.2 所示，物理网络本身的安全包括系统安全、网络运行安全、局域网与子网安全三个方面。

网络安全	系统(主机、服务器)安全	反病毒	系统安全检测	入侵检测	审计分析
	网络运行安全	备份与恢复	应急、灾难恢复		
	局域网与子网安全	访问控制(防火墙)	网络安全检测		

图 1.2　网络安全

（1）外网隔离及访问控制系统。在内部网与外部网之间设置防火墙（包括分组过滤与应用代理），实现内外网的隔离与访问控制是保护内部网安全最主要的，同时也是最有效、最经济的措施之一。

无论何种类型的防火墙，从总体上看，都应具有以下五大基本功能：过滤进、出网络的数据；管理进、出网络的访问行为；封堵某些禁止的业务；记录通过防火墙的信息内容和活动；对网络攻击的检测和告警。应该强调的是，防火墙是整体安全防护体系的一个重要组成部分，而不是全部，因此必须将防火墙的安全保护融合到系统的整体安全策略中，才能实现真正的安全。

（2）内部网不同网络安全域的隔离及访问控制。防火墙被用来隔离内部网络的一个网段与另一个网段。这样，就能防止影响一个网段的问题穿过整个网络传播。针对某些网络，在某些情况下，它的一些局域网的某个网段比另一个网段更受信任，或者某个网段比另一个更敏感，而在它们之间设置防火墙就可以限制局部网络安全问题对全局网络造成的影响。

（3）网络安全检测。网络系统的安全性取决于网络系统中最薄弱的环节。如何及时发现网络系统中最薄弱的环节？如何最大限度地保证网络系统的安全？最有效的方法是定期对网络系统进行安全性分析，及时发现并修正存在的弱点和漏洞。网络安全检测工具通常是一个网络安全性评估分析软件，其功能是用实践性的方法扫描分析网络系统，检查报告系统存在的弱点和漏洞，提出补救措施和安全策略，达到增强网络安全性的目的。

（4）审计与监控。审计是记录用户使用计算机网络系统进行所有活动的过程，它是提高安全性的重要工具。它不仅能够识别谁访问了系统，还能指出系统正被怎样使用。对于确定是否有网络攻击的情况，审计信息对确定问题和攻击源很重要。同时，系统事件的记录能够更迅速和系统地识别问题，并且它是后面阶段事故处理的重要依据。另外，通过对安全事件的不断收集与积累并且加以分析有选择性地对其中的某些站点或用户进行审计跟踪，可对发现或可能产生的破坏性行为提供有力的证据。因此，除使用一般的网管软件和监控管理系统外，还应使用目前已较为成熟的网络监控设备或实时入侵检测设备，以便对进出各级局域网的常见操作进行实时检查、监控、报警和阻断，从而防止针对网络的攻击与犯罪行为。

（5）网络反病毒。由于在网络环境下计算机病毒有不可估量的威胁性和破坏力，因此计算机病毒的防范是网络安全性建设中重要的一环。网络反病毒技术包括预防病毒、检测病毒和消毒三种技术。

网络反病毒技术的具体实现方法包括对网络服务器中的文件进行频繁扫描和监测、在工作站上用防病毒芯片和对网络目录及文件设置访问权限等。

（6）网络备份系统。备份系统的目的是尽可能快地全盘恢复运行计算机系统所需的数据和系统信息。根据系统安全需求可选择的备份机制有：场地内高速度、大容量自动的数据存储、备份与恢复；场地外的数据存储、备份与恢复；对系统设备的备份。备份不仅在网络系统硬件故障或人为失误时起到保护作用，也在入侵者非授权访问或对网络攻击及破坏数据完整性时起到保护作用，同时亦是系统灾难恢复的前提之一。

一般的数据备份操作有三种：一是全盘备份，即将所有文件写入备份介质；二是增量备份，只备份那些上次备份之后更改过的文件，是最有效的备份方法；三是差分备份，备份上次全盘备份之后更改过的所有文件，其优点是只需两组磁带就可恢复最后一次全盘备份的磁带和最后一次差分备份的磁带。

3）信息安全

网络中的信息安全主要涉及到信息传输安全、信息存储安全以及信息的防泄密三方面，如图1.3所示。

信息安全	信息传输安全 （动态安全）	数据加密	数据完整性的鉴别	防抵赖
	信息存储安全 （静态安全）	数据库安全	终端安全	
	信息的防泄密	信息内容审计		
	用户	鉴别	授权	

图1.3 信息安全

（1）鉴别。鉴别是对网络中的主体进行验证的过程。通常有三种方法验证主体身份，一是只有该主体了解的秘密，如口令、密钥；二是主体携带的物品，如智能卡和令牌卡；三是只有该主体具有的独一无二的特征或能力，如指纹、声音、视网膜或签字等。

（2）数据传输安全系统。数据传输加密技术是对传输中的数据流加密，以防止通信线路上的窃听、泄漏、篡改和破坏。如果以加密实现的通信层次来区分，加密可以在通信的三个不同层次来实现，即链路加密（位于 OSI 网络层以下的加密）、结点加密、端到端加密（传输前对文件加密，位于 OSI 网络层以上的加密）。

一般常用的是链路加密和端到端加密这两种方式。链路加密侧重于通信链路而不考虑信源和信宿，是对保密信息通过各链路采用不同的加密密钥提供安全保护的。链路加密是面向结点的，对于网络高层主体是透明的，它对高层的协议信息（地址、检错、帧头帧尾）都加密，因此数据在传输中是密文，但在中央结点必须解密得到路由信息。端到端加密则指信息由发送端自动加密，并进入 TCP/IP 数据包回封，然后作为不可阅读和不可识别的数据穿过互联网，当这些信息到达目的地后将自动重组、解密，成为可读数据。端到端加密是面向网络高层主体的，它不对下层协议进行信息加密，协议信息以明文形式传输，用户数据在中央结点不需解密。

下面讨论数据完整性鉴别技术。目前，对于动态传输的信息，许多协议确保信息完整性的方法大多是收错重传、丢弃后续包，但黑客的攻击可以改变信息包内部的内容，所以应采取有效的措施来进行数据完整性控制。

鉴于保障数据传输的安全需采用数据传输加密技术、数据完整性鉴别技术及防抵赖技术，因此为节省投资、简化系统配置、便于管理、使用方便，有必要选取集成的安全保密技术措施及设备。这种设备应能够为大型网络系统的主机或重点服务器提供加密服务，为应用系统提供安全性强的数字签名和自动密钥分发功能，支持多种单向散列函数和校验码算法，以实现对数据完整性的鉴别。

（3）数据存储安全系统。在计算机信息系统中存储的信息主要包括纯粹的数据信息和各种功能文件信息两大类。对纯粹数据信息的安全保护，以数据库信息的保护最为典型。而对各种功能文件的保护，终端安全很重要。

要实现对数据库的安全保护，一种选择是安全数据库系统，即从系统的设计、实现、使用和管理等各个阶段都要遵循一套完整的系统安全策略；二是以现有数据库系统所提供的功能为基础构建安全模块，旨在增强现有数据库系统的安全性。

终端安全主要用于解决微机信息的安全保护问题，一般的安全功能如下：基于口令或（和）密码算法的身份验证，防止非法使用机器；自主和强制存取控制，防止非法访问文件；多级权限管理，防止越权操作；存储设备安全管理，防止非法软盘拷贝和硬盘启动；数据和程序代码加密存储，防止信息被窃；预防病毒，防止病毒侵袭；严格的审计跟踪，便于追查责任事故。

（4）信息内容审计系统。实时对进出内部网络的信息进行内容审计，以防止或追查可能的泄密行为。因此，为了满足国家保密法的要求，在某些重要或涉密网络，应该安装使用信息内容审计系统。

2. 网络安全管理方面

面对网络安全的脆弱性，除了在网络设计上增加安全服务功能，完善系统的安全保密措施外，还必须加强网络的安全管理，因为诸多的不安全因素恰恰反映在组织管理和人员录用等方面，而这又是计算机网络安全所必须考虑的基本问题，所以应引起各计算机网络应用部门领导的重视。

1) 安全管理原则

网络信息系统的安全管理主要基于三个原则。

(1) 多人负责原则。每一项与安全有关的活动，都必须有两人或多人在场。这些人应是系统主管领导指派的，他们忠诚可靠，能胜任此项工作；他们应该签署工作情况记录以证明安全工作已得到保障。

以下各项是与安全有关的活动：

- 访问控制使用证件的发放与回收；
- 信息处理系统使用的媒介发放与回收；
- 处理保密信息；
- 硬件和软件的维护；
- 系统软件的设计、实现和修改；
- 重要程序和数据的删除和销毁等。

(2) 任期有限原则。一般地讲，任何人最好不要长期担任与安全有关的职务，以免使他认为这个职务是专有的或永久性的。为遵循任期有限原则，工作人员应不定期地循环任职，强制实行休假制度，并规定对工作人员进行轮流培训，以使任期有限制度切实可行。

(3) 职责分离原则。在信息处理系统工作的人员不要打听、了解或参与职责以外的任何与安全有关的事情，除非系统主管领导批准。出于对安全的考虑，下面每组内的两项信息处理工作应当分开。

- 计算机操作与计算机编程；
- 机密资料的接收和传送；
- 安全管理和系统管理；
- 应用程序和系统程序的编制；
- 访问证件的管理与其他工作；
- 计算机操作与信息处理系统使用媒介的保管等。

2) 安全管理的实现

信息系统的安全管理部门应根据管理原则和该系统处理数据的保密性，制定相应的管理制度或采用相应的规范，具体工作如下：

(1) 根据工作的重要程度，确定该系统的安全等级。

(2) 根据确定的安全等级，确定安全管理的范围。

(3) 制定相应的机房出入管理制度。对于安全等级要求较高的系统，要实行分区控制，限制工作人员出入与己无关的区域。出入管理可采用证件(磁卡、身份卡)识别等手段或安装自动识别登记系统，对人员进行识别、登记管理。

(4) 制定严格的操作规程。操作规程要根据职责分离和多人负责的原则，各负其责，不能超越自己的管辖范围。

(5) 制定完备的系统维护制度。对系统进行维护时，应采取数据保护措施，如数据备份等。维护时要首先经主管部门批准，并有安全管理人员在场，故障的原因、维护内容和维护前后的情况要详细记录。

（6）制定应急措施。要制定系统在紧急情况下，如何尽快恢复的应急措施，使损失减至最小。建立人员雇用和解聘制度，对工作调动和离职人员要及时调整相应的授权。

1.4　网络安全的评估标准

安全服务是由网络安全设备提供的，它为保护网络安全提供服务。保护信息安全所采用的手段称为安全机制。安全服务和安全机制对安全系统设计者有不同的含义，但对安全分析来说其含义是相同的。所有的安全机制都是针对某些安全攻击威胁而设计的，它们可以按不同的方式单独使用，也可以组合使用。合理地使用安全机制会在有限的投入下最大限度地降低安全风险。

1.4.1　可信计算机系统评价准则简介

信息安全评价标准是评价信息系统安全性或安全能力的尺度，是进行安全评价的依据。自 20 世纪 60 年代末美国国防科学委员会提出计算机安全保护问题后，许多国家针对这一问题都相继制定了各自的信息安全评价标准，其中一些已经发展成为国际标准。目前国际上认可的评价标准和方法，主要包括如下几个：

1) 美国国防部的 TCSEC

1983 年美国国防部公布了《可信计算机系统评估准则》(Trusted Computer Systems Evaluation Criteria，TCSEC)，主要针对操作系统进行评估，这是 IT 史上第一个安全评估标准，即著名的橙皮书。TCSEC 定义了安全等级来描述系统的安全特性，它将安全分为四个方面(安全政策、可说明性、安全保障、文档)和 A、B、C、D 等 4 类 7 个安全级别，其中，A 类安全等级最高，D 类安全等级最低。

（1）D1 级。D1 级叫做酌情安全保护级，是可用的最低安全形式。该标准说明整个系统都是不可信任的。对硬件来说，没有任何保护；操作系统容易受到损害；对于用户和他们对存储在计算机上信息的访问权限没有身份认证。该安全级别典型地指向 MS-DOS、MS-Window 3.1 和 APPLE 的 Macintosh System 7. X 等操作系统。这些操作系统不区分用户，对于计算机硬盘上的什么信息是可以访问的也没有任何控制。

（2）C1 级。C 级有两个安全子级别：C1 和 C2，或称自选安全保护(Discretionary Security Protection)系统，它描述了一个 UNIX 系统上可用的安全级别。对硬件来说，存在某种程度的保护，因为它不再那么容易受到损害，尽管这种可能性仍然存在。用户必须通过用户注册名和口令让系统识别自己，用这种方式来确定每个用户对程序和信息拥有什么样的访问权限。访问权限是文件和目录许可权限(Permission)文件、目录的拥有者或者系统管理员通过自选访问控制(Discretionary Access Control)，能够对程序或信息的访问进行控制，但不能阻止系统管理账户执行活动，结果由于不审慎的系统管理员可能容易损害系统安全。另外，许多日常系统管理任务能由以 root 注册的用户来执行。随着计算机系统的分散化，随便走进一个组织，你都会发现两三个以上的人知道根口令，这已经是司空见惯的事，由于过去无法区分具体是哪个人对系统所做的改变，所以这本身就是一个问题。

(3) C2 级。除 C1 包含的特征外，C2 级还包括其他的创建受控访问环境(Controlled-Access Environment)的安全特性。该环境具有进一步限制用户执行某些命令或访问某些文件的能力。这不仅基于许可权限，而且基于身份验证级别。另外，这种安全级别要求对系统加以审核。审核可用来跟踪记录所有与安全有关的事件，比如哪些是由系统管理员执行的活动。审核的缺点是它需要额外的处理器和磁盘子系统资源。使用附加身份验证，对于一个 C2 系统的用户来说，是可能在没有根口令的情况下有权执行系统管理任务的，这时单独的用户执行了系统管理任务而可能不是系统管理员。附加身份验证不可与 SGID 和 SUID 许可权限相混淆，它是允许用户执行特定命令或访问某些核心表的特定身份验证，如无权浏览进程表的用户当执行 ps 命令时，只能看到自己的进程。

(4) B1 级。B 级又称做被标签的安全性保护，分为三个子级别。B1 级也称为标准安全保护(Labeled Security Protection)，是支持多级安全的第一个级别，这一级说明了一个处于强制性访问控制之下的对象，不允许文件的拥有者改变其许可权限。

(5) B2 级。B2 级也称为结构保护(Structured Protection)，要求计算机系统中所有对象都加标签，而且给设备分配单个或多个安全级别。这是提出的较高安全级别的对象与另一个较低安全级别的对象相互通信的第一个级别。

(6) B3 级。B3 级也称安全域级别(Security Domain)，使用安装硬件的办法来加强域，例如内存管理硬件用来保护安全域免遭无授权访问或其他安全域对象的修改。该级别也要求用户终端通过一条可信任途径连接到系统上。

(7) A 级。A 级也称验证设计，是当前橙皮书中的最高级别，它包含了一个严格的设计、控制和验证过程。与前面提到的各级别一样，这一级包含了较低级别的所有特性。其设计必须是从数学上经过验证的，而且必须进行对秘密通道和可信任分布的分析。

橙皮书是一个比较成功的计算机安全标准，它为计算机安全产品的评价提供了测试方法。此后，TCSEC 的解释文件也被陆续公布以将其应用到其他技术中，如 1987 年公布的可信网络注释(Trusted Network Interpretation，TNI)，即红皮书，它对橙皮书进行了补充，将其适用性拓展到网络环境，成为对局域网和广域网中的网络产品指定安全等级的基础。

2）欧共体委员会的 ITSEC

《信息技术安全性评估准则》(Information Technology Security Evaluation Criteria，ITSEC)是英国、德国、法国和荷兰四个欧洲国家安全评估标准的统一与扩展，由欧共体委员会(CEC)在 1991 年首度公布。该标准在吸收 TCSEC 成功经验的基础上，首次提出了信息安全的保密性、完整性、可用性等概念，并将安全概念分为功能与评估两部分，使可信计算机的概念提升到可信信息技术的高度。

3）加拿大系统安全中心的 CTCPEC

1992 年 4 月，《加拿大可信计算机产品评估准则》(Canadian Trusted Computer Product Evaluation Criteria，CTCPEC) 3.0 版的草案发布，它是对 TCSEC 及 ITSEC 的进一步发展。该标准专门针对政府需求设计，它将安全分为功能性需求和保证性需求两部分。功能性需求共分为机密性、完整性、可靠性、可说明性四个层次。

4）国际通用准则 CC (ISO/IEC 15408—1999)

1996 年六国七方（英国、加拿大、法国、德国、荷兰、美国国家安全局和美国标准技术研究所)公布了《信息技术安全性通用评估准则》(Information Security Technology Evalua-tion Common Criteria，CC) 1.0 版，1998 年发布 2.0 版，1999 年 12 月 CC 被 ISO 批准成为国际标准。CC 被接纳为国际标准后，美国已停止了基于 TCSEC 的评估工作。

CC 结合 FC 和 ITSEC 的主要特征，形成了一个更全面的框架，它由三部分组成。

第一部分："简介和一般模型"，定义 IT 安全评估的一般概念与原则并提出一个评估的一般模型；定义表示 IT 安全目标的结构；描述 CC 的每一部分对每一目标读者的用途。

第二部分："安全功能要求"，按"类—族—组件"的方式提出安全功能要求，提供了表示评估对象(TOE)安全功能要求的标准方法。

第三部分："安全保证要求"，定义了评估保证级别，介绍了保护轮廓(PP)和安全目标(ST)的评估，并按"类—族—组件"的方式提出安全保证要求。

CC 的三个部分相互依存，缺一不可。CC 的目的是建立一个统一的信息安全评价国际标准，国家之间可以通过签订互认协议，决定相互接受的级别，使大部分的基础性安全机制能被认可。CC 是目前系统安全认证方面最权威的标准。

1.4.2　安全标准简介

1. 国际安全标准

数据加密的标准化工作在国外很早就开始了。例如，1976 年美国国家标准局就颁布了数据加密标准算法(DES)。1984 年，国际标准化组织 ISO/TC97 决定正式成立分技术委员会，即 SC20，开展制定信息技术安全标准工作。从此，数据加密标准化工作在 ISO/TC97 内正式展开。经过几年的工作，根据技术发展的需要，ISO 决定撤消原来的 SC20，组建新的 SC27，并在 1990 年 4 月瑞典斯德哥尔摩年会上正式成立 SC27，其名称为信息技术—安全技术。SC27 的工作范围是信息技术安全的一般方法和信息技术安全标准体系，包括：确定信息技术系统安全服务的一般要求、开发安全技术和机制、开发安全指南、开发管理支撑文件和标准。

2. 国内安全标准

我国信息安全研究经历了通信保密、计算机数据保护两个发展阶段，正在进入网络信息安全的研究阶段。通过学习、吸收、消化 TCSEC 的原则，我国进行了安全操作系统、多级安全数据库的研制，但由于系统安全内核受控于人，以及国外产品的不断更新升级，基于具体产品的增强安全功能的成果，难以保证没有漏洞，难以得到推广应用。在学习借鉴国外技术的基础上，国内一些部门也开发研制了防火墙、安全路由器、安全网关、黑客入侵检测、系统脆弱性扫描软件等。但是，这些产品安全技术的完善性、规范化实用性还存在许多不足，特别是在多平台的兼容性及安全工具的协作配合和互动性方面存在很大距离，理论基础和自主的技术手段也需要发展和强化。

以前，国内主要是等同采用国际标准。但在关系国家安全的问题上，各国都不会完全接受别人的评价标准和评价结果，都在制定适应本国的标准。我国的信息安全评价研究虽然开展较晚，但已经受到政府的高度重视，并已陆续出台了一些安全标准。

1)《计算机信息系统安全保护等级划分准则》(GB 17859—1999)

1999 年 9 月国家质量技术监督局发布中华人民共和国国家标准 GB 17859—1999，该标准的制定参照了美国的 TCSEC 和 TNI,它把计算机信息系统的安全保护能力划分为 5 个等级,即用户自主保护级、系统审计保护级、安全标记保护级、结构化保护级和访问验证保护级。该标准主要的安全考核指标有身份认证、自主访问控制、数据完整性、审计、隐蔽信道分析、客体重用、强制访问控制、安全标记、可信路径和可信恢复等,这些指标涵盖了不同级别的安全要求。该标准为我国计算机信息系统安全法规的制定和执法部门的监督检查提供了依据,为安全系统的建设和管理提供了技术指导和支持,是建立安全等级保护制度、实施安全等级管理的重要基础性标准。

2)《信息技术安全性评估准则》(GB/T 18836—2001)

2001 年国家质量技术监督局正式颁布了援引 CC 的国家标准《信息技术安全性评估准则》。该准则将安全要求分离为安全功能要求和安全保证要求两类。此外,通过提供一组通用组件,该准则使各种独立的安全评估结果具有可比性,从而使信息技术安全评估的结果能够在更大的范围内被接受。

除上述标准外,针对不同的技术领域还有其他一些安全标准,如《信息处理系统开放系统互联基本参考模型 第 2 部分 安全体系结构》(GB/T 9387.2 1995)、《信息处理 数据加密 实体鉴别机制第 I 部分:一般模型》(GB 15834.1—1995)、《信息技术设备的安全》(GB 4943—1995)等。

习 题 1

1. 网络安全的定义、内容、目标各是什么?

2. 网络信息传输安全的定义是什么?保证网络信息传输安全需要注意哪些问题?请图示表示。

3. 什么是主动攻击和被动攻击?请分别详述其内容。

4. 网络安全威胁包括哪些内容?

5. 请简述网络安全问题的原因。

6. 什么是 TCSEC?请简述其内容。

7. 请简述网络安全体系结构的设计目标。

第 2 章　　密　码　技　术

密码技术主要研究如何隐秘地传送信息，以防止第三者对信息的窃取。密码技术是网络安全的核心技术，也是实现各种安全服务的重要基础，通常包括加解密技术和数字签名技术。本章主要介绍密码技术相关知识，用于解决计算机信息安全保密问题，主要内容包括密码技术的基本概念、古典密码体制、对称密码体系、公钥（非对称）密码体制、椭圆曲线密码体系等。

2.1　密码技术的基本概念

密码技术可以用来隐藏和保护私密信息，防止未授权者非法获取该信息内容。密码技术是对传输过程中的数据进行保护的重要方法，也是对存储在媒体上的数据内容加以保护的一种有效手段。密码加密已经成为实现当代网络安全的一种快捷有效又必不可少的技术手段。

传统加密体制中加密和解密的基本原理是利用加解密函数来实现信息变换的，总体过程如图 2.1 所示。图中需要加密的信息称为明文（Plaintext），这个明文信息由一个加密函数变换成密文（Ciphertext），这个函数以一个密钥（key）作为参数，所以可以用 $c=E(m, k_e)$ 来表达这个加密过程。解密过程基本类似，用一个解密函数和解密密钥对密文进行变换，使之成为明文，即 $m=D(c, k_d)$，所以有 $m=D(E(m, k_e), k_d)$。如果 $k_e=k_d$，那么这种加密体制称为单钥或对称密码体制（One-Key or Symmetric Cryptosystem）；如果 $k_e \neq k_d$，那么这种加密体制称为双钥或非对称密码体制（Two-Key or Asymmetric Cryptosystem）。

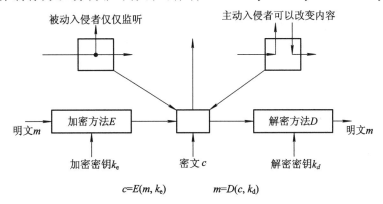

图 2.1　传统加密体制的基本过程

这是 Diffie 和 Hellman 等人于 1976 年开创的新密码体制。密钥的安全性是决定密码体制安全性的重要因素之一，密钥的生成和管理是密码技术的重要内容。

一般加密和解密的函数(算法)是公开的，一个算法的强度(也称为破解的难度)除了依赖于算法本身以外，还往往与密钥长度有关。通常密钥越长，强度越高。这是因为密钥越长，被猜出的可能性就越低。所以，密码技术的保密性依赖于一个高强度的算法加上一个长度足够长的密钥。

2.2　古典密码体制

古典密码是密码技术的源泉，这些密码技术大都比较简单，可用手工进行加解密，但由于其无法抵御现代密码攻击手段，已很少使用。但是研究这些密码的原理，对于理解、构造和分析现代密码是十分有益的。

2.2.1　置换密码

置换密码亦称换位密码。置换是对原始明文中的字符进行移位操作，是一个简单的换位。每个置换都可以用一个置换矩阵 E_k 来表示。每个置换都有一个与之对应的逆置换 D_k。置换密码的特点是采用一个仅有发送方和接收方知道的加密置换(用于加密)和对应的逆置换(用于解密)。置换过程是对明文长度为 L 的字母组中的字母位置进行重新排列，而每个字母本身并不改变。

令明文 $m = m_1 m_2 \cdots m_L$，置换矩阵所决定的置换为 π，则加密置换为

$$c = E_k(m) = (c_1 c_2 \cdots c_L) = m_{\pi(1)} m_{\pi(2)} \cdots m_{\pi(L)}$$

解密置换为

$$d = D_k(c) = (c_{\pi^{-1}(1)} c_{\pi^{-1}(2)} \cdots c_{\pi^{-1}(L)})$$

给定明文为 the simplest possible transposition ciphers，将明文分成长为 $L=5$ 的段，置换密码如下：

$$m_1 = \overset{01234}{\text{thesi}}, \ m_2 = \overset{01234}{\text{mples}}, \ m_3 = \overset{01234}{\text{tposs}}, \ m_4 = \overset{01234}{\text{iblet}}$$

$$m_5 = \overset{01234}{\text{ransp}}, \ m_6 = \overset{01234}{\text{ositi}}, \ m_7 = \overset{01234}{\text{oncip}}, \ m_8 = \overset{01234}{\text{hersx}}$$

最后一段长不足 5，加添一个字母 x。将各段的字母序号按下述置换矩阵进行换位：

$$E_k = \begin{bmatrix} 0 & 1 & 2 & 3 & 4 \\ 1 & 4 & 3 & 0 & 2 \end{bmatrix}$$

得到密文如下：

STIEH EMSLP STSOP EITLB SRPNA TOIIS IOPCN SHXRE

利用下述置换矩阵：

$$D_k = \begin{bmatrix} 0 & 1 & 2 & 3 & 4 \\ 3 & 0 & 4 & 2 & 1 \end{bmatrix}$$

可将密文恢复为明文。

$L=5$ 时可能的置换矩阵总数为 5! $=120$，一般为 $L!$ 个。可以证明，在给定 L 下所有

的置换矩阵构成一个 $L!$ 对称群。

2.2.2　代换密码

令 Γ 表示明文字母表,内有 q 个"字母"或"字符"。设其顺序号为 $0,1,\cdots,q-1$,可以将 Γ 映射为一个整数集 $\mathbf{Z}_q=\{0,1,2,\cdots,q-1\}$,在加密时常将明文信息划分成长为 L 的信息单元,称为明文组,以 m 表示,如:

$$m=(m_0 m_1 \cdots m_L),\ m_i \in \mathbf{Z}_q$$

令 Γ' 表示密文字母表,内有 q' 个"字母"或"字符"。设其顺序号为 $0,1,\cdots,q'-1$,可以将 Γ' 映射为一个整数集 $\mathbf{Z}_{q'}=\{0,1,2,\cdots,q'-1\}$,密文组为 $c=(c_1 c_2 \cdots c_i \cdots c_{L'-1})$,$c_i \in \mathbf{Z}_{q'}$,代换密码的加密变换是由明文空间到密文空间的映射,即

$$f:m \to c,\ m \in \Gamma,\ c \in \Gamma'$$

假定函数 f 是一对一的映射,那么,对于给定密文 c,有且仅有一个对应的明文组 m,即对于 f 存在逆映射 f^{-1},使

$$f^{-1}(c)=f^{-1}f(m)=m$$

加密变换通常是在密钥控制下进行的,即

$$c=f(m,k)=E_k(m)$$

1. 单表代换密码

单表代换密码是指对明文的所有字母都用同一个固定的明文字母表到密文字母表的映射,即

$$f:\mathbf{Z}_q \to \mathbf{Z}_{q'}$$

若明文为 $m=m_0 m_1 \cdots$,则相应的密文为

$$c=c_0 c_1 \cdots = f(m_0)f(m_1)\cdots$$

1)位移代换密码

位移代换密码是最简单的一种代换密码,其加密变换为

$$E_k(i)=(i+k) \equiv j \bmod q \quad 0 \leqslant i,j < q,\ 0 \leqslant k < q$$

密钥空间元素个数为 q,其中有一恒等变换,$k=0$,解密变换为

$$D(j)=E_{q-k}(j) \equiv j+q-k \equiv (i+k)-k \equiv i \bmod q$$

例如,凯撒密码变换是对英文 26 个字母进行位移代换的密码,将每一字母向前推移 k 位。

若 $q=26$,选择密钥 $k=5$,则有下述变换:

明文:a b c d e f g h I j k l m n o

密文:f g h I j k l m n o p q r s t

不同的 k 将得到不同的密文,$k=3$ 时,给定明文:

$m=$Caesar cipher is a shift substitution

经凯撒密码变换后得到的密文是:

$c=$FDVHDU FLSKHU LV D VKLIW VXEVWLWXWLRQ

反向利用同一个对应表,就可以很容易地从密文中恢复出原来的明文,例如对于密文:

$c=E(m)=$FDVHDU FLSKHU LV D VKLIW VXEVWLWXWLRQ

恢复出的明文为

$$m = \text{Caesar cipher is a shift substitution}$$

2）乘数密码

按照同余方程，乘数密码的加密变换算法为

$$E_k(i) = i * k = j \bmod q \qquad 0 \leqslant j < q$$

这种密码也称采样密码，是将明文字母表按序号每隔 k 位取出一个字母排列而成密文（字母表首尾相连）。显然，当 $(k, q)=1$，即 k 与 q 互素时，才是一一对应的。若 q 为素数，则有 $q-2$ 个可用密钥。

例如，英文字母表 $q=26$，选 $k=9$，则由明文密文字母对应表

　　　　　明文：a b c d e f g h I j k l m n o p q r s t u v w x y z
　　　　　密文：A J S B K T C L U D M V E N W F O X G P Y H Q Z I R

于是对明文：Multiplicative cipher，有密文：EYVPUFVUSAPUHK SUFLKX。

3）仿射密码

将位移代换密码和乘数密码进行组合就可以得到更多的选择方式获得密钥。利用同余方程

$$E_k(i) = i * k_1 + k_0 \equiv j \bmod q \quad k_1, k_0 \in \mathbf{Z}_q, 0 \leqslant j < q$$

其中，$(k_1, q)=1$，以 $[k_1, k_0]$ 表示密钥。当 $k_0=0$ 时就得到乘数密码，当 $k_1=1$ 时就得到位移代换密码，$q=26$ 时可能的密钥数为 $26 \times 12 - 1 = 311$ 个。

2. 多表代换密码

多表代换密码是一系列（两个以上）代换表依次对明文信息的字母进行代换的加密方法。令明文字母表为 $\mathbf{Z}_q$，$\pi = (\pi_1, \pi_2, \cdots)$ 为代换序列，明文字母序列为 $m = m_1 m_2 \cdots$，则相应的密文字母序列为 $c = E_k(m) = \pi(m) = \pi_1(m_1), \pi_2(m_2), \cdots$。若 π 为非周期的无限序列，则相应的密码为非周期多表代换密码；否则，为周期多表代换密码。

维吉尼亚是法国的密码专家，以他的名字命名的加密算法是多表代换密码的典型代表。具体方法如下：

设密钥 $k = k_1 k_2 \cdots k_n$，明文 $m = m_1 m_2 \cdots m_i \cdots m_n$，加密变换为

$$E_k(m) = c_1 c_2 \cdots c_i \cdots c_n$$

式中，$c_i \equiv (m_i + k_i) \bmod q$，$i = 1, 2, \cdots, n$。

例如，令 $q=26$，明文 $m=$polyalphabetic cipher，$k=$RADIO，周期为 5。首先将 m 分解成长为 5 的序列：

　　　　　　　　　polya lphab eticc ipher

每一段用密钥 $k=$RADIO 加密得密文：

$$c = \text{GOOGO CPKTP NTLKQ ZPKMF}$$

表 2.1 是维吉尼亚代换方阵，利用它可进行加密和解密。利用密钥 $k=$RADIO 对明文 polya 加密得 GOOGO，第一个 G 是在 r 行 p 列上，第二个 O 是在 a 行 o 列上，第三个 O 是在 d 行 l 列上，以此类推。解密时 p 是 r 行含 G 的列，同理 o 是 a 行含 O 的列。依此可以推出全部密文，从而恢复出明文。

表 2.1　维吉尼亚代换方阵表

明文	a	b	c	d	e	f	g	h	i	j	k	l	m	n	o	p	q	r	s	t	u	v	w	x	y	z
a	A	B	C	D	E	F	G	H	I	J	K	L	M	N	O	P	Q	R	S	T	U	V	W	X	Y	Z
b	B	C	D	E	F	G	H	I	J	K	L	M	N	O	P	Q	R	S	T	U	V	W	X	Y	Z	A
c	C	D	E	F	G	H	I	J	K	L	M	N	O	P	Q	R	S	T	U	V	W	X	Y	Z	A	B
d	D	E	F	G	H	I	J	K	L	M	N	O	P	Q	R	S	T	U	V	W	X	Y	Z	A	B	C
e	E	F	G	H	I	J	K	L	M	N	O	P	Q	R	S	T	U	V	W	X	Y	Z	A	B	C	D
f	F	G	H	I	J	K	L	M	N	O	P	Q	R	S	T	U	V	W	X	Y	Z	A	B	C	D	E
g	G	H	I	J	K	L	M	N	O	P	Q	R	S	T	U	V	W	X	Y	Z	A	B	C	D	E	F
h	H	I	J	K	L	M	N	O	P	Q	R	S	T	U	V	W	X	Y	Z	A	B	C	D	E	F	G
i	I	J	K	L	M	N	O	P	Q	R	S	T	U	V	W	X	Y	Z	A	B	C	D	E	F	G	H
j	J	K	L	M	N	O	P	Q	R	S	T	U	V	W	X	Y	Z	A	B	C	D	E	F	G	H	I
k	K	L	M	N	O	P	Q	R	S	T	U	V	W	X	Y	Z	A	B	C	D	E	F	G	H	I	J
l	L	M	N	O	P	Q	R	S	T	U	V	W	X	Y	Z	A	B	C	D	E	F	G	H	I	J	K
m	M	N	O	P	Q	R	S	T	U	V	W	X	Y	Z	A	B	C	D	E	F	G	H	I	J	K	L
n	N	O	P	Q	R	S	T	U	V	W	X	Y	Z	A	B	C	D	E	F	G	H	I	J	K	L	M
o	O	P	Q	R	S	T	U	V	W	X	Y	Z	A	B	C	D	E	F	G	H	I	J	K	L	M	N
p	P	Q	R	S	T	U	V	W	X	Y	Z	A	B	C	D	E	F	G	H	I	J	K	L	M	N	O
q	Q	R	S	T	U	V	W	X	Y	Z	A	B	C	D	E	F	G	H	I	J	K	L	M	N	O	P
r	R	S	T	U	V	W	X	Y	Z	A	B	C	D	E	F	G	H	I	J	K	L	M	N	O	P	Q
s	S	T	U	V	W	X	Y	Z	A	B	C	D	E	F	G	H	I	J	K	L	M	N	O	P	Q	R
t	T	U	V	W	X	Y	Z	A	B	C	D	E	F	G	H	I	J	K	L	M	N	O	P	Q	R	S
u	U	V	W	X	Y	Z	A	B	C	D	E	F	G	H	I	J	K	L	M	N	O	P	Q	R	S	T
v	V	W	X	Y	Z	A	B	C	D	E	F	G	H	I	J	K	L	M	N	O	P	Q	R	S	T	U
w	W	X	Y	Z	A	B	C	D	E	F	G	H	I	J	K	L	M	N	O	P	Q	R	S	T	U	V
x	X	Y	Z	A	B	C	D	E	F	G	H	I	J	K	L	M	N	O	P	Q	R	S	T	U	V	W
y	Y	Z	A	B	C	D	E	F	G	H	I	J	K	L	M	N	O	P	Q	R	S	T	U	V	W	X
z	Z	A	B	C	D	E	F	G	H	I	J	K	L	M	N	O	P	Q	R	S	T	U	V	W	X	Y

2.3 对称密码体系

现代加密技术经过几十年的发展已经趋于成熟，对于网络信息的加密技术也多种多样，但从应用方面来讲大体分为两类：一类是对称密码技术；另一类是非对称密码技术。对称密码技术在加密和解密时所涉及的文本使用同一个密钥，所以被称为对称密码。最著名的对称密码技术包括流密码技术和分组密码技术，下面分别作以介绍。

2.3.1 流密码

流密码也称为序列密码，是一类非常重要的对称密码体制。流密码的原理是对输入的明文串按比特进行连续变换，产生连续的密文输出。算法计算流程是对明文消息按一定长度进行分组划分，利用密钥 k 通过有限状态机产生伪随机序列，使用该序列作为加密分组明文消息的系列密钥，对各分组用系列不同的密钥逐比特进行加密得到密文序列。流密码的理论和方法目前已经有良好的发展和应用，密码学家和相关研究者已提出了一系列的流密码算法，其中有些算法已经广泛地应用于保密通信领域。

流密码的安全性很大程度取决于生成的伪随机序列的好坏，对流密码技术的攻击主要来自于代数和概率统计的方法，目前出现了一些采用两种攻击手段相结合的密码攻击，对流密码的安全性形成了严重的挑战。

流密码的实际计算过程是采用加密函数将输入的明文流序列和密钥流序列变换成密文流输出。明文按一定长度分组后被表示成一个序列(称为明文流)，序列中的一项称为一个明文字。加密时，先由主密钥产生一个密钥流序列，该密钥流序列的每一项和明文字具有相同的比特长度，称为一个密钥字。然后依次把明文流和密钥流中的对应项输入加密函数，产生相应的密文字，由密文字构成密文流输出。即

设明文流为

$$m = m_1 m_2 \cdots m_i \cdots$$

密钥流为

$$k = k_1 k_2 \cdots k_i \cdots$$

则加密算法为

$$c = c_1 c_2 \cdots c_i \cdots = E_{k_1}(m_1) E_{k_2}(m_2) \cdots E_{k_i}(m_i) \cdots$$

解密算法为

$$m = m_1 m_2 \cdots m_i \cdots = D_{k_1}(c_1) D_{k_2}(c_2) \cdots D_{k_i}(c_i) \cdots$$

流密码与另一种对称密钥分组密码技术相比，主要具有以下优点：流密码运算速度非常快，算法在硬件实现时不需要复杂的硬件电路，非常适合于硬件实施；流密码错误扩展小，同步容易，并且加解密可以在缓冲较小的情况下顺利地串行化完成；流密码由于面向不同分组采用不同密钥，可以较好地隐藏明文的统计特征，安全程度较高。

流密码体系主要由密钥流生成器和加(解)密器几个部分组成。密钥流生成器用来生成作为密钥的伪随机序列，在加密过程中用作密钥流。加(解)密器完成对文本消息的实际加(解)密运算操作。流密码通常依据密钥流是否独立于明文流进行分类，可以分为同步流密

码和自同步流密码两种类型。

1. 同步流密码

同步流密码是指密钥流的生成独立于明文流和密文流的流密码。同步流密码要求消息的发送者和接收者使用同一个密钥，并对消息的相同位置进行加解密，即双方必须实现同步才能进行正常的加解密。如果流密码的密文流消息在传输过程中被增删而破坏了双方的同步性，密码系统就无法完成解密。通常系统在同步遭到破坏后，可以通过重新初始化操作来重置同步。防止同步被破坏的方法主要包括：在密文的规则间隔中设置特殊的标记字符，增加明文自身的冗余度使密钥流可以尝试所有可能的偏移来实现解密。如果密文字符在传输过程中被修改但没有字符删除，则仅仅会影响当前信息，并不影响其他密文字符的解密。

同步流密码无法抵御主动攻击者对密文字符进行的插入、删除或重放操作，此时会立即破坏系统的同步性，从而造成消息无法被解密器检测出来。同步流密码必须采用其他附加的技术为数据提供源认证并保证数据的完整性，这主要因为一个主动攻击者可能有针对性地对密文信息中的某些字符进行篡改，并明确地知道这些改动对明文会造成的影响。

2. 自同步流密码

自同步流密码也叫异步流密码，是指密钥流的产生受到明文流和密文流影响的流密码。通常，自同步流密码系统中第 i 个密钥字的生成不仅仅由主密钥独立决定，还要受到前面已经产生的若干个密文的影响。

自同步流密码最大的特点是可以在解密过程中实现自同步。接收端对当前密文字符的解密仅仅依赖于固定个数的已知密文字符，这种密码在消息的同步性遭到插入或删除破坏时，可以对后续密码流自动地重建正确的解密，仅有很少的固定数量明文字符不可恢复。该密码还具有有限错误传播的特性。假设一个自同步流密码的状态依赖于 t 个以前的密文字符，在传输过程中，当一个单独的密文字符被改动（或增加、删除）时，至多有 t 个后续的密文字符解密出错，t 个字符之后消息的解密可自动恢复正确。

自同步流密码同样需要采用一些附加的技术来为数据提供源认证并保证其完整性。虽然在遭到攻击时，自同步流密码可以自动恢复大部分消息的解密，但是无法检测主动攻击者发起的对加密文字的插入、删除、重放等攻击，主动攻击者对密文字符的任何改动都可能引发一些密文字的解密出错，造成与明文不一致。

与同步流密码相比，自同步流密码明文的统计学特征被扩散到了密文中，在防御利用明文冗余度而发起的攻击方面要强于同步流密码，具备了明文统计扩散的特性。

3. 密钥流生成器

目前，密钥流生成器大都是基于移位寄存器实现的，主要是因为移位寄存器结构简单、易于实现且运行速度快，这种基于移位寄存器的密钥流序列通常被称为移位寄存器序列。密钥流生成器通常是由线性移位寄存器（LFSR）和一个非线性组合函数（即布尔函数）组合构成的。

线性移位寄存器的理论早已比较成熟，其中的 m 序列移位寄存器具有良好的伪随机性，所以线性移位寄存器部分的设计相对容易。这样，密钥流生成器的重点与难点就集中在了非线性组合部分的设计与实现上。在二元情况下，非线性组合部分可用一个布尔函数来实现,于是密钥流生成器的研究就归结为对布尔函数的研究。

密钥流生成器设计中,除了安全性以外,还要考虑密钥的易分配、易保管、便于实现和更换以及计算速度。任何密码系统设计要求的安全性越高则设计越复杂,在实际的设计中,这几项要求需要作一定的折中处理。

密钥流生成器生成的密码流安全性有一定的限制,当密码流是完全随机序列时安全保密性能最好,而实际使用的密钥流序列都是密钥流生成器按一定算法生成的伪随机序列,所以并不是真正完善的保密系统。但采用有效算法使生成器所产生的密钥流序列尽可能具有随机序列的关键特征,可以提高系统的安全强度。通常,流密码的密钥流应具有如下特征:

(1) 序列必须具有极大的周期,由于随机序列是非周期的,而按任何算法产生的序列必然是周期的或终归周期的,因此尽可能大的序列周期会增加序列被破解的难度,提高安全性;

(2) 序列必须具有良好的统计分布特性,即满足或部分满足 Golomb 的三个随机性假设①,尽量避免统计攻击;

(3) 密钥流生成器应具有很高的线性复杂度,不能用级数较小的线性移位寄存器近似代替,防止生成方法被攻破;

(4) 密钥流生成器的算法结构和相关信息不能用统计方法在有限条件下计算得到,以尽可能保护密码系统的有效性。

这些要求是序列密码的安全性的必要非充分条件。随着新的攻击方法的出现以及设计密钥流生成器的方法变化,还会对密钥流的特性提出新的要求。

4. 线性反馈移位寄存器

生成一个具有良好特征的密钥流序列的常见方法有:线性移位寄存器 LFSR、非线性移位寄存器 NLFSR、有限自动机、线性同余等方法和混沌密码序列技术。这些方法的总体思路都是通过一个种子密钥(有限长)产生具有足够长周期的、随机性良好的序列。移位寄存器的周期是指输出的密钥序列从开始到再次重复时的长度。只要密钥序列的生成方法和种子密钥相同,就会产生完全相同的密钥流。

反馈移位寄存器(Feedback Shift Register)一般由移位寄存器和反馈函数(Feedback Function)两部分构成。移位寄存器是位序列,具有 n 位长的移位寄存器称为 n 位移位寄存器。移位寄存器通常按位输出最低有效位,它通过所有位都右移一位实现一位输出,寄存器最左边一位的值可根据当前其他位的值计算得到。

线性移位寄存器(Linear Feedback Shift Register,LFSR)是最简单的反馈移位寄存器。寄存器的反馈函数是寄存器中某些位值的简单异或,形成反馈函数的多个位叫做抽头序列,也称为 Fibonacci 配置。

---

① Golomb 的三个随机性假设条件:

(1) 在序列的每个周期内,0 和 1 的个数相差最多为 1;

(2) 在序列的一个周期圈内,长为 i 的游程数占总数的 $1/2^i$(即长为 1 的游程数占总数的 1/2,长为 2 的游程数占总数的 $1/2^2$……),并且在等长的游程中,0 和 1 游程各占一半;

(3) 自相关函数为二值函数。

2.3.2　分组密码

分组密码加密是在密钥的控制之下，将定长的明文块转换成等长密文的技术。分组密码使用同一密钥通过逆向变换来实现解密。当前的许多分组密码采用 64 位分组大小，但为了提高安全性，这一长度可能会增加。

明文信息通常是较长的文档或消息块，大小要比特定的加密分组大得多，在加密时会进行分组并且使用不同的技术或操作方式。加密的主要方法有：电子编码本（ECB）、密码分组链接（CBC）、密码反馈（CFB）或输出反馈（OFB）。ECB 使用同一个密钥简单地将每个明文块一个接一个地进行加密；在 CBC 方式中，每个明文块在加密前先与前一密文块进行"异或"运算，从而增加了复杂程度，可以使某些攻击更难以实施；输出反馈（OFB）方式类似 CFB 方式，但是进行"异或"的量是独立生成的。CBC 方法受到广泛使用，例如 DES(qv)实现中就采用了该方法。

迭代的分组密码是那些在加密过程有多次循环的密码，因此提高了安全性。在每个循环中，可以通过使用特殊的函数从初始密钥派生出的子密钥来进行适当的变换。该附加的计算需求必然会影响加密的速度，因此在安全性需要和执行速度之间存在着一种平衡。天下没有免费的午餐，密码技术也是如此；与其他地方一样，应用适当方法的技巧中有一部分是源于对需要进行的权衡以及如何理解该方法与需求平衡的关系。

分组密码的主流算法包括 DES、IDEA、SAFER、Blowfish 和 Skipjack，其中 Skipjack 算法是"美国国家安全局（US National Security Agency，NSA）"限制器芯片中使用的算法。

国际数据加密算法 IDEA（International Data Encryption Algorithm）是由两位研究员 Xuejia Lai 和 James L. Massey 在苏黎世的 ETH 开发的，一家瑞士公司 Ascom Systec 拥有专利权。IDEA 是作为迭代的分组密码实现的，使用 128 位的密钥和 8 个循环。这比 DES 提供了更多的安全性，但是在选择用于 IDEA 的密钥时，应该排除那些称为"弱密钥"的密钥。DES 只有 4 个弱密钥和 12 个次弱密钥，而 IDEA 中的弱密钥数相当可观，有 2^{51} 个。但是，如果密钥的总数非常大，达到了 2^{128} 个，那么仍有 2^{77} 个安全密钥可供选择。

2.3.3　数据加密标准（DES）

数据加密标准（Data Encryption Standard，DES）是 IBM 的研究成果，是数据加密算法（Data Encryption Algorithm，DEA）的规范描述，在 1997 年被美国政府正式采纳。DES 算法是使用最广泛的密钥系统之一，在各个领域特别是在金融领域数据安全保护中广泛应用，比如银行的自动取款机（Automated Teller Machine，ATM）的数据加密都使用 DES。最初版本的 DES 是嵌入硬件中的，但随着应用范围的扩大也采用软件方式。

DES 算法使用了 56 位的密钥以及附加的 8 位奇偶校验位，形成的分组大小最大为 64 位。DES 算法采用一个迭代的分组密码，实现中使用 Feistel 技术，首先将待加密的文本块分成两半，使用子密钥对其中一半文本应用循环功能，然后将输出与另一半进行"异或"运算；接着交换这两部分文本，这一过程会继续下去。DES 使用了 16 个循环，但最后一个循环不进行交换。

设明文 m 是 0 和 1 组成的长度为 64 位的符号串，密钥 K 也是 64 位的 0 和 1 组成的符

号串，即

$$m = m_1 m_2 \cdots m_i \cdots m_{64}, \quad m_i = 0 \text{ 或 } 1$$
$$K = K_1 K_2 \cdots K_i \cdots K_{64}, \quad K_i = 0 \text{ 或 } 1$$

其中，密钥 K 只有 56 位有效，K_8，K_{16}，K_{24}，$\cdots$，K_{64} 是奇偶校验位，在算法中不起作用。
加密过程为

$$\text{DES}(m) = \text{IP}^{-1} \circ T_{16} \circ T_{15} \circ \cdots \circ T_2 \circ T_1 \circ \text{IP}(m)$$

式中：IP 是初始置换；IP^{-1} 是 IP 的逆置换。

设 $m = m_1 m_2 \cdots m_{64}$，则 IP 置换为

$$\widetilde{m} = m_{58} m_{50} \cdots m_7$$

$\widetilde{m}$ 下标如表 2.2 所示。IP^{-1} 置换为

$$m = \widetilde{m}_{40} \widetilde{m}_8 \widetilde{m}_{48} \cdots \widetilde{m}_{25}$$

表 2.2 初 始 置 换

IP							
58	50	42	34	26	18	10	2
60	52	44	36	28	20	12	4
62	54	46	38	30	22	14	6
64	56	48	40	32	24	16	8
57	49	41	33	25	17	9	1
59	51	43	35	27	19	11	3
61	53	45	37	29	21	13	5
63	55	47	39	31	23	15	7

m 下标如表 2.3 所示。

表 2.3 逆 置 换

IP^{-1}							
40	8	48	16	56	24	64	32
39	7	47	15	55	23	63	31
38	6	46	14	54	22	62	30
37	5	45	13	53	21	61	29
36	4	44	12	52	20	60	28
35	3	43	11	51	19	59	27
34	2	42	10	50	18	58	26
33	1	41	9	49	17	57	25

(1) DES 的加密过程。DES 的迭代过程如图 2.2 所示。初始化换位 IP，是将输入的二进制明文块 T 变换成 $T_0 = \text{IP}(T)$，然后 T_0 经过 16 次函数 f 的迭代，最后通过逆初始换位 IP^{-1} 得到 64 位的二进制密文输出。

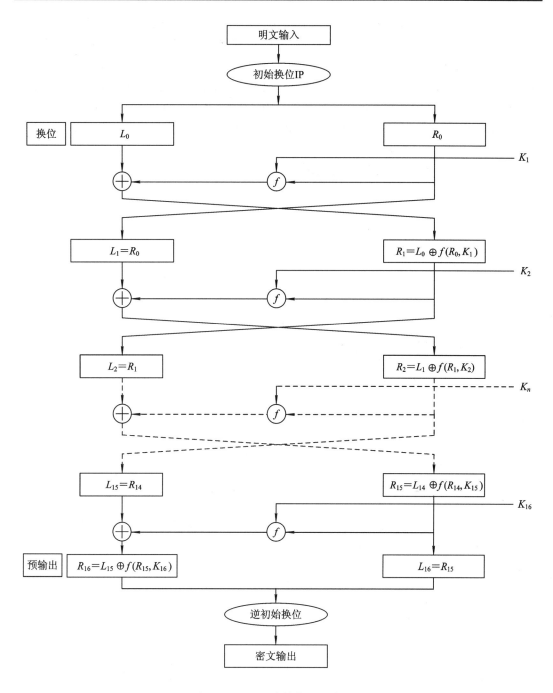

图 2.2　DES 基本结构及迭代过程

两次相邻的迭代之间的关系是：

$$L_i = R_{i-1}$$
$$R_i = L_{i-1} \oplus f(R_{i-1}, K_i)$$

式中：$\oplus$ 表示按位作不进位的加法运算，即 $1 \oplus 0 = 0 \oplus 1 = 1$，$0 \oplus 0 = 1 \oplus 1 = 0$；$K_i$ 表示 48 位的子密钥。

（2）函数 $f(R_{i-1}, K_i)$ 的结构如图 2.3 所示。图 2.3 中 E 是位选择表(见表 2.4)，它将 R_{i-1} 扩展成 48 位二进制块 $E(R_{i=1})$ 然后对 $E(R_{i=1})$ 和 K_i 进行 $\oplus$ 操作，并将结果分成 8 个 6 bit 二进制块 $B_1 B_2 \cdots B_8$，此处 $B_1 B_2 \cdots B_8 = K_i \oplus E(R_{i-1})$，每个 6 位子块 B_i 都是选择(代换)函数 S_i 的输入，其输出是一个 4 位的二进制块。把这些子块合并成 32 位二进制块后，用置换表 P(见表 2.5)将它变成 $P(S_1(B_1) S_2(B_2) \cdots S_8(B_8))$，这就是函数 $f(R_{i-1}, K_i)$ 的输出。每个 S_i 将一个 6 位块 $B_i = b_1 b_2 \cdots b_6$ 转换成一个 4 位块(见表 2.6)，与 b_1、b_6 对应的整数确定表中的行号，与 b_2、b_3、b_4、b_5 相对应的整数确定表中的列号，$S_i(B_i)$ 的值就是位于该行和该列的整数的 4 位二进制表示形式。

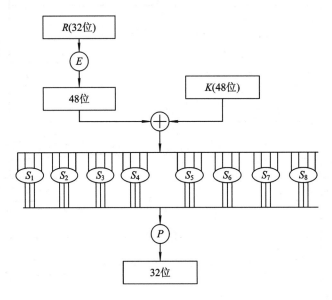

图 2.3 DES 中间变换过程

表 2.4 位选择表

E					
32	1	2	3	4	5
4	5	6	7	8	9
8	9	10	11	12	13
12	13	14	15	16	17
16	17	18	19	20	21
20	21	22	23	24	25
24	25	26	27	28	29
28	29	30	31	32	1

表 2.5 换位表

P			
16	7	20	21
29	12	28	17
1	15	23	26
5	18	31	10
2	8	24	14
32	27	3	9
19	13	30	6
22	11	4	25

表 2.6　选择（替代）函数 S

S_1	14	4	13	1	2	15	11	8	3	10	6	12	5	9	**0**	7
	0	15	7	4	14	2	13	1	10	6	12	11	9	5	3	8
	4	1	14	8	13	6	2	11	15	12	9	7	3	10	5	**0**
	15	12	8	2	4	9	1	7	5	11	3	14	10	**0**	6	13
S_2	15	1	8	14	6	11	3	4	9	7	2	13	12	**0**	5	10
	3	13	4	7	15	2	8	14	12	**0**	1	10	6	9	11	5
	0	14	7	11	10	4	13	1	5	8	12	6	9	3	2	15
	13	8	10	1	3	15	4	2	11	6	7	12	**0**	5	14	9
S_3	10	**0**	9	14	6	3	15	5	1	13	12	7	11	4	2	8
	13	7	**0**	9	3	4	6	10	2	8	5	14	12	11	15	1
	13	6	4	9	8	15	3	**0**	11	1	2	12	5	10	14	7
	1	10	13	**0**	6	9	8	7	4	15	14	3	11	5	2	12
S_4	7	13	14	3	**0**	6	9	10	1	2	8	5	11	12	4	15
	13	8	11	5	6	15	**0**	3	4	7	2	12	1	10	14	9
	10	6	9	**0**	12	11	7	13	15	1	3	14	5	2	8	4
	3	15	**0**	6	10	1	13	8	9	4	5	11	12	7	2	14
S_5	2	12	4	1	7	10	11	6	8	5	3	15	13	**0**	14	9
	14	11	2	12	4	7	13	1	5	**0**	15	10	3	9	8	6
	4	2	1	11	10	13	7	8	15	9	12	5	6	3	**0**	14
	11	8	12	7	1	14	2	13	6	15	**0**	9	10	4	5	3
S_6	12	1	10	15	9	2	6	8	**0**	13	3	4	14	7	5	11
	10	15	4	2	7	12	9	5	6	1	13	14	**0**	11	3	8
	9	14	15	5	2	8	12	3	7	**0**	4	10	1	13	11	6
	4	3	2	12	9	5	15	10	11	14	1	7	6	**0**	8	13
S_7	4	11	2	14	15	**0**	8	13	3	12	9	7	5	10	6	1
	13	**0**	11	7	4	9	1	10	14	3	5	12	2	15	8	6
	1	4	11	13	12	3	7	14	10	15	6	8	**0**	5	9	2
	6	11	13	8	1	4	10	7	9	5	**0**	15	14	2	3	12
S_8	13	2	8	4	6	15	11	1	10	9	3	14	5	**0**	12	7
	1	15	13	8	10	3	7	4	12	5	6	11	**0**	14	9	2
	7	11	4	1	9	12	14	2	**0**	6	10	13	15	3	5	8
	2	1	14	7	4	10	8	13	15	12	9	**0**	3	5	6	11

密钥 K_i 是由初始密钥推导得到的，初始密钥 K 是一个 64 位的二进制块，其中 8 位是奇偶校验位，分别位于第 8、16、……、64 位。子密钥换位函数 PC-1 把这些奇偶校验去掉，并把剩下的 56 位进行换位，如表 2.4 所示。换位后的结果 PC-1(K) 被分成两半 C 和 D，各有 28 位，令 C_i 和 D_i 分别表示推导 K_i 时所用的 C 和 D 的值，变换公式如下：

$$C_i = \text{LS}(C_{i-1})$$
$$D_i = \text{LS}(D_{i-1})$$

式中：LS 是循环左移位变换，其中 LS_1、LS_2、LS_9、LS_{16} 是循环左移一位变换，其余的 LS_i 是循环左移两位变换；C_0、D_0 是 C 和 D 的初始值。最后，通过子密钥变换函数 PC-2 (Permuted Choice 2，交换选择 2)压缩。子密钥换位函数 PC-1 和 PC-2 如表 2.7 和表 2.8 所示。去掉 8 位后，为 16 个循环阶段中某个阶段生成 48 作为密钥：

$$K_i = \text{PC-2}(C_i, D_i)$$

表 2.7　子密钥换位函数 PC-1

57	49	41	33	25	17	9
1	58	50	42	34	26	18
10	2	59	51	43	35	27
19	11	3	60	52	44	36
63	55	47	39	31	23	15
7	62	54	46	38	30	22
14	6	61	53	45	37	29
21	13	5	28	20	12	4

表 2.8　子密钥换位函数 PC-2

14	17	11	24	1	5
3	28	15	6	21	10
23	19	12	4	26	8
16	7	27	20	13	2
41	52	31	37	47	55
30	40	51	45	33	48
44	49	39	56	34	53
46	42	50	36	29	32

解密算法和加密算法相同，但是它使用的子密钥顺序是相反的。第一次是用 K_{16}，第 2 次迭代用 K_{15}，最后一次用 K_1，这是因为最终换位 IP^{-1} 是初始换位 IP 的逆置换且

$$R_{i-1} = L_i$$
$$L_{i-1} = R_i \oplus f(L_i, K_i)$$

DES 代换使得输出成为输入的非线性函数，换位扩展了输出对输入的依赖性。

2.3.4　高级加密标准(AES)

随着计算机网络及互联网的广泛普及，人们更加关注通信过程中的安全加密技术。鉴于随着未来计算能力的提高，DES 密码系统可能会被破解，DES 加密技术已经难于满足长期高安全性的加密要求。美国国家标准与技术协会于 1997 年公开征集新一代加密算法，希望能找到一种新的加密算法，选定的算法最终会形成高级加密标准(Advanced Encryption Standard，AES)。新的加密算法要求满足四个基本条件：运算速度要比三重 DES 更快；安全强度不低于三重 DES；数据分组长度采用 128 位；密钥可支持 128/192/256 位等多种长度。

1998 年 8 月，在首届 AES 会议上公布了 15 个候选算法。1999 年 8 月，最终确定了 5 个算法作为候选方案进一步提交讨论，候选算法包括：RC6、Rijndael、Twofish、MARS、Serpent。最后在 2000 年 10 月，选定演算法 Rijndael 作为 AES 的标准算法。最终选定的 Rijndael 算法最初由比利时的 Joan Daemen 和 Vincent Rijmen 提出，是一个分组密码算法，其分组长度和密钥长度相互独立，都可以改变，分组长度可以支持 128 位、192 位、256 位明文分组长度。美国国家标准与技术协会对算法进行了一定的修改以简化其复杂度，修改后的算法只提供 128 位的明文分组长度，能符合目前的各种主流应用环境。

最终形成的 AES 算法是一个对称密钥的分组密码，是一个采用迭代的反复重排方式来实现加解密的演算法，以 128 位(16 字节)分组大小加密和解密数据。算法采用的密钥长度有 128、192、256 位三种，分别形成 AES - 128、AES - 192、AES - 256 系统。AES 标准已成为美国国家标准与技术协会用于加密电子数据的规范，由于采用了新的加密算法，可以更好地保护金融、电信和政府数字信息的安全。

1. AES 算法的概念

AES 算法的输入和输出都是长度为 128 bit 的序列串，序列中每个位的值为 0 或 1。这些序列在算法中称为数据分组(block)，序列包含的位(bit)数也称为分组长度。AES 算法使用 128 bit、192 bit 或 256 bit 长度的密钥。算法不支持其他的输入、输出长度和密钥长度。

在讨论 AES 具体算法之前，需要定义一系列基本的概念。

1) 字节(byte)

AES 算法中的基本运算单位是字节(byte)，即作为一个整体的 8 bit 二进制序列。算法的输入数据、输出数据和密钥都以字节为单位，明文、密钥和密文数据串被分割成一系列 8 个连续比特的分组，并形成字节数组。假设一个 8 字节的分组 b 是由字节序列 $\{b_7, b_6, b_5, b_4, b_3, b_2, b_1, b_0\}$ 所组成的，则可将 b_i 看做一个 7 次多项式 $b(x)$ 的系数，即

$$b(x) = b_7 x^7 + b_6 x^6 + b_5 x^5 + b_4 x^4 + b_3 x^3 + b_2 x^2 + b_1 x^1 + b_0$$

式中，$b_i \in \{0, 1\}$。

例如，$\{01010111\}$ 表示成多项式为

$$x^6 + x^4 + x^2 + x + 1$$

也可以使用十六进制符号来表示字节值，将每 4 bit 表示成一个符号便于记忆。例如，$\{01010111\} = \{57\}$。

2）字节数组

输入序列按字节划分，表示形式如下：

$$\{a_0 a_1 a_2 a_3 a_4 a_5 a_6 a_7 a_8 a_9 a_{10} a_{11} a_{12} a_{13} a_{14} a_{15}\}$$

假设将 128 位输入串 $\{input_0，input_1，input_2，input_3，input_4，input_5，\cdots，input_{127}\}$ 划分成字节，字节和字节内的比特按照如下方式排序：

$$a_0 = \{input_0，input_1，input_2，input_3，input_4，input_5，input_6，input_7\}$$
$$a_1 = \{input_8，input_9，input_{10}，input_{11}，input_{12}，input_{13}，input_{14}，input_{15}\}$$
$$\vdots$$
$$a_{15} = \{input_{120}，input_{121}，\cdots，input_{127}\}$$

用一般式表示：$a_n = \{input_{8n}，input_{8n+1}，\cdots，input_{8n+7}\}$，其中 $0 \leqslant n \leqslant 15$。

3）状态（State）

AES 算法的运算都是在一个二维字节数组上完成的，这个数组称为状态。当输入的明文序列转换成字节数组后，进一步将一维的字节数组内容转换为二维排列，就形成了状态矩阵。一个状态矩阵由四行组成，每一行包括 Nb 个字节，Nb 的值等于分组长度除以 32。状态矩阵用 s 表示，每一个字节的位置由行号 r（范围是 $0 \leqslant r < 4$）和列号 c（范围是 $0 \leqslant c < Nb$）惟一确定，记为 $s_{r,c}$ 或 $s[r, c]$。在 AES 标准中状态矩阵参数 Nb=4，即 $0 \leqslant c < 4$。

算法在加密和解密的准备阶段，将输入的字节数组 $\{in_0 in_1 in_2 in_3 in_4 \cdots in_{15}\}$ 复制到图 2.4 所示的状态矩阵中。加密或解密的运算都在该状态矩阵上进行，最后的计算结果输出并复制到输出字节数组 $\{out_0 out_1 out_2 out_3 out_4 \cdots out_{15}\}$ 中。

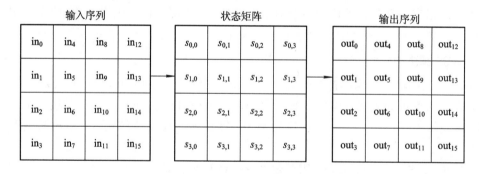

图 2.4　AES 加解密状态矩阵运算

在加密和解密的初始阶段，输入数组 $\{in_0 in_1 in_2 in_3 in_4 \cdots in_{15}\}$ 转化成状态矩阵的公式如下：

$$s[r, c] = in[r + 4c]$$

式中：$0 \leqslant r < 4$；$0 \leqslant c < Nb$。

在加密和解密的完成阶段，状态矩阵采用以下规则转换，结果存储在输出数组 out 中：

$$out[r + 4c] = s[r, c]$$

其中 $0 \leqslant r < 4$，$0 \leqslant c < Nb$。

4）状态矩阵列数组

状态矩阵中每一列的 4 个字节是一个 32 位长的字，行号 r 是这个字中每个字节的索引，因此状态矩阵可以看做 32 位字（列）长的一维数组，列号 c 是该数组的列索引。由此上例中的状态可以看做 4 个字组成的数组，表示如下：

$$w_0 = s_{0,0}s_{1,0}s_{2,0}s_{3,0}$$
$$w_1 = s_{0,1}s_{1,1}s_{2,1}s_{3,1}$$
$$w_2 = s_{0,2}s_{1,2}s_{2,2}s_{3,2}$$
$$w_3 = s_{0,3}s_{1,3}s_{2,3}s_{3,3}$$

2. 有限域基本数学运算

AES 算法的基本思想是基于置换和代替变换的演算方法。其中，置换是对数据的重新排列，而代替则是用数据替换另一个。AES 算法中的所有字节按照每 4 位表示成有限域 $GF(2^8)$ 中的一个元素。这个有限域元素可以进行加减法和乘法运算，但是这些运算不同于代数中使用的运算。下面介绍有限域相关算法的基本数学概念。

1）加减法

在有限域中，多项式的加法运算定义为两个元素对应多项式相同位置指数项相应系数的"加法"。简单地说，有限域 $GF(2^8)$ 的加法是按位进行异或 XOR 运算（记为 $\oplus$），即模 2 加，$1 \oplus 1 = 0$，$1 \oplus 0 = 1$，$0 \oplus 0 = 0$。多项式减法与多项式加法的规则相同。例如：

$$\{57\} + \{83\} = (01010111)_2 \oplus (10000011)_2 = (11010100)_2 = \{D4\}$$

以多项式表示加法的计算过程如下：

$$(x^6 + x^4 + x^2 + x + 1) + (x^7 + x + 1) = x^7 + x^6 + x^4 + x^2$$

2）乘法

有限域 $GF(2^8)$ 的乘法运算也可以用多项式表示。乘法运算很容易造成溢出问题，解决的方法是多项式相乘后再模一个不可分解的多项式。因此 AES 算法在有限域 $GF(2^8)$ 上的乘法（记为 · ）定义为多项式的乘积再模一个次数为 8 的不可约多项式 $m(x)$，$m(x)$ 的内容为

$$m(x) = x^8 + x^4 + x^3 + x + 1$$

或是 $\{11B\}$。

例如：

$$\{57\} \cdot \{83\} = (x^6 + x^4 + x^2 + x + 1) \cdot (x^7 + x + 1)$$
$$= (x^{13} + x^{11} + x^9 + x^8 + x^6 + x^5 + x^4 + x^3 + x + 1) \bmod (x^8 + x^4 + x^3 + x + 1)$$
$$= x^7 + x^6 + 1 = (11000001)_2 = \{C1\}$$

3）乘以 x

在有限域 $GF(2^8)$ 中，二元多项式乘以 x，即乘以 2；若将一多项式 $b(x)$ 乘上 x，其结果可以表示为

$$b_7 x^8 + b_6 x^7 + b_5 x^6 + b_4 x^5 + b_3 x^4 + b_2 x^3 + b_1 x^2 + b_0 x^1$$

将上述结果模 $m(x)$ 即可得到 $x \cdot b(x)$ 的结果。

如果得到的结果序列中 $b_7 = 0$，则不会出现结果溢出问题，将该结果整体左移一位并在最末位补 0，就得到模运算后的形式；如果结果中 $b_7 = 1$，就需要左移一位后再模多项式 $m(x)$。

有限域的乘 x（即 $\{00000010\}$ 或 $\{02\}$）运算可通过字节级别的左移和与 $\{1b\}$ 进行有条件的按位异或来实现，该操作记为 $x \cdot \{02\}$ 或 $b = \mathrm{xtime}(a)$。x 的高次幂乘法可以通过多次重复使用 xtime() 来完成，计算的中间结果相加，可以实现任意常数的乘法。利用此特性，可

将有限域乘法运算转换为有限域加法运算。例如：

$$\{57\} \cdot \{13\} = \{FE\}$$
$$\{57\} \cdot \{02\} = xtime(\{57\}) = \{AE\}$$
$$\{57\} \cdot \{04\} = xtime(\{AE\}) = \{47\}$$
$$\{57\} \cdot \{08\} = xtime(\{47\}) = \{8E\}$$
$$\{57\} \cdot \{10\} = xtime(\{8E\}) = \{07\}$$

$$\{57\} \cdot \{13\} = \{57\} \cdot \{01 \oplus 02 \oplus 10\} = \{57\} \oplus \{AE\} \oplus \{07\} = \{FE\}$$

4）系数在 GF(2^8) 域的特殊多项式运算

给定字符向量转换为系数在有限域 GF(2^8) 中的多项式 $a(x) = a_3 x^3 + a_2 x^2 + a_1 x + a_0$，它可以用 $[a_0, a_1, a_2, a_3]$ 形式表示。该多项式与有限域元素定义中使用的多项式操作不同，此处的系数本身就是有限域元素，即是字节(byte)而不是比特(bit)，系数本身可以用另一个有限域多项式表示。特殊的四项多项式的乘法可使用不同的模多项式 $M(x) = x^4 + 1$。系数在有限域 GF(2^8) 中的多项式运算主要有乘法和乘以 x 两种。

（1）给定多项式 $b(x) = b_3 x^3 + b_2 x^2 + b_1 x + b_0$，计算 $a(x)$ 与 $b(x)$ 相乘。令 $d(x) = a(x) \otimes b(x) = d_3 x^3 + d_2 x^2 + d_1 x + d_0$，即

$$d_0 = a_0 \cdot b_0 \oplus a_3 \cdot b_1 \oplus a_2 \cdot b_2 \oplus a_1 \cdot b_3$$
$$d_1 = a_1 \cdot b_0 \oplus a_0 \cdot b_1 \oplus a_3 \cdot b_2 \oplus a_2 \cdot b_3$$
$$d_2 = a_2 \cdot b_0 \oplus a_1 \cdot b_1 \oplus a_0 \cdot b_2 \oplus a_3 \cdot b_3$$
$$d_3 = a_3 \cdot b_0 \oplus a_2 \cdot b_1 \oplus a_1 \cdot b_2 \oplus a_0 \cdot b_3$$

其向量表示为

$$\begin{bmatrix} d_0 \\ d_1 \\ d_2 \\ d_3 \end{bmatrix} = \begin{bmatrix} a_0 & a_3 & a_2 & a_1 \\ a_1 & a_0 & a_3 & a_2 \\ a_2 & a_1 & a_0 & a_3 \\ a_3 & a_2 & a_1 & a_0 \end{bmatrix} \begin{bmatrix} b_0 \\ b_1 \\ b_2 \\ b_3 \end{bmatrix}$$

（2）计算 $b(x)$ 乘以 x。令 $c(x) = x \otimes b(x) = b_2 x^3 + b_1 x^2 + b_0 x + b_3$，则

$$\begin{bmatrix} c_0 \\ c_1 \\ c_2 \\ c_3 \end{bmatrix} = \begin{bmatrix} 0 & 0 & 0 & 0 & 0 & 0 & 0 & 1 \\ 0 & 1 & 0 & 0 & 0 & 0 & 0 & 0 \\ 0 & 0 & 0 & 1 & 0 & 0 & 0 & 0 \\ 0 & 0 & 0 & 0 & 0 & 1 & 0 & 0 \end{bmatrix} \begin{bmatrix} b_0 \\ b_1 \\ b_2 \\ b_3 \end{bmatrix}$$

由于多项式 $M(x) = x^4 + 1$ 在 GF(2^8) 下可能不是可约多项式，因此如果任意给定一个四次多项式，在模 $M(x)$ 下不一定存在一个对应的乘法反多项式。在 AES 算法中，采用一个乘法反多项式的固定多项式来解决这个问题，算法使用的四次多项式 $a(x)$ 及反多项式 $a^{-1}(x)$ 有 $a(x)a^{-1}(x) = 1 \bmod (x^4 + 1)$ 关系。

3. AES 加密

原始的 Rijndael 加密算法是分组长度可变、密钥长度也可变的分组密码形式，但 AES 算法经过修改已经有所不同，只支持几种特定的长度。在 AES 算法中规定了输入分组、输出分组、状态长度都是 128 位，即对应的 Nb=4，该值反应了状态中 32 bit 字的个数；密钥 k 的长度只能是 128 位、192 位或 256 位。不同密钥长度对应的 Nk=4、6 或 8，反映了密钥

中 32 位字的个数(列数)。

对于 AES 算法,算法的轮数 Nr 依赖于密钥长度,当 Nk＝4 时,Nr＝10;当 Nk＝6 时,Nr＝12;当 Nk＝8 时,Nr＝14。与 Rijndael 标准相比较,可以使用的密钥长度、分组长度、轮数的组合如表 2.9 所示。

表 2.9　AES 密钥长度、分组长度、轮数的组合表

轮数(Round)	AES 分组长度 128	Rijndael 分组长度 192	Rijndael 分组长度 256
Key 长度 128	10	12	14
Key 长度 192	12	12	14
Key 长度 256	14	14	14

数据加密过程首先将输入信息复制到状态矩阵中,然后将密钥 k_0 和待加密信息按位相与,完成初始轮子密钥的加密过程。然后将所有要加密的数据分组都使用轮函数 F 进行迭代计算,计算过程中使用的子密钥是由密钥扩展函数产生的,用来生成子密钥的初始密钥是主密钥。AES 算法中函数 F 要进行 Nr 次迭代,根据密钥长度不同,轮函数执行次数 Nr 值可能是 10、12 或 14。每轮计算包含 4 个步骤,最后一轮包含 3 个步骤。AES 的总体结构如图 2.5 所示。

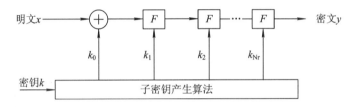

图 2.5　AES 迭代

图 2.5 中待加密的数据序列被按组划分成一个字节阵列,每次加密操作针对字节进行。运算流程中轮函数分 4 层。第一层是由 16 个 S 盒并置而成的非线性层,起到数据混淆的作用。第二和第三层是线性混合层,阵列行被移位,列被混叠,确保多轮计算中数据的高度扩散。在第四层,使用子密钥字节,对阵列中的每个字节进行异或操作,在本层中不需要进行列的混叠。最后的状态矩阵被复制并转换输出。轮函数使用密钥扩展算法实现参数化,密钥编排是由密钥扩展得到的 4 bit 字节的数组组成的。

AES 加密的具体过程为首先初始化,产生初始密码,通过拷贝 16 字节的输入数组到 4×4 字节状态矩阵中,将一个分组长度的输入序列转化为状态矩阵,同时使用主密钥生成子密钥用于数据加密;状态矩阵通过与子密钥按位与运算完成初始变换;加密算法中预备阶段的处理步骤称为轮密钥加变换(AddRoundKey)。轮密钥加变换用密钥调度表中的前四行对状态矩阵逐个字节进行异或(XOR)操作,并用轮密钥表 $w[r,c]$ 异或输入状态矩阵 State$[r,c]$。

AES 算法的主循环对状态矩阵执行四个不同的变换和替代操作,分别是字节替换变换(SubBytes)、行位移变换(ShiftRows)、列混叠变换(MixColumns)和轮密钥加变换(AddRoundKey),最终循环 Nr 次得到密文输出,如图 2.6 所示。

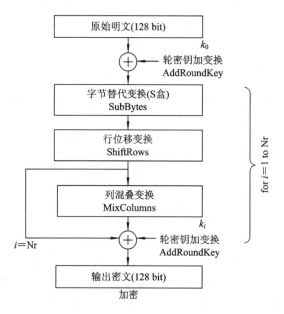

图 2.6　AES 加密过程

下面讲述 AES 算法中的主要变换和替代计算方法。

1）字节替换变换（SubBytes）

字节替换变换是一个非线性可逆变换，针对状态矩阵中的每个字节利用替代表（S 盒）进行运算，表示为 SubBytes(State)，也称仿射变换。字节替换变换采用可逆的 S 盒，计算过程主要由两个变换复合而成。两个变换的内容如下：

（1）选取有限域 $GF(2^8)$ 上的乘法逆运算，其中，元素 $\{00\}$ 映射到它自身。

（2）应用如下算法完成一有限域 $GF(2^8)$ 上的仿射变换：

$$b' = b_i \oplus b_{(i+4)\bmod 8} \oplus b_{(i+5)\bmod 8} \oplus b_{(i+6)\bmod 8} \oplus b_{(i+7)\bmod 8} \oplus b_{(i+8)\bmod 8} \oplus c_i$$

算法中当 $0 \leqslant i < 8$ 时，b_i 是字节的第 i 个比特，c_i 是值为 $\{63\}$ 即 $\{01100011\}$ 的字节 c 数组的第 i 个比特。算法描述中以 b' 表示该变量将用右侧的值更新。

首先，将字节数据看成 $GF(2^8)$ 上的元素，进行模 $m(x)$ 运算映射到自己的乘法逆，0 映射到自身；其次，作 $GF(2^8)$ 的仿射变换，该变换过程可逆。预先将 $GF(2^8)$ 上的每个元素通过查表作 SubBytes 变换，形成 S 盒。AES 算法中的 S 盒与 DES 算法不同，AES 的 S 盒具有一定的代数结构，而 DES 算法中是人为指定构造的。

S 盒的仿射变换以矩阵的形式可表示为

$$
\begin{bmatrix} b'_0 \\ b'_1 \\ b'_2 \\ b'_3 \\ b'_4 \\ b'_5 \\ b'_6 \\ b'_7 \end{bmatrix}
=
\begin{bmatrix}
1 & 0 & 0 & 0 & 1 & 1 & 1 & 1 \\
1 & 1 & 0 & 0 & 0 & 1 & 1 & 1 \\
1 & 1 & 1 & 0 & 0 & 0 & 1 & 1 \\
1 & 1 & 1 & 1 & 0 & 0 & 0 & 1 \\
1 & 1 & 1 & 1 & 1 & 0 & 0 & 0 \\
0 & 1 & 1 & 1 & 1 & 1 & 0 & 0 \\
0 & 0 & 1 & 1 & 1 & 1 & 1 & 0 \\
0 & 0 & 0 & 1 & 1 & 1 & 1 & 1
\end{bmatrix}
\begin{bmatrix} b_0 \\ b_1 \\ b_2 \\ b_3 \\ b_4 \\ b_5 \\ b_6 \\ b_7 \end{bmatrix}
+
\begin{bmatrix} 1 \\ 1 \\ 0 \\ 0 \\ 0 \\ 1 \\ 1 \\ 0 \end{bmatrix}
$$

S 盒的仿射变换 SubBytes() 在状态矩阵上的变换功能如图 2.7 所示。

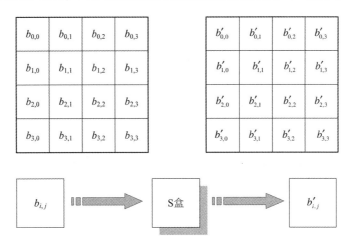

图 2.7　S 盒的单字节仿射变换

实际运算时，此函数可以通过查表快速获得对应变换值，替代变换的替代值如表 2.10 所示。例如 $b_{1,1} = \{53\}$，查替代值表，找到第 5 列第 3 行，对应数值为 $\{ed\}$，表示经过字节替代变换后，$b'_{1,1} = \{ed\}$。

表 2.10　S 盒中字节 x, y 的替代值（十六进制格式）

		y														
		0	1	2	3	4	5	6	7	8	9	a	b	c	d	e	f
	0	63	7c	77	7b	f2	6b	6f	c5	30	01	67	2b	fe	d7	ab	76
	1	ca	82	c9	7d	fa	59	47	f0	ad	d4	a2	af	9c	a4	72	c0
	2	b7	fd	93	26	36	3f	f7	cc	34	a5	e5	f1	71	d8	31	15
	3	04	c7	23	c3	18	96	05	9a	07	12	80	e2	eb	27	b2	75
	4	09	83	2c	1a	1b	6e	5a	a0	52	3b	d6	b3	29	e3	2f	84
	5	53	d1	00	ed	20	fc	b1	5b	6a	cb	be	39	4a	4c	58	cf
	6	d0	ef	aa	fb	43	4d	33	85	45	f9	02	7f	50	3c	9f	a8
x	7	51	a3	40	8f	92	9d	38	f5	bc	b6	da	21	10	ff	f3	d2
	8	cd	0c	13	ec	5f	97	44	17	c4	a7	7e	3d	64	5d	19	73
	9	60	81	4f	dc	22	2a	90	88	46	ee	b8	14	de	5e	0b	db
	a	e0	32	3a	0a	49	06	24	5c	c2	d3	ac	62	91	95	e4	79
	b	e7	c8	37	6d	8d	d5	4e	a9	6c	56	f4	ea	65	7a	ae	08
	c	ba	78	25	2e	1c	a6	b4	c6	e8	dd	74	1f	4b	bd	8b	8a
	d	70	3e	b5	66	48	03	f6	0e	61	35	57	b9	86	c1	1d	9e
	e	e1	f8	98	11	69	d9	8e	94	9b	1e	87	e9	ce	55	28	df
	f	8c	a1	89	0d	bf	e6	42	68	41	99	2d	0f	b0	54	bb	16

2）行位移变换（ShiftRows）

行位移变换（ShiftRows）是在状态矩阵的行上进行的。状态阵列的后 3 行分别以 c_i 位移大小循环移位。其中，第 0 行 $c_0 = 0$，即保持不变；第 1 行循环移位 c_1 字节；第 2 行循环移位 c_2 字节；第 3 行循环移位 c_3 字节。运算结果是将行中的字节移向较低位，最低位的字节循环移动至行的最高位，如图 2.8 所示。128 位状态矩阵的 ShiftRows 行位移变换操作如图 2.9 所示。

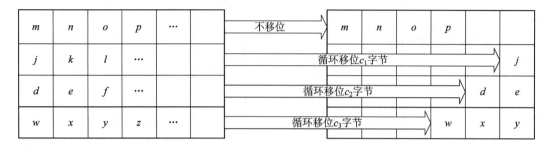

图 2.8 ShiftRows 对状态矩阵的行操作

图 2.9 128 位状态矩阵的 ShiftRows 行位移变换操作

偏移量 c_1、c_2、c_3 与分组长度 Nb 有关，不同分组长度的行位移变换偏移量如表 2.11 所示。

表 2.11 不同分组长度的行位移变换偏移量

Nb	c_1	c_2	c_3
4	1	2	3
6	1	2	3
8	1	3	4

3) 列混叠变换(MixColumn)

列混叠变换(MixColumns)在状态矩阵上，按照每一列分别进行运算，并将每一列看做有限域四次多项式，即将状态的列看做 $GF(2^8)$ 上的多项式 $a(x)$ 与多项式 $c(x)$ 相乘，计算结果对固定多项式 $M(x)=x^4+1$ 取模。多项式 $c(x)$ 表示为

$$c(x) = \{03\}x^3 + \{01\}x^2 + \{01\}x + \{02\}$$

其中，系数是用十六进制表示的，并且 $c(x)$ 与 x^4+1 互质。

令 $b(x)=c(x)\otimes a(x)\bmod(x^4+1)$，由于 $x^1 \bmod (x^4+1)=x^{1 \bmod 4}$，故有：

$$b_0 = c_0 \cdot a_0 \oplus c_3 \cdot a_1 \oplus c_2 \cdot a_2 \oplus c_1 \cdot a_3$$
$$b_1 = c_1 \cdot a_0 \oplus c_0 \cdot a_1 \oplus c_3 \cdot a_2 \oplus c_2 \cdot a_3$$
$$b_2 = c_2 \cdot a_0 \oplus c_1 \cdot a_1 \oplus c_0 \cdot a_2 \oplus c_3 \cdot a_3$$
$$b_3 = c_3 \cdot a_0 \oplus c_2 \cdot a_1 \oplus c_1 \cdot a_2 \oplus c_0 \cdot a_3$$

写成矩阵表示形式为

$$\begin{bmatrix} b_0 \\ b_1 \\ b_2 \\ b_3 \end{bmatrix} = \begin{bmatrix} 02 & 03 & 01 & 01 \\ 01 & 01 & 03 & 01 \\ 01 & 01 & 02 & 03 \\ 03 & 01 & 01 & 02 \end{bmatrix} \begin{bmatrix} a_0 \\ a_1 \\ a_2 \\ a_3 \end{bmatrix}$$

列混叠变换(MixColumns)的过程如图 2.10 所示。

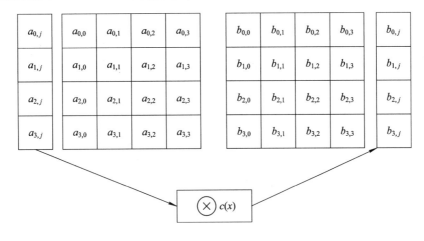

图 2.10　列混叠变换 MixColumns

4) 轮密钥加变换(AddRoundKey)

在轮密钥加变换中,用轮密钥与状态矩阵按比特进行异或(XOR)操作。轮密钥是通过主密钥生成的子密钥,为了便于计算,轮密钥的长度等于分组长度,每一个轮密钥由 Nb 个字组成。轮密钥加变换过程如图 2.11 所示。

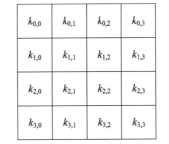

图 2.11　轮密钥加变换

5) 密钥扩展算法

迭代计算过程中使用的轮密钥(子密钥)k_i,是利用第 $i-1$ 轮的轮密钥和密钥 k_0 用密钥扩展函数计算生成的。通过密钥扩展计算总共生成 Nb(Nr+1)个密钥字。该算法需要使用 Nb 个字组成的初始集合,Nr 轮中的每一轮计算需要 Nb 个字的密钥。密钥编排结果由一个 4 bit 字的线性数组组成,记为[w_i],其中 $0 \leqslant i <$ Nb(Nr+1),主密钥生成(Nr+1)Nb 个字的轮密钥数组。密钥扩展函数原理如图 2.12 所示。

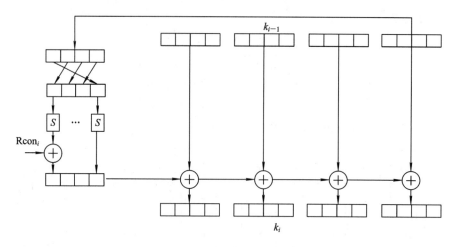

图 2.12　Nk＝4 的密钥扩展函数原理

图 2.12 中 16 个字节的密钥划分为 4 组处理，每组包括 4 个字节。最后一组的 4 个字节由函数 S 进行替换处理(这个 S 函数和用 F 函数进行迭代处理时的 S 函数是一样的)。最初 4 个字节的结果和系数相加，系数的值是预先定义的，并且与轮数有关。最终把得到的 4 个字节的结果和第 $i-1$ 轮密钥的 4 个字节按位相加得到 k_i，再与第 $i-1$ 轮密钥的 4 个字节按位相加，如此类推完成计算。

4. AES 解密

AES 的解密算法与加密算法不同，是加密过程的逆运算。解密算法中各个变换的操作顺序与加密算法不同，但是加密和解密算法中的密钥编排形式是一致的。AES 算法的若干性质保证了可以构造一个等价的解密算法，解密时各个变换的操作顺序与加密时相反(由逆变换取代原来的变换)。解密算法中使用的变换依次为列混叠(InvMixColumns)变换、逆行位移变换(InvShiftRows)、逆字节替换变换(InvSubBytes)和轮密钥加变换(AddRound-Key)，变换作用在密文序列对应的状态矩阵上。具体的解密过程如图 2.13 所示。

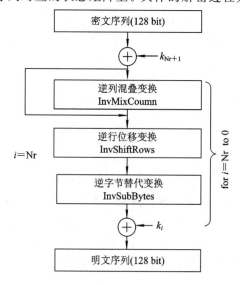

图 2.13　AES 解密过程

2.4 公钥(非对称)密码体制

公开密钥密码体制也称为非对称密码体制,是现代密码学中革新性的研究成果和重要进展。公开密钥算法于 1976 年由美国斯坦福大学的迪菲(Diffie)和赫尔曼(Hellman)提出,公开密钥密码体制的原理是加密过程中使用不相同的加密密钥和解密密钥,并且无法从其中一个密钥推算出另一个。

公开密钥密码的优点是不需要传递用户私人的解密密钥,简化了密钥管理。公钥体制采用的算法有时也称为公开密钥算法(或简称为公钥算法)。非对称密码体制的安全性取决于所采用的难以解决的数学问题是否会被攻破,大整数因式分解是一种常用手段。

2.4.1 公钥密码体制的基本概念

公钥体制下,一个用户可以将自己设计的加密公钥和加密算法对外公布,而只保留解密用的私钥。任何人都可以获取这个用户的加密公钥和加密算法,并向该用户发送加密过的信息,该用户接收后可以使用私钥还原消息。在这个公钥加解密的过程中,会涉及到公私密钥对、数字证书以及电子签证机关等主要内容。

1. 密钥对

在基于公钥体系的安全加密系统中,密钥生成过程每次都产生一个公钥和一个私钥,形成加密和解密的密钥对。在实际应用中,私钥由用户私人保存,而公钥则通过某种手段对外公布。公钥体系的基础问题是公钥的分发与管理,这是电子商务等业务系统能够广泛应用的基础。一个集体如果成员之间可以互信,比如 A 和 B 两人形成小集体,他们之间完全互信并直接交换公钥,在互联网上进行保密通信,不存在密钥和身份安全问题。这个集体再稍微扩大一点,成员之间有基本的信任关系,虽然从法律角度讲这种信任有一定风险,但通常也可以完成安全通信。如果在开放环境下,如互联网环境下,通信双方缺乏基本的信任关系,并且存在大量的恶意用户,密钥和身份的信任问题就成了一个大问题。

2. 数字证书

公开密钥体系需要在开放环境下使用,公钥加密体系采取将公钥和公钥的主人名字联系在一起的方法,再请一个有信誉的公正权威机构对每个公钥和所有者身份进行确认,确认后的公钥信息加上这个权威机构的签名,就形成了数字证书,也称为证书。由于证书上有权威机构的签字,因此人们公认证书上的内容是可信任的;又由于证书上有主人的名字等身份信息,别人就能很容易地知道公钥的主人是谁。有了数字证书之后,互联网上的庞大用户群之间可以通过权威机构建立起基本的信任关系,使得彼此都不能轻易信任的用户之间可以完成通信。证书就是用户在网上的电子个人身份证,在电子商务中的作用同日常生活中使用的个人身份证作用一样。

3. 电子签证机关

电子签证机关(即 CA)是负责颁发数字证书的权威机构。CA 自身拥有密钥对,可以使用私钥完成对其他证书的数字签名,同时也拥有一个对外开放的证书(内含公钥)。网上的公众用户通过验证 CA 的数字签名建立信任,任何人都可以得到 CA 的证书(含公钥),用以验证它所签发的其他证书。如果用户想建立自己的证书,首先要向 CA 提出申请证书的请求。在 CA 判明申请者的身份后,便为他分配一个密钥对,并且 CA 将申请者的公钥与身份信息绑在一起,在为之完成数字签名后,便形成证书发给那个用户(申请者)。如果一个用户想鉴别数字证书是否为假冒的,可以用证书发证机构 CA 的公钥对该证书上的数字签名进行验证,数字签名验证的过程是使用 CA 公钥解密的过程,验证通过的证书就被认为是有效的。CA 在公开密码体系中非常重要,负责签发证书以及证书和密钥的管理等必要工作。CA 相当于网上公安机构,专门发放、验证电子身份证。

通常意义上的密码学(Cryptography)技术主要用来保护信息传递的机密性。但是在电子交易环境下,对信息发送与接收人的真实身份的验证、发送及接受信息的事后不可抵赖性以及保障数据的完整性,是另一个极为重要的问题。公开密钥密码体制不仅可解决信息的保密性问题,还可以完成对信息传递双方真实身份的验证和数据完整性验证。公开密钥密码体制领域出现过很多新的思想和方案,RSA 系统是公钥密码体系中应用最为广泛、影响力最大的一种。公钥加密体制具有以下优点:

(1)密钥分配相对简单,不需要复杂的流程;

(2)密钥的保存量少,且私钥和公钥分别存储;

(3)可以实现互不相识的人之间进行私人通信时的保密性要求;

(4)可以完成通信双方的数字签名和数字身份鉴别。

当然,由于公钥加密体制依赖的算法基础是难解问题,并不是真正的无解问题,若计算机达到足够的计算能力,花费足够的时间的话,还是有可能被破解的,只要花费的代价足够大就可以保证信息在一定时间内的安全性。

2.4.2　公钥密码体制的原理

公钥密码体系中由于公钥与私钥之间存在依存关系,因此,信息使用公钥加密后,只有私钥拥有者本人才能解密该信息,任何未授权用户甚至信息的发送者都无法将此信息解密。近代公钥密码系统的研究主要基于难解的可计算问题,该方法保证了整个体系和算法的安全性。常用的难解可计算问题包括:

(1)大数分解问题;

(2)计算有限域的离散对数问题;

(3)平方剩余问题;

(4)椭圆曲线的对数问题等。

公钥密码体制的基本数学方法和基本原理如下所述。

1. 可逆函数和单向函数

1)可逆函数

令 f 是集 A 到集 B 的一个映射,如果对任意的 $x_1 \neq x_2$,x_1,$x_2 \in A$,有 $y_1 \neq y_2$,y_1,$y_2 \in B$,则称 f 是从 A 到 B 的单射,或 1—1 映射,或可逆的函数,记为 $y = f(x)$。

2)单向函数

一个可逆函数 $y = f(x)$ 如果满足以下两条就称为一个单向函数:对于给定的所有 $x \in A$,

能方便地计算出 $f(x)$；对于给定的所有 y，求 x 是困难的，以至于实际是做不到的。

　　例 2.1　有限域 GF(p) 中的指数函数，其中 p 是素数，即

$$y = f(x) = b^x, \ x \in \text{GF}(p)$$

也就是 x 为满足 $0 \leqslant x < p-1$ 的整数。其逆运算是求离散对数，即

$$x = \log_b y$$

　　给定 x 求 y 是容易的，即当 p 足够大时，如 $b=2$，$p=2^{100}$ 需作 100 次乘法，利用高速计算机可在 0.1 ms 内完成。但是从 $x = \log_b y$ 中要计算 x 是非常困难的，如 $b=2$，$p=2^{100}$，所需计算量为 1600 年，可见，当 p 很大时，有限域 GF(p) 中的指数函数 $f(x) = b^x$ 是一个单向函数。

2. 用于构造公约密码的常用单向函数

1）多项式求根

有限域 GF(p) 上的一个多项式

$$f(x) = (x^n + a_{n-1}x^{n-1} + \cdots + a_1 x + a_0) \bmod p$$

当给定多项式的系数和 x、p 以后，利用 Honer 算法，最多进行 n 次乘法，$n-1$ 次加法，就可以求得 y 的值。但已知多项式的系数 a 和 y、p 以后，要求 x，就需要对高次方程求根，至少要进行不小于 $n^2(\text{lb}p)^2$ 的整数次乘法，当 n、p 很大时很难求解。

2）离散对数

如果 p 是一个足够大的素数，a 是 $\{0, 1, 2, \cdots, p-1\}$ 中与 p 互素的数，则已知 p、a、x 的值，计算 $f(x) = a^x \bmod p$ 并不困难；若已知 p、a、y 的值，则计算 $x = \log_b y \bmod p$（是一个离散对数问题）就很困难了。若 $p = 512$，则计算乘法次数为 10^{77}。

3）大整数分解

若已知两个大素数 p、q，求 $n = p \times q$ 仅需一次乘法，但已知 n 求 p、q 则是几千年来数论专家的一道难题。已知的各种算法有：试除法、二次筛、数域筛、椭圆曲线。其中 RSA 问题是 FAC 问题的特例。n 是两个素数 p、q 之积，给定 n 以后求 p、q 的问题称为 RSA 问题。求 $n = p \times q$ 分解问题有以下几种形式：

（1）分解整数 n 为 p、q；

（2）给定整数 M、C，求 d 使得 $C^d \equiv M \bmod n$；

（3）给定整数 k、C，求 M 使得 $M^k \equiv C \bmod n$；

（4）给定整数 x、C，决定是否存在 y 使得 $x \equiv y^2 \bmod n$（二次剩余问题）。

4）菲-赫尔曼（Diffie-Hellman）问题

给定素数 p，可构造一乘群 Z_p^*，令 α 为 Z_p^* 的生成元，若已知 α^a、α^b，求 α^{ab} 的问题即为菲-赫尔曼问题。

5）二次剩余问题

给定一个奇合数 n 和整数 a，决定 a 是否为 $\bmod n$ 平方剩余问题就称为二次剩余问题。

3. 公钥密码体制的原理

若用户 A 有一个加密密钥 k_a，同时还有一个解密密钥 k_a'，可将加密密钥 k_a 公开，而解密密钥 k_a' 保密。若用户 B 要向 A 传送信息的明文为 m，可查 A 的公开密钥 k_a，若用 A 的公开密钥 k_a 加密得到密文

$$c = E_{k_a}(m)$$

则 A 收到密文 c 以后，用只有自己才知道的解密密钥 k_a' 对 c 进行解密得

$$m = D_{k_a'}(c)$$

由于加密密钥 k_a 不同于解密密钥 k_a'，因此公钥密码体制也称为非对称密码体制。若任何第三者窃得密文，但由于无解密密钥 k_a'，则无法恢复明文。其加、解密码模型如图 2.14（a）所示。

公钥密码体制的另一种模型是认证模型，它用于数据源用户身份的认证，以确保信息的完整性。认证信息使用私钥生成，任何人都可以公开获得发出者的公钥，利用该公钥作为解密密钥解读信息，但只有具有相应秘密私钥的人才能产生该信息，因此可以确认数据源身份。其模型如图 2.14(b)所示。

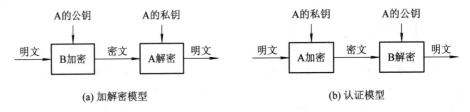

(a) 加解密模型　　　　　　　　　　　　　　(b) 认证模型

图 2.14　公钥密码体制模型

2.4.3　RSA 算法

目前最流行的公开密钥算法 RSA 是 1977 年由 MIT 的教授 Ronald L. Rivest、Adi Shamir 和 Leonard M. Adleman 共同提出的，算法名字的三个字母分别取自三名数学家名字的首字母。RSA 算法的理论基础是数论中的欧拉定理，该算法的安全性完全依赖于大数因子分解的困难性。

欧拉定理　若整数 a 和 m 互素，则

$$a^{\varphi(m)} \equiv 1 \bmod m$$

式中，$\varphi(m)$ 为比 m 小，但与 m 互素的正整数个数。

1. RSA 密钥的产生

RSA 密钥的产生过程如下：

（1）选择两个大素数 p、q，选择的素数要保密。

（2）计算 $n = pq$（p、q 分别为两个互异的大素数，n 的长度大于 512 bit，这主要是因为 RSA 算法的安全性依赖于大数因子分解问题）。欧拉函数为

$$\varphi(n) = (p-1)(q-1)$$

（3）随机选择加密密钥 e，要求 e 和 $\varphi(n)$ 互质。

（4）利用 Euclid 算法计算解密密钥 d，应满足 $d \times e \equiv 1 \bmod \varphi(n)$，其中 n 和 d 也要互素。数 e 和 n 是公钥，d 是私钥。两个素数 p、q 不再需要，应该丢弃，不要让任何人知道。

2. RSA 加密

RSA 加密过程如下：

（1）加密信息为 m（二进制表示）时，首先把 m 分成等长数据块 $m_1, m_2, \cdots, m_i$，块长

s，其中 $2^s \leqslant n$，s 要尽可能大。

（2）对应的密文是 $c_i \equiv m_i^e \bmod n$。

3. RSA 解密

对加密消息进行解密计算时，计算 $m_i \equiv c_i^d \bmod n$。

<u>**例 2.2**</u>　已知

$$p = 43, \quad q = 59, \quad n = pq = 43 \times 59 = 2537$$
$$\varphi(n) = 42 \times 58 = 2436, \quad e = 13$$

解方程 $d \times e \equiv 1 \bmod 2436$：

$$2436 = 13 \times 187 + 5$$
$$13 = 2 \times 5 + 3$$
$$3 = 2 + 1$$
$$5 = 3 + 2$$
$$1 = 3 - 2, \quad 2 = 5 - 3, \quad 3 = 13 - 2 \times 5$$
$$5 = 2436 - 13 \times 187$$
$$1 = 3 - 2 = 3 - (5 - 3) = 2 \times 3 - 5$$
$$= 2(13 - 2 \times 5) - 5$$
$$= 2 \times 13 - 5 \times 5$$
$$= 2 \times 13 - 5(2436 - 13 \times 187)$$
$$= 937 \times 13 - 5 \times 2436$$

即 $937 \times 13 \equiv 1 \bmod 2436$。取 $e = 13$，$d = 937$。

若取明文：public key encryptions，先将明文按两个一组进行分块，再将明文数字化，如按英文字母表的顺序得 pu = 1520，bl = 0111，ic = 0802，ke = 1004，ye = 2404，nc = 1302，ry = 1724，pt = 1519，io = 0814，ns = 1318。再利用加密的密文：pu = 0095，bl = 1648，ic = 1410，ke = 1299，ye = 1365，nc = 1379，ry = 2333，pt = 2132，io = 1751，ns = 1324。

RSA 使用很大的质数来构造密钥对。每个密钥对共享两个质数的乘积，即模数，但是每个密钥对还具有特定的指数。RSA 实验室对 RSA 密码体制的原理作了如下说明：“用两个很大的质数 p 和 q，计算它们的乘积 $n = pq$；n 是模数。选择一个比 n 小的数 e，它与 $(p-1)(q-1)$ 互为质数，即除了 1 以外，e 和 $(p-1)(q-1)$ 没有其他的公因数。找到另一个数 d，使 $(ed-1)$ 能被 $(p-1)(q-1)$ 整除。值 e 和 d 分别称为公共指数和私有指数。公钥是这一对数 (n, e)；私钥是这一对数 (n, d)。”

2.4.4　RSA 算法中的计算问题

RSA 算法中首先遇到的问题就是如何选取大的素数。数百年来，人们对素数的研究一直有很大兴趣，是否有一个简单的公式可以产生素数？从目前的研究结果来看，答案是否定的。

曾有人猜想若 $n \mid 2^n - 2$（$2^n - 2$ 能被 2 整除），则 n 为素数。$n = 3$，$3 \mid 2^3 - 2$，$n < 341$ 时这一猜想是正确的，但 $n = 341$ 时，此猜想是错误的。

曾有人猜想若 p 为素数，则 $M_p=2^p-1$ 为素数。但 M_{11}、M_{67}、M_{257} 不是素数，猜想错误。如果 p 为素数，M_p 也为素数，则称 M_p 为 Mersenne 数。Fermat 推测 $F_n=2^{2^n}+1$ 为素数，n 为正整数，但 $n=5$ 时是错误的。

人们感兴趣的另一个问题是素数的个数到底有多少，答案是有无穷多。素数在数轴上的分布情况是：$\pi(x)\approx x/(\ln x)$，如 $x=10$，$\pi(x)=4$，该式所含的素数为 2、3、5、7。

64 bit 大的素数中有素数的个数为 2.05×10^{17}；128 bit 大的素数中有素数的个数为 1.9×10^{36}；256 bit 大的素数中有素数的个数为 3.25×10^{74}。可见素数的个数相当多。到底如何产生一个素数呢？常用的方法有：概率测试素数法、确定性验证素数法。

1. 概率测试素数法

概率测试素数法有 Solovay-Strassen 测试法、Lehman 测试法、Miller-Rabin 测试法等。它们都是利用数论理论构造一种算法。对于一个给定的大正整数，进行一次测试，是素数的概率为 1/2，若进行了 r 次测试，则第 n 步是素数的概率为 $\varepsilon=2^{-r}$，n 为素数的概率为 $1-\varepsilon$，若 r 足够大，如 $r=100$，则几乎可以认为 n 是素数。

若概率测试法得到的准素数是合数（出现的概率很小），也不会造成太大的问题，因为该结果在 RSA 体制的加解密时会出现异常，我们可以丢弃该结果重新产生。

2. 确定性验证素数法

确定性验证素数法是 RSA 体制实用化研究的基础问题之一。

定理 2-1 令 $p_{i+1}=h_ip_i+1$，若满足下述条件，则 p_{i+1} 必为素数：

(1) p_i 是奇素数；

(2) $h_i<4(p_i+1)$，h_i 为偶数；

(3) $2^{h_ip_i}=1 \bmod p_{i+1}$；

(4) $2^{h_i}\neq1 \bmod p_{i+1}$。

利用此定理可由 16 bit 素数 p_0 推导出 32 bit 素数 p_1，再由素数 p_1 可推导出 64 bit 素数等，以此类推。

1）安全素数

幂剩余函数具有特殊的周期性，反复运算 $M=C^e \bmod n$ 若干次后，将还原为最初的 M。例如：$p=17$，$q=11$，$n=pq=187$，$e=7$，$m=123$。可以验证，m 经过 4 次 RSA 连续变换，可得 $m_4=m$。过程如下：

$$m_1=123, 123^7\equiv183 \bmod 187$$
$$m_2=183, 183^7\equiv72 \bmod 187$$
$$m_3=72, 72^7\equiv30 \bmod 187$$
$$m_4=30, 30^7\equiv123 \bmod 187$$

早期的 RSA 算法就曾被人用这种方法破译。所以在生成密钥时，应采用"安全素数"。所谓安全素数 p，应满足：

(1) p 是一个位数足够大的随机素数；

(2) $p-1$ 含有一个大的素数因子 r；

(3) $p+1$ 含有一个大的素数因子；

(4) $r-1$ 含有一个大的素数因子 t。

2）安全素数的获得

（1）选择两个指定长度的奇数 a、b。

（2）在 a 附近产生随机素数 s，在 b 附近产生随机素数 t。

（3）由 t 产生素数 r：① $r=1+2t$；② 若 r 非素数，则 $r=r+2$ 直到 r 是素数。

（4）由 r、s 生成 p：① $p=(s^{r-1}-r^{s-1})\bmod(rs)$；② 若 p 为偶数，则 $p=p+rs$；③ $p=p+2rs$ 直到 p 为素数。

3）高次幂的求模算法 $C=M^e\bmod p$

RSA 加、解密变换都要进行高次幂的求模运算。求 $C=M^e\bmod p$ 可通过对指数 e 的二进制化来实现。例如，求 $11^7\bmod 17$，计算如下：

$$7=(111)_2 \text{ 即 } 7=2^2+2^1+2^0$$

$$11^7\bmod 17=(11)^{2^2}\times 11^2\times 11\,(\bmod 17)$$

具体步骤如下：将 e 用二进制表示为

$$e=k_l k_{l-1}\cdots k_0,\ k_i\in\{0,1\},\ 0\leqslant i\leqslant l$$

$$C=1$$

$$\text{for } i=l\sim 0$$

$$C=C^2\bmod p$$

若 $k_i=1$，则 $C=C(M\bmod p)$。

2.4.5　RSA 算法的安全性

RSA 算法之所以具有安全性，是基于数论中的一个特性事实：将两个大的素数合成一个大数很容易，而逆过程则非常困难，即若 $n=pq$ 被分解，则 RSA 便被攻击。若 p、q 已知，则 $\varphi(n)=(p-1)(q-1)$ 便可算出，解密密钥 d 和 e 满足 $d\times e\equiv 1\bmod\varphi(n)$，故 d 便求出。

攻击者通常会考虑通过已知的公钥推算私钥，但是这要将模数因式分解成组成它的质数，计算的难度很大。算法可以采用足够长的密钥，使其在现有的计算水平下基本不可能实现。RSA 实验室给出了不同应用场合的密钥长度建议：普通公司使用的密钥长度应为 1024 bit，对于极其重要的资料，使用双倍长度即 2048 bit。对于普通用户，使用 768 bit 的密钥长度已足够，因为使用当前技术和计算能力无法轻易破解。

由此可见，RSA 的安全性依赖于大数分解。目前，进行大数分解速度最快的方法，其时间复杂度为

$$\exp(\mathrm{sqrt}(\ln(n)\mathrm{lnln}(n)))$$

由时间复杂度可见，RSA 的安全性是依赖于作为公钥的大数 n 的位数长度的。为保证足够的安全性，三位数学家建议取 p、q 为 100 位的十进制数，这样大数 n 为 200 位十进制数，即使采用每秒 10^7 次运算的超高速电子计算机，至少也要计算 10^8 年，但在实际应用中，一般认为现在的个人应用可以采用 512 bit 的公钥，公司需要用 1024 bit 的公钥，极其重要的场合必须使用 2048 bit 的公钥。

RSA 算法的重大问题是无法从理论上证明其保密性能。RSA 的安全性依赖于大数因子分解，而密码学界多数人士倾向于因子分解不是 NPC 问题，普遍认为从一个密钥和密文推断出明文的难度等同于分解两个大素数的积，但这一假设并没有从理论上得到证明。目前，RSA 的一些变种算法已被证明等价于大数分解。不管怎样，分解 n 是最直接的攻击

方法。人们已经分解的最新纪录是 129 位十进制的大素数,因此,公钥的大数 n 必须选择得足够大。

加密算法的应用不仅要考虑保密强度,还要考虑算法的运算效率。密钥越长安全性越高,其加解密所耗的时间也越长,因此,加密密钥的长度需要根据所保护信息的敏感程度、攻击者破解所要花的代价以及系统所要求的反应时间来综合考虑决定,尤其对于商业信息领域更是如此。

2.4.6　RSA 算法的实用性及数字签名

基于 RSA 算法的公开密钥加密系统具有数据加密、数字签名(Digital Signature)、信息源识别及密钥交换等功能。公开密钥加密系统多用于分布式计算环境,密钥分配和管理易于实现,局部攻击难以对整个系统的安全造成威胁。

1. RSA 的实际应用

选用 RSA 算法作为公开密钥加密系统的主要算法的原因是该算法安全性好。在模 N 足够长时,每 $\ln N$ 个整数中就有一个大小接近于 N 的素数。在模长为 1024 bit 时,可以认为 RSA 密码系统的可选密钥个数足够多,可以得到随机、安全的密钥对。

目前,RSA 算法已经广泛应用于安全通信,在互联网的许多领域也得到了采用,例如在安全接口层(SSL)标准中选择了 RSA 算法来保证网络浏览器建立安全的互联网连接。RSA 加密系统也大量应用于智能 IC 卡和网络安全产品中。

公开密钥密码体制与对称密钥密码体制相比较,确实有非常明显的优点,但它的运算量远大于后者,常常是几百倍、几千倍甚至上万倍,计算复杂度过高。公开密钥密码体制传送机密信息的代价较高,因此通常只用来传送数据加密的密钥,大规模的数据使用传送的密钥进行对称加密,以提高工作效率。在传送机密信息的网络用户双方,如果使用某个对称密钥密码体制(例如 DES),同时使用 RSA 不对称密钥密码体制来传送 DES 的密钥,就可以综合发挥两种密码体制的优点,即 DES 的高速简便性和 RSA 密钥管理的方便和安全性。

2. RSA 用于数字签名

RSA 公钥体系在应用中还可以实现对信息进行数字签名。数字签名是指信息发送者从所传报文中提取出特征数据(或称数字指纹),使用其个人私钥对特征数据进行 RSA 算法解密运算,得到发信者对该数字指纹的签名消息。

数字签名的运算过程使用签名函数 $H(m)$,从技术上标识了发信者对该电文的数字指纹的责任。发信者的私钥只有其本人才拥有,所以传递的信息一旦添加了签名,便保证了发信者无法抵赖曾发过该信息(即不可抵赖性)。

当信息接收者收到报文后,就可以用发信者的公钥对数字签名进行反运算,得到发信者提供的消息数字指纹,在本地采用相同方法重新计算数字指纹,通过对比收到的报文和本地计算的内容是否一致,就可以验证签名的真实性和报文完整性。

数字签名的有效性已经被众多组织和企业所接受,并逐渐具有一定的法律效力。美国参议院对此已通过了立法,现在在美国,数字签名与手书签名的文件具有同等的法律效力。

2.4.7　RSA 算法和 DES 算法的特点

RSA 算法是公开密钥系统中的杰出代表,RSA 算法的安全性是建立在具有大素数因子的合数其因子分解困难这一原理之上的。RSA 算法中的加密密钥和解密密钥不相同，其中加密密钥公开，解密密钥保密，并且不能从加密密钥或密文中推出解密密钥。数据加密采用 128 bit 的分组进行，密钥有 512 bit、768 bit、1024 bit 三种长度可选。

DES 数据加密标准使用 64 bit 的分组数据进行加密和解密。DES 算法所用的密钥也是 64 bit，其中包含了 8 bit 的奇偶校验位，实际的密钥长度是 56 bit。DES 算法中的多次组合迭代算法和换位算法，利用分散和错乱的相互作用，把明文编制成密码强度很高的密文。DES 算法加密和解密的流程是完全相同的，区别仅仅是加密与解密使用子密钥序列的顺序正好相反。

RSA 算法和 DES 算法是目前常用的加密方法，DES 算法和 RSA 算法各有优缺点和适用范围，下面对这两种算法在以下几个方面分别加以比较：

（1）从算法加解密的计算效率上，DES 算法优于 RSA 算法。因为 DES 密钥的长度只有 56 bit，可以利用软件和硬件实现高速处理；RSA 算法需要进行大整数的乘幂和求模等多倍字长的处理，算法复杂，处理速度明显慢于 DES 算法。

（2）在密钥的管理方面，RSA 算法比 DES 算法更加适合大规模网络安全应用。因为 RSA 算法可采用公开形式分配加密密钥，对加密密钥的更新也很容易，并且对不同的通信对象，只需对私有的解密密钥保密即可；DES 算法要求通信前对密钥进行秘密分配，密钥的更换困难，对不同的通信对象，DES 需产生和保管不同的密钥。

（3）在算法安全性方面，DES 算法和 RSA 算法的安全性都较好，在密码长度足够长的情况下，破译算法的计算时间和代价都极大，近乎不可实现。但 DES 算法密钥固定，攻击者会有比较多的密文进行分析；而 RSA 算法主要用于数据加密密钥的传递，可供分析的密文较少，长期使用的安全风险更小。

（4）在签名和认证方面，RSA 算法可以方便地进行数字签名和身份认证，并且可以保证信息的不可抵赖性和完整性；DES 算法从原理上不支持实现数字签名和身份认证。

RSA 的缺点主要有：密钥生成过程复杂，计算量大，依赖于素数的产生，难以实现一次一密；加密的信息分组长度太大，为保证安全性，大数 n 至少也要 100 位以上的十进制数，使运算代价高、速度慢，比对称密码算法慢几个数量级，且随着大数分解技术的发展，这个长度还在增加，不利于数据格式的标准化。目前，SET（Secure Electronic Transaction）协议中要求 CA 采用 2048 bit 的密钥，其他实体使用 1024 bit 的密钥。由于进行的都是大数计算，因此，RSA 最快的情况也比 DES 慢很多，无论是软件还是硬件实现，速度一直是 RSA 的缺陷，一般来说 RSA 只用于少量数据加密场合。

2.5　椭圆曲线密码体制

2.5.1　椭圆曲线

椭圆曲线并不是一个椭圆，而是一个平面上的三次曲线，是人们在研究如何计算椭圆的弧长时发现的。

1. 椭圆曲线的定义

椭圆曲线指由威尔斯特拉斯（Weierstrass）方程：

$$y^2 + a_1 xy + a_3 y = x^3 + a_2 x^2 + a_4 x + a_6$$

所确定的平面曲线。椭圆曲线通常用 E 表示。设 F 是一个域，$a_i \in F$，$i = 1, 2, \cdots, 6$，F 域可以是有理数域，也可以是复数域，还可以是有限域 $\mathrm{GF}(p^r)$。满足上述方程的数偶 (x, y) 称为 F 域椭圆曲线 E 上的点。

2. 椭圆曲线 E 上的点 (x, y) 的齐次坐标形式

取投影中心为三维欧氏空间笛卡尔坐标系的原点，摄影平面为 $z = 1$，故可将 $z = 1$ 看成是二维平面的一个拷贝，这样点 (x, y) 恒等于 $(x, y, 1)$。将二维欧氏空间 (E^2) 的坐标变换到三维欧氏空间 (E^3) 的投影变换为

$$H\{(x, y, z)\} = \begin{cases} (x, y) = \left(\dfrac{x}{z}, \dfrac{y}{z} \right), & z \neq 0 \\ O, & z = 0 \end{cases}$$

式中，O 为从原点通过 (x, y) 的直线上的无穷远点。点 (x, y, z) 称为点 (x, y) 的齐次坐标。

通过上面的投影变换将 E^2 空间的曲线 E 变换到 E^3 空间，从而曲线的齐次坐标形式为

$$\left(\frac{y}{z} \right)^2 + a_1 \left(\frac{xy}{z^2} \right) + a_3 \left(\frac{y}{z} \right) = \left(\frac{x}{z} \right)^3 + a_2 \left(\frac{x}{z} \right)^2 + a_4 \left(\frac{x}{z} \right) + a_6$$

当 $z \neq 0$ 时，整理得

$$y^2 z + a_1 xyz + a_3 yz^2 = x^3 + a_2 x^2 z + a_4 xz^2 + a_6 z^3$$

由于椭圆曲线 E 上的点 $(x, y) \in E^2$，则 $(x, y, 1) \in E^3$，故它是 (xz, yz, z) 的投影，因此椭圆曲线在 E^3 空间中的所有点为 (xz, yz, z)。

齐次坐标表示的优点是把平常点和无穷远点的坐标统一了起来，对平常点 (x, y) 来说，有 $z \neq 0$；对于无穷远点，则有 $z = 0$。

3. 实数域上椭圆曲线的图像

对于实数域上的椭圆曲线方程

$$y^2 + a_1 xy + a_3 y = x^3 + a_2 x^2 + a_4 x + a_6$$

令 $y = 0$，方程为

$$x^3 + a_2 x^2 + a_4 x + a_6 = 0$$

令 $x = y - \dfrac{1}{3} a_2$，代入方程得

$$y^3 + py + q = 0$$

式中：

$$p = a_4 - \frac{1}{3} a_2^2$$

$$q = a_6 - \frac{1}{3} a_2 a_4 + \frac{2}{27} a_2^3$$

由卡尔丹求根公式得三个根分别为

$$y_1 = \sqrt[3]{-\frac{1}{2}q + \sqrt{R}} + \sqrt[3]{-\frac{1}{2}q - \sqrt{R}}$$

$$y_2 = \omega \sqrt[3]{-\frac{1}{2}q + \sqrt{R}} + \omega^2 \sqrt[3]{-\frac{1}{2}q - \sqrt{R}}$$

$$y_3 = \omega^2 \sqrt[3]{-\frac{1}{2}q + \sqrt{R}} + \omega \sqrt[3]{-\frac{1}{2}q - \sqrt{R}}$$

式中：

$$R = \frac{1}{4}q^2 + \frac{1}{27}p^3$$

$$\omega = -\frac{1}{2} + \frac{1}{2}\sqrt{-3}, \quad \omega = -\frac{1}{2} - \frac{1}{2}\sqrt{-3}$$

称 $\Delta = 27q^2 + 4p^3$ 为判别式。

$\Delta > 0$ 时，有一个实根和两个复根；$\Delta < 0$ 时，有三个不等的实根；$\Delta = 0$ 时，有三个实根。当 $\left(\frac{1}{2}q\right)^2 = -\left(\frac{1}{3}p\right)^3 \neq 0$ 时，三个实根中有两个相等。特别当 $p = q = 0$ 时，有三重零根。

如果在椭圆曲线的一般方程中，令 $y = \frac{(y - a_1 x - a_3)^2}{2}$，则得

$$y^2 = 4x^3 + b_2 x^2 + 2b_4 x + b_6$$

从上式可知，椭圆曲线关于 x 轴对称。

<u>例 2.3</u>　求方程 $y^2 = x^3 - 3x + 3$ 的图像。

当 $y = 0$ 时，$x^3 - 3x + 3 = 0$；$p = -3$，$q = 3$；$\Delta = 27q^2 + 4p^3 = 5 \times 27 > 0$，因此有一实根和一对复根，其图像如图 2.15 所示。

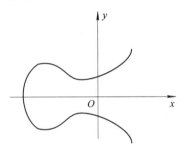

图 2.15　例 2.3 图像

<u>例 2.4</u>　求方程 $y^2 = x^3 + x$ 的图像。

当 $y = 0$ 时，$x^3 + x = 0$，$p = 1$，$q = 0$；$\Delta = 4 > 0$，因此有一个实根和一对复根，其图像如图 2.16 所示。

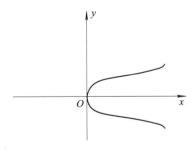

图 2.16　例 2.4 图像

<u>例 2.5</u>　求方程 $y^2 = x^3 - x$ 的图像。

当 $y = 0$ 时，$x^3 - x = 0$，$p = -1$，$q = 0$；$\Delta = -4 < 0$，因此有三个实根，其图像如图 2.17 所示。

例 2.6 求方程 $y^2 = x^3 + x^2$ 的图像。

当 $y = 0$ 时，$x^3 + x^2 = 0$，$p = -\frac{1}{3}$，$q = \frac{2}{27}$；$\Delta = 0$，因此有三个实根，两个相等，其图像如图 2.18 所示。

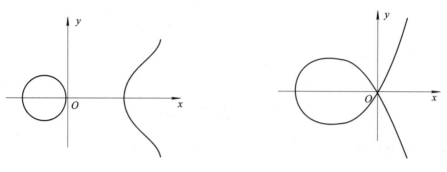

图 2.17　例 2.5 图像　　　　　　　　图 2.18　例 2.6 图像

4. 实域 R 中关于椭圆曲线上点的加法运算法则

1）椭圆曲线上点的 ⊕ 运算的定义

设 L 为二维欧氏平面 E^2 上的一条直线。因为椭圆曲线的方程是三次的，所以 L 可与椭圆曲线上的点 E 在 E^2 上有三个交点，记为 P、Q、R。如果 P 和 Q 重合为一点，则 L 与 E 相切。按下述方法定义椭圆曲线上点 E 的 ⊕ 运算：设 R 为 L 与 E 的另一个交点，再取连接 R 与无穷远点的直线 L'，L' 是 R 点和无穷远点 O 的连线。L' 也就是通过 R 点和 Y 轴平行的直线，L' 与 E 的另一个交点定义为 $P \oplus Q$，如图 2.19 所示。如果 P 和 Q 关于 X 轴对称或 P 和 Q 两点重合且位于 x 轴上，则 L 与椭圆曲线相交于无穷远处，此时，$P \oplus Q = O$。

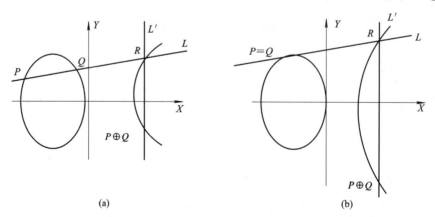

(a)　　　　　　　　　　　　　　　(b)

图 2.19　椭圆曲线上点的 ⊕ 运算

2）计算椭圆曲线上的 $P \oplus Q$

设椭圆曲线的方程为 $y^2 = x^3 + a_4 x + a_6$，$P = (x_1, y_1)$，$Q = (x_2, y_2)$，当 $x_1 \neq x_2$ 时，通过 P 和 Q 两点的直线方程为

$$y = mx + b$$

式中：$m = \dfrac{y_2 - y_1}{x_2 - x_1}$；$b = y_1 - mx_1$。

将直线方程代入椭圆曲线方程得

$$(mx + b)^2 = x^3 + a_4 x + a_6$$

$$x^3 - (mx + b)^2 + a_4 x + a_6 = 0$$

由于 P 和 Q 两点在直线上也在曲线上，故 x_1、x_2 是它的两个根，假设 PQ 直线交曲线 E 于点 $R = (x_3, y_3)$，根据一元三次方程根与系数的关系得

$$x_1 + x_2 + x_3 = m^2$$

由此得到

$$x_3 = m^3 - x_1 - x_2$$

$$y_3 = mx_3 + b$$

由对称性可知，$P \oplus Q = (x', y') = (x_3, -y_3)$，从而得到求 $P \oplus Q$ 的公式为

$$\begin{cases} x' = x_3 = \left(\dfrac{y_2 - y_1}{x_2 - x_1} \right)^2 - x_1 - x_2 \\ y' = -y_3 = -y_1 + \left(\dfrac{y_2 - y_1}{x_2 - x_1} \right)(x_1 - x_3) \end{cases}$$

若 P、Q 两点都在点 (x_1, y_1)，对式 $y^2 = x^3 + a_4 x + a_6$ 在 (x_1, y_1) 处求导数得

$$2y \frac{\mathrm{d}y}{\mathrm{d}x} = 3x^2 + a_4$$

$$\left. \frac{\mathrm{d}y}{\mathrm{d}x} \right|_{x = x_1} = \frac{3x_1^2 + a_4}{2y_1}$$

所求导数为经过 P 点的切线的斜率，从而切线方程为

$$y = \frac{3x_1^2 + a_4}{2y_1} x + b$$

其中 y 截距为

$$y_1 - \frac{3x_1^2 + a_4}{2y_1} x_1 = b$$

代入椭圆曲线的方程得

$$\left(\frac{3x_1^2 + a_4}{2y_1} x + b \right)^2 = x^3 + a_4 x + b$$

根据一元三次方程根与系数的关系得

$$x_1 + x_2 + x_3 = 2x_1 + x_3 = \left(\frac{3x_1^2 + a_4}{2y_1} \right)^2$$

$$x_3 = \left(\frac{3x_1^2 + a_4}{2y_1} \right)^2 - 2x_1$$

故当 P、Q 两点都在点 (x_1, y_1) 时，可以得到求 $P \oplus Q$ 的公式为

$$\begin{cases} x' = \left(\dfrac{3x_1^2 + a_4}{2y_1} \right)^2 - 2x_1 \\ y' = -y_1 - \left(\dfrac{3x_1^2 + a_4}{2y_1} \right)(x_3 - x_1) \end{cases}$$

对于一般的椭圆曲线方程

$$F(x, y) = y^2 + a_1 xy + a_3 y - (x^3 + a_2 x^2 + a_4 x + a_6) = 0$$

也可用上面类似的方法求得。

当 $P=(x_1, y_1)$，$Q=(x_2, y_2)$，且 $x_1 \neq x_2$ 时，求 $P \oplus Q$ 的公式为

$$\begin{cases} x' = m^2 + a_1 m - a_2 - x_1 - x_2 \\ y' = -mx' - b \end{cases}$$

式中：$m = \dfrac{y_2 - y_1}{x_2 - x_1}$；$b = y_1 - mx_1$。

此外，也可以先通过代换将一般方程转化为 $y^2 = x^3 + a_4 x + a_6$ 的形式，然后利用以上的求解方法。其代换为

$$y = \frac{y - a_1 x - a_3}{2}$$

椭圆曲线方程为

$$y^2 = 4x^3 + b_2 x^2 + 2b_4 x + b_6$$

式中：

$$b_2 = a_1^2 + 4a_2, \quad b_4 = 2a_4 + a_1 a_3, \quad b_6 = a_3^2 + 4a_6$$

3）椭圆曲线上的点关于运算 $\oplus$ 构成 Abel 群

由椭圆曲线上的点运算 $\oplus$ 的定义，可知关于点 $\oplus$ 运算有如下性质：如果 P 和 Q 是曲线上的任意两点，PQ 连线 L 交 E 于另一点 R，则

（1）任意曲线 E 上的点 P、Q、R，则 $(P \oplus Q) \oplus R = O$；

（2）任意 $P \in E$，则 $P \oplus O = P$（O 可看做零元素）；

（3）任意 P、$Q \in E$，则 $P \oplus Q = Q \oplus P$（交换律成立）；

（4）任意 P、Q、$R \in E$，则 $(P \oplus Q) \oplus R = P \oplus (Q \oplus R)$（结合律成立）；

（5）E 上存在一点 Q，使得 $P \oplus Q = O$（Q 可看做 P 的逆元，记为 $-P$）。

由上述定理可知：如果将 O 点看做 $\oplus$ 运算的零元素，则性质（3）关于 $\oplus$ 运算交换律成立，性质（4）关于 $\oplus$ 运算结合律成立，E 上的点关于 $\oplus$ 运算形成一个 Abel 群。证明略。

为了方便，记

$$nP = \underbrace{P \oplus P \oplus P \oplus \cdots \oplus P}_{n}$$

2.5.2 有限域上的椭圆曲线

对于一般的椭圆曲线方程：$y^2 + a_1 xy + a_3 y = x^3 + a_2 x^2 + a_4 x + a_6$，如果它的系数定义在一个有限域上，则称为有限域上的椭圆曲线。

令 Fq 表示 q 个元素的有限域，用 $E(\mathrm{Fq})$ 表示在 Fq 上的椭圆曲线点的集合，则

$$E(\mathrm{Fq}) = \{(x, y) \mid y^2 + a_1 xy + a_3 y = x^3 + a_2 x^2 + a_4 x + a_6\} \bigcup O$$

式中，O 表示椭圆曲线上的无穷远点。

（Hasse）定理 设 N 表示 $E(\mathrm{Fq})$ 上的点数，则

$$|N - (q+1)| \leqslant 2\sqrt{q}$$

该定理首先由 Artin 提出猜想，后来由 Hasse 给出证明，在此略去证明。

集合 $E(\mathrm{Fq})$ 上点的 $\oplus$ 运算法则和实数域上点的 $\oplus$ 定义相同，且对加法 $\oplus$ 形成一个 Abel 群。

2.5.3 椭圆曲线上的密码

1985 年，N. Koblitz 和 V. Miller 分别独立提出了椭圆曲线密码体制(ECC)，其依据就是定义在椭圆曲线点群上的离散对数问题的难解性。

由前面的讨论知 $E(Fq)$ 对点的 $\oplus$ 运算构成 Abel 群。

设椭圆曲线 E 定义在有限域 $\mathrm{GF}(P)$ 上，$P \in E$，若存在最小的正整数 n，使得 $nP = O$，其中 O 表示无穷远点，则称 n 是 P 点的阶。对于 E 上的任意点不一定存在有限的阶 n，但我们关心的是 $E(Fq)$ 上存在有限阶的点。

假设有一椭圆曲线 E，将明文通过编码表示成 E 上的点，然后在 E 上加密。下面介绍在椭圆曲线上的加密原理，加密方法本质是将熟知的加密运算类比到椭圆曲线上。

1. 迪菲-赫尔曼(Diffie-Hellman)密码系统

设在一个有限域 $\mathrm{GF}(P)$ 上，P 为素数，令 $g \in \mathrm{GF}(q)$，g 为非零元素，明文为 m，密文为 c。

1) 传统迪菲-赫尔曼密码系统的实现

(1) 密钥的生成。私钥：α，$0 < \alpha < P$；公钥：$\beta \equiv g^{\alpha}$。

(2) 加密。B 要发送明文 m 给 A，则 B 执行：① 在区间 $[1, P-1]$ 内选取一个随机数 k，计算 $y = g^k$(随机数 k 被加密)。② 找 A 的公钥，计算 $c = m\beta^k = m(g^{\alpha})^k$(明文被随机数 k 和 A 的公钥加密)。传送密文 c 给 A。

(3) 解密。A 收到 B 的密文 c 后，计算：

$$m = \frac{c}{y^{\alpha}} = \frac{m\beta^k}{g^{k\alpha}} = \frac{mg^{k\alpha}}{g^{k\alpha}} = m$$

由于 y 是 B 的公钥，因此 A 可以获得，当 A 收到 B 的密文以后，用他的私钥按上面的计算就可以恢复出明文数据 m。当第三者获得了密文，虽然能知道 B 的公钥 y，但无法得知 y^{α}，要计算 α 这是离散对数问题，是较困难的问题。

2) 类比在椭圆曲线上的迪菲-赫尔曼密码系统实现

迪菲-赫尔曼密码系统可以通过类比的方法在椭圆曲线上实现。设椭圆曲线定义在有限域 $\mathrm{GF}(P)$ 上，在 E 中选择一个阶足够大的点 R，将明文 m 表示成椭圆曲线 E 上的 P_m 点。其中，具体的曲线方程及 R 和它的阶 n 都是公开信息。

(1) 密钥的生成。私钥：α，$0 < \alpha < n$；公钥：$\beta \equiv \alpha R$。

(2) 加密。B 要发送明文 m 给 A，则 B 执行：① 在区间 $[1, n-1]$ 内选取一个随机数 k，计算：$y = kR$(随机数 k 被加密)；② 查找 A 的公钥，计算：$c = P_m \oplus k\beta = P_m \oplus k(\alpha R)$(明文被随机数 k 和 A 的公钥加密)。传送密文 c 给 A。

(3) 解密。A 收到 B 的密文 c 后，计算：

$$P_m = P_m \oplus k(\alpha R) - \alpha(kR) = P_m$$

2. ElGamal 密码系统

1) 传统 ElGamal 密码系统的实现

设在一个有限域 $\mathrm{GF}(q)$ 上讨论，令 $g \in \mathrm{GF}(q)$，g 为非零元素，明文为 m，密文为 c。

(1) 密钥的生成。私钥：α，$0 < \alpha < q$；公钥：$\beta \equiv g^{\alpha} \bmod q$。

（2）加密。B要发送明文 m 给A，则B执行：① 在区间 $[1, q-1]$ 内选取一个随机数 k，计算：$y = g^k \bmod q$（随机数 k 被加密）；② 查找 A 的公钥，计算 $c = m\beta^k \bmod q = m(g^a)^k \bmod q$（明文被随机数 k 和 A 的公钥加密）。传送密文 c 给 A。

（3）解密。A 收到 B 的密文 c 后，计算：

$$m = \frac{c}{y^a} = \frac{m\beta^k}{g^{ka}} = \frac{mg^{ka}}{g^{ka}} \bmod q = m$$

由于 y 是 B 的公钥，因此 A 能够知道，当 A 收到 B 的密文以后，用他的私钥按上面的计算就可以恢复出明文数据 m。当第三者获得了密文，虽然能知道 B 的公钥 y，但无法得知 y^a，要计算 a 这是离散对数问题。

2）类比椭圆曲线上 ElGamal 密码系统的实现

设椭圆曲线定义在有限域 Fq 上，在 $E(Fq)$ 中选择一个阶足够大的点 R，将明文 m 表示成椭圆曲线 E 上的 P_m 点。其中，具体的曲线方程及点 R 和它的阶 n 都是公开信息。

（1）密钥的生成。私钥：a，$0 < a < n$；公钥：$\beta \equiv aR$。

（2）加密。B 要发送明文为 m 的消息给 A，则 B 执行：① 在区间 $[1, n-1]$ 内选取一个随机数 k，计算 $y = kR$（随机数 k 被加密）；② 查找 A 的公钥，计算 $c = P_m \oplus k\beta = P_m \oplus k(aR)$（明文被随机数 k 和 A 的公钥加密）。传送密文 c 给 A。

（3）解密。A 收到 B 的密文 c 后，计算：

$$P_m = P_m \oplus k(aR) - a(kR) = P_m$$

习　题　2

1. 密码技术的发展经历了哪些阶段？分别发生了哪些显著的变化？

2. 一个密码系统的基本要求有哪些？

3. 密码分析者使用数据对密码系统进行攻击分别有哪些方式？请简述其原理。

4. 古典加密算法主要有哪些？简述其原理。

5. 常用的分组密码有哪些？简述其差别。

6. 请简述 RSA 算法的原理和特点。

7. 请简述 DES 算法的原理和特点。

7. 请列举 AES 早期的 5 个主要候选算法。目前 AES 算法的原理和特点是什么？

8. Fermat 推测 $F_n = 2^{2^n}$ 为素数，验证在 $n = 5$ 时的情形。

9. 两个数的最大公因子记为 $\gcd\{n_1, n_2\}$，欧几里得求 $\gcd\{n_1, n_2\}$ 的方法为辗转相除法：当 $n_2 \neq 0$ 时，$n_1 = qn_2 + r$；$r = 0$ 时，输出 n_2，否则，

$$n_1 \Leftarrow n_2$$
$$n_2 \Leftarrow r$$

用上述算法写出求 $\gcd\{132, 108\}$ 的过程。

10. 若 n 为整奇数，将 n 分解为两个数的乘积的方法为从 $\sqrt{n}$ 取整开始，直到找到 $a^2 - n = b^2$ 成立，则 n 分解为 $n = ab$，用此方法求 200819 的因数分解。

11. 设 $P = 1823$，$a = 5$，求 $5^{375} \bmod P$（将 375 表示为二进制数）。

第 3 章　密钥管理技术

网络加密为网络环境下的信息安全提供了重要手段,现代密码系统都依赖于密钥,密钥的管理和保护是一项复杂而重要的技术。本章首先讲述密钥管理的基本概念和内容,介绍不同密钥的分类问题;其次从基本方法、工具和基本模式及密钥验证角度讨论了密钥分配技术;最后讨论了公钥密码体制的原理及密钥的生成与分配。

3.1　密钥的管理概述

密码系统的安全性是由密钥生成算法的强度、密钥的长度以及密钥的保密和安全管理手段共同决定的。现代密码算法通常是固定和公开的,密码的长度一般也是受限的,而密钥是密码系统和加密算法中的可变部分,因此密码系统的安全性很大程度上取决于对密钥的管理和保护。

密钥管理负责密码系统中处理密钥自产生到最终销毁整个过程中的有关问题,包括密钥的设置、生成、分配、验证、启用/停用、替换、更新、保护、存储、备份/恢复、丢失、销毁等。密钥管理方法实质上因所使用的密码体制(对称密码体制和公钥密码体制)而异,所有的这些工作都围绕一个宗旨,确保使用中的密码是安全的。

加密算法通常都有一定的抗攻击能力,密码体制和算法原理的公开,甚至密码设备的丢失都不会造成最直接的安全问题,然而一旦密钥丢失或出错,不但合法用户不能获取信息,而且可能使非法用户窃取信息。利用加密手段对大量数据的保护归结为对密钥的保护,而不是对算法或硬件的保护,因此,网络系统中密钥的保密和安全管理问题就成为首要的核心问题。

3.1.1　密钥的生成与分配

密码系统通常采用一定的生成算法来保证密钥的安全性,密钥的生成和分配是密钥管理的首要环节。也就是说,如何生成安全的随机密钥是密码系统的重要内容,对已生成密钥的分配与传输是保证安全性的另一个重要内容。

1. 密钥的生成

加密算法的安全性依赖于密钥,密钥的产生首先必须考虑具体密码系统的公认规则,如果使用一个弱的密钥生成方法,那么整个体制的安全性就是弱的。攻击者如果能破译密钥生成算法,就不需要去破译加密算法了。密钥的选择空间应足够大,如果空间较小,易受到穷举攻击。因此,好的密钥应该是随机密钥,但为了便于记忆,密钥不能选得过长,不能选完全随机的数串,要选自己易记而别人难以猜中的密钥,可采用密钥揉搓或碾碎技术实现。需要注意不要采用姓名等弱密钥,这种密码易受到穷举的字典攻击。密钥的生成是困难的,对公钥密码体制来说,因为密钥必须满足某些数学特征(必须是素数的,是二次剩余的,等等),所以生成密钥更加困难。

2. 密钥的分配

密钥的分配主要研究密码系统中密钥的发送、验证等传送中的问题,在后面章节中将专门介绍。

3.1.2 密钥的保护与存储

1. 密钥的保护

密钥从产生到终结的整个生存期中,都需要加强安全保护。密钥决不能以明文的形式出现,所有密钥的完整性也需要保护,因为一个攻击者可能修改或替代密钥,从而危及机密性服务。另外,除了公钥密码系统中的公钥外,所有的密钥都需要保密。在实际中,存储密钥最安全的方法是将其放在物理上安全的地方。当一个密钥无法用物理的办法进行安全保护时,密钥必须用其他的方法来保护,可通过机密性(例如用另一个密钥加密)或完整性服务来保护。在网络安全中,用最后一种方法可形成密钥的层次分级保护。

2. 密钥的存储

密钥存储时必须保证密钥的机密性、可认证性、完整性,以防止泄露和修改。最简单的密钥存储问题是单用户的密钥存储,用户用来加密文件以备后用。因为该密钥只涉及用户个人,所以只有他一人对密钥负责。一些系统采用简单方法:密钥存放于用户的脑子中,而决不能放在系统中,用户只需记住密钥,并在需要对文件加密或解密时输入。在某些系统中用户可直接输入 64 位密钥,或输入一个更长的字符串,系统自动通过密钥碾碎技术从这个字符串生成 64 位密钥。

其他解决方案可以将密钥存放在简单便于携带的装置中,例如:将密钥存储在磁卡、ROM 密钥卡、智能卡或 USB 密钥设备中,用户先将物理标记插入加密箱或连在计算机终端上的特殊读入装置中,然后把密钥输入到系统中。当用户使用这个密钥时,他并不知道具体的密钥值,也不能泄露它,使密钥的存储和保护更加简便。更严格的方法是把密钥平分成两部分,一半存入终端一半存入 ROM 密钥,使得这项密钥存储技术更加安全。这样,只有两者同时被攻击者获取才会损害整个密钥。美国政府的 STU-Ⅲ 保密电话用的就是这种方法。由于密钥分别存放,ROM 密钥或终端密钥丢失不会使加密密钥遭受完全的损害,更换密钥并重新分发 ROM 密钥和终端密钥就可以恢复到正常安全状态。

此外,还可采用类似于密钥加密密钥的方法对难以记忆的密钥进行加密保存。例如,一个 RSA 私钥可用 DES(数据加密标准)密钥加密后存在磁盘上,要恢复密钥时,用户只需把 DES 密钥输入到解密程序中即可。如果密钥是确定性产生的(使用密码上安全的伪随机序列发生器),则每次需要时从一个容易记住的口令产生出密钥会更加简单。

3. 密钥的备份/恢复

密钥在某些特殊情况下可能会丢失,造成已加密的重要信息永远无法正常解密。密钥的备份是为了避免这种事情发生而采取的有效措施,它可以在密钥主管发生意外等情况下取得备用密钥，是非常有意义的。

密钥的备份目前主要采用密钥托管方案和秘密共享协议两种方法实现。密钥托管方案是最简便可行的方法，安全官负责所有雇员的密钥托管，由安全官将密钥文件保存在物理安全的保险柜里（或用主密钥对它们进行加密）。当发生意外情况时，相关人员可通过流程向安全官索取密钥。这种方法必须保证安全官不会滥用雇员的密码，否则由于安全官掌握了所有人的密码，将成为重大的安全隐患。

更好的密钥备份方法是采用一种秘密共享协议，将密钥分成若干片，让每个有关的人员分别保管一部分，任何人保管的一部分都不是完整密钥，只有将所有的密钥片搜集全合并在一起，才能重新把密钥恢复出来。

3.1.3　密钥的有效性与使用控制

1. 密钥的泄露与撤销

密码系统中的密钥在保存和使用等环节可能产生密钥泄露情况。密钥的安全是所有密码协议、技术、算法安全的基础，如果密钥丢失、被盗、公开，或以其他方式泄露，则所有的保密性都失去了。密钥泄露后惟一补救的办法是及时更换新密钥并及时撤销公开的密钥。

对称密码体制一旦泄露了密钥，必须尽快更换密钥，以保证实际损失最小。如果泄露的是公开密钥系统中的私钥，问题就非常严重了。由于公钥通常在一定范围的网络服务器上可以公开获得，因此其他人如果得到了泄露的私钥，他就可以在网络上使用该私钥冒名顶替，非法读取加密邮件，对信件签名、签合同等等。

如果用户知道他的密钥已经泄密，应该立即报告负责管理密钥的密钥分配中心（KDC），通知他们密钥已经泄露。如果没有 KDC，就要通知自己的密钥管理员或者所有可能接收到用户消息的人。私钥泄露的消息通过网络迅速蔓延是最致命的。负责管理密钥的公钥数据库必须立即声明一个特定私钥已被泄露，以免有人用已泄露的密钥加密消息。

如果用户不知道他的密钥已经泄露，或者密钥泄露后较长时间才得知，问题就非常复杂了。偷密钥者可能冒名代替用户签定了合同，而用户得知后则会要求撕毁被冒名代签的合同，这将引起争执而需要法律、公证机构裁决。

2. 密钥的有效期

对于任何密码应用，没有哪个加密密钥可以无限期使用，必须对密钥设定一个合理的有效期。其原因如下：

（1）密钥使用时间越长，它泄露的机会就越大。密钥会因为各种偶然事件而泄露，比如人们可能不小心丢失了自己写下的密钥，或者在使用密码时被他人偷窥记下。

（2）如果密钥已泄露，那么密钥使用越久，损失就越大。如果密钥仅用于加密一个文件服务器上的单个文件，则它的丢失或泄露仅意味着该文件的丢失或泄露。如果密钥用来加密文件服务器上的所有信息，那损失就大得多。

（3）密钥使用越久，人们花费精力破译它的诱惑力就越大，甚至值得花费大量时间采用穷举法攻击。攻击者如果破译了两个军事单位使用一天的共享密钥，他就能阅读当天两个单位之间的通信信息。攻击者破译的如果是所有军事机构使用一年的共享密钥，他就可以获取和伪造通行所有军事机构一年的信息。

（4）对用同一密钥加密的多个密文进行密码分析一般比较容易。

对于任何密码应用，必须有一个策略能够检测密钥的有效期。不同的密钥应有不同的有效期，如电话就是把通话时间作为密钥有效期，当再次通话时就启用新的密钥。专用通信信道就不这么明显了，密钥应当有相对较短的有效期，这主要依赖于数据的价值和给定时间里加密数据的数量。

用来加密保存数据文件的加密密钥不能经常地变换。在人们重新使用文件前，文件可以加密存储在磁盘上数月或数年，每天将它们解密，再用新的密钥进行加密，这并不能加强其安全性，只是给破译者带来了更多的方便。一种解决方法是每个文件用惟一的密钥加密，然后再用密钥加密密钥把所有密钥加密，密钥加密密钥要么被记忆下来，要么被保存在一个安全地点，或某个地方的保险柜中。当然，丢失该密钥意味着丢失了所有的文件加密密钥。

3. 控制密钥使用

控制密钥使用是为了保证密钥按预定的方式使用。在一些应用中控制怎样使用密钥是有意义的，有的用户需要控制密钥或许仅仅是为了加密，有的或许是为了解密。可以赋予密钥的控制信息有：密钥的主权人、密钥的合法使用期限、密钥识别符、密钥预定的用途、密钥限定的算法、密钥预定使用的系统、密钥授权用户、密钥有关的实体名字(用于生成、注册和证书中)等。

密钥控制信息的一个实施方案是在密钥后面附加一个控制向量(CV，Control Vector)，用它来标定密钥的使用限制。对 CV 取单向 Hash 运算，然后与主密钥异或，把得到的结果作为密钥对密钥进行加密，再把合成的加密了的密钥跟 CV 存在一起。恢复密钥时，对 CV 取 Hash 运算再与主密钥异或，最后用结果进行解密。

4. 密钥的销毁

如果密钥必须定期替换，旧密钥就必须销毁。旧密钥是有价值的，即使不再使用，有了它们，攻击者就能读到由它加密的一些旧消息。

密钥必须安全销毁。如果密钥是写在纸上的，那么必须切碎或烧掉；如果密钥存储在 EEPROM 硬件中，密钥应进行多次重写；如果密钥存储在 EPROM 或 PROM 硬件中，芯片应被打碎成小碎片；如果密钥保存在计算机磁盘里，就应多次重写覆盖磁盘存储的实际位置或将磁盘切碎。

一个潜在的问题是，在计算机中的密钥易于被多次复制并存储在计算机硬盘的多个地方。采用专用器件能自动彻底销毁存储在其中的密钥。

3.2　密钥的分类

现代加密技术多种多样，对不同密码系统中的密钥进行分类，可以更有效地规划密钥管理方法和策略，提高密钥的安全性。从实际应用中，密钥主要可以根据应用的密码系统类型、密钥的应用对象、密钥的使用时效进行划分。密钥最主要的分类方法是根据密码系统的类型划分。

1. 根据密码系统的类型划分

密码系统的密钥可以从类型上进行分类。密钥根据其所对应的密码系统可以分为对称密钥和公开密钥，即单密钥系统和双密钥系统。其中：

（1）对称密钥在加密和解密时使用同一个密钥，这个对称密钥在信息的加解密过程中均被采用；通信双方必须要保证采用的是相同的密钥，要保证彼此密钥的交换是安全可靠的，同时还要设定防止密钥泄密和更改密钥的程序。对称密钥的管理和分发工作是一件潜在危险和繁琐的过程。

（2）公开密钥的密钥总是成对出现，一个由密钥所有者保存称为私钥，另一个可以公开发布称为公钥。公开密钥的管理简单且更加安全，同时还解决了对称密钥存在的可靠性问题和鉴别问题。

2. 根据密钥的用途划分

根据密钥的用途，密钥可以分为数据会话密钥、密钥加密密钥、公钥系统的私钥、公钥系统的公钥等几类。

（1）数据会话密钥。数据会话密钥中数据用于数据通信过程中的信息加密。数据会话密钥要求的加密效率和可靠性高。理论上看会话密钥更换得越频繁，系统的安全性就越高。因为攻击者即使获得一个会话密钥，也只能解密很少的密文。但另一方面，会话密钥更换得太频繁，将使通信交互时延增大，同时还造成网络负担。所以在决定会话密钥的有效期时，应综合考虑这两个方面。为避免频繁进行新密钥的分发，一种解决办法是从旧的密钥中产生新的密钥，称为密钥更新，更新密钥可以采用单向函数实现。

（2）密钥加密密钥。密钥加密密钥是为了安全传输数据会话密钥，而采用另一个双方约定的密钥对数据会话密钥进行加密的密钥。密钥加密密钥只是偶尔地用作密钥交换，给密钥破译者提供很少的密文分析数据，而且相应的明文也没有特殊的形式，因此无需频繁更换。然而，如果密钥加密密钥泄露，那么其潜在损失将是巨大的，因为所有的通信密钥都经其加密。在某些应用中，密钥加密密钥一月或一年更换一次。同时，分发新密钥也存在泄露的危险，因此需要在保存密钥的潜在危险和分发新密钥的潜在危险之间权衡。

（3）公钥系统中的私钥。公钥密码应用中的私钥是由证书拥有者自己保存的密钥，用来作证书拥有者的身份数字签名和解密其他人传送来的消息。它的有效期是根据应用的不同而变化的，如用作数字签名和身份识别的私钥可以持续数年乃至终身，而用作抛掷硬币协议的私钥在协议完成之后就应该立即销毁。即使期望密钥的安全性持续终身，每两年更换一次密钥也是值得考虑的。许多网络中的私钥仅能使用两三年，此后用户必须采用新的私钥。但旧密钥仍需保密，以便用户验证从前的签名；新密钥用来对新文件签名，以减少密码分析者所能攻击的签名文件数目。

（4）公钥系统中的公钥。公钥就是公开密钥体系中公开使用的密钥，用来完成数据加密和数字认证。公钥可以通过 CA 中心证书发布系统、电子邮件等发布，也可以通过网站下载。用公钥加密的内容只能用私钥解密。公钥密码应用中公钥的有效期是根据应用的不同而变化的。

3. 根据密钥的有效期划分

不同密钥有不同的有效期，可以划分为一次性密钥和重复型密钥。

（1）一次性密钥。从理论上看，一次性密钥具有最大的安全性，因为攻击者无法提前获取历史加密信息，所以减少了攻击的可能性，但密钥需要在通信双方多次传递，容易遭到中间人攻击。目前的一次一密系统在电话通信中得到了很好的应用。

（2）重复型密钥。重复型密钥也称为多次密钥，密钥在一定时期内重复使用，达到一定数据加密量或者一定有效期后终止使用。重复型密钥存在受到统计型攻击的可能，所以即使保存很安全仍然不可以永久使用，以避免因密钥破解造成的泄密。

3.3　密钥分配技术

密钥分配技术主要研究密钥的分发和传送中的问题，密钥分配实质上是使用一串数字或密钥，依次进行加密、解密等操作，来实现保密通信和认证。

3.3.1　密钥分配实现的基本方法和基本工具

1. 密钥分配实现的基本方法

安全的密钥分配是通过建立安全信道来实现的，当前主流的安全信道算法有三种，具体内容如下。

1）基于对称加密算法的安全信道

要使通信的双方实现保密通信，他们就需要使用同一密钥。这种密钥可当面分发或通过可靠信使传递，传统的方法是通过邮政或通信员传送密钥。这种方法的安全性取决于信使的忠诚和素质。这种方法的成本高，适用于高安全级密钥。为了既安全又减少费用，可采用分层方式传送密钥，通信员仅传送密钥加密密钥，而不去传送大量的数据加密密钥，这既减少了通信员的工作量，又克服了用同一个密钥加密过多数据的问题。

对密钥分配问题的另一个方法是将密钥分成许多不同的部分，然后用不同的并行信道发送出去，有的通过电话，有的通过邮寄，等等。即使截获者能收集到部分密钥，但因缺少某一部分，他仍然不知道密钥是什么，所以除了安全要求非常高的环境外，该方法在很多场合得到了广泛使用。

对称加密体制中，对密钥进行分配还可以采用多级层次结构来实现，可将密钥分成两类，分别为初始密钥和密钥加密密钥。初始密钥用于保护数据，密钥加密密钥用于保护初始密钥。初始密钥有时也被称做会话密钥，密钥加密密钥有时也被称做主密钥。用主密钥对会话密钥加密以后，可通过公用网传送，或用双密钥体制分配来实现，如果采用的加密系统足够安全，则可将其看成是一种安全通道。如 ANSI X9.17 标准就使用了该种密钥分配方法。

2）基于双钥体制的安全信道

Newman 等在 1986 年提出的 SEEK(Secure Electronic Exchange of Keys)密钥分配体制系统，是采用 Diffie-Hellman 和 Hellman-Pohlig 密码体制实现的。美国 Cylink 公司的密

码产品中就采用了这一方法。

在小型网络中，每对用户可以很好地使用密钥加密密钥。如果网络变大，那么每对用户必须交换密钥，n 个人的网络总的交换次数为 $n(n-1)/2$。1000 人的网络则需近 500 000 次，在这种情况下，建造一个密钥管理中心进行密钥分配，会使操作更加有效。

3）基于量子密码的安全信道

基于量子密码的安全信道，其原理和传输依赖于物理学内容而不是数学，其安全性由"海森堡测不准原理"及"单量子不可复制定理"保证，具有很高的安全性。量子密码学的理论基础是量子力学，用来传输的信道以量子为信息载体，目前是利用单个光子和它们固有的量子属性完成的。

使用量子密码安全信道传递数据，则此数据将不会被任意截取或被插入另一段具有恶意的数据，数据流将可以安全地被编码及译码。当前，量子密码研究的核心内容就是如何利用量子技术在量子信道上安全可靠地分配密钥。

2. 密钥分配实现的基本工具

认证技术和协议技术是分配密钥的基本工具。认证技术是安全分配密钥的保障，协议技术是实现认证必须遵守的流程。

3.3.2　密钥分配系统实现的基本模式

密钥分配系统实现的基本模式有两种，一种是对小型网络，由于用户人数较少，每对用户之间可用共享一个密钥的方法来分配密钥，如图 3.1 所示。

图 3.1　共享密钥分配方法

图 3.1 中，k 表示 A 和 B 之间共享的密钥。

另一种是在一个大型网络中，如由 n 个用户组成的系统中，希望相互之间保密通信，如果用户之间互相传递密钥，则需要生成 $n(n-1)/2$ 个密钥进行分配和存储，造成较大的工作量。这种环境下的密钥分配问题比较复杂，为了解决这一问题，常采用密钥中心管理方式。在这种结构中，每个用户和密钥中心共享一个密钥，保密通信的双方之间无共享密钥。

密钥中心机构有两种形式：密钥分配中心（KDC）和密钥传送中心（KTC）。在 KDC 中，当 A 向 KDC 请求发放与 B 通信用的密钥时，KDC 生成一个密钥 k 传给 A，并通过 A 传给 B，如图 3.2(a) 所示；或者利用 A 和 B 与 KDC 共享密钥，由 KDC 直接传送给 B，如图 3.2(b) 所示。

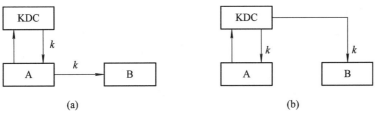

(a)　　　　　　　　　　　　　　　　(b)

图 3.2　密钥分配中心管理方式

密钥传送中心(KTC)和密钥分配中心(KDC)的形式十分相似,主要差别在于密钥传送中心形式下由通信双方的一方产生需求的密钥,而不是由中心来产生,利用 A 与 B 和 KTC 的共享密钥来实现保密通信。当 A 希望和 B 通信时,A 产生密钥 k 并将密钥发送给 KTC,A 再通过 KTC 转送给 B 如图 3.3(a)所示;或直接送给 B,如图 3.3(b)所示。

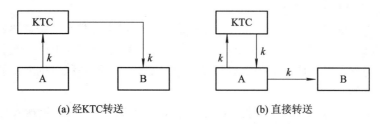

(a) 经KTC转送　　　　　　　　　　　(b) 直接转送

图 3.3　密钥传送中心管理方式

由于 KDC 和 KTC 的参与,因此各用户只需保存一个和 KDC 或 KTC 共享的较长期的密钥即可。这样,密钥分配系统的安全性依赖于对中心的信任,中心结点一旦出问题将威胁整个系统的安全性。

3.3.3　密钥的验证

在密钥分配过程中,需要对密钥进行验证,以确保正确无误地将密钥送给指定的用户,防止伪装信使用假密钥套取信息,并防止密钥分配中出现错误。当用户收到密钥时,如何知道这是对方传送的而不是其他人假冒传送的信息呢?针对密钥的具体分发过程,密钥安全性存在以下几种情况:

(1) 如果是对方亲自人工传递,那自然简单,可以直接信任得到的密钥。

(2) 如果通过可靠的信使传送密钥,其安全性就依赖于信使的可靠程度,让信使传送加密密钥更为安全。这种情况需要对得到的密钥进行验证,例如采用指纹法进行密钥提供者身份的验证;

(3) 如果密钥由密钥加密,必须确信只有对方才拥有那个加密密钥。

(4) 如果运用数字签名协议为密钥签名,那么当验证签名时就必须相信公开密钥数据库;如果某个密钥分配中心(KDC)在对方的公钥上签名,那么必须相信 KDC 的公开密钥副本不曾被篡改过。这两种密钥传递方法都需要对公开密钥进行认证。

密钥签名的验证比较复杂,公开密钥如果被篡改,那么任何一个人都可以伪装成对方传送一个加密和签名的消息,当你访问公钥数据库以验证对方的签名时,还认为是正确的。利用该缺陷的一些人声称公钥密码体制是无用的,对提高安全性一点用处也没有,但实际情况却复杂得多。采用数字签名和可信赖 KDC 的公钥体制,使得一个密钥代替另一个密钥变得非常困难。你可以通过电话核实对方的密钥,那样他可以听到你的声音。声音辨别是一个真正好的鉴别方案。如果是一个秘密密钥,他就用一个单向 Hash 函数来核实密钥。AT&T 的 TSD 就用这种方法对密钥进行验证。有时,核实一个公开密钥到底属于谁并不重要,核实它是否属于去年的同一个人或许是有必要的。如果某人送了一个签名提款的信息到银行,银行并不关心到底谁来提款,它仅关心是否与第一次来存款的人是同一个人。

3.4　公开密钥基础设施(PKI)

公开密钥密码体制是现代密码学中最重要的发明和进展。人们通常认为密码学(Cryptography)就是保护信息传递的机密性,但这仅仅是当今密码学问题的一个方面。对信息发送与接收人真实身份的验证、对所发出/接收信息在事后的不可抵赖性以及保障数据的完整性是现代密码学主题的另一方面。公开密钥密码体制对这两方面的问题都给出了出色的解答,并正在继续产生许多新的思想和方案。在公钥体制中,加密密钥不同于解密密钥,人们将加密密钥公之于众,谁都可以使用,而解密密钥只有解密人自己知道。迄今为止所有的公钥密码体系中,RSA 系统是最著名、使用最广泛的一种。

公开密钥密码体制是 1976 年提出的,其原理是加密密钥和解密密钥分离,这样,一个具体用户就可以将自己设计的加密密钥和算法公诸于众,而只保密解密密钥。任何人利用这个加密密钥和算法向该用户发送的加密信息,该用户均可以将之还原。公开密钥密码的优点是不需要经安全渠道传递密钥,大大简化了密钥管理。它的算法有时也称为公开密钥算法或简称为公钥算法。

3.4.1　PKI 概述

公开密钥基础设施(Public Key Infrastructure,PKI)是指用公钥概念和技术来实施和提供安全服务的具有普适性的安全基础设施。也就是说,PKI 是支持公开密钥的管理并提供真实性、保密性、完整性以及不可否认性安全服务的具有普适性的安全基础设施,能够为敏感通信和交易提供一套信息安全保障。PKI 技术是公开密钥系统信息安全技术的核心,也是电子商务的关键和基础技术。

PKI 的目标就是要充分利用公钥密码学的理论基础,建立起一种普遍适用的基础设施环境,为各种网络应用提供全面的安全服务。公开密钥密码采用一种非对称密钥形式,使得安全的数字签名和开放的签名验证得以实现。该技术相对复杂,使用中存在理解困难、实施难度大等问题,很难让每一个应用程序的开发者完全正确地理解和实施基于公开密钥密码的安全。PKI 希望通过一种专业的基础设施的开发,让开发者和应用人员从繁琐的密码技术中解脱出来,而同时享有完善的安全服务。

1. 公钥密码体制的基本概念

1) 密钥对

在基于公钥体系的安全系统中,密钥是成对生成的,每对密钥由一个公钥和一个私钥组成。在实际应用中,私钥由拥有者自己保存,而公钥则需要公布于众。为了使基于公钥体系的业务(如电子商务等)能够广泛应用,一个关键的基础性问题就是公钥的分发与管理。公钥本身并没有什么标记,仅从公钥本身不能判别公钥的主人是谁。

2) 数字证书

数字证书是将公钥和公钥的主人名字联系在一起,再请一个大家都信得过的有信誉的公正、权威机构确认,并加上这个权威机构的签名,这就形成了证书。由于证书上有权威机构的签字,所以大家都认为证书上的内容是可信任的;又由于证书上有主人的名字等身份信息,别人就很容易地知道公钥的主人是谁。互联网络的用户群绝不是几个人互相信任的小集体,在这个用户群中,从法律角度讲用户彼此之间都不能轻易信任,所以公钥加密体系采取数字证书解决了公钥的发布和彼此信任的问题。

3) 电子认证中心

电子认证中心(即 CA)是负责证书认证的权威机构。CA 也拥有一个证书(内含公钥),当然,它也有自己的私钥,所以它有签字的能力。网上的公众用户通过验证 CA 的签字从而信任 CA,任何人都应该可以得到 CA 的证书(含公钥),用公钥来验证它所签发的证书。如果用户想得到一份属于自己的证书,他应先向 CA 提出申请。在 CA 判明申请者的身份后,便为他分配一个公钥,并且 CA 将该公钥与申请者的身份信息绑在一起,并为之签字后,便形成证书发给那个用户(申请者)。如果一个用户想鉴别另一个证书的真伪,他就用 CA 的公钥对那个证书上的签字进行验证(如前所述,CA 签字实际上是经过 CA 私钥加密的信息,签字验证的过程还伴随使用 CA 公钥解密的过程),一旦验证通过,该证书就被认为是有效的。CA 除了签发证书之外,它的另一个重要作用是证书和密钥的管理。由此可见,证书就是用户在网上的电子个人身份证,同日常生活中使用的个人身份证作用一样。CA 相当于网上公安局,专门发放、验证身份证。

2. PKI 的组成和基本功能

完整的 PKI 系统应该具有五大系统,包括了认证中心 CA、数字证书库、密钥备份及恢复系统、证书作废处理系统、客户端应用接口系统等基本构成部分。每个系统的具体内容如下:

(1) 认证中心 CA。认证中心 CA 是证书的签发机构和权威认证机构,是 PKI 的核心。认证中心是保证电子商务、电子政务、网上银行、网上证券等环境秩序的第三方机构,具有权威性、可信任性和公正性的特征。

(2) 数字证书库。数字证书库是 CA 颁发证书和撤销证书的集中存储区域,用于存放已签发过的数字证书及公钥,可供用户进行开放式查询,获得所需的其他用户的证书及公钥。

(3) 密钥备份及恢复系统。PKI 提供了密钥备份和恢复解密密钥机制,密钥的备份与恢复必须由可信的机构来完成。密钥备份与恢复只能针对解密密钥,签名私钥为确保其惟一性不能够作备份。该机制是针对用户如果丢失了用于解密数据的密钥,加密数据将无法被解密而造成合法数据的丢失。为避免这种情况,PKI 提供了备份与恢复密钥的机制。

(4) 证书作废处理系统。任何证书都有一定的有效期,PKI 系统必须定期自动更换证书和密钥,超过有效期限的证书就要进行作废处理,因此证书作废处理系统是 PKI 的一个必备组件。证书作废的原因也可能是密钥介质丢失或用户身份变更等。

(5) 客户端应用接口系统。用户使用 PKI 系统需要在客户端装有软件,或者使用应用接口系统。这些应用接口系统使用户能够方便地使用加密、数字签名等安全服务,申请人可以通过浏览器申请、下载证书,并可以查询证书的各种信息,对特定的文档提供时间戳请求等。PKI 应用接口系统使得各种各样的应用能够以安全、一致、可信的方式与 PKI 交互,确保安全网络环境的完整性和易用性。

构建 PKI 也围绕着这五大系统来进行,实用的 PKI 体系必须具有安全性、易用性、灵活性和经济性,还必须充分考虑互操作性和可扩展性。PKI 的基础技术包括加密、数字签名、数据完整性机制、数字信封、双重数字签名等。一个典型、完整、有效的 PKI 应用系统的基本功能包括：公钥密码证书管理、黑名单的发布和管理、密钥的备份和恢复、自动更新密钥、自动管理历史密钥和支持交叉认证。

为了保证系统的可用性，对 PKI 的结构进行了层次划分，便于系统构建。PKI 主要由三个层次构成，如图 3.4 所示。

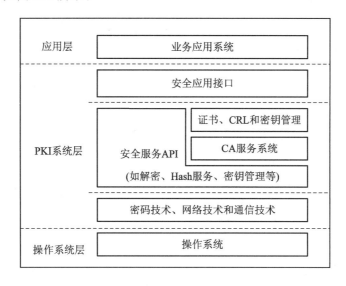

图 3.4　PKI 系统应用框架层次图

图 3.4 中 PKI 系统层的最下层构建在操作系统之上，以密码技术、网络技术和通信技术等作为支撑，包括了相关的各种硬件和软件；中间层为 PKI 的主体，包括安全服务 API、CA 服务系统，以及证书、CRL 和密钥管理服务；最高层为安全应用接口，包括数字信封、基于证书的数字签名和身份认证等 API 接口，为上层的各种业务应用系统提供标准的接口服务。

3.4.2　公钥密码体制的原理与算法

1. 公钥密码体制的原理

某一用户 A 有一加密密钥 k_a，有一解密密钥 k_a'，可将加密密钥 k_a 公开，k_a' 保密。若 B 要向 A 传送明文 m，可查 A 的公开密钥 k_a，用 A 的公开密钥 k_a 加密的密文为

$$C = F_{k_a}(m)$$

则 A 收到密文 C 以后，用只有自己才知道的解密密钥 k_a' 对 C 进行解密得

$$m = D_{k_a'}(C)$$

由于加密密钥 k_a 不同于解密密钥 k_a'，因此公钥密码体制也称为非对称密码体制。若任何第三者窃得密文，则由于无解密密钥 k_a'，无法恢复明文。其加解密模型如图 3.5(a) 所示。

公钥密码体制的另一种模型是认证模型，用于数据起源的认证，以确保信息的完整性。在这种情况下，任何人都可以获得解密密钥，解读信息，但只有具有相应秘密密钥的人才能产生该信息，其模型如图 3.5(b) 所示。

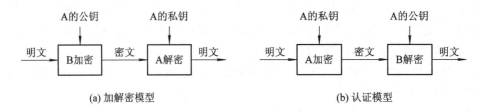

(a) 加解密模型　　　　　　　　(b) 认证模型

图 3.5　公钥密码体制加解密模型及认证模型

公钥密码体制中，证书签名用户、认证中心 CA、证书库以及接收方的基本通信模型如图 3.6 所示。

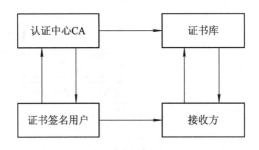

图 3.6　公钥密码体制基本通信模型

2. 单向函数的定义

1）可逆函数

令 f 是集 A 到集 B 的一个映射，如果对任意的 $x_1 \neq x_2$，x_1，$x_2 \in$ A，有 $y_1 \neq y_2$，y_1，$y_2 \in$ B，则称 f 是从 A 到 B 的单射，或一对一映射，或可逆的函数，记为 $y = f(x)$。

2）单向函数

一个可逆函数 $y = f(x)$，如果满足以下两条就称为一个单向函数：

（1）对于给定所有 $x \in$ A，能方便地计算出 $f(x)$；

（2）对于给定的所有 y，求 x 是困难的，以至于实际是做不到的。

例 3.1　有限域 GF(p) 中的指数函数，其中 p 是素数，即

$$y = f(x) = b^x, x \in \text{GF}(p)$$

也就是说，x 为满足 $0 \leqslant x < p-1$ 的整数。其逆运算是求离散对数，即

$$x = \log b^y$$

对于上式，给定 x 求 y 是容易的，即当 p 足够大时，如 $b=2$，$p=2^{100}$ 需做 100 次乘法，利用高速计算机可在 0.1 ms 内完成。但是从 $x = \log b^y$ 中要计算 x 是非常困难的，如 $b=2$，$p=2^{100}$，所需计算量为 1600 年。可见，当 p 很大时，有限域 GF(p) 中的指数函数 $f(x) = b^x$ 是一个单向函数。

3. 用于构造公约密码的常用单向函数

1）多项式求根

有限域 GF(p) 上的一个多项式

$$f(x) = (x^n + a_{n-1}x^{n-1} + \cdots + a_1 x + a_0) \bmod p$$

当给定多项式的系数和 x、p 以后，易求 y 的值，利用 Honer 算法最多进行 n 次乘法、

$n-1$ 次加法。但已知多项式的系数和 y、p 以后，要求 x，需对高次方程求根，至少要进行不小于 $n^2(\log 2^p)^2$ 的整数次乘法。当 n、p 很大时，很难求解。

2）离散对数

如果 p 是一足够大的素数，a 是 $\{0, 1, 2, \cdots, p-1\}$ 中与 p 互素的数。已知 p、a、x 计算 $f(x)=a^x \bmod p$ 并不困难；已知 p、a、y 计算 $x=\log b^y \bmod p$ 称为离散对数问题，但计算 x 就很困难了。如 $p=512$，则计算乘法次数为 10^{77}。

3）大整数分解（Factorrization Problme）

若已知两个大素数 p、q 求 $n=p\times q$ 仅需一次乘法，但已知 n 求 p、q 则是几千年来数论专家的一道难题。已知的各种算法有：试除法、二次筛、数域筛、椭圆曲线。其中 RSA 问题是 FAC 问题的特例。n 是两个素数 p、q 之积，给定 n 以后求 p、q 的问题称为 RSA 问题。求 $n=p\times q$ 分解问题有以下几种形式：

（1）分解整数 n 为 p、q。

（2）给定整数 M、C，求 d 使得 $C^d \equiv M \bmod n$。

（3）给定整数 k、C，求 M 使得 $M^k \equiv C \bmod n$。

（4）给定整数 x、C，决定是否存在 y 使得 $x \equiv y^2 \bmod n$（二次剩余问题）。

4）Diffie-Hellman 问题

给定素数 p，可构造一乘群 $\mathbf{Z}_p^*$，令 α 为 $\mathbf{Z}_p^*$ 的生成元。若已知 α^a、α^b，则求 α^{ab} 问题为 Diffie-Hellman 问题。

5）二次剩余问题

给定一个奇合数 n 和整数 a，决定 a 是否为 $\bmod n$ 平方剩余问题就称为二次剩余问题。

3.4.3　公钥证书

公钥证书是 PKI 系统中的数字证书，是一种由 CA 签发用于身份识别的电子形式个人证书，通过证书将公钥的值与持有对应私钥的个人、设备或服务的身份绑定。大多数普通用途的公钥证书是 X.509 格式的数字证书，可以用于身份验证，方便地保证由未知网络发来信息的可靠性，同时建立收到信息的拥有权及完整性。

公钥证书通常包含以下信息：所有者的公钥值、所有者标识符信息（如名称和电子邮件地址）、有效期（证书的有效时间）、颁发者标识符信息、颁发者的数字签名等信息。颁发者标识符信息用来证实所有者的公钥和所有者的标识符信息之间绑定关系的有效性。

公钥证书也具有一定的使用期限，使用起止日期规定有效期的界限。证书过期后，证书所有者就必须申请一个新的证书。证书需要支持证书撤销功能，用来解除证书中所声明的所有者身份绑定关系。证书撤销时将由颁发者吊销该证书。每个颁发者维护一个证书吊销列表，程序可以使用该列表检查任意给定证书的有效性。

公钥证书最主要的功能是建立了用户身份与用户公钥的绑定关系，而这种关系的真实性和合法性是通过 CA 的签名来保证的。公钥证书包含的信息除了密钥外，主要就是用户身份信息，包含版本号、证书序列号、有效期、颁发者身份等，在 V3 版证书中，又增加了很多扩展项信息，用来进一步说明这种绑定关系。

1. 证书的结构和格式

尽管 X.509 已经定义了证书的标准字段和扩展字段的具体要求，但仍有很多的证书在颁发时需要一个专门的协议子集来进一步定义说明。Internet 工程任务组(IETF)PKIX X.509 工作组就制定了这样一个协议子集,即 RFC2459(PKIX 的第一部分)。V3 版的证书结构包含的信息主要有:版本号、序列号、签名算法、证书颁发者、有效期、拥有者主体名、主体公钥值、证书颁发者标识、拥有者主体标识、可选扩展等内容。表 3.1 给出了 X.509 V3 的证书结构。

表 3.1　X.509 V3 证书结构

信息中文名	信息名字备注
版本号	证书的版本标识,目前为 V3
序列号	标识证书的惟一整数
签名算法	用于证书的算法识别符
证书颁发者	证书颁发者的惟一标识
有效期	证书的有效时间段
拥有者主体名	证书拥有者的惟一标识名
主体公钥值	证书拥有者的公钥(和算法标识符)
证书颁发者标识	证书颁发者的可选惟一标识
拥有者主体标识	证书拥有者主体的惟一标识
可选扩展	可选的其他扩展项

除了 X.509 的公钥证书外,数字证书在各种不同的应用场合还有其他格式和类型的证书。比较流行的证书格式包括简单公开密钥基础设施(SPKI)证书、PGP 密钥格式证书、安全电子交易标准(SET)格式证书以及属性证书。各个证书的主要特点如下:

1) 简单公开密钥基础设施(SPKI)

简单公开密钥基础设施(SPKI)是一个独立的 IETF 工作组的工作成果,该工作组致力于为 Internet 提供一个简单的公开密钥基础设施。该 IETF 工作组的目标是发展支持 IETF 公钥证书格式、签名和其他格式以及密钥获取协议的 Internet 标准。SPKI 密钥证书格式以及相关协议应该是简单易懂、易于实现和使用的。

SPKI 的工作重点在于授权而不是身份认证,因此 SPKI 证书也叫授权证书。SPKI 授权证书的主要目的就是传递许可权,当然也有授予许可权的能力。

2) PGP 密钥格式证书

PGP 密钥格式证书应用于 PGP(Pretty Good Privacy)体系中,PGP 是一种对电子邮件和文件进行加密与数字签名的方法。最新的 PGP 版本 OpenPGP,以 IETF 的标准"OpenPGP 报文格式"的形式颁布。该标准规范了在两个实体间传递信息和文件时的 PGP 报文格式,以及在两个实体间传递 PGP 密钥(或称为 PGP 证书)的报文格式。

PGP 标准在 Internet 上得到了应用,PGP 密钥格式的证书也发挥了重要作用,但它所有的信任决策主要是基于个人,而不是针对组织和机构。PGP 方案对企业内部网来说,不是最好的解决方案。

3) 安全电子交易(SET)标准

安全电子交易(SET)标准定义了在分布式网络(如因特网)上进行信用卡支付交易所需

的标准。SET 定义了一种标准的支付协议，并且规范了协议中采用 PKI 所需的条件。SET 采用了 X.509 V3 版本公钥证书的格式，但是采用了标准扩展的一些属性要求，制定了自己私有的扩展。

虽然 SET 证书的格式兼容于 X.509 V3 版本格式，但非 SET 应用无法识别 SET 定义的私有扩展，所以非 SET 应用(如 S/MIME 格式)的电子邮件就无法接收 SET 证书。

4) 属性证书

属性证书不是公钥证书，尽管在 X.509 建议中定义了属性证书的基本 ASN.1 结构。属性证书用来传递一个给定主体的属性，以便实现灵活、可扩展的特权管理。属性证书的主体可以结合相应公钥证书通过"指针"来确定。

2. 证书的使用

公钥证书通常用来为实现安全的信息交换建立身份并创建信任，所以证书颁发机构(CA)可以把证书颁发给人员、设备和计算机上运行的服务。

某些情况下，计算机必须能够在高度信任涉及交易的其他设备、服务或个人身份的情况下进行信息交换。某些情况下，人们需要在高度信任涉及交易的其他设备、服务或个人身份的情况下进行信息交换。运行在计算机上的应用程序和服务也频繁地需要确认它们正在访问的信息来自可信任的信息源。

当两个实体(例如设备、个人、应用程序或服务)试图建立身份和信任时，如果两个实体都信任相同的证书颁发机构，就能够在它们之间实现身份和信任的结合。一旦证书主题已呈现由受信任的 CA 所颁发的证书，那么通过将证书存储在它自己的证书存储区中，并且(如果适用)使用包含在证书中的公钥来加密会话密钥以及所有与证书主题随后进行的通信都是安全的，试图建立信任的实体就可以继续进行信息交换。

公钥证书使得保密通信系统中的主机不必相互之间分别维护一套密码。主机只需在证书颁发者中通过身份验证建立信任，就可以进行相互之间可信的保密通信了。

大型组织中使用证书时，很多组织安装有自己的证书颁发机构，并将证书颁发给内部的设备、服务和雇员，以创建更安全的计算环境。大型组织还可能有多个证书颁发机构，它们被设置在指向某个根证书颁发机构的分层结构中。这样，雇员的证书存储区中就可能有多个由各种内部证书颁发机构所颁发的证书，而所有这些证书颁发机构均通过到根证书颁发机构的证书路径共享一个信任连接。当雇员利用虚拟专用网络(VPN)从家里登录到组织的网络时，VPN 服务器可以提供服务器证书以建立起自己的身份。因为公司的根证书颁发机构被信任，而公司根证书颁发机构颁发了 VPN 服务器的证书，所以，客户端计算机可以使用该连接，并且雇员知道其计算机实际上连接到组织的 VPN 服务器。

个人用户使用证书时，可以向商业证书颁发机构购买证书，以便发送经过安全加密或数字签名以证明真实性的个人电子邮件。一旦购买了证书并且用它来数字签名电子邮件，则邮件收件人就可以确认邮件在传输过程中没有发生改变，并且邮件来自于您，当然，先要假设邮件收件人信任向您颁发证书的证书颁发机构。如果您加密了电子邮件，则没有人可以在传输过程中阅读邮件，而只有邮件收件人才可以解密和阅读邮件。

3.4.4　公钥证书的管理

众所周知，构建密码服务系统的核心内容是如何实现密钥管理。由于公钥体制涉及到一对密钥(即私钥和公钥),私钥只由用户独立掌握,无须在网上传输,而公钥则是公开的,需要在网上传送,故公钥体制的密钥管理主要是针对公钥的管理问题,目前较好的解决方案是数字证书机制。

证书管理模块在证书生成和更新时,为每个新证书和更新的证书生成序列号,该序列号是惟一的。CA 中心跟踪它签发的证书,维护已签发的证书列表(ICL)。ICL 将每个证书的安全副本以序列号建立副本,存储在证书库中。CA 中心还必须跟踪自己已撤销的证书,创建并更新证书撤销列表 CRL。证书管理单元可以用来管理用户、计算机或服务的证书。

CA 服务器是整个认证系统的核心,它保存根 CA 的私钥,其安全等级要求最高,其私钥的管理需要非常严格,而公钥则对外公开,以便于验证经过 CA 认证证书的有效性。CA 服务器具有产生证书、实现密钥备份等功能,这些功能应尽量独立实施。

1. 公钥证书的生成

公钥证书与证书拥有者密切相关。要生成有效的公钥证书,证书拥有者就必须先向认证中心 CA 注册。认证中心负责确认用户的身份,并对接收到的证书拥有者的信息进行数字签名,将经过数字签名的证书拥有者的信息和数字签名发送到数字证件的存储库中,由数字证书库存储经过数字签名的证书拥有者的信息和数字签名。

在认证机构向用户颁发证书之前,用户须向认证机构进行登记,该登记一般是通过填写、提交证书申请表来完成的。登记涉及用户与认证机构之间关系的确立,并将用户的基本信息在认证机构进行登载。

对于证书的发放,可以进行更新申请,或撤销后再申请。而对于申请来说,用户可以撤销证书发放的申请,认证机构可以明确撤销认证请求的条件,以及其处理撤销请求的程序等。

证书的申请实际是一个注册过程,通常称为终端实体注册,是用户的终端实体身份被建立和验证的过程。注册流程主要是终端实体在线提供注册表格,并提交给认证中心 CA,注册过程必须得到保护和确认。注册过程将共享密钥赋予终端实体,并传递给 CA,便于 CA 在后续的工作中确认用户身份。尽管注册功能可以直接由 CA 来实现,但为了减轻 CA 的处理负担,专门用一个单独的机构即注册机构(RA)来实现用户的注册、申请以及部分其他管理功能。多个 RA 也叫局部注册机构 LRA,它的实施将有助于解决这一问题。RA 的主要目的就是分担 CA 的一定功能以增强可扩展性并且降低运营成本。

利用确认的终端实体注册信息和非对称密钥生成算法可以产生一对不同的密钥对。在 PKI 模型中,密钥信息可以在多个位置产生,但在 CA 或 RA 中产生密钥信息比较可行。密钥产生的位置会影响密钥的不可否认性,同时也会影响密钥产生的性能。

CA 中心在得到足够的信息后,产生了密钥对,密钥对中的私钥通过安全信道传送给申请者,而公钥则通过证书链 CRL 和目录公开提供。

2. 公钥证书的分发

公钥证书的分发这个阶段包括证书检索、证书验证、密钥恢复、密钥更新等几个密钥管理的环节。几个环节主要依赖于证书目录服务器和证书链实现证书的分发与维护。证书检索完成远程资料库的证书检索;证书验证负责确定一个证书的有效性(包括证书路径的验证);密钥恢复是当不能正常访问密钥资料时,从 CA 或信任第三方处恢复用户证书及密钥；密钥更新是在一个合法的密钥对将过期时，进行新的公/私钥的自动产生和相应证书的颁发。这几个环节体现在公钥证书分发的每一步。

1）证书的颁发

在颁发认证证书之前，认证机构应当确定证书申请人、设施或实体的身份。一般说来，认证机构必须对申请人、设施或实体的身份特征进行辨认识别。认证机构只有在认定申请人符合 CA 中心的规定时，才可向申请人颁发证书。

2）证书的接受

接受证书是指证书申请人获得认证机构的证书，了解证书的内容后，同意使用证书作为自己数字身份代表的行为。当证书用户接受证书后，认证机构应及时将此信息公布，通过公布认证证书的方式表明用户已经同意接受证书这一法律事实。

3）证书的保存

认证机构必须有证据证明自己根据认证规定，按申请者要求完成了证书发放的业务过程，并且所发放的证书能在事后对依据其证书所从事的交易，提供不可抵赖的验证支持。因此，认证机构应当保存已发放的用户证书。

4）构建证书目录服务器

认证中心 CA 颁发完成的证书，只是绑定了证书持有人的身份和公钥，还需要进一步提供该证书的寻找方法。目录服务器（Directory Service Server）可以为认证中心的大量证书提供稳定可靠、规模可扩充的在线数据库存储系统。目录服务器存放了认证中心所签发的所有证书，当终端用户需要确认证书信息时，通过 LDAP 协议下载证书或吊销证书列表，或者通过在线证书状态协议（OCSP）向目录服务器查询证书的当前状况。

5）证书链 CRL 的构造

大型 CA 本身具有层次结构，通常把大量证书映射为证书链进行维护，一条证书链是后续 CA 发行的证书序列。证书链的每个证书由发行者使用自己的根证书对应私钥进行签名，该签名可用发行者的证书公钥进行验证。在证书链中，每个证书的下一级证书是发行者的证书，每个证书都包含了证书发行者的可识别名称（DN），该名称同证书链中的下一级证书的主体名字相同。

6）证书应用与数字认证

证书在使用时需要数字认证进行检验。检查一份给定的证书是否可用的过程，就是数字认证，也称为证书验证。数字认证引入了一种机制来核查证书的完整性和证书颁发者的可信赖性。数字认证包括验证证书上是否包括了一个可信的 CA 签名、通过 Hash 计算验证证书是否有良好的完整性、证书是否处在有效期内、证书是否没有被撤销、证书的使用方式与使用策略（使用限制）相一致。在 PKI 框架中，认证是一种将实体及其属性和公钥绑定的一种手段。认证中心 CA 对它所颁发的证书使用私钥进行了数字签名，因而保护了证书的完整性和有效性。

3. 公钥证书的终止与撤销

PKI 系统的密钥/证书的管理以取消阶段来结束。此阶段包括证书过期、证书撤销、证书终止、密钥历史记录、密钥存档几个部分。证书过期是指依据有效期证书生命周期的自然结束；证书终止是指使一证书在某段时间内临时丧失有效性。证书撤销是宣布一个合法证书（及其相关私有密钥）不再有效；密钥历史记录是维持一个有关密钥资料的记录，以便密钥过期后,使用该密钥加密的资料能够解密;密钥存档是为了应对密钥历史恢复、审计和解决争议等问题,所进行的密钥资料的第三方安全储存。

1) 证书的终止

终止证书,并非永久性地撤销该证书,而只是使之在某段时间内临时丧失有效性。由于认证证书暂停生效,会对任何信赖证书内容的相关交易方产生不利影响。因此,它只是在特殊情形下使用的紧急措施。

2) 证书的撤销

一般说来,当证书签发后,会在整个有效期内都有效。但是,在有些情况下,用户必须在有效期届满之前,停止对证书的信赖。这些情况包括用户要求终止服务、用户的身份变化、用户的私钥泄露、用户的密钥遭到破坏或非法使用等,这时认证机构就应撤销原有的证书。由于证书存在撤销的可能,因此证书的应用期限通常比预计的有效期限短。

3.4.5 PKI 信任模型

PKI 系统中采用信任模型描述了不同结构情况下的安全性。信任模型描述了用户能够信任的证书是如何创建的,信任关系是如何建立起来的,如何在一定环境下控制这种信任关系。

目前广泛使用的信任模型主要有以下几种。

1. 严格层次化信任模型

严格层次化信任模型是指认证机构按照严格层次结构划分形成的信任模型(Strict Hierarchy of Certification Authorities Model)。这个模型结构类似为一棵倒置的树,其中树根代表整个 PKI 系统中信任的起始点,称为根 CA,PKI 系统中的所有实体都信任根 CA。根 CA 下存在多级子认证中心 CA,根 CA 只负责颁发自己和下级子 CA 的数字证书,并不负责用户证书的颁发。无下级的 CA 称为叶 CA,由叶 CA 为用户颁发证书。除根 CA 外的其他子 CA 从属于父 CA 并由其颁发证书,如图 3.7 所示。

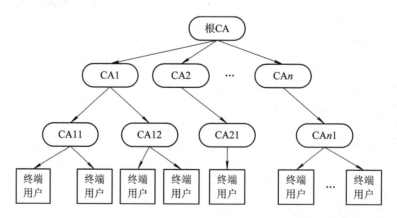

图 3.7 认证中心的严格层次化信任模型

这种模型中,根 CA 认证直接连接在其下的子 CA;每个 CA 都认证零个或多个直接连接在它下面的 CA;认证模型倒数第二层的 CA 认证终端实体。如果没有子 CA 的模型结构,对所有终端实体来说,根证书与证书颁发者是相同的。

严格层次化信任模型体系的证书链始于根 CA，并且从根 CA 到需要认证的终端用户之间只存在惟一的一条路径，在这条路径上的所有证书就构成了一个证书链。这种模型结构清晰，便于全局管理，某个子 CA 私钥泄露，只影响其下层的子 CA 和终端实体。但难以建立一个所有用户都信任的根 CA，如果根 CA 的私钥泄漏，整个 PKI 体系将被完全破坏。

2. 分布式信任模型

分布式信任模型也叫网状信任模型，这种模型中没有所有实体都信任的根 CA，终端用户通常选择给自己颁发证书的 CA 为根 CA，各根 CA 之间通过交叉认证的方式互相颁发证书。如果任何两个 CA 间都存在着交叉认证，则这种模型就称为严格网状信任模型。分布式信任模型结构如图 3.8 所示。

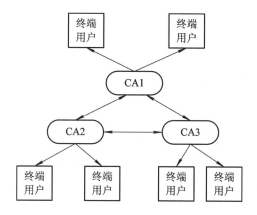

图 3.8 分布式信任模型

分布式信任模型具有良好的灵活性，便于建立特定的信任关系。由于不存在单个根 CA，因此任何单个 CA 的私钥泄露都不会影响到整个 PKI，并且恢复起来也相对容易。新的认证域添加只需要新的根 CA 在网中至少向一个 CA 发放过证书，而用户不需要改变证书链的内容。分布式信任模型比较灵活，在有直接信任关系存在时，验证速度较快，但由于存在多条证书验证路径，造成建立证书的路径有不确定性，使得路径发现比较困难，且存在最短的验证路径的选择问题。这种模型环境中的用户无法直接根据 CA 在 PKI 中的位置，必须根据证书的内容来确定用途和限制，需要更复杂的证书路径处理。

3. Web 信任模型

Web 信任模型是面向 www 应用，构建在浏览器基础之上的信任模型。浏览器厂商在浏览器中物理地内置了多个根 CA 证书，每个根 CA 相互间是平行的，浏览器用户信任多个根 CA。用户在验证证书时，从被验证的证书开始向上查找，直到找到一个自签名的根证书，即可完成验证过程，其模型结构如图 3.9 所示。

Web 模型虽然结构简单，操作方便，对终端用户的要求较低，用户可以简单地信任嵌入的各个根 CA，但模型安全性较差，因为其多个根 CA 证书是预先安装在浏览器中的，用户无法判断其所有的 CA 是否都是可信任的。该模型根 CA 与终端用户的信任关系模糊，而且当其中某一个根 CA 失去信任时，缺乏有效机制来废除已嵌入到浏览器中的根 CA 证书，造成该模型扩展性差。该模型缺乏 CA 中心和用户之间的沟通协议，造成了用户需要自己对安全负责。

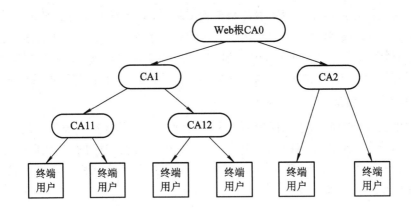

图 3.9 Web 信任模型

4. 桥信任模型

桥信任模型,也叫中心辐射式信任模型。该模型针对层次信任模型和网状信任模型的缺点进行改进,并且可以连接不同的 PKI 体系。桥 CA 不是一个严格的树状结构 CA,也不像网状模型中每个 CA 直接向用户颁发证书。当根 CA 数目很多时,可以指定一个 CA 为不同的根 CA 签发证书,这个被指定的 CA 称为桥 CA。桥 CA 与根 CA 一样成为一个信任锚,与不同的信任域之间建立对等的信任关系。桥信任模型结构如图 3.10 所示。

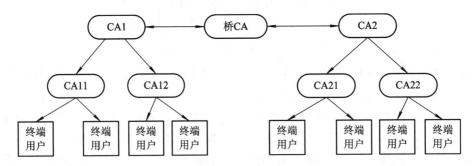

图 3.10 桥信任模型

这种模型非常符合现实世界中证书机构的实际关系。当增加一个根 CA 时,只需与桥 CA 进行交叉认证,其他信任域不需改变,且允许用户保留他们自己的原始信任锚。桥信任模型的证书路径比层次模型短,且比网状模型较易发现,但证书路径的发现和确认仍存在一定困难。

5. 以用户为中心的信任模型

以用户为中心的信任模型,主要针对现代网络应用中要求用户自己定义信任关系的应用场景。在 PKI 体系的大多信任模型中,用户只能被动地符合安全模型限制,选择一个或多个 CA 为自己颁发证书,而以用户为中心的信任模型可以更灵活地由用户自定义信任关系。在以用户为中心的信任模型中,每个用户直接决定自己信赖哪个证书和拒绝哪个证书,不需要可信的第三方作为 CA,用户自己就是自己的根 CA。以用户为中心的信任模型如图 3.11 所示。

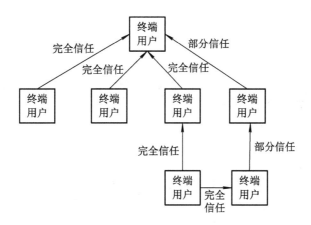

图 3.11　以用户为中心的信任模型

　　该模型允许用户对证书逐个认证，安全性较强，可控性强，但使用复杂，要依赖于用户自身的行为和决策能力，而用户往往很少有安全及 PKI 的概念，模型的使用范围比较有限，无法在公司、金融机构、政府或互联网等大型机构和环境中应用。PGP 中就是采用以用户为中心的信任模型，用户作为 CA 使用其公钥为其他人提供认证，来建立个人信任网的。用户可以选择信任关系是否传递，即是否信任自己信任的用户所信任的下一层用户。

习　题　3

1. 密码管理的目的和内容是什么？包括哪些主要步骤？
2. 密钥的分类方法有哪些？
3. 公钥密码体制主要由哪些内容组成？各部分的基本功能是什么？
4. 公钥密码体制的基本原理是什么？
5. 简述公钥证书管理的基本内容。
6. PKI 信任模型有几种？简述每种模型的基本内容和特点。

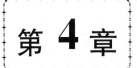 第 **4** 章　数字签名与认证技术

计算机网络安全认证技术主要包括数字签名技术、身份验证技术以及数字证明技术。其中，数字签名由公钥密码发展而来，它在网络安全(包括身份认证、数据完整性、不可否认性以及匿名性等)方面有着重要应用。

数字签名机制提供了一种鉴别方法；身份验证机制作为访问控制的基础，提供了判明和确认通信双方真实身份的方法；数字证明机制提供了对密钥进行验证的方法。本章首先介绍数字签名的概念，然后介绍了数字签名标准、典型算法及数字签名体制，最后介绍了消息认证及身份验证技术。

4.1　数字签名概述

4.1.1　数字签名的概念

数字签名(或称电子加密)是公开密钥加密技术的一种应用。其使用方式是：报文的发送方从报文文本中生成一个128位的散列值(即哈希函数，根据报文文本而产生的固定长度的单向哈希值。有时这个单向值也叫做报文摘要，与报文的数字指纹或标准校验相似)。

发送方用自己的专用密钥对这个散列值进行加密来形成发送方的数字签名。然后，这个数字签名将作为报文的附件和报文一起发送给报文的接收方。报文的接收方首先从接收到的原始报文中计算出128位的散列值(或报文摘要)，接着再用发送方的公开密钥来对报文附加的数字签名进行解密。如果两个散列值相同，那么接收方就能确认该数字签名是发送方的。

数字签名体制提供了一种鉴别方法，通常用于银行、电子贸易方面等，以解决如下问题：

(1) 伪造，即接收者伪造一份文件，声称是对方发送的；

(2) 抵赖，即发送者或接收者事后不承认自己发送或接收过文件；

(3) 冒充，即网上的某个用户冒充另一个用户发送或接收文件；

(4) 篡改，即接收者对收到的文件进行局部的篡改。

数字签名不同于手写签名。数字签名随文本的变化而变化，而手写签名反映某个人的个性特征，是不变的；数字签名与文本信息是不可分割的，而手写签名是附加在文本之后的，与文本信息是分离的。

4.1.2　数字签名技术应满足的要求

消息认证的作用是保护通信双方以防第三方的攻击，但是却不能保护通信双方中的一方受另一方的欺骗或伪造。通信双方之间也可能有多种形式的欺骗，例如通信双方 A 和 B（设 A 为发送方，B 为接收方）使用图 4.1 所示的消息认证码的基本通信方式（其中，m 为明文消息，c 为密文消息，k 为 A 和 B 共享的密钥，$c_k(.)$ 是密钥控制的公开函数，MAC 为消息认证码，E 为加密算法、D 为解密算法，$\parallel$ 表示链接），有可能发生以下欺骗：

（1）B 伪造一个消息并使用与 A 共享的密钥产生该消息的认证码，然后声称该消息来自于 A。

（2）由于 B 有可能伪造 A 发来的消息，因此 A 就可以对自己发送过的消息予以否认。

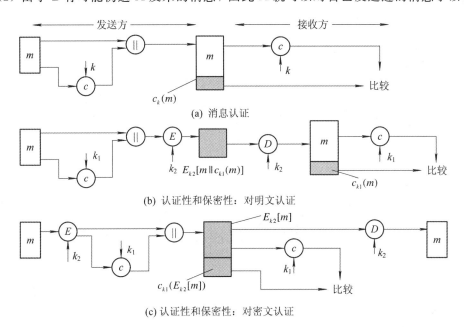

图 4.1　MAC 的基本使用方式

这两种欺骗在实际的网络安全中都有可能发生，例如在电子资金传输中，接收方增加收到的资金数，并声称这一数目来自发送方；又如用户通过电子邮件向证券经纪人发送对某笔业务的指令，以后这笔业务赔钱了，用户就可否认曾发过相应的指令。

因此，在收发双方未建立起安全的信任关系且存在利害冲突的情况下，单纯的消息认证就显得不够。数字签名技术则可有效解决这一问题。类似于手书签名，数字签名应具有以下性质：

（1）能够验证签名产生者的身份，以及产生签名的日期和时间；

（2）能用于证实被签消息的内容；

（3）数字签名可由第三方验证，从而能够解决通信双方的争议。

由此可见，数字签名具有认证功能。为实现上述三条性质，数字签名应满足以下要求：

（1）签名的产生必须使用发送方独有的一些信息以防伪造和否认；

（2）签名的产生应较为容易；

（3）签名的识别和验证应较为容易；

（4）对已知的数字签名构造一个新的消息或对已知的消息构造一个假冒的数字签名在计算上都是不可行的。

4.1.3 数字签名的原理

数字签名就是利用私有密钥进行加密，而认证就是利用公开密钥进行正确的解密。在公钥密码体制中，由公开密钥无法推算出私有密钥，所以公开密钥无须保密，可以公开传播，而私有密钥一定是个人秘密持有的。因此，某人用其私有密钥加密消息，能够用他的公开密钥正确解密，就可肯定该消息是某人签字的。因为其他人的公开密钥不可正确解密该加密过的消息，所以其他人不可能拥有该人的私有密钥而制造出该加密过的消息。数字签名的原理如图 4.2 所示。

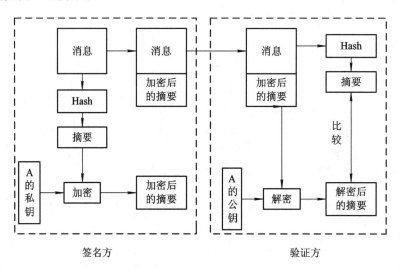

图 4.2　数字签名原理图

一种基于公钥密码学的数字签名方案被定义为一类算法三元组（Gen，Sig，Ver），方案中共有两方参与：签名者 Signer 与验证者 Verifiter。

（1）密钥生成算法 Gen。它是一个概率多项式时间算法，由系统或者签名者执行，该算法以系统安全参数 1^k（即 k 个 1）为输入，输出密钥对（Pk，Sk），其中 Pk 称为签名者公开密钥，Sk 称为签名者私有密钥，即 $\text{Gen}(1^k) \rightarrow (\text{Pk}, \text{Sk})$。

（2）签名生成算法 Sig。它是一个概率多项式时间算法，由签名者执行，该算法以签名私有密钥 Sk、待签名消息 $m \in \{0,1\}^k$ 为输入，输出一个串 s。此时称 s 为签名者以签名者私有密钥 Sk 对消息 m 所做的签名，即 $\text{Sig}(\text{Sk}, m) \rightarrow s$。

（3）签名验证算法 Ver。它是一个确定性算法，由验证者执行，该算法以签名公开密钥 Pk、签名消息对 (m, s) 为输入，输出 0 或 1，即 $\text{Ver}(\text{Pk}, m, s) \rightarrow \{0,1\}$。如果 $s \in \text{Sig}(m)$，输出 1 说明签名有效；反之，输出 0 说明签名无效。

采用上述数字签名方案的用户首先采用密钥生成算法生成系统的密钥对（Pk，Sk），签名者将公开密钥 Pk 公开，自己安全地保管私有密钥 Sk。当该签名者需要对某一消息 m 签名时，他采用签名算法 Sig 以私有密钥 Sk 和 m 为输入，得到消息 m 的签名 $s = \text{Sig}(\text{Sk}, m)$。签名生成后,签名者将签名消息对$(m,s)$传送给验证者,验证者可以在事后任一时间采用签名验证算法 Ver 以签名者公开密钥和消息签名对为输入,来验证签名是否有效,即 $\text{Ver}(Pk,m,s)\to\{0,1\}$。一个经验证有效的签名,签名者就要对该签名负责,因为在签名方案安全的前提下仅有签名者拥有签名私有密钥,因而只有签名者才能生成某消息的有效签名。

4.1.4　数字签名技术

目前已有多种数字签名体制,这些体制主要有:直接方式的数字签名和具有仲裁方式的数字签名等。相应地,数字签名技术主要有:直接方式的数字签名技术和具有仲裁方式的数字签名技术等。

1. 直接方式的数字签名技术

直接方式的数字签名只有通信双方参与,并假定接收方知道发送方的公开密钥。数字签名的形成方式可以用发送方的密钥加密整个消息或加密消息的杂凑值。

如果发方用收方的公开密钥(公钥加密体制)或收发双方共享的会话密钥(单钥加密体制)对整个消息及其签名进一步加密,那么对消息及其签名就提供了更高的保密性。而此时的外部保密方式(即数字签名是直接对需要签名的消息生成的而不是对已加密的消息生成的,否则称为内部保密方式),则对解决争议十分重要,因为在第三方处理争议时,需要得到明文消息及其签名才行。如果采用内部保密方式,那么第三方必须在得到消息的解密密钥后才能得到明文消息;如果采用外部保密方式,那么接收方就可将明文消息及其数字签名存储下来以备以后出现争议时使用。

直接方式的数字签名有一个弱点,即方案的有效性取决于发送方秘钥的安全性。如果发送方想对自己已发出的消息予以否认,就可声称自己的密钥已丢失或被盗,认为自己的签名是他人伪造的。对这一弱点可采取某些行政手段,这在某种程度上能减弱这种威胁,例如,要求每一被签的消息都包含有一个时间戳(日期和时间),并要求密钥丢失后立即向管理机构报告。这种方式的数字签名还存在发送方的密钥确实被偷的危险,例如敌方在 T 时刻偷得发送方的密钥,然后可伪造一消息,用偷得的密钥为其签名并加上 T 以前的时刻作为时间戳。

2. 具有仲裁方式的数字签名技术

上述直接方式的数字签名所具有的威胁都可通过使用仲裁者得以解决。和直接方式的数字签名一样,具有仲裁方式的数字签名也有很多实现方案,这些方案都按以下方式运行:发送方 X 对发往接收方 Y 的消息签名后,将消息及其签名先发给仲裁者 A,A 对消息及其签名验证完后,再连同一个表示已通过验证的指令一起发往接收方 Y。此时由于 A 的存在,因此 X 无法对自己发出的消息予以否认。在这种方式中,仲裁者起着重要的作用,并应取得所有用户的信任。

以下是具有仲裁方式的数字签名的几个实例,其中 X 表示发方,Y 表示收方,A 是仲裁者,m 是消息。X→Y:m 表示 X 给 Y 发送明文,$H(m)$ 为杂凑函数值,∥ 表示链接。

例 4.1　签名过程实例 1:

(1) X→A:$m \parallel E_{k_{AY}}[\text{ID}_X \parallel X(m)]$;

(2) A→Y：$E_{k_D}[ID_X \parallel m \parallel E_{k_{XA}}[ID_X \parallel H(m) \parallel T]]$。

其中，E 是单钥加密算法；k_{XA} 和 k_{AY} 分别是 X 与 A 共享的密钥和 A 与 Y 共享的密钥；T 是时间戳；ID_X 是 X 的身份。

针对上述签名过程，验证 X 的签名。

在(1)中，X 以 $E_{k_{XA}}[ID_X \parallel H(m)]$ 作为自己对 m 的签名，并将 m 及签名发往 A；在(2)中，A 将从 X 收到的内容和 ID_X、T 一起加密后发往 Y，其中的 T 用于向 Y 表示所发生的消息不是旧消息的重发。Y 对收到的内容解密后，将解密结果存储起来以备出现争议时使用。

如果出现争议，Y 可声称自己收到的 m 的确认来自 X，并将 $E_{k_{AY}}[ID_X \parallel m \parallel E_{k_{XA}}[ID_X \parallel H(m)]]$ 发给 A，由 A 仲裁，A 由 k_{AY} 解密后，再用 k_{XA} 对 $E_{k_{XA}}[ID_X \parallel H(m)]$ 解密，并对 $H(m)$ 加以验证，从而验证了 X 的签名。

以上过程中，由于 Y 不知 k_{XA}，因此不能直接检查 X 的签名，但 Y 认为消息来自于 A，因而是可信的。所以整个过程中，A 必须取得 X 和 Y 的高度信任：

(1) X 相信 A 不会泄漏 k_{XA}，并且不会伪造 X 的签名。

(2) Y 相信 A 只有在对 $E_{k_{AY}}[ID_X \parallel m \parallel E_{k_{XA}}[ID_X \parallel H(m) \parallel T]]$ 中的杂凑值及 X 的签名验证无误后才将之发给 Y。

(3) X、Y 都相信 A 可公正地解决争议。

如果 A 已取得各方的信任，则 X 就能相信没有人能伪造自己的签名，Y 就相信 X 不能对自己的签名予以否认。

本例中 m 是以明文形式发送的，因此未提及保密性，下面两个例子可提供保密性。

例 4.2 签名过程实例 2：

(1) X→A：$ID_X \parallel E_{k_{XY}}[m] \parallel E_{k_{XA}}[ID_X \parallel H(E_{k_{XY}}[m])]$；

(2) A→Y：$E_{k_{AY}}[ID_X \parallel E_{k_{XY}}[m] \parallel E_{k_{XA}}[ID_X \parallel H(E_{k_{XY}}[m])] \parallel T]$。

其中，K_{XY} 是 X、Y 共享的密钥。

针对上述签名过程，验证 X 的签名。

X 以 $E_{k_{XA}}[ID_X \parallel H(E_{k_{XY}}[m])]$ 作为对 m 的签名，与由 k_{XY} 加密的明文 m 一起发给 A。A 对 $E_{k_{XA}}[ID_X \parallel H(E_{k_{XY}}[m])]$ 解密后通过验证杂凑值以验证 X 的签名，但始终未能读取明文 m。A 验证完 X 的签名后，对 X 来的消息加一时间戳，再用 k_{AY} 加密后发往 Y。解决争议的方法与例 4.1 同样。

例 4.2 虽然提供了保密性，但还存在与例 4.1 相同的一个问题，即仲裁者有可能和发送方共谋以否认发送方曾发送过的消息，也可和接收方共谋以伪造发送方的签名。这一问题可通过例 4.3 所示的采用公钥加密技术得以解决。

例 4.3 签名过程实例 3：

(1) X→A：$ID_X \parallel E_{Sk_X}[ID_X \parallel E_{Pk_Y}[E_{Sk_X}[m]]]$；

(2) A→Y：$E_{Sk_A}[ID_X \parallel E_{Pk_Y}[E_{Sk_X}[m]] \parallel T]$。

其中，Sk_A 和 Sk_X 分别是 A 和 X 的密钥；Pk_Y 是 Y 的公钥。

针对上述签名过程，验证 X 的签名。

在(1)中，X 用自己的私钥 Sk_X 和 Y 的公钥 Pk_Y 对消息加密后作为对 m 的签名，以这种方式使得任何第三方(包括 A)都不能得到 m 的明文消息。A 收到 X 发来的内容后,用 X 的公钥可对 $E_{\text{Sk}_X}[\text{ID}_X \parallel E_{\text{Pk}_Y}[E_{\text{Sk}_X}[m]]]$ 解密,并将解密得到的 ID_X 与收到的 ID_X 加以比较,从而可确信这一消息是否来自于 X(因为只有 X 有 Sk_X)。在(2)中,A 将 X 的身份 ID_X 和 X 对 m 的签名加上一时间戳后,再用自己的私钥加密发往 Y。

与前两种方案相比,例 4.3 的方案有很多优点。首先,在协议执行以前,各方都不必有共享的信息,从而可防止共谋;其次,只要仲裁者的私钥不被泄露,任何人包括发送方就不能发送重复的消息;最后,对任何第三方(包括 A)来说,X 发往 Y 的消息都是保密的。

3. 其他数字签名技术

1) 数字摘要的数字签名

数字摘要的数字签名要使用单向检验和(one-way ChecKsum)的函数 CK(ChecKsum)。若明文 m 是数字摘要,则计算出 CK(m),这种数字签名同样确认了以下两点:

(1) 报文是由签名者发送的;

(2) 报文自签发到收到为止未被修改过。

具体的实现过程如下:

(1) 被发送明文 m 用安全杂凑算法 SHA 编码加密产生 128 bit 的数字摘要;

(2) 发送方用自己的私有密钥对摘要再加密,形成"数字签名";

(3) 将原文 m 和加密的摘要同时传给对方;

(4) 收方用发方的公钥 k_A 对摘要解密,同时对收到的文件用 SHA 编码加密产生摘要;

(5) 收方将解密后的摘要和收到的原明文重新与 SHA 加密产生的摘要进行对比,如果两者一致,则明文信息在传送过程中没有被破坏或篡改;否则,与之相反。

2) 电子邮戳

在交易文件中,时间是十分重要的因素,因此需要对电子交易文件的日期和时间采取安全措施,以防文件被伪造或篡改。电子邮戳服务是计算机网络上的安全服务项目,由专门机构提供。

电子邮戳是时间戳,是一个经加密后形成的凭证文档,它包括三个部分:

(1) 需加邮戳的文件的摘要(Digest);

(2) ETS(Electronic Timestamp Server)收到文件的日期和时间;

(3) ETS 的数字签名。

时间戳产生的过程为用户首先将需要加时间戳的文件用 Hash 编码加密形成摘要,然后将该摘要发送到 DTS,DTS 在加入了收到文件摘要的日期和时间信息后再对该文件加密(进行数字签名),最后送回用户。由 Bell core 创造的 DTS 采用下面的过程:加密时将摘要信息归并到二叉树的数据结构,再将二叉树的根值发表在报纸上,这样便有效地为文件发表时间提供了佐证。注意,书面签署文件的时间是由签署人自己写上的,而数字时间戳则不然,它是由认证单位 DTS 加上的,以 DTS 收到文件的时间为依据。因此,时间戳也可作为科学家的科学发明文献的时间认证。

3) 数字证书

数字签名很重要的体制是数字证书(即 Digital Certificate,或 Digital ID)。数字证书又称为数字凭证,是用电子手段来证实一个用户的身份和对网络资源访问的权限。在网上的电子交易中,如双方出示了各自的数字凭证,并用它来进行交易操作,那么双方都可不必为对方身份的真伪担心。数字凭证可用于电子邮件、电子商务、群件、电子基金转移等各种用途。数字证书是一个经证书授权中心数字签名的包含公开密钥拥有者信息以及公开密钥的文件。最简单的数字证书包含一个公开密钥、名称以及证书授权中心的数字签名。一般情况下,数字证书中还包括密钥的有效时间、发证机关(证书授权中心)的名称和证书的序列号等信息,证书的格式遵循 ITUT X.509 国际标准。

一个标准的 X.509 数字证书包含以下一些内容:

(1) 证书的版本信息;

(2) 证书的序列号,每个证书都有一个惟一的证书序列号;

(3) 证书所使用的签名算法;

(4) 证书的发行机构名称,命名规则一般采用 X.509 格式;

(5) 证书的有效期,现在通用的证书一般采用 UTC 时间格式,它的计时范围为 1950～2049;

(6) 证书所有人的名称,命名规则一般采用 X.509 格式;

(7) 证书所有人的公开密钥;

(8) 证书发行者对证书的签名。

数字证书有三种类型:

(1) 个人凭证(Personal Digital ID)。它仅仅为某一个用户提供凭证,以帮助其个人在网上进行安全交易操作。个人身份的数字凭证通常是安装在客户端浏览器内的,并通过安全的电子邮件(S/MIME)来进行交易操作。

(2) 企业(服务器)凭证(Server ID)。它通常为网上的某个 Web 服务器提供凭证,拥有 Web 服务器的企业就可以用具有凭证的 Web 站点(Web Site)来进行安全的电子交易。有凭证的 Web 服务器会自动地将其与客户端 Web 浏览器通信的信息加密。

(3) 软件(开发者)凭证(Developer ID)。它通常为因特网中被下载的软件提供凭证,该凭证用于微软公司的 Authenticode 技术(合法化软件)中,以使用户在下载软件时能获得所需的信息。

上述三类凭证中,前两类是常用的凭证;第三类则用于比较特殊的场合。大部分认证中心提供前两类凭证,能提供各类凭证的认证中心并不普遍。

4.2 数字签名标准及数字签名算法

数字签名标准(DSS,Digital Signature Standard)是由美国 NIST 公布的联邦信息处理标准 FIPSPUB 186。其中采用了安全杂凑算法(SHA)和一种新的签名技术,称为 DSA (Digital Signature Algorithm)。DSS 最初于 1991 年公布。在考虑了公钥对其安全性的反馈意见后,于 1993 年公布了其修改版。

数字签名的算法很多,此处仅介绍常用的四种,DSS、DSA、Hash 和 RSA。

4.2.1 DSS 与 RSA 的比较

首先将 DSS 与 RSA 的签名方式作以比较。RSA 算法既能用于加密和签名，又能用于密钥交换；与此不同，DSS 使用的算法只能提供数字签名功能。图 4.3 表明了 RSA 签名和 DSS 签名的不同方式。

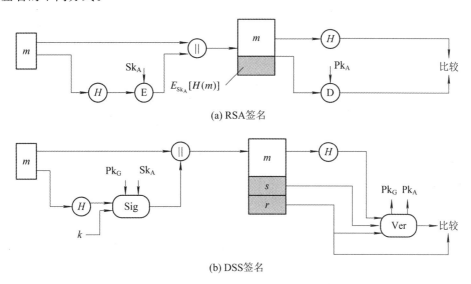

图 4.3 RSA 签名与 DSS 签名的不同方式

采用 RSA 签名时，将消息输入到一个杂凑函数以产生一个固定长度的安全杂凑值，再用发送方的密钥加密杂凑值就形成了对消息的签名。消息及其签名被一起发给接收方，接收方得到消息后再产生出消息的杂凑值，且使用发送方的公钥对收到的签名解密。这样，接收方就得到了两个杂凑值，如果两个杂凑值是一样的，则认为收到的签名是有效的。

DSS 签名也利用一个杂凑函数产生消息的一个杂凑值，杂凑值连同一个随机数 k 一起作为签名函数(Sig)的输入，签名函数还需使用发送方的密钥 Sk_A 和供所有用户使用的一组参数，这一组参数称为全局公钥 Pk_G。签名函数的两个输出 s 和 r 就构成了消息的签名 (s, r)。接收方收到消息后再产生出消息的杂凑值，将杂凑值与收到的签名一起输入到验证函数(Ver)，验证函数还需输入全局公钥 Pk_G 和发送方的公钥 Pk_A。若验证函数的输出结果与收到的签名成分 r 相等，则验证了签名是有效的。

4.2.2 数字签名算法 DSA

DSA 是在 EIGamal 和 Schnorr 两个签名方案(具体内容见下一节)的基础上设计的，其安全性基于求离散对数的困难性。

DSA 算法描述如下。

1. 全局公钥

p：满足 $2^{L-1} < p < 2^L$ 的大素数，其中 $512 \leqslant L \leqslant 1024$，且 L 是 64 的倍数；

q：$p-1$ 的素因子，满足 $2^{159} < q < 2^{160}$，即 q 长为 160 bit；

g：$g = h^{(p-1)/q} \bmod p$，其中 h 是满足 $1 < h < p-1$，且使得 $h^{(p-1)/q} \bmod p > 1$ 的任一

整数。

2. 用户私钥 x

x 是满足 $0 < x < q$ 的随机数或伪随机数。

3. 用户的公钥 y

用户的公钥满足 $y = g^x \bmod p$。

4. 用户为待签消息选取的秘密数 k

k 是满足 $0 < k < q$ 的随机数或伪随机数。

5. 签名过程

用户对消息 m 的签名为 (r, s)，其中 $r = (g^k \bmod p) \bmod q$，$s = [k^{-1}(H(m) + xr)] \bmod q$，$H(m)$ 是由 SHA 求出的杂凑值。

6. 验证过程

设接收方收到的消息为 m'，签名为 (r', s')。计算得
$$w = (s')^{-1} \bmod q, \quad u_1 = [H(m')w] \bmod q$$
$$u_2 = r'w \bmod q, \quad v = [(g^{u_1} y^{u_2}) \bmod p] \bmod q$$
检查 v 是不是等于 r'，若相等，则认为签名有效。这是因为若 $(m', r', s') = (m, r, s)$ 则
$$v = [(g^{H(m)w} g^{xrw}) \bmod p] \bmod q = [g^{(H(m)+xr)s^{-1}} \bmod p] \bmod q = (g^k \bmod p) \bmod q \equiv r$$
DSA 算法的框图如图 4.4 所示。其中的四个函数分别为
$$\begin{cases} s = f_1[H(m), k, x, r, q] = [k^{-1}(H(m) + xr)] \bmod q \\ r = f_2(k, p, q, g) = (g^k \bmod p) \bmod q \\ w = f_3(s', q) = (s')^{-1} \bmod q \\ v = f_4(y, q, g, H(m'), w, r') = [(g^{(H(m')w) \bmod q} y^{r'w \bmod q}) \bmod p] \bmod q \end{cases}$$

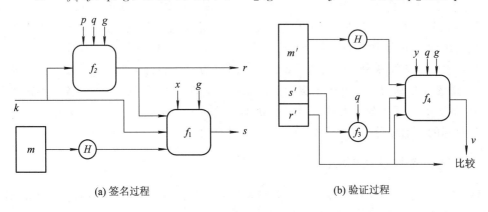

(a) 签名过程　　　　　　　　　　　　(b) 验证过程

图 4.4　DSA 算法的框图

由于离散对数的困难性，敌手从 r 恢复 k 或从 s 恢复 x 都是不可行的。

还有一个问题值得注意，即签名产生过程中的运算主要是求 r 的模指数 $r = (g^k \bmod p) \bmod q$，而这一运算与待签的消息无关，因此能被预先计算。事实上，用户可以预先计算出很多 r 和 k^{-1} 以备以后的签名使用，从而可大大加快产生签名的速度。

4.2.3 数字签名算法 Hash

Hash 函数与加密函数类似。事实上有些 Hash 函数就是稍加修改的加密函数。大多数函数的做法是每次取一个数据块，对数据块的每一位用一个简单的编码函数进行编码。

Hash 算法的工作方式类似通信协议中的校验和（Checksum），即发信方将一个数据包的所有字节加起来，将和添加在包上。收信方执行同样的运算并比较两个和，以决定数据包是否被正确地传输。

校验算法的主要作用是根据报文内容通过单向的 Hash 算法计算出一个校验来，如果报文被改动或增减，则无法根据同样的算法算出相同的校验来。一般在实际应用中，对于只有数据完整性要求的数据只对其校验进行加密就可以了，这样能够大大减少数据加密的工作量。

Hash 签名使用密码安全函数，如 SHA（Secure Hash Algorithm）或 MD5（Message Digest 5），并根据报文文本产生一个 Hash 值，这个过程已把用户的密钥（从第三方得到）与文本联系在一起了，然后再把这个文本和密钥的排列打乱。Hash 值作为签名与文本一起传送，只留下密钥。接收方有密钥的副本，并用它对签名进行检验。

作为 Capstone 计划的一部分，美国国家标准委员会已定义了安全哈希标准（SHS）作为数字签名标准（DSS，Dignature Signature Standard）的标准报文摘要算法。SHS 摘要采用 160 位，被认为更安全，但比 MD5 摘要计算要慢 25%。DSS 和 SHS 被设计成用软件和芯片两种方法实现。

Hash 签名的主要局限是接收方必须持有用户密钥的副本，校验签名，同时也存在伪造签名的可能。另外，管理这些密钥比较麻烦。

4.2.4 数字签名算法 RSA

RSA 是最流行的一种加密标准，是由 Rivest、Shamir 和 Adleman 三人共同设计的，许多产品的内核都有 RSA 的软件和类库。

RSA 签名采用公开密钥算法，生成一对公钥和私钥，信息发送需要用发送者私人密钥加密信息，即签名；信息的接收者利用信息发送者的公钥对签名信息解密，以提高网络运行效率。RSA 签名也不存在 Hash 签名的局限性。

这里要特别注意，为了克服 RSA 密钥过长、加密速度慢的缺点，可采用 DES（Data Encryption Standard）进行明文加密，而 RSA 用于 DES 密钥的加密。例如，美国的保密增强邮件（PEM）就是采用了 RSA 和 DES 结合的方法，目前已成为 E - mail 保密通信标准。

4.3 其他数字签名体制

4.3.1 基于离散对数问题的数字签名体制

基于离散对数问题的数字签名体制是数字签名体制中最为常用的一类，其中包括 ElGamal 签名体制、DSA 签名体制、Okamoto 签名体制等。

1. 离散对数签名体制

EIGamal、DSA、Okamoto 等签名体制都可以归结为离散对数签名体制的特例。

1) 体制参数

p：大素数；

q：$p-1$ 或 $p-1$ 的大素因子；

g：$g\in_R \mathbf{Z}_p^*$，且 $g^q\equiv1(\bmod\ p)$，其中 $g\in_R\mathbf{Z}_p^*$ 表示 g 是从 $\mathbf{Z}_p^*$ 中随机选取的；

x：用户 A 的私钥，$1<x<q$；

y：用户 A 的公钥，$y=g^x\bmod p$。

2) 签名的产生过程

对于待签名的消息 m，A 执行以下步骤：

(1) 计算 m 的杂凑值 $H(m)$；

(2) 选择随机数 $k(1<k<q)$，计算 $r=g^k\bmod p$；

(3) 从签名方程 $ak=b+cx_A\bmod q$ 中解出 s。方程的系数 a、b、c 有许多种不同的选择方法，表 4.1 给出了这些可能选择中的一小部分，以 (r,s) 作为产生的数字签名。

表 4.1　参数 a、b、c 可能的置换取值表

$\pm r'$	$\pm s$	$H(m)$
$\pm r'H(m)$	$\pm s$	1
$\pm r'H(m)$	$\pm H(m)s$	1
$\pm H(m)r'$	$\pm r's$	1
$\pm H(m)s$	$\pm r's$	1

3) 签名的验证过程

接收方在收到明文 m 和数字签名 (r,s) 后，可以按照以下验证方程检验：

$$\mathrm{Ver}(y,(r,s),m)=\mathrm{True}\Leftrightarrow r^a=g^by^c\bmod p$$

2. EIGamal 签名体制

1) 体制参数

p：大参数；

g：$\mathbf{Z}_p^*$ 的一个生成元；

x：用户 A 的私钥，$x\in_R\mathbf{Z}_p^*$；

y：用户 A 的公钥，$y=g^x\bmod p$。

2) 签名的产生过程

对于待签字的明文 m，A 执行以下步骤：

(1) 计算 m 的杂凑值 $H(m)$；

(2) 选择随机数 $k(k\in\mathbf{Z}_p^*)$，计算 $r=g^k\bmod p$；

(3) 计算 $s=(H(m)=xr)k^{-1}\bmod p-1$；

(4) 以 (r,s) 作为产生的数字签名。

3) 签名验证过程

接收方在收到明文 m 和数字签名 (r,s) 后，先计算 $H(m)$，并按下式验证：

$$\mathrm{Ver}(y,\,(r,\,s),\,H(m))=\mathrm{True}\Leftrightarrow y^r r^s=g^{H(m)}\ \mathrm{mod}\ p$$

其正确性可由下式证明：

$$y^r r^s\equiv g^{rx}g^{ks}\equiv g^{rx+H(m)-rx}\equiv g^{H(m)}\ \mathrm{mod}\ p$$

3. Schnorr 签名体制

1）体制参数

p：大素数，$p\geqslant2^{512}$；

q：大素数，$q\,|\,(p-1)$，$q\geqslant2^{160}$；

g：$g\in_{\mathrm{R}}\mathbf{Z}_p^*$，且 $g^q\equiv1\ \mathrm{mod}\ p$；

x：用户 A 的私钥，$1<x<q$；

y：用户 A 的公钥，$y=g^x\ \mathrm{mod}\ p$。

2）签名的产生过程

对于待签名的明文 m，A 执行以下步骤：

(1) 选择随机数 $k(1<k<q)$，计算 $r=g^k\ \mathrm{mod}\ p$；

(2) 计算 $e=H(r,m)$；

(3) 计算 $s=xe+k\ \mathrm{mod}\ q$；

(4) 以 (e,s) 作为产生的数字签名。

3）签名验证过程

接收方在收到明文 m 和数字签名 (e,s) 后，先计算 $r'=g^s y^{-e}\ \mathrm{mod}\ p$，然后计算 $H(r',m)$，并按下式验证：

$$\mathrm{Ver}(y,\,(e,\,s),\,m)=\mathrm{True}\Leftrightarrow H(r',\,m)=e$$

其正确性可由下式证明：

$$r'=g^s y^{-e}\equiv g^{xe+k-xe}\equiv g^k\equiv r\ \mathrm{mod}\ p$$

4. Neberg-Rueppel 签名体制

Neberg-Rueppel 签名体制是一个明文恢复式签名体制，即验证人可从签名中恢复出原始明文，因此签名人不需要将被签明文发送给验证人。

1）体制参数

p：大素数；

q：大素数，$q\,|\,(p-1)$；

g：$g\in_{\mathrm{R}}\mathbf{Z}_p^*$，且 $g^q\equiv1\ \mathrm{mod}\ p$；

x：用户 A 的私钥，$x\in_{\mathrm{R}}\mathbf{Z}_p^*$；

y：用户 A 的公钥，$y=g^x\ \mathrm{mod}\ p$。

2）签名的产生过程

对于待签名的明文 m，A 执行以下步骤：

(1) 计算出 $\widetilde{m}=R(m)$，其中 R 是一个单一映射，并且容易求逆，称为冗余函数；

(2) 选择一个随机数 $k(0<k<q)$，计算 $r=g^{-k}\ \mathrm{mod}\ p$；

(3) 计算 $e=\widetilde{m}r\ \mathrm{mod}\ p$；

(4) 计算 $s=xe+k\ \mathrm{mod}\ q$；

(5) 以 (e,s) 作为对 m 的数字签名。

3）验证过程

接收方收到数字签名$(r，s)$后，可通过以下步骤来验证签名的有效性：

（1）验证是否$0<e<p$；

（2）验证是否$0\leqslant s\leqslant q$；

（3）计算$v=g^s y^{-e} \bmod p$；

（4）计算$m'=ve \bmod p$；

（5）验证是否$m'\in R(m)$，其中$R(m)$表示R的值域；

（6）恢复出$m=R^{-1}(m')$。

（7）这个签名体制的正确性可以由以下等式证明：
$$m' = ve \bmod p \equiv g^s y^{-e} \bmod p \equiv g^{xe+k-xe} e \bmod p \equiv g^k \bmod p = \widetilde{m}$$

5. Okamoto 签名体制

1）体制参数

p：大素数，且$p\geqslant 2^{512}$；

q：大素数，$q|(p-1)$，且$q\geqslant 2^{140}$；

g_1、g_2：两个与q同长的随机数；

x_1、x_2：用户 A 的私钥，两个小于q的随机数；

y：用户 A 的公钥，$y=g_1^{-x_1} g_2^{-x_2} \bmod p$。

2）签名的产生过程

对于待签名的明文m，A 执行以下步骤：

（1）选择两个小于q的随机数k_1，$k_2 \in_R \mathbf{Z}_q^*$；

（2）计算杂凑值：$e=H(g_1^{k_1} g_2^{k_2} \bmod p，m)$；

（3）计算$s_1=(k_1+ex_1) \bmod q$；

（4）计算$s_2=(k_2+ex_2) \bmod q$；

（5）以$(e，s_1，s_2)$作为对m的数字签名。

3）签名的验证过程

接收方在收到明文m和数字签名$(e，s_1，s_2)$后，可通过以下步骤来验证签名的有效性：

（1）计算$v=g_1^{s_1} g_2^{s_2} y^e \bmod p$；

（2）计算$e'=H(v，m)$；

（3）验证$\mathrm{Ver}(y，(e，s_1，s_2)，m)=\mathrm{True}\Leftrightarrow e'=e$。

（4）其正确性可通过下式证明：
$$v = g_1^{s_1} g_2^{s_2} y^e \bmod p = g_1^{k_1+ex_1} g_2^{k_2+ex_2} g_1^{-x_1 e} g_2^{-x_2 e} \bmod p = g_1^{k_1} g_2^{k_2} \bmod p$$

4.3.2 基于大数分解问题的数字签名体制

设n是一个大合数，找出n的所有素因子是一个困难问题，称之为大数分解问题。下面介绍的两个数字签名体制都基于这个问题的困难性。

1. Fiat-Shamir 签名体制

1）体制参数

n：$n=pq$，其中p和q是两个保密的大素数；

k：固定的正整数；

$y_1, y_2, \cdots, y_k$：用户 A 的公钥，对任何 $i(1 \leqslant i \leqslant k)$，$y_i$ 都是模 n 的平方剩余；

$x_1, x_2, \cdots, x_k$：用户 A 的私钥，对任何 $i(1 \leqslant i \leqslant k)$，$x_i = \sqrt{y_i^{-1}} \bmod n$。

2）签名的产生过程

对于待签名的消息 m，A 执行以下步骤：

（1）随机选取一个正整数 t；

（2）随机选取 t 个介于 1 和 n 之间的数 $r_1, r_2, \cdots, r_t$，并对任何 $j(1 \leqslant j \leqslant t)$，计算 $R_j = r_j^2 \bmod n$；

（3）计算杂凑值 $H(m, R_1, R_2, \cdots, R_t)$，并依次取出 $H(m, R_1, R_2, \cdots, R_t)$ 的前 kt 个比特值 $b_{11}, \cdots, b_{1t}, b_{21}, \cdots, b_{2t}, b_{k1}, \cdots, b_{kt}$；

（4）对任何 $j(1 \leqslant j \leqslant t)$，计算 $s_j = r_j \prod_{i=1}^{k} x_i^{b_{ij}} \bmod n$；

（5）以 $((b_{11}, \cdots, b_{1t}, b_{21}, \cdots, b_{2t}, b_{k1}, \cdots, b_{kt}), (s_1, \cdots, s_t))$ 作为对 m 的数字签名。

3）签名的验证过程

接收方在收到明文 m 和签名 $((b_{11}, \cdots, b_{1t}, b_{21}, \cdots, b_{2t}, b_{k1}, \cdots, b_{kt}), (s_1, \cdots, s_t))$ 后，可用以下步骤来验证：

（1）对任何 $j(1 \leqslant j \leqslant t)$，计算 $R_j' = s_j^2 \cdot \prod_{i=1}^{k} y_i^{b_{ij}} \bmod n$；

（2）计算 $H(m, R_1', R_2', \cdots, R_t')$；

（3）验证 $b_{11}, \cdots, b_{1t}, b_{21}, \cdots, b_{2t}, b_{k1}, \cdots, b_{kt}$ 是否依次是 $H(m, R_1', R_2', \cdots, R_t')$ 的前 kt 个比特。如果是，则以上数字签名是有效的。

（4）其正确性可以由下式证明：

$$R_j' = s_j^2 \cdot \prod_{i=1}^{k} y_i^{b_{ij}} \bmod n \equiv \left(r_j \prod_{i=1}^{k} x_i^{b_{ij}}\right)^2 \cdot \prod_{i=1}^{k} y_i^{b_{ij}} \equiv r_j^2 \cdot \prod_{i=1}^{k} (x_i^2 y_i)^{b_{ij}} \equiv r_j^2 \equiv R \bmod n$$

2. Guillou-Quisquater 签名体制

1）体制参数

n：$n = pq$，p 和 q 是两个保密的大素数；

V：$\gcd(v, (p-1)(q-1)) = 1$；

x：用户 A 的私钥，$x \in_R \mathbf{Z}_n^*$；

y：用户 A 的公钥，$y \in \mathbf{Z}_n^*$，且 $x^v y = 1 \bmod n$。

2）签名的产生过程

对于待签消息 m，A 进行以下步骤：

（1）随机选择一个数 $k \in \mathbf{Z}_n^*$，计算 $T = k^v \bmod n$。

（2）计算杂凑值：$e = H(m, T)$，且使 $1 \leqslant e < v$；否则，返回步骤（1）。

（3）计算 $s = kx^e \bmod n$；

（4）以 (e, s) 作为对 m 的签名。

3）签名的验证过程

接收方在收到明文 m 和数字签名 (e, s) 后，用以下步骤来验证：

（1）计算出 $T' = s^v y^e \bmod n$；

（2）计算出 $e' = H(m, T')$；

（3）验证 $Ver(y, (e, s) \cdot m) = True \Leftrightarrow e' = e$。

（4）其正确性可由以下算式证明：

$$T' = s^v y^e \bmod n = (kx^e)^v y^e \bmod n = k^v (x^v y)^e \bmod n = k^v \bmod n = T$$

4.4　散列函数与消息认证

4.4.1　散列函数的定义及性质

1. 散列函数的定义

哈希（Hash）函数是一个输入为任意长的二元串，输出为固定长度的二元串的函数。一般用 $H(\cdot)$ 表示哈希函数，若输出是长度为 l 的二元串，则哈希函数表示为

$$H(\cdot): \{0, 1\}^* \to \{0, 1\}^l$$

式中：$\{0, 1\}^*$ 表示所有任意有限长的二元串的全体集合；$\{0, 1\}^l$ 表示所有长度为 l 的二元串的集合。若消息 $m \in \{0, 1\}^*$，则 $H(m) \in \{0, 1\}^l$。哈希函数又称为散列函数或杂凑函数。

散列函数的作用是将任意长度的二进制消息（文件）压缩成固定 l bit 长度的二进制输出，目前密码学中使用的哈希函数输出长度 l 一般取 128 bit、160 bit、192 bit、256 bit、320 bit、384 bit、512 bit 等等，通常为 32 的整数倍。

2. 散列函数的性质

散列函数具有的重要性质是单向性、抗原像性、抗第二原像性以及抗碰撞性。

1）单向性

哈希函数 $H(\cdot): \{0, 1\}^* \to \{0, 1\}^l$ 称为具有单向性，是指

（1）任意给定 $m \in \{0, 1\}^*$，可以很容易（多项式时间内）地计算出消息摘要 $H(m) \in \{0, 1\}^l$；

（2）任意给定 $H(m) \in \{0, 1\}^l$，求出 $m \in \{0, 1\}^*$ 是在计算上困难的，即多项式时间内不可解。

通俗地讲，单向性的散列函数是指任意给定 $m \in \{0, 1\}^*$，可以很容易计算出消息摘要 $H(m) \in \{0, 1\}^l$；反之，给定散列函数值要推算出消息 m，则是难于计算的。

2）抗原像性

任意给定 $H(m) \in \{0, 1\}^l$，求出 $m \in \{0, 1\}^*$ 计算上是困难的，这一性质也称为哈希函数 $H(\cdot): \{0, 1\}^* \to \{0, 1\}^l$ 是抗原像的（Preimage Resistant）。

消息摘要作为消息的数字指纹仅仅要求散列函数具有单向性是不够的，还要求哈希函数必须具有抗碰撞性。

3）抗第二原像性

散列函数 $H(\cdot): \{0, 1\}^* \to \{0, 1\}^l$ 称为具有抗第二原像性（Second Preimage Resistant），是指任意给定 $m \in \{0, 1\}^*$ 及其信息摘要 $H(m)$，求出 $m' \in \{0, 1\}^*$ 且 $m' \neq m$，使得 $H(m') = H(m)$ 是困难的。

　　显然，散列函数的抗第二原像性使得消息 m 的信息摘要 $H(m)\in\{0,1\}^l$ 基本上可以作为消息 $m\in\{0,1\}^*$ 的标识符。但是，会不会任意两个不同的消息产生相同的消息摘要？这是可能的。

　　4）抗碰撞性

　　哈希函数 $H(\cdot):\{0,1\}^*\to\{0,1\}^l$ 称为具有抗碰撞性（Collision Resistant），是指求出任意 $m,m'\in\{0,1\}^*$，且 $m'\neq m$，使得 $H(m')=H(m)$ 是困难的。

　　显然，散列函数 $H(\cdot):\{0,1\}^*\to\{0,1\}^l$ 的抗碰撞性使得消息摘要 $H(m)\in\{0,1\}^l$ 可以作为消息 $m\in\{0,1\}^*$ 的标识符，因为此时求得具有相同消息摘要的两个不同消息是困难的。

　　由上面的四个性质我们知道，散列函数应该具有单向性、抗原像性、抗第二原像性以及抗碰撞性。具有这些性质的散列函数才能够应用于数字签名技术中进行消息完整性检验。

4.4.2　散列函数的结构

　　如何将输入的任意有限长的二元串 $m\in\{0,1\}^*$ 压缩成固定长度的输出，是设计哈希函数 $H(\cdot):\{0,1\}^*\to\{0,1\}^l$ 面临的首要问题。目前，压缩一般都采用 Merke-Damgård 迭代结构实现，由 Merkle 提出的迭代哈希函数一般结构如图 4.5 所示。这也是目前大多数哈希函数（MD5、SHA-1、RIPEMD）的结构。图 4.5 中，IV 称为初始向量，CV 称为链接变量，Y_i 是第 $i+1$ 个输入消息分组，f 称为压缩函数，L 为输入的分组数，l 为哈希函数的输出长度，b 为输入分组长度。

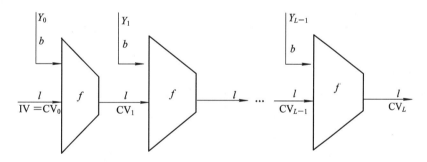

图 4.5　迭代哈希函数的一般结构

该方法涉及两个设计步骤，其中包括消息填充方法和一个压缩函数。

　　首先，将有限长的输入二元串 $m\in\{0,1\}^*$ 填充为长度恰好为 b bit 的一系列块（Block）。一个典型的填充方法是在输入消息二元串 m 后面添加一个比特 1，然后填充足够多的比特 0，再添加 m 的长度 $|m|$ 的二进制表示，使填充后消息的长度为 b 的 L 整数倍，设填充后消息表示为 $Y_0\parallel Y_1\parallel\cdots\parallel Y_{L-1}$。

　　其次，设计一个压缩（Compress）函数 $F(\cdot):\{0,1\}^{b+l}\to\{0,1\}^l$，$b>l$。注意，这里压缩函数 $F(\cdot):\{0,1\}^{b+l}\to\{0,1\}^l$ 的输入是固定长度 b bit 信息（目前，大多数情况取 $b=512$ bit），$b>l$ 表示这个函数是一个消息压缩的过程。

　　取一个初始值 $IV\in\{0,1\}^l$，然后计算：$CV_0\leftarrow IV$，$CV_1\leftarrow F(Y_0\parallel CV_0)$，$CV_2\leftarrow F(Y_1\parallel CV_1)$，$\cdots$，$CV_L\leftarrow F(Y_{L-1}\parallel CV_{L-1})$。最后，$CV_L$ 的值即被作为 Hash 函数的输出。

4.4.3 安全散列函数(SHA)

最著名的 Hash 算法有 MD5、SHA 以及 RIPEMD-160 等，这里我们以安全散列函数 SHA 为例进行介绍。安全散列函数，也称安全哈希算法(SHA)，是由美国国家标准和技术协会(NIST)提出的，于 1993 年作为美国联邦消息处理标准(FIPS PUB 180)公布。1995 年 NIST 发布了它的修订版(FIPS 180-1)，通常称为 SHA-1。

SHA-1 算法的输入为消息报文，最大长度不超过 2^{64} bit，算法产生的输出是一个 160 bit 长的消息摘要，输入是按 512 bit 的分组进行处理的。SHA-1 算法具体的处理步骤如下：

1）附加填充比特

首先对报文进行填充，填充方法是先添加一个比特 1，然后填充足够多的比特 0，使填充后报文的长度与 448 模 512 同余，即为 512 的倍数刚好减去 64 bit(报文 m 的长度 $|m|$ 用 64 bit 的二进制表示)。需要注意的是，即使消息的长度在填充之前已经满足条件，附加填充比特总是需要进行的。例如，如果消息的长度为 448 bit 长，那么将填充 512 bit 形成 960 bit 的报文。

2）附加长度值

将一个 64 bit 的填充前消息的长度分组附加到报文后面，这个 64 bit 的长度被看做是一个无符号整数。填充时按照高字节优先的顺序，即先填充高 32 bit 字，然后填充低 32 bit 字。

可以把前面两步看做是算法的预处理过程，它们的作用是使消息长度恰好是 512 bit 的整数倍。在后面的算法步骤中，算法的处理正是按照 512 bit 的分组来进行的。

3）初始化 MD 缓存

SHA-1 算法使用了 160 bit(5×32 bit)的缓存来存放中间以及最终结果，这 160 bit 被分成 5 个 32 bit 字 H_0，H_1，H_2，H_3，H_4(SHA-1 算法中每个字 32 bit)。在算法开始时，这 5 个变量分别被初始化为如下的十六进制整数：

$$H_0 = 67452301, \quad H_1 = \text{EFCDAB89}, \quad H_2 = 98\text{BADCFE}$$
$$H_3 = 10325476, \quad H_4 = \text{C3D2E1F0}$$

4）以 512 bit(16 个字)分组处理消息

这是 SHA-1 算法的主循环，处理 512 bit 长度的一个分组。SHA-1 算法就是按照这一步骤，从消息开头循环地处理消息序列分组，直至消息的结尾。每一次循环都以当前处理的 512 bit 分组和 MD 缓存 H_0，H_1，H_2，H_3，H_4 作为输入。本次循环结束时缓存的内容将作为下个分组处理的初始值，并以下一个分组 Y_{i+1} 作为输入进行下一个分组的处理。

每一次循环分为三个阶段：

(1) 拷贝中间变量。把 H_0，H_1，H_2，H_3，H_4 分别拷贝到中间变量 A，B，C，D，E 中，下一个阶段的所有操作都将在中间变量 A，B，C，D，E 上进行。

(2) 执行压缩函数 F。SHA-1 每一个主循环压缩函数 F 共包括 80 个操作，每个操作中都使用了一个非线性函数。80 个操作被分为四轮，每轮 20 个操作(第一轮为第 0 至第 19 个操作，第二轮为第 20 至第 39 个操作，第三轮为第 40 至第 59 个操作，第四轮为第 60 至第 79 个操作)，每一轮内的所有操作都使用相同的非线性函数，而每轮都使用不同的非线性函数。所有的 80 个操作都具有相同的基本算法过程。具体来说，它们的算法过程如下：

$$\begin{cases} \text{TEMP} = A <<<5 + f_t(B, C, D) + E + W_t + K_t \\ E = D \\ D = C \\ C = B <<<30 \\ B = A \\ A = \text{TEMP} \end{cases} \tag{4.1}$$

式中：TEMP 为临时变量，它用于保存中间结果；t 为操作的序数，$0 \leqslant t \leqslant 79$；$<<<5$ 表示循环左移 5 bit，同理，$<<<30$ 表示循环左移 30 bit；$f_t(B, C, D)$ 为非线性函数，函数的输入为中间变量 B, C, D；W_t 为由当前的 512 bit 输入分组所导出的一个 32 bit 字；K_t 为由算法指定的常数，它是按照一定规律得到的伪随机数字，它只有四个值，在每轮（20个操作）中采用同一个 K_t；"＋"为模 2^{32} 加法。第 t 步操作的示意图如图 4.6 所示。图中，CLS_s 表示循环左移 s bit。

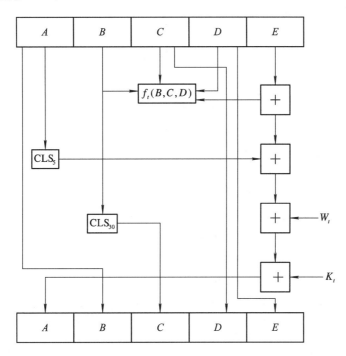

图 4.6　第 t 步的 SHA - 1 操作

下面对于其中的各个运算部件进行说明。

① 非线性函数 $f_t(B, C, D)$。SHA - 1 的四轮操作分别使用了不同的非线性函数：

第一轮（$0 \leqslant t \leqslant 19$）：$f_t(X, Y, Z) = (X \wedge Y) \vee ((\neg X) \wedge Z)$；

第二轮（$20 \leqslant t \leqslant 39$）：$f_t(X, Y, Z) = X \oplus Y \oplus Z$；

第三轮（$40 \leqslant t \leqslant 59$）：$f_t(X, Y, Z) = (X \wedge Y) \vee (Y \wedge Z) \vee (X \wedge Z)$；

第四轮（$60 \leqslant t \leqslant 79$）：$f_t(X, Y, Z) = X \oplus Y \oplus Z$。

其中，$\oplus$ 是逐比特异或；$\wedge$ 是按比特与；$\vee$ 是按比特或；$\neg$ 是按比特取反。

② W_t 的导出。W_t 的导出就是要将消息分组从 16 个 32 bit 字（$m_0 \sim m_{15}$）变成 80 个 32 bit 字（$W_0 \sim W_{79}$）。把当前处理的 512 bit 分组看做前 16 个 32 bit 字 $W_0, \cdots, W_{15}$，而

$W_t(16 \leqslant t \leqslant 79)$ 是从消息中经过变换导出的。导出 W_t 的方法如下：设 t 是操作序号$(0 \leqslant t \leqslant 79)$，$M_t$ 表示扩展后消息的第 t 个分组，$<<<s$ 表示循环左移 s bit。

$$\begin{cases} W_t = M_t & t = 0, 1, \cdots, 15 \\ W_t = (M_{t-3} \oplus M_{t-8} \oplus M_{t-14} \oplus M_{t-16}) <<< 1 & t = 16, 17, \cdots, 79 \end{cases}$$

也就是说，W_t 的前 16 个字直接取自当前分组的 16 个 32 bit 字的值(供前 16 次操作使用)，而余下的 64 次操作中，W_t 的值由四个之前的 W_t 值异或后再循环左移 1 bit 得到。SHA－1 分组处理所需的 80 个字产生的过程如图 4.7 所示。其中，CLS_1 表示循环左移 1 bit。

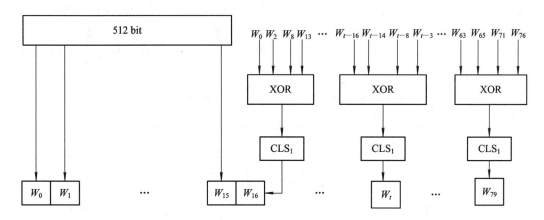

图 4.7　SHA－1 分组处理所需的 80 个字的产生过程

③ 常数 K_t。K_t 是由算法给出的常数。在 SHA－1 算法中使用了四个常数，它们分别是：

$$\begin{cases} K_t = 5A827999 & t = 0, 1, \cdots, 19 \\ K_t = 6ED9EBA1 & t = 20, 21, \cdots, 39 \\ K_t = 8F1BBCDC & t = 40, 41, \cdots, 59 \\ K_t = CA62C1D6 & t = 60, 61, \cdots, 79 \end{cases}$$

(3) 更新 MD 缓存 H_0, H_1, H_2, H_3, H_4。在所有 80 个操作完成后，算法以下列步骤更新 MD 缓存：

$$\begin{cases} H_0 = H_0 = A \\ H_1 = H_1 + B \\ H_2 = H_2 + C \\ H_3 = H_3 + D \\ H_4 = H_4 + E \end{cases} \tag{4.2}$$

式(4.2)表示在第 80 步操作后的输出结果加到循环前的 MD 缓存中，相加时缓存中的 5 个字分别与中间变量中对应的 5 个字模 2^{32} 相加。

至此，SHA－1 算法对于一个分组 Y_t 的处理结束，将继续处理下一个分组，直至所有的消息分组处理完毕。

5) 输出

在最后一个消息分组处理完毕后，MD 缓存$(H_0, H_1, H_2, H_3, H_4)$中的值即为算法输出的 160 bit 报文摘要。

例 4.4　　SHA - 1 算法举例。字符串"abc"的二进制表示为 01100001 01100010 01100011，长度为 24 bit。则按照 SHA - 1 的填充要求，应填充 1 个"1"和 423 个"0"，最后有两个字为"0000000000000018"表明原始消息的长度为 24 bit。这样，这个输入只有一个 512 bit 的分组。五个寄存器取如下的初始值：

$$A = 67452301$$
$$B = EFCDAB89$$
$$C = 98BADCFE$$
$$D = 10325476$$
$$E = C3D2E1F0$$

消息的分组所有字取上述经过填充后的 512 bit 分组，即：$W[0] = 61626380\text{H}$（01100001 01100010 01100011 10000000），$W[1] = W[2] = \cdots = W[14] = 00000000\text{H}$，$W[15] = 00000018\text{H}$。

在经过 80 步循环后五个寄存器中的值为

$$A = A9993E36$$
$$B = 4706816A$$
$$C = BA3E2571$$
$$D = 7850C26C$$
$$E = 9CD0D89D$$

五个寄存器的值顺序排列即得到消息"abc"的散列函数值。

2002 年 8 月 26 日，NIST(American National Institute of Standards and Technology)宣布通过 FIPS 180 - 2 安全哈希标准，此标准对 SHA - 256 算法作了详细的描述。SHA - 256 是 256 bit 的哈希函数，它提供 128 bit 抗碰撞攻击的安全性；SHA - 384 是 384 bit 的哈希函数，它提供 192 bit 抗碰撞攻击的安全性；SHA - 512 是 512 bit 的哈希函数，它提供 256 bit 抗碰撞攻击的安全性。

4.4.4　消息认证

消息认证是使消息的接收者能够检验收到的消息是否真实的认证方法。消息认证的目的有两个，其一是消息源的认证，即验证消息的来源是真实的；其二是消息的认证，即验证消息在传送过程中未被篡改。有两类方法用来进行消息认证。

(1) 消息认证码 MAC(Message Authentication Code)：是以消息和密钥作为输入的公开函数，可以生成定长的输出。该方法需要在消息的发送方和接收方之间共享密钥。

(2) 散列函数：是不带密钥的公开函数，它将任意长度的输入消息映射为固定长度的输出值。散列函数与数字签名算法相结合，提供对消息的完整性检验。

1. 基于密钥杂凑函数的 MAC

基于密钥杂凑函数的 MAC 的形式为

$$\text{MAC} = H(k \parallel m) \tag{4.3}$$

在接收方与发送方共享密钥的情况下，将密钥作为杂凑函数的一部分输入，另一部分输入为需要认证的消息。因此，为了提供一个消息 m 的认证性，发送者通过式(4.3)计算消息的 MAC,其中,k 为发送者和接收者的共享密钥,"$\parallel$"表示比特串的链接。

根据 4.2.1 节中讨论的杂凑函数的性质,我们可以假设,为了应用杂凑函数生成一个关于密钥 k 和消息 m 的有效 MAC,该主体必须拥有正确的密钥和正确的消息。与发送者共享密钥 k 的接收者应当由所接收的消息 m 重新计算出 MAC,并同所收到的 MAC 比较是否一致。如果一致的话,就可以相信该消息来自于所声称的发送者,并在传输中未被篡改。

这种使用杂凑函数构造的 MAC,称为 HMAC(用散列函数构造的 MAC)。为谨慎起见,HMAC 通常通过下式计算:

$$HMAC = H(k \parallel m \parallel k) \tag{4.4}$$

也就是说,密钥是要认证消息的前缀和后缀,这是为了阻止攻击者利用某些杂凑函数的"轮函数迭代"结构。如果不用密钥保护消息的两端,而采用式(4.3)的形式,则在攻击者已知杂凑函数具有的这种结构时,攻击者不必知道密钥 k 就可以选择一些数据用作消息前缀或后缀来修改消息,并可以通过认证码的认证。

2. 基于分组加密算法的 MAC

构造消息认证码 MAC 的标准方法是使用分组密码算法的 CBC 运行模式。通常,这样构造的密钥杂凑函数称为 MAC。

令 $E_k(m)$ 表示输入消息为 m、密钥为 k 的分组密码加密算法。为了认证消息 m,发送者首先对 m 进行分组:

$$m = m_1 m_2 \cdots m_i \cdots m_l$$

式中,每一个子消息组 $m_i(i=1, 2, \cdots, l)$ 的长度都等于分组加密算法输入的长度。如果最后一个子消息组 m_l 的长度小于分组长度,就必须对其填充一些随机值。设 $C_0 = IV$ 为随机初始向量。现在,发送者用 CBC 加密:

$$C_i = \varepsilon_k(m_i \oplus C_{i-1}) \qquad i = 1, 2, \cdots, l$$

然后,数值对 (IV, C_l) 作为 MAC,将附在消息 m 之后发送。

很明显,在生成 CBC-MAC(由运行 CBC 模式分组密码构造的 MAC)的计算中包括了不可求逆的数据压缩(本质上,CBC-MAC 是整个消息的"短摘要"),因此 CBC-MAC 是一个单向变换。而且,所用的分组密码加密算法的混合变换性质为这个单向变换增加了一个杂凑特点(也就是说,将 MAC 分布到 MAC 空间与分组密码加密算法应该将密文分布到密文空间同样均匀)。因此,可以设想为了生成一个有效的 CBC-MAC,该主体必须知道控制分组密码算法的密钥 k。与发送者共享密钥 k 的接收者应当由所接收的消息 m 重新计算出 MAC,并检验与所接收到的 MAC 是否一致。如果一致的话,就可以相信该消息来自于所声称的发送者。

4.5 认证及身份验证技术

4.5.1 单向认证技术

电子邮件等网络应用有一个最大的优点就是不要求收发双方同时在线,发方将邮件发往收方的信箱，邮件在信箱中保存着，直到收方阅读时才打开。邮件消息的报头必须是明文形式，以使简单邮件传输协议（SMTP，Simple Mail Transfer Protocol）或 X.400 等存储一转发协议能够处理。然而，通常都不希望邮件处理协议要求邮件的消息本身是明文形式，否则就要求用户对邮件处理机制的信任。所以用户在进行保密通信时，需对邮件消息进行加密，以使包括邮件处理系统在内的任何第三者都不能读取邮件的内容。再者，邮件接收者还希望对邮件的来源即发方的身份进行认证，以防他人假冒。与双向认证一样，我们仍以单钥加密和公钥加密两种情况来考虑。

1. 单钥加密

对诸如电子邮件等单向通信来说，无中心的密钥分配情况不适用。因为该方案要求发方给收方发送一请求，并等到收方发回一个包含会话密钥的应答后，才向收方发送消息，所以本方案与收方和发方不必同时在线的要求不符。满足单向通信的两个要求的协议如下：

(1) $A \rightarrow KDC$：$ID_A \parallel ID_B \parallel N_1$；

(2) $KDC \rightarrow A$：$E_{k_A}[k_S \parallel ID_B \parallel N_1 \parallel E_{k_B}[k_S \parallel ID_A]]$；

(3) $A \rightarrow B$：$E_{k_B}[k_S \parallel ID_A] \parallel E_{k_S}[m]$。

本协议不要求 A 和 B 同时在线，但保证了只有 B 能解读消息，同时还提供了对消息的发方 A 的认证。然而本协议不能防止重放攻击，为此需在消息中加上时间戳，但由于电子邮件处理中的延迟，时间戳的作用极为有限。

2. 公钥加密

公钥加密算法可对发送的消息提供保密性、认证性或既提供保密性又提供认证性，为此要求发方知道收方的公钥（保密性），或要求收方知道发方的公钥（认证性），或要求每一方知道另一方的公钥。

(1) 如果主要关心保密性，则可使用以下方式：

$$A \rightarrow B：E_{Pk_B}[k_S] \parallel E_{k_S}[m]$$

其中，A 用 B 的公钥加密一次性会话密钥，并用一次性会话密钥加密消息。只有 B 能够使用相应的密钥得到一次性会话密钥，再用一次性会话密钥得到消息。这种方案比简单地用 B 的公钥加密整个消息要有效得多。

(2) 如果主要关心认证性，则可使用以下方式：

$$A \rightarrow B：m \parallel E_{Sk_A}[H(m)]$$

这种方式可实现对 A 的认证，但不提供对 m 的保密性。

(3) 如果既要提供保密性又要提供认证性，可使用以下方式：

$$A \rightarrow B：E_{Pk_B}[m \parallel E_{Sk_A}[H(m)]]$$

后两种情况要求 B 知道 A 的公钥并确信公钥的真实性，为此 A 还需同时向 B 发送自己的公钥证书，表示为

$$A \rightarrow B：m \parallel E_{Sk_A}[H(m)] \parallel E_{Sk_{AS}}[T \parallel ID_A \parallel Pk_A]$$

或

$$A \rightarrow B：E_{Pk_B}[m \parallel E_{Sk_A}[H(m)] \parallel E_{Sk_{AS}}[T \parallel ID_A \parallel Pk_A]]$$

式中，$E_{Sk_{AS}}[T \parallel ID_A \parallel Pk_A]$ 是认证服务器 AS 为 A 签署的公钥证书。

4.5.2　交叉认证技术

A、B两个用户在建立共享密钥时需要考虑的核心问题是保密性和实时性。为了防止会话密钥的伪造或泄露，会话密钥在通信双方之间交换时应以密文形式出现，所以通信双方事先就应有密钥或公开密钥。第二个问题实时性则对防止消息的重放攻击极为重要，实现实时性的一种方法是对交换的每一条消息都加上一个序列号，一个新消息仅当它有正确的序列号时才被接收。但这种方法的困难性是要求每个用户分别记录与其他每一用户交换的消息的序列号，这样做，增加了用户的负担，所以序列号方法一般不用于认证和密钥交换。保证信息的实时性常用的有以下两种方法。

(1) 时间戳：如果A收到的消息包括一时间戳，且在A看来这一时间戳充分接近自己的当前时刻，A就认为收到的消息是新的并接收。这种方案要求所有各方的时钟是同步的。

(2) 询问—应答：用户A向B发出一个一次性随机数作为询问，如果收到B发来的消息(应答)也包含一个正确的一次性随机数，A就认为B发来的消息是新的并接收。

其中，时间戳法不能用于面向连接的应用过程，这是由于时间戳法在实现时有它的困难性。首先，时间戳法需要在不同的处理器时钟之间保持同步，那么所用的协议必须是容错的，以处理网络错误，并且是安全的，以对付恶意攻击。其次，如果协议中任一方的时钟出现错误而暂时地失去了同步，则将使敌方攻击成功的可能性增加。最后，还由于网络本身存在着延迟，因此不能期望协议的各方能保持精确的同步。所以任何基于时间戳的处理过程，协议等都必须允许同步一个误差范围。考虑到网络本身的延迟，误差范围应足够大；考虑到可能存在的攻击，误差范围又应足够小。

而询问—应答方式则不适合于无连接的应用过程，这是因为在无连接传输以前需经询问—应答这一额外的握手过程，与无连接应用过程的本质特性不符。对无连接的应用程序来说，利用某种安全的时间服务器保持各方时钟同步是防止重放攻击最好的方法。

通信双方建立共享密钥时可采用单钥加密体制或公钥加密体制。

1. 单钥加密体制

采用单钥加密体制为通信双方建立共享密钥时，需要有一个可信的密钥分配中心(KDC，Key Distribution Center)，网络中每一用户都与KDC有一共享密钥，称为主密钥。KDC为通信双方建立一个短期内使用的密钥，称为会话密钥，并用主密钥加密会话密钥后分配给两个用户。这种分配密钥的方式在实际应用中较为普遍采用，如Kerberos系统采用的就是这种方式。

1) Needham-Schroeder协议

采用KDC的密钥分配过程，可用以下协议(称为Needham-Schroeder协议)来描述：

(1) $A \rightarrow KDC$：$ID_A \parallel ID_B \parallel N_1$；

(2) $KDC \rightarrow A$：$E_{k_A}[k_S \parallel ID_B \parallel N_1 \parallel E_{k_B}[k_S \parallel ID_A]]$；

(3) $A \rightarrow B$：$E_{k_B}[k_S \parallel ID_A]$；

(4) $B \rightarrow A$：$E_{k_S}[N_2]$；

(5) $A \rightarrow B$：$E_{k_S}[f(N_2)]$。

其中，k_A、k_B 分别是 A、B 与 KDC 共享的主密钥。Needham-Schroeder 协议的目的是由 KDC 为 A、B 安全地分配会话密钥 k_S，A 在第(2)步安全地获得了 k_S，而第(3)步的消息仅能被 B 解读，因此 B 在第(3)步安全地获得了 k_S，第(4)步中，B 向 A 示意自己已掌握 k_S，N_2 用于向 A 询问自己在第(3)步收到的 k_S 是否为一新会话密钥，第(5)步 A 对 B 的询问作出应答，一方面表示自己已掌握 k_S，另一方面由 $f(N_2)$ 回答了 k_S 的新鲜性。可见第(4)、(5)两步用于防止同一种类型的重放攻击，比如敌手在前一次执行协议时截获第(3)步的消息，然后在这次执行协议时重放。如果双方没有第(4)、(5)两步的握手过程的话，B 就无法检查自己得到的 k_S 是否是重放的旧密钥。

然而以上协议却易遭受另一种重放攻击，假定敌手能获取旧会话密钥，则冒充 A 向 B 重放第(3)步的消息，就可欺骗 B 使用旧会话密钥。敌手进一步截获第(4)步 B 发出的询问后，可假冒 A 做出第(5)步的应答。进而，敌手就可冒充 A 使用经认证的会话密钥向 B 发送假消息。

2) Needham-Schroeder 协议的改进协议

为克服 Needham-Schroeder 协议的弱点，可在 Needham-Schroeder 协议的第(2)步和第(3)步加上一时间戳，协议如下：

(1) A→KDC：$\mathrm{ID}_A \parallel \mathrm{ID}_B$；

(2) KDC→A：$E_{k_A}[k_S \parallel \mathrm{ID}_B \parallel T \parallel E_{k_B}[k_S \parallel \mathrm{ID}_A \parallel T]]$；

(3) A→B：$E_{k_B}[k_S \parallel \mathrm{ID}_A \parallel T]$；

(4) B→A：$E_{k_S}[N_1]$；

(5) A→B：$E_{k_S}[f(N_1)]$。

其中，T 是时间戳，用以向 A、B 双方保证 k_S 的新鲜性。A 和 B 可通过下式来检查 T 的实时性：

$$|\text{Clock} - T| < \Delta t_1 + \Delta t_2$$

式中，Clock 为用户(A 或 B)本地的时钟；Δt_1 是用户本地时钟和 KDC 时钟误差的估计值；Δt_2 是网络的延迟时间。

以上协议中由于 T 是经主密钥加密的，因此敌手即使知道旧会话密钥，并在协议过去执行期间截获过第(3)步的结果，也无法成功地重放给 B，因为 B 对收到的消息可通过时间戳检查其是否为新的。

以上改进还存在以下问题：方案主要依赖网络中各方时钟的同步，这种同步可能会由于系统故障或计时误差而被破坏；如果发方的时钟超前于收方的时钟，敌手就可截获发方发出的消息，等待消息中时间戳接近于收方的时钟时，再重发这个消息。这种攻击称为等待重放攻击。

3) 握手协议

抗击等待重放攻击的一种方法是要求网络中各方以 KDC 的时钟为基准定期检查并调整自己的时钟；另一种方法是使用一次性随机数的握手协议，因为收方向发方发出询问的随机数是他人无法事先预测的，所以敌手即使实施等待重放攻击，也可被下面的握手协议检查出。

握手协议可解决 Needham-Schroeder 协议以及其改进协议可能遭受的攻击：

(1) A→B：$\mathrm{ID}_A \parallel N_A$；

(2) B→KDC：$ID_B \parallel N_B \parallel E_{k_B}[ID_A \parallel N_A \parallel T_B]$；

(3) KDC→A：$E_{k_A}[ID_B \parallel N_A \parallel k_S \parallel T_B] \parallel E_{k_B}[ID_A \parallel k_S \parallel T_B] \parallel N_B$；

(4) A→B：$E_{k_B}[ID_A \parallel k_S \parallel T_B] \parallel E_{k_S}[N_B]$。

握手协议的具体含义如下：

(1) A 将新产生的一次性随机数 N_A 与自己的身份 ID_A 一起以明文形式发往 B，N_A 以后将与会话密钥 k_S 一起以加密形式返回给 A，以保证 A 收到的会话密钥的新鲜性。

(2) B 向 KDC 发出与 A 建立会话密钥的请求，表示请求的消息包括 B 的身份、一次性随机数 N_B 以及由 B 与 KDC 共享的主密钥加密的数据项。其中，N_B 以后将会与会话密钥一起以加密形式返回给 B，以向 B 保证会话密钥的新鲜性；由主密钥加密的数据项用于指示 KDC 向 A 发出一个证书，其中包括有证书接收者 A 的身份、B 建议的证书截止时间 T_B、B 从 A 收到的一次性随机数。

(3) KDC 将 B 产生的 N_B 连同由 KDC 与 B 共享的密钥 k_B 加密的 $ID_A \parallel k_S \parallel T_B$ 一起发给 A。其中，k_S 是 KDC 分配的会话密钥，$E_{k_B}[ID_A \parallel k_S \parallel T_B]$ 由 A 当作票据用于以后的认证。KDC 向 A 发出的消息还包括由 KDC 与 A 共享的主密钥加密的 $ID_B \parallel N_A \parallel k_S \parallel T_B$，A 用这一消息可验证 B 已收到第(1)步发出的消息(通过 ID_B)，A 还能验证这一步收到的消息是新的(通过 N_A)，这一消息中还包括 KDC 分配的会话密钥 k_S 以及会话密钥的截止时间 T_B。

(4) A 将票据 $E_{k_B}[ID_A \parallel k_S \parallel T_B]$ 连同由会话密钥加密的一次性随机数 N_B 发往 B，B 由票据得到会话密钥 k_S，并由 k_S 得 N_B。N_B 由会话密钥加密的目的是 B 认证了自己收到的消息不是重放的，而的确是来于 A 的。

4) 由握手协议实现的新认证

握手协议为 A、B 双方建立共享的会话密钥提供了一个安全有效的手段。再者，如果 A 保留下由协议得到的票据，就可在有效时间范围内不再求助于认证服务器而由以下方式实现双方的新认证：

(1) A→B：$E_{k_B}[ID_A \parallel k_S \parallel T_B], N_A'$；

(2) B→A：$N_B', E_{k_S}[N_A']$；

(3) A→B：$E_{k_S}[N_B']$。

B 在第(1)步收到票据后，可通过 T_B 检验票据是否过时，而新产生的一次性随机数 N_A'、N_B' 则向双方保证了没有重放攻击。

以上协议中时间限制 T_B 是 B 根据自己的时钟定的，因此不要求各方之间的同步。

2. 公钥加密体制

使用公钥加密体制分配会话密钥的实例如下：

(1) A→AS：$ID_A \parallel ID_B$；

(2) AS→A：$E_{Sk_{AS}}[ID_A \parallel Pk_A \parallel T] \parallel E_{Sk_{AS}}[ID_B \parallel Pk_B \parallel T]$；

(3) A→B：$E_{Sk_{AS}}[ID_A \parallel Pk_A \parallel T] \parallel E_{Sk_{AS}}[ID_B \parallel Pk_B \parallel T] \parallel E_{Pk_B}[E_{Sk_A}[k_S \parallel T]]$。

其中，Sk_{AS} 和 Sk_A 分别是 AS 和 A 的密钥；Pk_A、Pk_B 分别是 A 和 B 的公钥；E 是公钥加密算法；AS 是认证服务器(Authentication Server)。第(1)步，A 将自己的身份及预通信的对方的身份发送给 AS；第(2)步，AS 发给 A 的两个连接的数据项都是由自己的密钥加密(即由 AS 签名)的,分别作为发给通信双方的公钥证书;第(3)步,A 选取会话密钥并经自己的密钥和 B 的公钥加密后连同两个公钥证书一起发往 B。由于会话密钥是由 A 选取的,并经密文形式发送给 B,因此包括 AS 在内的任何第三者都无法得到会话密钥。时间戳 T 用以防止重放攻击,所以需要各方的时钟是同步的。

下面协议使用一次性随机数,因此不需要时钟的同步:

(1) A→KDC:$\mathrm{ID_A \parallel ID_B}$;

(2) KDC→A:$E_{\mathrm{Sk_{AU}}}[\mathrm{ID_B \parallel Pk_B}]$;

(3) A→B:$E_{\mathrm{Pk_B}}[N_A \parallel \mathrm{ID_A}]$;

(4) B→KDC:$\mathrm{ID_B \parallel ID_A} \parallel E_{\mathrm{Pk_{AU}}}[N_A]$;

(5) KDC→B:$E_{\mathrm{Sk_{AU}}}[\mathrm{ID_A \parallel Pk_A}] \parallel E_{\mathrm{Pk_B}}[E_{\mathrm{Sk_{AU}}}[N_A \parallel k_S \parallel \mathrm{ID_B}]]$;

(6) B→A:$E_{\mathrm{Pk_A}}[E_{\mathrm{Sk_{AU}}}[N_A \parallel k_S \parallel \mathrm{ID_B}] \parallel N_B]$;

(7) A→B:$E_{k_S}[N_B]$。

其中,$\mathrm{Sk_{AU}}$ 和 $\mathrm{Pk_{AU}}$ 分别是 KDC 的密钥和公钥。第(1)步,A 通知 KDC 他想和 B 建立安全连接;第(2)步,KDC 将 B 的公钥证书发给 A,公钥证书包括经 KDC 签名的 B 的身份和公钥;第(3)步,A 告诉 B 想与他通信,并将自己选择的一次性随机数 N_A 发给 B;第(4)步,B 将从 KDC 得到 A 的公钥证书和会话密钥的请求,请求中由 KDC 的公钥加密的 N_A 用于让 KDC 将建立的会话密钥与 N_A 联系起来,以保证会话密钥的新鲜性;第(5)步,KDC 向 B 发出 A 的公钥证书以及由自己的密钥和 B 的公钥加密的三元组 $\{N_A, k_S, \mathrm{ID_B}\}$,三元组由 KDC 的密钥加密可使 B 验证三元组的确是由 KDC 发来的,由 B 的公钥加密是防止他人得到三元组后假冒 B 建立与 A 的连接;第(6)步,B 新产生一个一次性随机数 N_B 连同上一步收到的由 KDC 的密钥加密的三元组一起经 A 的公钥加密后发往 A;第(7)步,A 取出会话密钥,再由会话密钥加密 N_B 后发往 B,以使 B 知道 A 已掌握会话密钥。

以上协议可进一步作如下改进:在第(5)、(6)两步出现 N_A 的地方加上 $\mathrm{ID_A}$ 以说明 N_A 的确是由 A 产生的而不是其他人产生的,这时 $\{\mathrm{ID_A}, N_A\}$ 就可惟一识别 A 发出的连接请求。

4.5.3　身份验证技术

1. 身份验证的概念

身份识别(Identification)是指用户向系统出示自己身份证明的过程。身份认证 (Authentication)是系统查核用户的身份证明的过程,实质上是查明用户是否具有他所请求资源的存储和使用权。人们常把身份识别和身份认证这两项工作统称为身份验证,它是判明和确认通信双方真实身份的两个重要环节。

身份认证必须做到准确无二义地将对方辨认出来,同时还应该提供双向的认证,即相互证明自己的身份。

2. 单机状态下的身份认证

在单机状态下的身份认证概括起来有三种:根据人的生理特征进行身份认证;根据约定的口令等进行身份认证;用硬件设备进行身份认证。

1）根据人的生理特征进行身份认证

这是较早使用的一种方法，它根据人的生理特征，如指纹、视网膜、声音等来判别身份。目前同时采用几种生理特征来验证身份。当然，这种方法实现起来难度很大。

2）根据约定的口令等进行身份认证

双方共同享有某个秘密，如联络暗号、User ID 和 Password 等，根据对方是否知道这个秘密来判断对方的身份。这种方法最常用且简单，但安全性不高，因为秘密一旦泄漏，任何人都可以冒充。此外，目前的操作系统在身份认证方面还存在另一个弊端，被称为"有志者事'尽'成"系统，即操作者可以反复地试猜密码。

3）用硬件设备进行身份认证

服务器方通过采用硬件设备（如编码器），随机产生一些数据并要求客户输入这些数据，将经过编码发生器变换后产生的结果与服务器拥有的编码发生器产生的结果比较，判断是否正确。这种方法也称为一次性口令/密码，只有对方获得该硬件才可能进行假冒。目前使用较多的"智能加密卡"是制造商为用户提供的数字证明卡，它显示的号码是由时间、密码、加密算法三项确定的，作为用户向系统出示的身份证明。这种方法可以持续较长的时间，具有使用灵活、存储信息多等特点。

智能加密卡简称智能卡，是一种嵌有 CPU 处理器如信用卡大小的塑料卡，它与通信网络结合，可执行多种功能。实际上，它是密钥的一种载体，由授权用户持有，用户赋予它一个口令或密码，且该密码与网络服务器上注册的密码相同。

3. 网络环境下的身份认证

网络环境下的身份认证较为复杂，主要是考虑靠验证身份的双方一般都通过网络而非直接交互，想根据指纹等手段就无法实现。同时，大量的黑客随时随地都可以尝试向网络渗透，截获合法用户口令，冒名顶替以合法身份入网。所以，目前一般采用的是基于对称密钥加密或公开密钥加密的方法，采用高强度的密码技术来进行身份认证。

对 TCP/IP 网络计算机系统的攻击常常是监听网络信息，获得登录用的账号和口令。被俘获的账号和口令用于以后对系统的攻击。S/Key 是一个一次性口令系统，用来对付这种攻击。使用 S/Key 系统时，传送的口令只使用一次后即无效。用户使用的源口令不会在网络上传输，包括登录或其他需要口令（如 SU 等）的时候。

在使用 S/Key 系统时有两方面的操作。在客户方，必须产生正确的一次性口令。在服务主机方，必须能够验证该一次性口令的有效性，并能够让用户安全地修改源口令。一般的 S/Key 系统是基于一些不可逆算法（如 MD4 和 MD5）的，也就是说这一类算法如果拥有源数据，正向计算出结果的速度很快，但如果没有源数据而试图反向计算出源数据，目前来看基本上是不可能的。

用户在使用 S/Key 系统时，在计算机上对其口令进行初始化，该源口令按照选定的算法将计算 N 次的结果由计算机保存。计算 $N-1$ 次后形成本次口令，当本次口令送给计算机时，计算机将所得的口令通过该算法计算一次，并将结果与计算机保存的上一个结果比较，若相同，则身份验证通过，而且将本次用户的输入保留，作为下一次用于比较的值。用户在下一次计算口令时，自动将计算次数减 1（第二次计算 $C-2$ 次，C 为计算的次数）。这样，就可以达到连续变换传送口令的目的。而监听者也无法从所监听到的口令中得到用户的源口令，同时他所监听到的信息也不能作为登录信息。此外，在计算机内部也不保存用户的源口令，以达到进一步的口令安全。

S/Key 系统的优点是实现原理简单，但缺点是会给使用带来麻烦（如口令使用一定次数后就需重新初始化）。另一个问题是 S/Key 系统是依赖于某种算法的不可逆性的，所以算法也是公开的。当关于这种算法的研究有了新进展时，系统将被迫重新选用其他更安全的算法。

4.5.4　身份认证系统实例——Kerberos 系统

1. Kerberos 系统介绍

Kerberos 系统是美国麻省理工学院为 Athena 工程而设计的，为分布式计算环境提供了一种对用户双方进行验证的认证方法，它是基于对称密钥的身份认证系统。在该环境中，机器属于不同的组织，用户对机器拥有完全的控制权。因此，用户对于每一个他所希望的服务，必须提供身份证明。同时，服务器也必须证明自己的身份，故网络上其他的机器可以伪装成服务器而骗取用户信息。

2. Kerberos 系统的组成

Kerberos 系统提供的认证服务由三个重要部件组成：中心数据库、安全服务器和 Ticket 分配服务器（TGS）。这三个部件都安装在网络中相对安全的主机上。其中，中心数据库是安全服务的关键部分，其中存有安全系统的安全信息，包括用户注册名及相关口令、网上所有工作站和服务器的网络地址、服务器密钥、存取控制表等。

1）中心数据库

中心数据库由 KDC（密钥分发中心）进行维护。该数据库中包括有内部网络系统中每个用户的账户信息。这一信息是由企业的安全管理员录入到数据库中的，它包括用户的账号（即登录账号）和密码。所有内部网络中的服务器和用户在安全数据库中均有账户。

2）安全服务器

当一个用户登录到企业内部网络中并且请求访问内部网络服务器时，安全服务器（也称认证服务器）根据中心数据库中存储的用户密码生成一个 DES 加密密钥，来对一个 Ticket（凭证或入场券）进行加密。这个 Ticket 包含有用户将要对传送给应用服务器的信息进行加密所使用的新的 DES 加密密钥。Ticket 中同时也包括了基于应用服务器产生的阶段性加密密钥，客户方使用这个 Ticket 来向应用服务器证实自己的身份。

3）Ticket 分配服务器（TGS）

当用户进程欲访问某个服务器时，TGS 通过查找数据库中的存取表来确认该用户已被授权使用该服务器，这时 TGS 将会把与该服务器相连的密钥和加密后的 Ticket 分给该用户和服务器。

用户若要访问采用 Kerberos 身份认证服务的内部网络中的应用服务器，则必须在 KDC 中进行登记；一旦用户进行了登记，KDC 可以为用户向整个企业网络中的任何应用服务器提供身份验证服务。用户只需要登录一次就可以安全地访问网络中的所有安全信息。这种登录的过程提供了在用户和应用服务之间的相互认证，双方都可能确认对方的身份。

3. Kerberos 系统的认证过程

有人曾把 Kerberos 的工作过程形象地比喻为到售票处购买入场券以及到电影院看电

影的过程。作为一个观众,如果希望看某一场电影,则先要到售票处购买入场券,在购买入场券时,观众需要说明所希望的场次。在得到希望的入场券后,观众需要到检票口检票。检票口人员在证实入场券合法后,观众就可以入场欣赏电影了。

Kerberos 系统和看电影的过程不一样的地方只是事先在 Kerberos 系统中登录的客户才可以申请服务,并且 Kerberos 要求申请到入场券的用户就是到 TGS 去要求得到最终服务的用户。另外,在用户和服务器间通信时,需要进行数据的加密,从而需要为用户和服务器的对话产生一个临时的密钥。

为了达到上面的要求,Kerberos 维护一个数据库,其中包含有其客户和私钥的信息。私钥用于 Kerberos 和其用户进行通信时加密。如果客户是一个用户,则该用户由一个口令来标识自己的身份,而私钥是一个加密后的口令。为了得到服务,希望使用这些服务的用户向 Kerberos 进行登记,以便以后鉴别。私钥在登记时进行分配,以便以后按一定的过程修改。

登录完成后,如果用户需要使用服务,则需要通过 Kerberos 进行认证。认证过程分为三个步骤:

(1) 在用户要求某一服务时,系统提示用户输入其名字。用户输入后,就向认证服务器发送一个包含用户名字和 TGS 服务器名字的请求。如果认证服务器认识这个用户,则产生一个会话密钥(会话密钥用于客户和 TGS 间的通信)和入场券。该入场券包含用户名、TGS 服务器名字、当前时间、入场券的生命周期、用户 IP 地址和刚创建的会话密钥,并使用 TGS 的私钥进行加密。

(2) 认证服务器把产生的会话密钥和入场券用用户的私钥进行加密,送回给用户。用于加密的私钥是从用户的口令转换得到的。因此在得到响应后,用户会被要求输入口令。通过口令,可以得到加密后的私钥,从而得到入场券和会话密钥。用户在取得入场券的会话之后,就从内存中擦去其私钥,并保存入场券和会话密钥,以备以后的过程中使用。在入场券的生命周期中间,用户可以多次使用该入场券访问 TGS 服务器。

(3) 用户若希望访问服务器,则要建立一个认证符,包括用户的 IP 地址和当前时间,使用会话密钥加密后和入场券一起送给响应服务器。服务器用会话密钥取得认证符,用其私钥取得入场券;两者进行比较,如果信息相符,则说明用户合法,从而可以让用户访问服务器。另外,如果用户希望服务器证实自己的身份,则服务器需要把用户送来的认证中的时间戳加 1 后,用会话密钥加密后送给用户。经过这样的交换后,用户和服务器可以相互信任对方,而且拥有一个会话密钥,可以用于以后的通信。

TGS 也是众多服务器中的一种,因而其访问方法和上面的一样。特殊的是,TGS 本身可以产生其他服务器的入场券。用户在第一步取得 TGS 入场券后,还要向 TGS 服务器申请某个具体服务器的入场券。如果 TGS 判断用户递交的申请合法,则送回用户一个入场券和会话密钥。用户用这个入场券就可以访问最终的服务器。

4.5.5 X.509 认证技术

基于 X.509 证书的认证技术类似于 Kerberos 技术,它也依赖于共同信赖的第三方来实现认证。与 Kerberos 认证所不同的是,它采用非对称密码体制(公钥体制),在 X.509 认证框架中可信赖的第三方是指称为 CA(Certificate Authority)的认证机构。该认证机构负责认证用户的身份并向用户签发公钥证书,同时对证书提供管理。数字证书遵循 X.509 标准所规定的格式，因此称为 X.509 证书。持有此证书的用户就可以凭此证书访问那些信任 CA 的服务器。

　　当用户向某一服务器提出访问请求时，服务器要求用户提交数字证书。收到用户的证书后，服务器利用 CA 的公开密钥对 CA 的签名进行解密，获得信息的散列码。然后，服务器用与 CA 相同的散列算法对证书的信息部分进行处理，得到一个散列码，将此散列码与对签名解密所得到的散列码进行比较，若相等则表明此证书确实是 CA 签发的，而且是完整的未被篡改的证书。这样，用户便通过了身份认证。服务器从证书的信息部分取出用户的公钥，以后向用户传送数据时，便以此公钥加密，而该信息只有用户可以进行解密。

　　基于 X.509 证书的认证技术适用于开放式网络环境下的身份认证，该技术已被广泛接受，许多网络安全程序都可以使用 X.509 证书（如：IPSec、SSL、SET、S/MIME 等）。

　　X.509 证书的认证框架使用公开密码学的技术识别通信方，根据要求的认证强度的不同，提供单向认证、双向认证、三向认证三种认证模式。由于单向认证、双向认证在前面已作了论述，本节主要介绍三向认证技术。

　　由于双向认证的最后，通信方 B 无法确认 A 是否正确接收了协议消息，因此，可以采用更加完备的三向认证，其过程如下：

　　(1) A→B：$t_A \parallel R_A \parallel ID_B \parallel$ sgn Data $\parallel E_{k_{PB}}[k_{AB}] \parallel$ signature$_A$；

　　(2) B→A：$t_B \parallel R_B \parallel ID_A \parallel R_A \parallel$ sgn Data $\parallel E_{k_{PA}}[k_{AB}] \parallel$ signature$_B$；

　　(3) A→B：$R_B \parallel$ signature$_A$。

　　在三向认证的协议中，增加了(3)从 A 到 B 的消息，其中包含了来自于消息(2)中 B 所发送的一次性随机数 R_B，并且 A 用自己的私钥对其进行了签名。这样，就对收到的协议消息进行了确认。

　　由于每个协议消息都包含了上一个协议消息携带的一次性随机数，因此每一端都可以通过检查返回的一次性随机数来探测重放攻击。所以三向认证可以不需要时钟同步，在不具备时钟同步条件时，可以采用这种方法。

习　题　4

　　1. 数字签名应满足几点要求？

　　2. 数字签名体制有哪几类？

　　3. 简述单钥加密体制。

　　4. 简述公钥加密体制。

　　5. 简述 DSS 与 DSA 签名方式的区别。

　　6. 简述数字签名算法 DSA 描述的过程。

　　7. 基于离散对数问题的数字签名有几种体制，简述其实现方法。

　　8. 基于大数分解问题的数字签名有几种体制，简述其实现方法。

　　9. 介绍一个数字签名系统。

　　10. 介绍一个认证系统。

　　11. 设计一个具有数字签名功能的系统。

　　12. 设计一个具有认证功能的系统。

第 5 章 黑客攻击和防范技术

计算机网络技术对社会的影响力越来越大,网络环境下的安全问题是互联网时代的重要问题。黑客攻击与计算机病毒一起构成了对网络安全的重大挑战,使计算机系统的安全性十分脆弱。网络的安全要求我们了解黑客攻击的原理和手段,以便有针对性地部署防范手段,提高系统的安全性。

本章首先介绍了黑客及其起源,分析了黑客入侵的动机和可以成功的原因;其次详细分析了黑客攻击的流程,对每个步骤进行了介绍;再次介绍了目前存在的一些黑客攻击技术,详细分析了黑客攻击的手段;最后给出了目前针对网络及网络设备的攻击手段。

5.1 黑客攻击及其原因

5.1.1 黑客及其起源

黑客(Hacker)在 20 世纪 50 年代起源于美国,一般认为最早在麻省理工学院的实验室中出现。早期的黑客技术水平高超、精力充沛,他们热衷于挑战难题。直到 20 世纪 60 至 70 年代,黑客一词仍然极富褒义,用来称呼那些智力超群、独立思考、奉公守法的计算机迷,他们全身心投入计算机技术,对计算机的最大潜力进行探索。黑客推动了个人计算机革命,倡导了现行的计算机开放式体系结构,打破了计算机技术的壁垒,在计算机发展史上留下了自己的贡献。

高水平的黑客通常精通硬件和软件知识,具有通过创新的方法剖析系统的能力,本身并不是仅仅代表着破坏。因此直到目前,对黑客一词本身并未包含太多的贬义。日本在《新黑客词典》中对黑客的定义是"黑客是喜欢研究软件程序的奥秘,并从中增长其个人能力的人。他们不像绝大多数计算机使用者那样,只规规矩矩地了解别人允许了解的一小部分知识"。

但是,由于黑客对计算机过于着迷,常常为了显示自己的能力,开玩笑或搞恶作剧,突破网络的防范而闯入某些禁区,甚至干出违法的事情。黑客凭借过人的电脑技术能够不受限制地在网络里随意进出,尤其是专门以破坏为目的的"骇客"的出现,使计算机黑客技术成为计算机和网络安全的一大危害。近年经常有黑客破坏了计算机系统、泄露机密信息等事情发生,侵犯了他人的利益,甚至危害到国家的安全。

黑客的行为总体上看涉及到系统和网络入侵以及攻击。网络入侵以窃用网络资源为主要目的,更多是由黑客的虚荣心和好奇心所致;而网络攻击总体上主要以干扰破坏系统和网络服务为目的，带有明显的故意性和恶意目的。网络入侵是网络攻击的一种。

随着黑客群体的扩大，黑客从行为上、目的上出现了分化。从行为和动机上划分，黑客行为有"善意"和"恶意"两种：即所谓的白帽（White Hat）黑客和黑帽（Black Hat）黑客。

（1）白帽黑客利用其个人或群体的高超技术，长期致力于改善计算机及其环境，不断寻找系统弱点及脆弱性并公布于众，促使各大计算机厂商改善服务质量及产品，提醒普通用户系统可能具有的安全隐患。白帽利用他们的技能做一些对计算机系统有益的事情，其行为更多的是一种公众测试形式。

（2）黑帽黑客也被称为 Cracker，主要利用个人掌握的攻击手段和入侵方法，非法侵入并破坏计算机系统，从事一些恶意的破坏活动。近期的黑帽开始以个人私利为目的，窃取数据、篡改用户的计算机系统，从事的是一种犯罪行为。

黑客攻击网络的手段花样百出，令人防不胜防。分析和研究黑客活动的规律和采用的技术，对加强网络安全建设，防止网络犯罪有很好的借鉴作用。另外，黑客技术是一把双刃剑，通过它既可以非法入侵或攻击他人的电脑，又可以了解系统的安全隐患以及黑客入侵的手段，掌握保护电脑、防范入侵的方法。我们在了解黑客技术时，首先应该明确学习的正确目的，必须意识到技术的滥用会导致违法甚至犯罪行为，最终受到法律的制裁。

5.1.2　黑客入侵与攻击

对于企业网络来说，网络攻击的来源可能是企业内部心怀不满的员工、外部的网络黑客，甚至是竞争对手。攻击者可以窃听网络上的信息，窃取用户的口令、数据库的信息，还可以篡改数据库内容，伪造用户身份和签名。更有甚者，攻击者可以删除数据库的内容，摧毁网络服务系统，散布计算机病毒，使整个企业网络陷入瘫痪。

黑客攻击往往来自网络外部，互联网的发展使网络攻击变得更加容易，攻击的时间和手段更加难以预测。外部黑客的攻击往往具有很大的随意性，很可能因为一种新的攻击手段出现，使黑客们很想一试身手。

近年来，黑客攻击以规模化出现，网络安全防范已经成为网络安全的首要问题。随着计算机技术的发展，在计算机上处理业务已由单机数学运算、文件处理，基于简单连接的内部网络的内部业务处理、办公自动化等，发展到基于企业复杂的内部网、企业外部网、全球互联网的企业级计算机处理系统和世界范围内的信息共享和业务处理。在信息处理能力提高的同时，系统的连接能力也在不断提高。但在连接信息能力、流通能力提高的同时，基于网络连接的安全问题也日益突出。在网络技术和网络安全技术比较发达的美国，也无法避免地遭受了一系列的黑客攻击。在黑客群体诞生后，几乎每年都有震惊业界的黑客入侵事件发生，影响较大的黑客入侵事件如下。

1979 年，北美空中防务指挥部的计算机主机遭到黑客入侵，入侵者凯文·米特尼克竟然年仅 15 岁，所用的设备仅仅是一台计算机和一部调制解调器。

1983 年，美国联邦调查局逮捕了 6 名侵入 60 多台计算机的少年黑客，被入侵的计算机系统包括斯洛恩·凯特林癌症纪念中心和洛斯阿拉莫斯国家实验室，这是首次针对黑客的拘捕行动。

1987 年，美国电话电报公司的内部网络和中心交换系统遭黑客入侵，入侵者是年仅 16 岁的赫尔伯特·齐恩，他被美国联邦执法部门起诉，并首次依据美国 1986 年生效的"计算机欺诈与滥用法案"被判有罪。

1988 年，美国康奈尔大学研究生莫里斯制造了蠕虫病毒，感染了 6000 多个系统。同年，美国军事网的一部联网计算机被黑客入侵，迫使美国国防部切断了非保密军事网与 ARPA 之间的物理连接。

1991 年，美国国会宣布在海湾战争期间国防部的计算机被黑客入侵，修改或复制了一些非保密的与战争相关的敏感情报，入侵者是几个荷兰少年黑客。

1995 年，"世界头号电脑黑客"凯文·米特尼克被捕。他被指控闯入许多计算机网络，包括入侵北美空中防务体系、美国国防部，偷窃了 2 万个信用卡号并复制软件。同年，俄罗斯黑客列文在英国被捕，他被控用笔记本从纽约花旗银行非法转移至少 370 万美元到世界各地由他和他的同党控制的账户。

1998 年，美国五角大楼网站遭受了"有史以来最大规模、最系统性的攻击行动"，黑客入侵了许多政府非保密性的敏感计算机网络，查询并修改数据信息。同年，美国马萨诸塞州沃切斯特机场导航系统因一名少年黑客入侵而中断 6 小时。

1999 年 5 月 1 日，美国参议院、白宫和美国陆军网络以及数十个政府网站都被黑客攻陷。同时，因北约导弹袭击中国驻南斯拉夫联盟使馆，中国黑客群体出击并攻破多个美国网站。

2000 年 2 月，美国数家顶级互联网站——雅虎、亚马逊、电子港湾、CNN，在三天时间内遭黑客入侵瘫痪。黑客大规模使用了"拒绝服务式"的攻击手段，即用大量无用信息阻塞网站的服务器，使其不能提供正常服务。

从攻击事件不难看出，黑客的攻击和入侵呈现出了很多新的特点，已经从最初的个人攻击演变成了群体攻击。由于各种黑客工具的出现使得黑客年龄呈降低趋势，黑客行为的危害和破坏性也越来越大，部分攻击行为带有明显的牟利目的，甚至带有强烈的政治目的。

黑客的攻击造成了直接和间接的经济损失，Warroon Research 的调查表明，1997 年世界排名前 1000 名的公司几乎都曾被黑客入侵。Ernst 和 Young 报告称，由于信息安全被窃或滥用，几乎 80% 的大型企业遭受损失。根据美国 FBI 的调查和估计，美国每年因为网络安全造成的经济损失超过 170 亿美元。75% 的公司报告财政损失是由计算机系统的安全问题造成的，但只有 17% 的公司愿意报告黑客入侵，大部分公司由于担心负面影响而不愿声张。在所有的损失中虽然只有 59% 可以定量估算，但平均每个组织的损失已达 40 万美元之多。

黑客入侵的损失已经不仅仅是被攻击的网站和所属企业，甚至波及到相关国家的经济和社会生活。在 2002 年 2 月黑客大规模的攻击行动中，雅虎网站的网络停止运行 3 小时，这令它损失了几百万美金的交易。而据统计在这次攻击行动中美国经济共损失了十多亿美金。由于业界人心惶惶，亚马逊（Amazon. com）、AOL、雅虎（Yahoo!）、eBay 的股价均告下挫，以科技股为主的纳斯达克指数（Nasdaq）打破过去连续三天创下新高的升势，下挫了 63 点，道琼斯工业平均指数周三收市时也跌了 258 点。遇袭的网站包括雅虎、亚马逊和 Buy. com、MSN. com、网上拍卖行 eBay 以及新闻网站 CNN. com，估计这些袭击把 Internet 交通拖慢了 20%。在这次震惊世界的网络攻击事件中，攻击者采用了分布式拒绝服务（DDoS, Distributed Denial of Service）攻击手段，在数小时之内对目标服务器发动了最猛烈的攻击，使这些号称最安全的网站也难以抵挡。当年"美国八大著名网站被'黑'、克林顿总统亲自召集网络安全会议并拨款 20 亿美元"，这给人们增加了许多谈资，也给公众上了一堂生动的信息安全课，而这一事件的影响也是持久、深远的。

另一场灾难性的网络攻击是针对爱沙尼亚及波罗的海国家的网络攻击，由于这些国家广泛依赖在线交易和电子商务，2007 年 4 月到 5 月的 3 个星期里，黑客的攻击一波接着一波，网络攻击几乎关闭了波罗的海国家的政府。

卡内基梅隆大学 CERT 研究中心是美国政府的网络技术咨询支持机构，多年来一直保持着网络安全数据的权威发布者身份。每年 CERT 都会统计个人计算机用户遭受网络攻击的次数，CERT 研究中心公布的从 1988 年到 1999 年，攻击事件增长趋势图如图 5.1 所示。

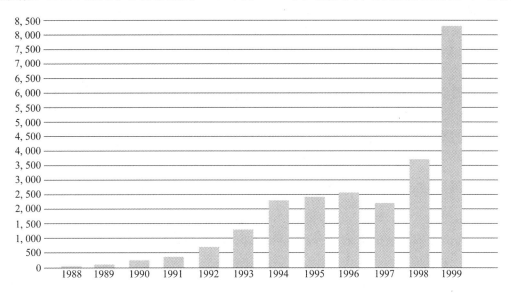

图 5.1　1988～1999 年网络攻击事件增长趋势图

但从 2004 年开始，CERT 放弃了数据统计，原因是各种黑客工具大量出现，网络系统受到攻击已经非常普遍，且每次攻击都会涉及到成千上万的个人计算机和网站，单纯统计攻击的次数已毫无意义。看到这些令人震惊的事件和统计数字，不禁让人们发出疑问："网络还安全吗？"

我国的互联网起步稍晚，在早期，网站所受到黑客的攻击还不能与美国的情况相提并论，因为我们在用户数量、用户规模上还都处在很初级的阶段。但近年来，网络遭受黑客攻击的数量和规模不断扩大。

1993 年底，中科院高能所(中国社会科学院高能物理研究所)就发现有黑客入侵行为，普通用户权限被升级为超级权限，系统管理员追查失败。

1994 年，中科院网络中心和清华的主机遭入侵，入侵者向系统管理员提出警告，入侵者是美国一个 14 岁的小孩。

1996 年，高能所再次发现黑客入侵，入侵者私自建立了几十个账户，经追踪发现是国内某拨号用户。同期，国内某 ISP 发现黑客入侵主服务器并删改其账号管理文件，造成数百用户无法登录。

1997 年，中科院网络中心的网站遭黑客入侵，网站主页面被黑客用魔鬼图替换。

1998 年，国内遭受黑客入侵活动日益猖獗，国内各大网络几乎都不同程度地遭到了黑客的攻击。2 月，广州视聆通网络科技有限公司被黑客多次入侵，造成系统失控 4 小时；4 月，贵州信息港被黑客入侵，主页被替换为一幅淫秽图片；5 月，大连 ChinaNET 节点被入侵，用户口令被盗；6 月，上海热线被入侵，多台服务器的管理员口令被盗，数百个用户和工作人员的账号密码被窃取；7 月，江西 169 网被黑客攻击，造成该网 3 天内两次中断网络运行，累计中断 30 个小时，工程验收推迟 20 天；7 月，上海某证券系统被黑客入侵；8 月，印尼事件激起中国黑客集体入侵印尼网站，造成印尼多个网站瘫痪，但与此同时，中国的部分站点也遭到印尼黑客的报复；8 月，西安某银行系统被黑客入侵后，提走 80.6 万元现金；9 月，扬州某银行被黑客攻击，利用虚存账号提走 26 万元现金；10 月，福建省图书馆主页被黑客替换。

近年来国内网络攻击更是日益严重，据国家计算机网络应急技术处理协调中心(CNCERT)统计，2009 年 11 月，一个月时间内我国大陆地区被篡改网站的数量就达到了 5 千多个。

各国政府、IT 厂商和业界同仁饱受黑客攻击的折磨，在对一系列网络攻击事件感到震惊的同时，也开始思考网络安全问题，并采取了必要的行动。安全技术专家们提出了很多防范黑客的建议，包括部署防火墙、防毒工具、杀毒服务、入侵检测、按时备份、及时升级、打补丁等等。

5.1.3 黑客攻击的动机及其成功的原因

随着技术的发展，黑客及黑客技术的门槛逐步降低，使得黑客技术不再神秘，也并不高深。一个普通的网民在具备了一定的基础知识后，也可以成为一名黑客，这也是近年网络安全事件频发的原因。

尤其在 Internet 上，自动化工具使得网络攻击越来越容易，计算能力和网络带宽成本降低，还有网站和主机系统众多，可供攻击的目标主机在呈指数增长，入门级的黑客只要付出很少的代价即可进行网络攻击尝试。另一方面，国际社会普遍缺乏必要的法律规定，而面对跨越国界的黑客攻击，缺少有效的国际合作打击黑客的协作模式，使得即使造成了重大损失的黑客行为也得不到应有的制裁。

1. 黑客攻击的动机

早期的黑客更多出于对技术的好奇和痴迷，而现在有相当数量的黑客攻击行为以获利为目的。白帽黑客通常对电脑有较强的好奇心，有研究黑客技术和突破系统限制的欲望，经常会以在黑客群体中获得个人声望为目的。黑帽黑客在最初往往也只是对可以随意入侵他人的系统比较好奇，并在了解了黑客攻击技术之后无节制地进行尝试，但在后来为获利非法窃取信息、破坏系统，给网络造成了极大的安全威胁。

大量的案例分析表明，黑客进行入侵和攻击的常见动机和理由有以下几点：

(1) 技术好奇心。黑客攻击最大的动机来自于好奇心，他们对计算机及网络感到好奇，希望通过探究这些网络内部的结构和机理，了解它们是如何工作的，如何能最大限度地突破限制访问各种内容。

(2) 提高个人声望。黑客通常具有很强的虚荣心，希望在别人面前炫耀一下自己的技术，比如进入别人电脑修改一下文件和系统，以展示自己的技术和能力。黑客往往热衷于入侵和破坏具有高安全性和高价值的目标以提高在黑客群体中的可信度及知名度,让他人对自己更加崇拜。

(3) 智力挑战。为了向自己的智力和计算机水平极限挑战,或为了向他人炫耀证明自己的能力,还有些甚至为了好玩和恶作剧进行黑客攻击,这是许多黑客入侵或破坏的主要原因,除了有提高水平的目的外还有些探险的感觉。

(4) 窃取信息。部分黑客在 Internet 上监视个人、企业及竞争对手的活动信息及数据文件,以达到窃取情报(包括他人的私人信息和机密信息)的目的。

(5) 报复心理。部分黑客由于对加薪、升职、表扬等制度有意见而对雇主心存不满,认为自己没有受到重视和尊重,因此通过网络攻击行为反击雇主,也希望借此引起别人的注意;甚至由于对他人的某些做法有成见,又不想当面指责,于是攻击计算机捉弄一下他人。

(6) 获取利益。有相当一部分计算机黑客行为是为了盈利和窃取数据,盗取他人的QQ、网游密码等,然后从事商业活动,取得个人利益。

(7) 政治目的。黑客往往会针对自己个人认为的敌对国展开网络的攻击和破坏活动,或者由于个人及组织对政府不满而进行破坏活动。这类黑客的动机不是获利,而是为了发泄政治不满,一般采用的手法包括更改网页发泄情绪、植入电脑病毒破坏电脑系统等。

2. 黑客攻击成功的原因

系统的安全隐患是黑客入侵的客观原因,由于 Internet 的开放性以及其他方面的因素导致了网络环境下的计算机系统存在很多安全问题。为了解决这些安全问题,各种安全机制、策略和工具被研究和应用。然而,即使使用了各种安全工具和机制,网络安全仍然隐患很多。总体来看,黑客可利用的系统安全隐患包括网络传输和协议的漏洞、系统的漏洞、管理的漏洞,甚至还包括不完善的人为因素。这些安全隐患主要可以归结为以下几点:

(1) 任何安全机制都有应用范围和环境限制。企业和个人采用的各种安全防范手段,都存在应用范围问题。比如,防火墙是一种有效且广泛使用的安全设备,通过屏蔽内部网络结构,限制外部网络到内部网络的访问,来保护网络安全。但是由于内部网络中主机之间可相互访问,由内部网络发起的攻击防火墙往往无能为力。因此,对于内部人员发起的入侵行为和内外勾结的入侵行为,防火墙是很难有效检测和防范的。

(2) 安全工具的使用效果受到人为因素的影响。安全工具往往包含了复杂的设置过程,使用者决定了能不能达到期望的效果,不正当的设置就会产生不安全因素。例如,Windows Server 在进行合理的设置后可以达到 C2 级的安全性,但很少有人能够对 NT 本身的安全策略进行完整合理的设置。虽然可以通过静态扫描工具来检测系统是否进行了合理的设置,但是这些扫描工具基本上也只是对基于一种缺省的系统安全策略进行比较,针对具体的应用环境和专门的应用需求就很难判断设置的正确性。

(3) 传统安全工具无法防范系统的后门。防火墙很难考虑系统后门等安全问题,多数情况下,防火墙很难察觉这类入侵行为。比如,微软 ASP 源码访问安全漏洞,在 IIS 服务器 4.0 以前一直存在,这实际上是设计者留下的后门,使得任何人都可用浏览器方便地调出 ASP 程序的源码,收集系统信息,进而对系统进行攻击。对于这类通过后门的未授权访问行为,防火墙是无法检测的,因为对于防火墙来说,该访问过程完全符合正常的 Web 访问规定。

(4) 系统存在大量的安全漏洞和系统 BUG。即使系统没有有意设置的后门,但只要是一个程序，就可能存在 BUG 和漏洞，甚至连安全工具本身也可能存在安全漏洞。网络安全公司和专家几乎每天都会公布新的 BUG 和漏洞，程序员在修改已知 BUG 的同时又可能引入新的 BUG。系统 BUG 经常被黑客利用，而且这种攻击通常不会产生日志，几乎无据可查。现有的安全工具很难发现利用 BUG 造成内存溢出的攻击手段。据美国计算机紧急响应小组发布的数据显示，2005 年安全研究人员共发现了 5198 个软件漏洞，其中在 Windows 操作系统中发现了 812 处漏洞，在各个版本的 UNIX/Linux 系统(包括 Mac 在内)中发现了 2328 个漏洞，而另有 2058 个漏洞可影响多种操作系统。

(5) 黑客的攻击手段在不断地更新，新的工具不断出现。安全工具的更新速度太慢，绝大多数情况需要人为参与才能发现以前未知的安全问题，使得安全人员对新出现的安全问题总是反应太慢。当安全工具刚发现并解决某方面的安全问题时，其他安全问题又会出现。因此，黑客总是可以使用全新的、先进的、安全工具不知道的手段进行攻击。大量的安全机制都是设计者从主观的角度设计的，他们没有根据网络攻击的具体行为来决定安全对策，因此造成上述的反应非常迟钝，很难发现未知的攻击行为，不能根据网络行为的变化来及时地调整系统的安全策略。很多组织正在致力于提出更强大的主动策略和方案来增强网络的安全性，入侵检测就是更为有效的解决途径。

5.2　黑客攻击的流程

黑客进行网络攻击的手段多种多样，攻击系统的技能也有高低之分，但黑客攻击的一般过程大致相同。总体来说，可以归结为三个主要阶段。第一阶段，进行信息收集，收集被攻击方的各种主机和系统信息、网络拓扑结构等，分析被攻击方可能存在的漏洞。第二阶段，利用已经了解的系统信息和可利用的漏洞，使用系统命令或者黑客工具，获得对系统的基础访问权限，此时黑客的用户权限还比较低，通常无法完成破坏活动。在此基础上进一步提升用户权限，利用各种漏洞破解超级用户密码，或者植入黑客程序，提升对系统的控制权，通常以获得超级用户为目标。第三阶段，消除入侵痕迹，删除访问日志和各种访问痕迹，避免遭到追踪，同时植入木马或设置后门以便于再次入侵。

黑客的攻击过程可进一步划分为 9 个具体步骤：网络踩点(Foot Printing)、网络扫描(Scanning)、查点(Enumeration)、获取访问权(Gaining Access)、权限提升(Escalating Privilege)、窃取信息(Pilfering)、清除痕迹(Covering Track)、创建后门(Creating Back Doors)、拒绝服务攻击(Denial of Services)。黑客具体攻击流程图如图 5.2 所示。

在信息收集过程中，可以使用各种工具和技巧，探测出域名、网络结构以及直接连接到互联网上系统的 IP 地址、主机位置、可能使用的操作系统等。通过端口扫描技术可发现目标系统上提供的服务列表，然后根据端口与服务的对应关系，结合服务端的反应推断目标系统上运行的某项服务，就能获得关于目标系统的进一步的信息或通往目标系统的途径。为了实现有效的攻击，还需要进行漏洞扫描，以便利用这些漏洞来实现网络攻击。

网络嗅探攻击可以用来捕获口令，捕获专用的或者机密的信息，分析网络，进行网络渗透，危害网络相连主机的安全，或者获取更高级别的访问权限。黑客在入侵失败的情况下，往往会以报复心理对系统进行拒绝服务攻击。

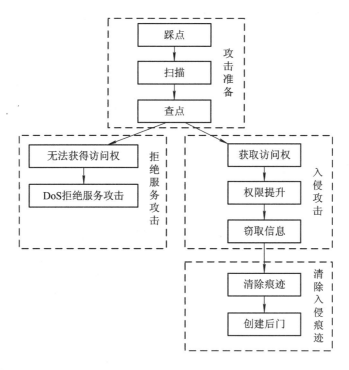

图 5.2　黑客具体攻击流程图

5.2.1　网络踩点

　　网络踩点是黑客在入侵和攻击目标计算机系统之前，主动或被动地获取信息的情报收集工作。"踩点"原意为不法分子进行违法犯罪活动的准备阶段，针对黑客攻击引申为集中调查目标网络的公共或非公共资源，收集尽可能多的信息并加以分析，以便确定可以采取哪种具体方式攻击，找到入侵突破口的持续过程。

　　黑客入侵前的信息刺探很重要，经过对目标主机的简单检测，就可以知道对方主机操作系统的类型、开放了哪些网络服务、是否存在漏洞等信息。黑客通常都是通过对某个目标进行有计划、有步骤的踩点，收集和整理出一份目标站点信息安全现状的完整剖析图，再结合工具的配合使用，来完成对整个目标的详细分析，找出可下手的地方。通常，踩点得到的信息被用来寻找可利用的漏洞和下手处，最终达到控制目标主机的目的。踩点阶段搜集到的信息在后续的黑客攻击中起到了重要的作用。

　　黑客踩点获取信息所采用的技术方法并不复杂，通常采用的技术包括：

1．公开信息源搜索

　　通过使用 Google 检索 Web 的根路径 C:\Inetpub，可以发现操作系统是 Windows Server 的攻击目标。通过公开信息可以了解一些网站的基本内容，如果是 Web 系统，需要确定网站的脚本类型，确定网站所用的整站系统、同一个网站其他主机的情况、后台管理页面位置等。

2．Whois 查询

　　Whois 是目标 Internet 域名数据库，通过查询可获得用于发起攻击的重要信息。通过对 Whois 数据库的查询,黑客能够得到网站注册机构、机构本身、域名、网络 IP、联系点的相关信息等。

3. DNS 区域传送

DNS 区域传送是一种 DNS 服务器的冗余机制。正常情况下,DNS 区域传送操作只对 DNS 服务器开放,通过该机制,辅 DNS 服务器能够从其主 DNS 服务器更新域名的数据。在系统管理员配置错误的情况下,任何主机都可请求主 DNS 服务器提供一个区域信息的拷贝。黑客冒充身份请求数据,就可以非法获得目标域中的主机信息。

4. 相关的社会信息

社会信息主要是目标站点的一些企业名称、主要负责人信息、IT 部门员工及负责人信息、企业的合作伙伴、分支机构等,还包括其他公开社会信息资料。

踩点的作用主要是收集各种可用信息,主要包括网络域名 DNS、网络地址范围、关键系统的位置、目标站点的一些社会信息。这些都是入侵渗透测试所必需的重要信息,也是黑客入侵的第一步。"踩点"获得的目标信息主要包括因特网的网络域名、网络 IP 地址、DNS、邮件交换主机、默认网关等信息;企业网内部网络的独立地址空间及名称空间;支持远程访问的拨号系统访问号码和 VPN 访问点;外部网与合作伙伴及子公司的网络连接地址、连接类;其他信息开放资源,例如 Usenet、雇员配置文件等。

在踩点的过程中,操作系统踩点是首要的一步,决定了后续扫描、入侵工具和策略的选择。踩点的方式主要有被动和主动两种方式。被动方式是指通过嗅探网络数据流、窃听手段获得信息;主动方式是指通过进行主动扫描和攻击获取信息。

(1)被动踩点是指攻击者不主动发送数据包,通过嗅探网络上的正常数据包来确定主机操作系统。

(2)主动踩点是指主动针对目标机器发送数据包并进行分析和回复,从 arin 和 whois 数据库获得数据,查看网站源代码,通过社交工具获取信息等。该方法可以根据需要构造数据包,但是很容易惊动目标,使入侵者暴露在入侵检测系统之下。

黑客要对某个具体的目标网络或主机进行入侵,获取攻击目标的信息越详细准确,入侵过程就越容易,入侵成功率也就越高。因此,黑客在攻击某个目标网络之前,会花费大量的时间来研究和收集与目标网络相关的各种重要信息,甚至花费 90% 以上的时间来研究目标网络,以便能获得一个完整的可攻击的方案。

5.2.2 网络扫描

黑客进行网络扫描的目的就是查找目标主机和网络系统存在的漏洞。利用各种工具扫描踩点过程中可以发现的攻击目标 IP 地址或地址段的主机。扫描可以采取模拟攻击的方式,对目标系统可能存在的已知安全漏洞逐项进行检查,目标系统可以是工作站、服务器、交换机、路由器和数据库等,最后根据扫描结果形成详细的分析报告。

1. 扫描技术的分类

扫描中采用的主要方法有 Ping 扫描(Ping Sweep)、TCP/UDP 端口扫描、操作系统检测以及旗标(Banner)的获取。

网络扫描技术包括被动式策略和主动式策略两种。被动式策略就是基于主机之上,对系统中不合适的设置、脆弱的口令以及其他同安全规则抵触的对象进行检查。主动式策略是基于网络的，它通过执行一些脚本文件模拟对系统进行攻击的行为并记录系统的反应，从而发现其中的漏洞。

被动式扫描不会对系统造成破坏，而主动式扫描对系统进行模拟攻击，可能会对系统造成一定的破坏或干扰。

从扫描的具体运行速度上看，扫描技术可以分为慢速扫描和乱序扫描。慢速扫描：对非连续端口进行扫描，并且源地址不一致，时间间隔长且没有规律的扫描。乱序扫描：对连续的端口进行扫描，源地址一致，时间间隔短的扫描。

从扫描技术针对的对象来看，网络扫描技术主要包括主机存在性扫描、端口扫描和漏洞扫描三种类型。利用网络扫描器工具可以了解对方主机和网络的操作系统、安全设备、开放的端口、提供的服务、用户列表、是否存在空/弱口令、是否存在可利用的重大漏洞等信息。

1）主机存在性扫描

主机存在性扫描的目的是为了确定目标网络上的主机是否可达，同时尽可能多地了解主机所在目标网络的拓扑结构。主机存在性扫描主要采用 ICMP 协议完成，通过发送一个 ICMP ECHO 数据包到目标主机，如果对方主机返回 ICMP ECHO REPLY 数据包，就说明主机是存活状态；如果对方主机没有 ICMP ECHO REPLY 返回，就可以初步判断主机没有在线或者使用了某些过滤设备过滤了 ICMP 的 REPLY 消息。主机扫描的方法主要包括以下几种：

（1）Ping 扫描 Ping Sweep(ICMP Sweep)。主机存在性扫描可以使用 ping 命令完成，扫描操作相对简单，例如：ping www.objectsite.com。主机扫描的目的主要就是靠 ICMP 得到目标站点的信息、主机连接情况等，通过返回的 TTL 值得到对方主机的操作系统。扫描结果"TTL"参数后带着一个数值，该数值的含义如下。

255：UNIX 及类 UNIX 操作系统；

128：微软 Windows NT/2000 及以上版本操作系统；

64：Compaq Tru64 5.0 操作系统；

32：微软 Windows 95 操作系统。

因此，通过"TTL"值我们就可以大致判断出目标主机的操作系统，但是这个"TTL"值并不一定十分准确。"TTL"值可以由管理员修改，所以"TTL"值只能作为一个参考。

使用 ping 命令的主机扫描是判断主机是否在线的有效方式。除了 Ping 命令，还可以使用 UNIX 下的 fping、ws_ping 等工具，Windows 下的 pinger 等工具，并且可以针对一个网段加快扫描过程。

该方法会在目标主机的 DNS 服务器中留下攻击者的 LOG 记录，因为从域名到 IP 地址的转化需要查询该 DNS 服务器，所以使用时一般采用第三方主机检测。

（2）ICMP 广播（Broadcast ICMP）。对于小型或者中等网络使用 Ping 每台主机的方法来进行探测是一种可接受的行为，但对于一些主机数量或 IP 地址大的网络（如 A、B 类子网），这种方法就显得比较慢，因为 Ping 在处理下一个命令之前将会等待正在探测主机的回应。通过发送 ICMP ECHO REQUEST 到广播地址或者目标网络地址，可以一次性针对多台主机来进行目标网络主机活动探测。

　　ICMP 广播的请求会广播到目标网络中的所有主机,所有活动的主机都将会发送 ICMP ECHO REPLY 到攻击者的源 IP 地址(或者是被攻击者控制的第三方 IP 地址)。由于防火墙等网络设备会过滤掉类似消息,因此这种技术的主机探测只适用于探测目标网络的 UNIX 主机。

　　(3) 使用非应答的 ICMP(NONE REPLY ICMP)。除了 ICMP ECHO REPLY 消息之外,攻击者还可以使用非应答 ICMP 消息进行探测。ICMP Time Stamp Request 和 REPLY 允许一个节点查询另一个节点的当前时间,返回值是自午夜开始计算的毫秒数。攻击者可以自行初始化标识符和序列号,填写发起时间戳,然后发送报文给目标主机。目标主机接受请求后,填写接受和传送的时间戳,把信息类型改变为 REPLY 应答并送回给发送者。返回值即是自午夜开始计算的毫秒数,攻击者从而获取了主机和路由器的存在和活动性。

　　2) 端口扫描

　　黑客确定了目标主机的活动性和操作系统信息后,会进一步扫描目标主机,获取目标主机开放的端口,以进一步来了解其开放的网络服务。扫描端口常用的黑客工具有 SuperScan 和 XScan 等,当然这些工具也是网络安全防护人员的有力工具。网络上的主机主要采用 TCP/IP 协议,目标主机如果开放了相应的网络服务,相应地会有一个开放端口接收外部通信请求。从原理上看,只要利用工具扫描目标主机的端口,就可以了解目标主机开放了哪些网络服务。

　　端口扫描的结果是得到目标主机开放的网络服务端口列表,这些开放的端口与网络服务相对应,通过这些开放的服务端口,黑客就能了解目标主机运行的服务,然后就可以进一步有针对性地了解和分析相应服务的安全漏洞,并进行针对性的攻击。

　　由于计算机端口类型不同,端口扫描通常分为 TCP 和 UDP 扫描。根据扫描的技术手段,已知的端口扫描类型主要包括:开放扫描、半开放扫描和隐蔽扫描三种。各种扫描类型又有多种方法,下面分别从多个方法进行分析和探测。

　　(1) 开放扫描使用完整的 TCP 三次握手来对目标主机的端口进行尝试性的连接,因此很容易检测到目标主机的端口。开放扫描主要包括 TCP Connec 扫描和 TCP 反向探测扫描。

　　(2) 半开放扫描与开放扫描相反,半开放(Half-open)扫描方法并不使用完整的 TCP 三次握手来进行连接尝试。在扫描时,发出的连接都是只建立到目标主机的 TCP 半开放连接(单个 SYN 包)。半开放扫描主要包括 TCP SYN 扫描和 IP ID 头扫描。

　　(3) 隐蔽扫描是指一些较难被入侵检测系统和操作系统发现的扫描方法。这些方法的特征是通过设置、不设置、全部设置 TCP 头中的某个或某些标志位(ACK、FIN、RST 等),将扫描数据伪装成正常的数据通信,穿透防火墙进行端口探测。该类扫描的另一个特点就是一般反向确定结果,即当对方没有任何响应时认为目标端口是开放的,而如果返回端口不存在数据包则认为目标端口是关闭的。

　　端口扫描的具体方法主要包括以下几种:

　　(1) TCP 连接(Connect)扫描。TCP 连接(Connect)扫描是完整的 TCP 开放扫描(包括 SYN、SYN/ACK、ACK 等)方法。它的缺点是很容易被对方的防火墙、入侵检测设备探测并过滤,从而无法得到真实的端口开放情况。通常,TCP 连接扫描是在成功渗透到内网,绕过网络边缘防护设备后,针对内网主机进行的端口服务情况扫描。

该扫描方法的优点在于非常易于实现,只需使用系统调用网络编程就可以完成,并且采用正常的 TCP 访问,不需要有特殊用户权限,扫描结果准确。但是攻击者无法实施源地址欺骗,容易被对方的入侵检测系统或防火墙检测到。TCP 连接扫描需要以某个真实的地址完成,因为成功连接的第三步还需要根据服务器发送的序列号来发送 ACK 标志的数据包。

(2) TCP SYN 扫描。TCP SYN 扫描是一种最主要的半开放扫描方法,因为该扫描方法只建立到目标主机的 TCP 半开放连接(单个 SYN 包)。如果探测到目标系统上的端口是开放的,则返回 SYN/ACK 包;如果端口关闭,则目标主机返回 RST/ACK 数据包。根据发送的初始 TCP 包标志位的不同,存在多种半开放扫描方式。

TCP SYN 扫描的过程是首先向目标主机的特定端口发送一个 SYN 包,如果应答包为 RST 包,则说明该端口是关闭的,不需要进一步处理;如果应答包为一个 SYN/ACK 包,将发送一个 RST 包,停止建立连接,便完成了连接建立过程,所以称为"半开放连接扫描"。该方法中客户端发送 RST 数据包给目标服务器是非常关键的。该扫描方法比开放连接扫描方法更隐蔽且速度快,不易被跟踪,扫描结果也很准确。但是该方法的访问过程与 SYN 洪水拒绝服务攻击比较类似,易被防火墙过滤,且入侵检测系统一般也有 SYN 包的报警机制。

(3) IP ID 头扫描(IP ID Header Scanning)。IP ID 头扫描也叫哑扫描(Dump Scanning),扫描主机伪造第三方主机的网络地址,向目标主机发送 SYN 扫描数据包,观察应答数据包的 IP 序列号增长情况获取端口的状态。该方法不直接扫描目标主机,也不直接和它进行连接,隐蔽性非常好,但是对第三方主机的要求较高。第三方主机是一台连接在Internet 上的机器,但是很少甚至几乎没有同其他主机进行通信,作为哑主机使用。

该方法主要利用大多数操作系统 TCP/IP 协议栈的特殊性来实现,该方式的最大优点是被扫描的主机无法追查扫描者的源地址,另外该扫描方式也不是必须使用 TCP SYN 扫描,只要满足端口开放和关闭时哑主机对扫描的主机有不同的响应,但是该方法必须依赖第三方的哑主机。

(4) SYN/ACK 扫描。黑客通过主动发送带 SYN/ACK 标志的数据包,在基于 TCP 协议的网络服务中,如果一个端口关闭则会返回 RST 标志,而开放的端口则会忽略该包,不返回任何信息。该方法存在这种可能,Server 的目标端口是关闭的,但回送的 RST 包被防火墙过滤掉了,或者在网络传输过程中丢失了,这时扫描者接收不到 RST 数据包,就会认定目标端口是开放的,即造成误判。由于网络环境中往往都存在防火墙,因此这将使得扫描结果的可信度下降。

(5) TCP FIN 扫描。扫描者向目标主机端口发出单个的 TCP FIN 包,如果服务端口是关闭的,目标主机将返回 RST 包。该方法比 TCP SYN 更加隐蔽,可以躲避大多数入侵检测系统的检测,但检测结果容易受到干扰不是非常可靠,且 TCP FIN 扫描只对 UNIX/Linux 系统有效。

(6) TCP ACK 扫描。TCP ACK 扫描可以用于检查防火墙的规则集,攻击者通过构造一些特殊包,让构造的单个包通过包过滤防火墙,检查是否存在响应。如果与防火墙状态表中的会话不相符合的 ACK 响应包被过滤,说明防火墙的策略比较完善。一些简单的包过滤防火墙，将直接放行允许 ACK 连接请求。

TCP ACK 扫描针对 BSD 系列服务主机非常有效，利用其操作系统的 IP 协议栈实现中的 BUG 来完成检测。在鉴别端口的状态时，一个方法是检查回送 RST 包的 IP 头 TTL 值，另一个方法是检查 TCP 头中的滑动窗口大小。

（7）XMAS 扫描。XMAS 扫描是向目标主机发送一个将所有标志位都设置为有效的特殊 TCP 包，这些标志位包括：ACK、FIN、RST、SYN、URG 和 PSH。如果对方服务端口是开放的，则会完全忽略这个包，而不返回任何数据包；如果端口是关闭的，则会回送一个 RST 数据包。

（8）NULL 空扫描。NULL 扫描与 XMAS 扫描相反，NULL 扫描将 TCP 包中的所以标志位都置为无效。当这个数据包被发送到基于 BSD 操作系统的主机时，如果目标端口是开放的，则不会返回任何数据包；如果目标端口是关闭的，则被扫描主机将发回一个 RST 包。但是要注意不同的操作系统会有不同的响应方式。

（9）UDP 扫描。UDP 扫描是指扫描一些目标主机的 UDP 端口开放情况。UDP 协议比较简单，通常打开端口对请求不发送任何确认信息，扫描比较困难。当攻击者向一个未打开的 UDP 端口发送一个数据包时，许多主机会返回一个 ICMP_PORT_UNREACH 错误。这样就能够发现哪个端口是关闭的。另外，这种扫描方法很慢，因为 RFC1812 对 ICMP 错误消息的产生速率做了规定。

针对 TCP 端口，还有 TCP RPC 扫描等方法，用来获取远程过程调用 RPC 端口、判断是否所有端口关闭等。TCP 端口最容易被攻击的端口包括端口 23 和 80，它们分别提供远程登录 Telnet 服务和网站 Web 服务。

3）漏洞扫描

漏洞扫描与前面的 IP 扫描和端口扫描不同，它需要事先了解已知的系统和网络漏洞，开发和利用专用扫描工具对目标地址和主机进行扫描。针对操作系统和知名网络服务，漏洞扫描通过探测不同版本操作系统的漏洞，获取网络服务端口来识别系统提供的服务及版本号。漏洞扫描可分为系统漏洞扫描和 Web 漏洞扫描两种。

黑客进行漏洞扫描，需要利用已知的漏洞库进行分析，比较有名的漏洞库包括 ISS 的 x-force 漏洞库、安全焦点的 bugtraq 数据库。漏洞库对于漏洞扫描有很大帮助。通过漏洞扫描可以检测出一些操作系统或应用程序配置漏洞，通常包括操作系统或应用程序代码漏洞、旧的或作废的软件版本、特洛伊木马或后门程序、致命的特权相关的漏洞、拒绝服务漏洞、以及 Web 和 cgi 漏洞。

操作系统检测是非常重要的漏洞检测内容，在前期踩点的基础上，进一步确定操作系统类型和弱点，对于黑客进行下一步的攻击任务来说非常重要。目前用于探测操作系统的技术主要可以分为利用系统旗标信息和利用 TCP/IP 堆栈指纹两类，常用的辅助检测工具有 Nmap、Queso、Siphon 等。

2. 黑客扫描技术分析

黑客扫描技术主要是在隐蔽的前提下，对目标主机进行检测的技术，主要特点包括：包特征的随机化、慢速扫描、分片扫描、源地址欺骗、分布式（合作）扫描等内容。它在保证不被检测到的前提下进一步发现目标主机的安全信息。黑客扫描技术具体的特征如下：

　　1）包特征的随机化

　　包特征包括 IP 头中的生存期 TTL 字段、TCP 源端口、TCP 目的端口等信息。在正常的通信中，某主机收到的数据包一般是杂乱无章的，如果扫描数据包都来自同一个 IP 地址或端口，很容易被检测到，为了将扫描行为伪装成正常通信，黑客就会将这些包特征随机化。

　　2）慢速扫描

　　许多入侵检测系统会统计并限制某个 IP 地址在一段时间内的连接次数。当其短时连接次数超出设定的范围时，入侵检测系统就会报警。为了躲避这类连接次数的检测，黑客会用很慢的速度来扫描防护严密的目标主机。

　　3）分片扫描

　　根据 TCP/IP 协议规定，所有 IP 数据包都可以进行分片传送。在 IP 数据包头部有分片标志位，目标主机操作系统检查该标志位，并据此进行包的重组。分片存在最小和最大长度，在 RFC791 中有相关规定。

　　4）源地址欺骗

　　黑客需要保护自己的真实 IP 不被发现，在进行端口扫描时，他们会伪造大量含有虚假源 IP 地址的数据包同时发给扫描目标。目标主机无法从大量 IP 地址中判断扫描真实的发起者，黑客从而就避免了被反跟踪。

　　5）分布式扫描

　　分布式扫描也称为合作扫描，即一组黑客事先约定分工，共同对一台目标主机或某个网络进行扫描。例如每个人扫描某些端口或某些主机，这样每个黑客发起的扫描数较小，扫描整体速度快，且难以被发现。

5.2.3　黑客查点

　　黑客踩点的过程中，主要搜集了特定系统上用户和用户组名、路由表、SNMP 信息、共享资源、服务程序及旗标等信息。黑客要进一步选择立刻发起攻击的进攻点，需要对目标系统进行更有针对性的"查点"。因为有了踩点和扫描的基础，"查点"将更有针对性地探测系统的漏洞和安全薄弱环节。

　　查点阶段与前期信息收集技术的区别主要是在入侵性方面。在查点阶段，黑客将真正连接到目标系统并发出一系列查询命令，所做的活动会被系统日志记录。系统管理员一般会在第一时间注意到这些蛛丝马迹，从而采取措施进行防护。

　　查点可以收集更多的信息来分析目标系统可能存在的安全弱点。比如，合法用户的账户名、默认 Web 安装和文件、配置不当的共享资源等都是黑客进行查点时希望找到的有效目标信息。

　　在 Windows 系统下的查点活动主要采用的技术包括对 NetBIOS 的查点、空会话（Null Session）测试、SNMP 代理探测、活动目录（Active Directory）的检测等。查点可以采用 Windows 自带的系统命令，也可以采用第三方专门的工具进行。Windows 系统命令主要包括 net view、nbtstat、nbtscan 及 nltest 等。常用的第三方工具包括 Netviewx、Userdump、NAT、DumpSec 等，第三方工具会大大提高查点的方便性和效率。

　　在 UNIX 和 Linux 系统上采用的查点技术主要包括 RPC 查点、NIS 查点、NFS 查点和 SNMP 查点等。由于这类系统通常专门提供网络服务,因此在特定时期针对专门服务的查点非常流行。在 UNIX 系统上常用的第三方工具包括 finger、rwho、rpcinfo、rpcdump、showmount、ruser、nmap、telnet、nc 及 snmpwalk 等。

下面主要对 Windows 自带的系统命令的查点进行介绍。

1. NetBIOS 命名服务查点

net view 命令可以说是最典型的 Windows 平台自带查点工具。它是一个非常简单、功能强大的命令行工具,基本用途就是列举网络里都有哪些域、这些域里又有哪些主机。使用 net view 命令查看网络里有哪些域的例子如下:

    C:\>net view /domain

给 "/domain" 开关加上一个域名作参数,net view 命令就可将指定域里的计算机列出来,命令如下:

    C:\>net view /domain:labgroup

另一个查点工具是 Windows 自带的 nbtstat 程序,使用 nbtstat 命令也可以查看 NetBIOS 域名,并调出某个远程系统的 NetBIOS 域名/机器名清单,得到的信息中往往可以推断出系统漏洞等信息,命令如下:

    C:\>nbtstat - 192.168.1.25

2. SMB 服务查点

SMB 查点主要是针对 Windows 平台上被黑客经常利用的安全漏洞空连接。服务器消息块(SMB,Server Message Block)是微软文件和打印机共享的基础服务,也是迄今为止对系统安全影响最为严重的 Windows 组件之一。SMB 规范中的某些 API 会通过 TCP 的 139 和 445 端口泄露大量极有价值的信息,用户甚至不需要经过身份验证就可以获得。匿名攻击者可以利用空连接访问 API 服务,从远程服务器提取非常有用的信息,其中包括至关重要的账户名信息,甚至能建立到 Windows 系统的连接。

使用 net use 命令查看远程系统上有哪些共享卷建立了空连接,命令如下:

    C:\>net use \\192.168.1.25\IPC$

攻击者得到结果后,就可以用 net view 命令查看远程系统上的共享卷信息,命令如下:

    C:\>net view \\192.168.1.25

3. 其他查点方法

Windows 下还可以使用其他多种查点方法,如远程过程调用(RPC,Microsoft Remote Procedure Call)查点、域名解析系统(DNS,Domain Name System)查点、简单网络管理协议(SNMP,Simple Network Management Protocol)查点、活动目录(AD,Active Directory)查点等。

5.2.4 获取访问权

黑客要进行实际的入侵攻击,获取系统的基本访问权限是首要条件。黑客在搜集到足够的目标系统的信息后,下一步要完成的工作就是得到目标系统的访问权,进而完成对目标系统的入侵。

Windows 系统下获取访问权限主要采用的技术有 NetBIOS SMB 密码猜测（包括手工及字典猜测）、LM 及 NTLM 认证散列窃听、IIS Web 服务攻击及远程缓冲区溢出。UNIX 系统采用的主要技术有保密密码攻击、系统密码窃听、活动服务的数据驱动式攻击（例如缓冲区溢出、输入验证、字典攻击等）、RPC 攻击、NFS 攻击以及针对 XWindows 系统的攻击等。

在搜集到目标系统的信息后，经过一系列探测，如果试探出了可以利用的漏洞，那就意味着黑客可以获得攻击该目标主机的初步权限。目前的操作系统内部复杂，系统权限控制相对较弱，黑客只要能登录目标主机，那么借助木马和黑客程序就可以顺利地提升权限。

在某些极端情况下，黑客在取得并提升权限时会采用破坏目标主机操作系统部分功能的方法来实现。很多时候，针对安全防护性能比较好的系统，密码窃听术和字典攻击术是获取访问权的惟一途径。著名的密码窃听工具有 sniffer pro、TCPdump、LC4、readsmb 等；字典攻击工具有 LC4、John the RIPper、NAT、SMBGrind 及 fgrind 等。当然，这些软件不仅仅是黑客用来进行非法攻击的工具，也是众多网络安全人员使用的有力工具。

5.2.5　权限提升

较低的系统访问权限往往不能满足黑客入侵和控制系统的目的。黑客在获得了系统上任意级别的普通用户访问权限后，会进一步采用各种攻击手段提升至更高或超级用户权限，以便完成对系统的完全控制。

虽然管理员经常有一定的安全意识，会给其他用户建立一个限制权限的普通用户账号，并认为这样就安全了，但是由于操作系统和众多的服务漏洞，造成用普通用户账号登录后，可以利用工具 GetAdmin 等程序很容易地将自己加到管理员组或者新建一个具有管理员权限的用户。所以，更可靠的安全防护方法是将攻击者挡在系统大门之外。

权限提升所采取的技术主要有通过得到的密码文件、利用现有工具软件、破解系统上其他用户名及口令、利用不同操作系统及服务的漏洞（例如 Windows 2000 NetDDE 漏洞）、利用管理员不正确的系统配置等。权限提升可以使用权限获取阶段采用的口令破解工具，有 John The RIPper 等。Windows 下获取管理员权限的工具有 lc_message、getadmin、sechole、Invisible Keystroke Logger。

5.2.6　窃取信息

窃取信息是攻击者对一些敏感数据进行篡改、添加、删除及复制的过程，是攻击者真正实施破坏行为的环节。Windows 下的注册表是黑客窃取信息的首要目标，90% 以上的黑客对 Windows 攻击的手段都离不开读写注册表。注册表内保存了计算机中的关键信息。注册表项由键名和键值组成，其中存储了 Window 操作系统的所有配置。黑客关注的敏感信息包括 Windows 系统的注册表、UNIX 系统的 rhost 和 Passwd 文件等。

5.2.7　清除痕迹

黑客对目标计算机进行信息探测或入侵系统，会在操作系统和相应的服务日志中留下痕迹。黑客攻击通常使用代理或者被自己控制的"肉鸡"，以隐藏自己的 IP 和身份。如果能入侵成功，清除日志是黑客清除入侵痕迹的决定性步骤。掩盖踪迹的主要工作是禁止系统审计、清空事件日志、隐藏作案工具及使用 rootkit 的工具组替换常用的操作系统命令等。

为了避免被目标主机的管理员发觉，黑客在完成入侵之后需要清除其中的系统日志文件、应用程序日志文件和防火墙的日志文件等，清理完毕即可从目标主机中退出。常用的清除日志工具有 zap、wzap、wted，或者使用简单的 shell 命令 echo 写空数据到日志文件中都可以完成。

例如，当用户访问 Windows IIS 服务器以后，IIS 服务程序都会记录访问者的 IP 地址、访问时间以及是否成功等信息。清除服务器日志最简单的方法是直接删除日志文件夹下的日志文件，但是删除日志文件会引起管理员关注。由于入侵的过程一般是短暂的，只会在一个 Log 文件中保存为访问记录，只要在该 Log 文件中删除所有自己的记录就可以隐藏访问痕迹了。

5.2.8　创建后门

黑客入侵主机或网络系统并取得管理员权限后，会在其中建立访问后门或安装木马，以达到长期控制目标主机的目的。黑客以后可以直接通过后门入侵主机系统。

创建后门的方法有很多，主要包括创建具有特权的隐藏用户账号、安装批处理、安装远程控制工具、给系统程序安装木马、安装监控程序或者植入病毒感染启动文件等。

黑客常用的工具有 rootkit、sub7、cron、at、UNIX 下的 rc、Windows 启动文件夹、Netcat、VNC、BO2K、secadmin、remove.exe 等。

实际入侵中使用比较多的方法是木马入侵，木马是一种能窃取用户存储在电脑中的账户、密码等信息的应用程序。黑客通过木马程序可以轻易地入侵并控制用户电脑，并在用户不知情的状况下窃取信息或者通过用户的电脑进行各种破坏活动。

5.2.9　拒绝服务攻击

黑客破坏主机和网络服务的另一个手段是拒绝服务（DoS，Denial-of-Service）攻击。如果黑客无法成功地获取访问权并窃取信息和入侵系统，通常会采用拒绝服务攻击来影响系统提供服务。国际权威机构"Security FAQ"的定义指出，拒绝服务攻击就是消耗目标主机系统或者网络的资源，从而干扰或者瘫痪其为合法用户提供的服务。

拒绝服务攻击通常使用精心准备好的漏洞代码攻击系统，使目标服务器资源耗尽或资源过载，以致于没有能力再向外提供服务。拒绝服务攻击所采用的技术主要是利用协议漏洞及不同系统实现的漏洞。分布式服务攻击 DDoS 是利用网络上的多台计算机，采用分布式数据攻击方式对单个或者多个目标同时发起 DoS 攻击。

分布式拒绝服务攻击的目标是"瘫痪对手"，而不是传统的破坏和窃密，不需要实际侵入或控制目标系统，利用遍布全球的联网计算机即可发起攻击。目前 DDoS 攻击方式已经发展成为一个非常严峻的网络公共安全问题，被称为"黑客终极武器"。但是不幸的是，目前对付拒绝服务攻击还没有特别有效的方法，由于 TCP/IP 互联网协议的缺陷和网络的无国界性，导致目前的国家机制和法律都很难追查和惩罚 DDoS 攻击者。DDoS 攻击也逐渐与蠕虫、Botnet 相结合，发展成为自动化、集中受控、分布式攻击的网络黑客工具。

DoS 从防御到追踪，已经有了很多理论和方法。防御方面的理论和方法比如 SynCookie、HIP(History-based IP filtering)、ACC 控制等，另外在追踪方面也提出许多理论和方法，比如 IP Traceback、ICMP Traceback、Hash-Based IP traceback、Marking 等。但目前的技术仅能起到缓解攻击、保护主机的作用，要彻底杜绝 DDoS 攻击将是一个浩大的工程技术问题，需要国际社会的共同合作和努力。

5.3　黑客攻击技术分析

虽然黑客进行网络攻击的手段多样，但本质上都是因为网络和主机中存在各种漏洞和缺陷。安全人员了解网络系统中可能存在的缺陷和黑客的攻击手段，将有助于建立全面的网络安全体系。黑客技术涵盖的范围广泛，涉及网络协议解析、源码安全性分析、密码强度分析和社会工程学方法等多个不同的范畴。

作为网络的入侵者，黑客的工作主要是通过对技术和实际中的逻辑漏洞进行分析，通过系统许可的操作对无权访问的信息资源进行访问和处理。早期的黑客入侵和攻击目标系统，需要具有过硬的协议分析基础、深厚的数学功底以及良好的软件设计能力。目前，黑客更多地使用了各种工具和已知的安全漏洞，对黑客的技术要求也在不断地降低。

除了利用系统实现上的漏洞，黑客还可以充分利用网络管理中的人为因素，对目标网络实施攻击和入侵。利用身份欺骗、信息搜集等社会工程学的攻击方法，黑客能够从网络运行管理的薄弱环节入手，通过对系统用户基本信息、习惯的掌握，迅速地完成对网络用户身份的分析和窃取并进而完成对整个网络的攻击。

在实施网络攻击过程中，黑客所使用的入侵技术主要包括协议漏洞渗透、密码分析还原、应用漏洞分析与渗透、社会工程学方法、恶意拒绝服务攻击、病毒或后门攻击等方法。

5.3.1　协议漏洞渗透

网络协议是网络运行的基础标准，尤其在互联网环境下，网络协议使得不同厂商的设备和系统有机地连接为一体。为了各厂商产品的兼容，网络协议采用开放形式，协议的细节均公诸于众。网络协议在设计时对于安全问题考虑不足，使得部分网络协议具有严重的安全漏洞。黑客通过学习和分析网络标准协议，很容易发现协议漏洞，并针对协议漏洞内容设计出具体的攻击过程计划。

虽然目前相关工作组不断地修补网络标准 TCP/IP 协议的安全问题，但修补必须在不破坏正常协议流程的情况下进行，可以修改影响网络安全的部分内容，但一些协议上的漏洞是无法通过修改协议弥补的。黑客针对协议固有的漏洞，开发出了针对特定网络协议环境的网络攻击技术，主要包括会话窃听与劫持技术和地址欺骗技术。

1. 会话窃听与劫持技术

早期的以太网使用共享线路的方式进行数据包的传送，现在部分共享型的网络设备仍在使用。这种情况下，发往目的结点的数据包实际上被发送给了所在网段的每一个结点。目的结点接收这些数据包，并与其他结点共享传送带宽。针对共享式网络环境数据共享网络通路的特性，黑客技术中出现了会话窃听与劫持技术。

会话窃听技术是网络信息搜集的一种重要方式，而利用 TCP 协议的漏洞，黑客还可以对所窃听的 TCP 连接进行临时的劫持，以会话一方用户的身份继续进行信息交互。会话劫持的根源在于 TCP 协议中对数据包的共享传送处理。

2. 地址欺骗技术

在非保密的网络环境中，存在着大量的简单主机认证方式，这种方式的基本原则就是以主机的 IP 地址作为认证的基础。通过设定主机信任关系，用户对网络的访问和管理行为变得简单，大大改善了网络的可用性。

网络通信中，所有的计算机都是通过 IP 地址、MAC 地址等进行标识的，每一个主机都具有固定的并且是惟一的地址，通过确认 IP 就可以确认目标主机的身份。网络地址可能被假冒，即 IP 地址欺骗。虽然可以采用 MAC 绑定的方式防止 IP 欺骗，但黑客很容易假冒 MAC 地址。由于网络的基础协议在安全性上的漏洞，这种假冒行为方便简单。通过对地址的假冒，入侵者可以获得所仿冒地址计算机的访问特权，使得具有信任连接的计算机容易被攻击，造成机密文件泄漏。如果防火墙配置不当，这种攻击甚至可以绕过防火墙，破坏防火墙内的计算机。

5.3.2 密码分析还原

数据加密技术是现代数据安全保护的主流方法，加密后的数据可以防止有意的截取或者无意的泄露。数据加密通常使用密钥完成，密钥保护是加密系统的重要环节，保存不当将影响整个系统的安全。对于没有密钥的攻击者来说，截获的密文难以破解和阅读。非对称加密算法中，即使攻击者获得了密钥，也无法从密文中还原出明文信息。这样，加密系统就可以保证网络通信信息的安全性。

密码分析还原技术可以分为密码还原技术和密码猜测技术。密码猜测技术用来分析具有很高强度的加密算法，利用穷举法猜测可能的明文密码；密码还原技术所针对的对象主要是强度较低的加密算法，例如通过其他侦听手段获取到的认证数据信息，包括系统存储认证信息的文件，或利用连接侦听手段获取的用户登录信息。

加密技术的算法复杂度决定了密码的相对安全性，如果采用蛮力攻击高复杂度算法，所用的时间将长到足够保证安全的程度，这样，密码的攻破理论上是不可行的。实际应用中，密码的破解经常发生。随着电脑运算速度的指数级提高，相同运算量所使用的时间明显地缩短。同时，对加密算法的强度分析以及社会工程学的密码筛选技术的不断发展，使得现实网络中的大量密码会在可接受的时间内被分析还原。密码分析与还原技术不使用系统和网络本身的漏洞，只要严格控制网络所在用户的密码强度和保密性，就可以避免大部分的攻击。

1. 密码还原技术

密码还原技术主要针对的是强度较低的加密算法，目的是希望从密文中直接分析出密钥，这种方法需要对密码算法有深入的研究。它通过对加密过程的分析，找出加密算法的弱点，从加密历史样本中直接分析推算出使用的密钥和明文。对于非对称算法，可以通过对密文的反推将明文的可能范围限定在有限的范围之内，达到恢复明文的结果。一个加密算法的密码还原过程的出现，也就注定了该加密算法寿命的终结。

目前的标准加密算法还没有对应的密码还原过程,因此密码还原技术的使用并不多。但对于没有公开加密算法的操作系统来说,由于算法的强度不够,在加密过程被泄露后,黑客就会根据分析中获得的算法漏洞完成密码还原。现在,对于 Windows 操作系统来说,用户认证的加密算法已经被分析攻破,用户只要使用密码破解程序就可能完成对系统上所有用户密码的破解,获取系统上所有用户的访问权限。

2. 密码猜测技术

密码猜测技术的原理通常是依据密码字典,利用穷举的方法猜测可能的明文密码。猜测过程中将明文用猜测的密钥加密后与实际的密文进行比较,如果所猜测的密文与已有的密文相符,则表明密码攻击成功。攻击者猜测到密码之后,就可以利用这个密码获得相应用户的权限。

密码猜测技术的核心在于如何根据已知的信息调整密码猜测的过程,以尽可能短的时间破解密码。从理论上讲,密码猜测的破解过程需要一段很长的时间。而实际上,许多人在选择密码时,密码复杂性不高,这使得密码猜测技术对系统的攻击成为目前最为有效的攻击方式。用户为了自己的密码容易记忆,会选择简单的密码,这些密码非常容易猜到,例如,很多人使用简单的数字串,或者用户名加上一些有意义的数字(生日或是连续数字序列等)作为自己的密码,甚至有些人的密码与用户名相同,一些密码长度只有几个甚至一个字符,大大方便了入侵者。据一款即时通信的用户密码统计发现,有相当多用户的密码是“12345”。

密码猜测技术就是利用人们这种密码设置习惯,针对所搜集到的用户信息,使用有意义的单词和用户名与生日形式的数列代码或简单数字序列进行排列组合,形成密码字典。同时在猜测过程中,根据所搜集到的用户信息,还要对字典的排列顺序进行调整。以这个生成的字典作为基础,模拟登录的方式,逐一进行匹配操作,密码猜测工具可以利用这种方式破解大量的系统。密码猜测技术的核心就是这种密码字典的生成技术,也有很多事先准备的通用密码字典供黑客使用。

攻击者对目标网络用户信息搜集得越广泛,密码猜测工具对字典进行的筛选就能做到越精细,字典序列组合调整的依据也就越多。密码猜测技术是黑客入侵过程中介于信息搜集和攻击之间的攻击过程,其主要目的就是为了获取对目标网络的访问权限。黑客攻击的历史事件中,有大量案例是由于目标网络不重视安全管理,用户的密码强度不够,使得黑客在几分钟甚至几秒钟的时间内即可破解大量一般用户甚至是管理员账户的密码,并进一步入侵系统进行破坏。

5.3.3　应用漏洞分析与渗透

系统和网络的安全漏洞是入侵者的攻击对象,不难发现任何应用程序都或多或少地存在一定的逻辑漏洞或安全隐患。操作系统和浏览器等网络程序,由于用户众多、使用广泛,几乎每天都有人发现某个操作系统新的安全漏洞。攻击者可以利用漏洞使用攻击程序,破坏整个服务系统的运行过程,或者入侵服务系统,造成目标网络主机的损失。黑客对各个网站的攻击几乎都使用到了应用漏洞分析与渗透技术,攻击者或是利用 Web 服务器的漏洞,或是利用操作系统的缺陷攻入服务器,篡改主页破坏网站。

应用漏洞分析与渗透根据攻击时利用的错误类型，主要分为服务流程漏洞和边界条件漏洞。

1. 服务流程漏洞

服务流程漏洞指服务程序在运行过程中，由于系统运行次序的颠倒或程序缺乏有效的异常条件处理，造成用户可以绕过系统的安全控制部分，或使系统服务进入到异常的运行状态。

2. 边界条件漏洞

边界条件漏洞则主要针对很多服务程序中存在的边界处理不严谨的情况，实现系统攻击。在对服务程序的开发过程中，很多边界条件尤其是对输入信息的合法性处理往往很难做到完全不出问题，在正常情况下，对边界条件考虑的不严密并不会造成明显的问题，但这种不严密的处理却会成为黑客入侵的安全隐患。在边界条件漏洞中，以内存溢出错误最为普遍，影响也最为严重。有很多攻击都是利用超长的数据填满数据区并造成溢出错误，利用这种溢出在没有写权限的内存中写入非法数据。

缓冲区溢出攻击是黑客入侵计算机网络的重要方法和途径，著名的莫里斯蠕虫就是利用计算机缓冲区溢出漏洞进行攻击的案例。黑客利用软件的缓冲区溢出问题，精心设计入侵程序代码，使这个入侵程序代码覆盖系统堆栈的内容，从而获取程序的控制权，之后便发起进一步的攻击。

SQL 注入式攻击是比较流行的一种利用数据库系统漏洞的攻击技术，它通常针对动态网页进行攻击。SQL 注入式攻击就是攻击者针对安全防护较差的系统，把 SQL 命令插入到 Web 表单的输入域或页面请求的查询字符串中，欺骗服务器执行恶意的 SQL 命令，以非法获取数据或系统访问权。

5.3.4　社会工程学方法

社会工程学采用的方法并不是传统意义上的黑客技术，也不是真正的计算机技术，而是利用心理学甚至侦探技术对目标网络的人员进行说服或欺骗，来获得信息系统的访问权限。社会工程学是黑客利用人类天生的信任感，通过交流或其他互动方式实现的。

社会工程学并不涉及非常高深的算法，但绝对是一门高深的学问。最常见的社会工程学攻击是简单的打电话请求密码和伪造 E-mail，但是攻击经常奏效。黑客的目标是获得与系统安全有关的信息，了解重要系统未授权的访问路径，并尽力获取该系统中的某些访问信息。有经验的安全专家认为，人们对熟人的天生信任感，使得保护与审核的信任成为整个安全链中最薄弱的一环。社会工程学攻击在以往众多黑客攻击中显示了惊人的效果，目前社会工程学攻击有两个层面的方法，即物理分析和心理分析。

1. 物理分析手段

黑客通过物理分析获取信息，入侵发生的物理地点可以是工作区、电话、目标企业垃圾堆，甚至是通过网络完成的。

（1）黑客可以简单冒充合法身份进入公司。

黑客通常以维护人员或是顾问身份，走进工作区。通常情况下，入侵者可以对整个工作区进行观察了解，直到找到一些密码或是一些可以利用的资料之后离开。另一种获得信息的手段就是在工作区偷窥并记住公司雇员键入的关键服务器密码。黑客甚至可以趁工作人员离开，借用未关闭和未锁定的工作计算机，采用下载并安装木马等手段快速获取网络入侵方法。

（2）最简便可行的社会工程学手段是通过打电话完成的。

在社会工程学方法中那些黑客冒充失去密码的合法雇员，甚至是以一个高层或是重要人员的身份，打电话从其他用户甚至管理员那里获得信息，黑客经常通过这种简单的方法获得访问密码。黑客通过电话请求密码是充分分析了各种机构的内部结构，一般机构尤其是大型企业等都会设置咨询台或者网络服务中心。这些咨询机构人员一般接受的训练都是要求他们待人友善，而其职责就是为他人提供帮助并提供别人所需要的信息，因此经常成为社会工程学家们的攻击目标。咨询和服务人员所接受的安全领域的培训与教育很少，这就给黑客造成了可乘之机。

（3）翻垃圾是黑客常用的另一种社会工程学手段。

很多企业和机构对废旧打印纸或便签没有粉碎处理，直接作为垃圾并运送到垃圾堆。这里面往往包含了大量危害安全的信息，包括企业的电话簿、机构表格、备忘录等。黑客可以利用获得的这些信息，进行有计划的攻击。电话簿可以向黑客提供员工的姓名、电话号码来作为目标和冒充的对象。机构的表格包含的信息可以让他们知道机构中的高级员工的姓名。备忘录中的信息可以让他们获得有用信息来帮助他们扮演可信任的身份。企业的规定可以让他们了解机构的安全情况如何。近期工作安排表可以让黑客知道在某一时间段有哪些员工出差不在公司。系统手册、敏感信息，还有其他的技术资料可以帮助黑客闯入机构的计算机网络。

（4）在互联网中使用社会工程学方法来获取密码。

许多用户都喜欢把自己所有账号的密码设置为同一个，所以黑客可以通过窃取互联网密码，来获得内部账号的使用权。而用户在互联网上时往往使用即时通信、邮件、注册社区账号等，黑客一方面可以方便地与攻击目标用户接近，另一方面可以使用各种手段对用户的互联网账号密码进行分析和破解。

黑客常用的方法是通过在线表格进行社会工程学攻击。比如，网上流行通过发布彩票中奖的消息，要求用户输入姓名、联系地址以及密码。这些表格不仅可以以在线表格的方式发送，同样可以使用普通邮件进行发送。如果是使用普通信件方式的话，这些表格看上去就会更加像是从合法的机构中发出的，欺骗的可能性也就更大了。黑客在线获得信息的另一种方法是冒充网络管理员，通过电子邮件向用户索要密码。此外，黑客也有可能放置弹出窗口，诱使用户重新输入账号与密码。用户为了继续使用系统，一般会输入自己的互联网、银行账号甚至工作中的账号密码。

（5）电子邮件可以用来直接获取系统访问权限。

黑客利用获得的企业内部人员电子邮件地址，发送伪装较好的电子邮件，在附件中携带病毒、蠕虫或者木马。用户由于缺乏安全防范意识，经常会点击并启动附件中的木马和后门程序，该程序就可能被安装，黑客就直接获得了一个隐蔽的攻击通道，利用木马的宿主计算机获得了系统的直接访问权限，为下一步攻击更重要的系统做准备。

为了提高 E-mail 攻击的成功率，一个黑客可以截取任一个合法用户发送的 E-mail 信息，并伪造或者重放这些 E-mail 消息。因为它发自于一个合法的用户，这些信息看来是绝对安全可靠的，企业员工很容易放松警惕。黑客也可以通过已经控制的用户计算机，通过木马调用邮件客户端，发送带病毒或木马的电子邮件给地址列表中的其他人，来扩大被控制的计算机数量。

2. 心理分析手段

黑客还可以从心理学角度进行社会工程学方式的攻击，采用的说服手段往往包括角色扮演、讨好、同情、拉关系、收买等。这些方法不同于物理手段的社会工程学方法，黑客充分利用用户的心理，说服目标泄露所需要的敏感信息。

(1) 角色扮演。黑客构造某种类型的角色并按该角色的身份行事，角色通常是越简单越好，比如IT支持部门的技术支持人员、上级经理、可信的维修人员等第三方人员或者企业同事。某些时候这种手段会与物理手段中的打电话方式结合，黑客与目标对象联系，扮演特定角色，索取需要的信息。通常情况下，这种方式并不是任何时候都有效的，黑客往往会专心调查目标机构中的某一个比较重要的人物，并在他外出时冒充他的身份来打电话询问信息。

(2) 利用信任和友善心理。社会工程学手段还可以仅仅是简单地通过信任和友善来套取信息。大多数人都希望在企业中与同事搞好关系，非常愿意倾听并相信打电话来寻求帮助的同事所说的话。黑客只需要了解企业内部人员和业务信息，获得基本的信任，并倾诉自己的困难和苦恼，并稍稍恭维一下目标对象，就会让目标人员乐意进一步合作甚至主动提供访问系统的帮助。

(3) 利用反向社会工程学手段。非法获得信息更为高级的手段称为"反向社会工程学"。黑客会扮演一个不存在的但是权利很大的人物，让企业雇员主动地向他询问信息。如果深入地研究，细心地计划与实施的话，反向社会工程学攻击手段可以让黑客获得更多更好的机会来从雇员那里获得有价值的信息。但是这需要大量的时间来准备，研究以及进行一些前期的黑客工作。反向社会工程学包括暗中破坏、自我推销和进行帮助三个部分。黑客先是对网络进行暗中破坏，让网络出现一定的故障，然后冒充维护人员对网络进行维修，并从雇员那里获得他真正需要的信息。那些雇员往往因为网络中出现的问题得到快速解决而高兴，不会想到他是个别有用心的黑客。

社会工程学方法不是利用目标系统和网络中的技术漏洞，它主要利用相关人员对安全管理制度实际操作中的灵活性，对目标网络进行渗透并获取访问权限。社会工程学的攻击对象是目标网络中的人员、资料和目标网络中的运行管理制度。人员的安全意识培养以及安全知识的培训，其花费往往是巨大的，但很难彻底保证员工不被黑客利用，因此这种攻击技术很难防范。所以，社会工程学作为一种重要的信息搜集的方式，在黑客攻击的踩点阶段被广泛采用。

5.3.5 恶意拒绝服务攻击

恶意拒绝服务攻击最主要的目的是造成被攻击服务器因资源耗尽或系统部分崩溃而无法继续服务。虽然这种情况下服务本身并未被攻破，但由于企业主机和服务长时间无法访问，使其所提供服务的信任度下降，影响企业以及用户对网络服务的使用，甚至由于影响电子商务系统、正常的业务邮件系统而造成重大的经济损失。

DoS攻击实际上还是利用网络协议的一些薄弱环节，通过发送大量无效请求数据包造成服务器进程无法短期释放，大量积累，耗尽系统资源，使得服务器无法对正常的请求进行响应，造成服务的瘫痪。常见的 DoS 攻击主要是带宽攻击和连通性攻击。带宽攻击是以极大的通信量冲击网络，使网络所有可用的带宽都被消耗掉而无法提供正常访问；连通性攻击则是用大量的连接请求冲击计算机，最终导致计算机连接数耗尽，无法响应和处理合法用户的正常请求。

早期的单一 DoS 攻击一般是一对一模式，也就是说在攻击计算机与被攻击计算机之间完成，当被攻击的计算机 CPU 速度低、内存小或网络带宽小时，目标主机服务受到的破坏是明显的。当面对大型企业和高带宽的服务系统时，攻击者往往采用 DDoS 攻击，其体系通常由傀儡控制、攻击用傀儡、攻击目标三部分组成。控制主机和傀儡主机分别用作攻击控制和实际攻击，DDoS 的实际攻击包从傀儡机上发出，控制主机只发布攻击命令而不参与实际的攻击，可以避免被跟踪。DDoS 利用大量的傀儡机来发起进攻，用比从前更大的规模来进攻目标网络。早期的 DDoS 攻击一般控制离目标主机距离比较近的傀儡主机，随着网络带宽的大幅提高，攻击者的傀儡机位置可以分布在更大的范围内，选择起来更灵活也更隐蔽。

所有的攻击信息通常都有虚假回复地址，服务器却无法找到用户的正常回复，这就大大增加了服务器的处理负担。根据 TCP 协议的规定，服务器相关进程会进行暂时的等候，有时超过一分钟后才进行进程和网络端口资源的释放。由于不断地发送这种虚假的连接请求信息，当进入等待释放的资源增加速度远大于系统释放进程的速度时，就会造成服务器中待释放的资源不断积累，最终造成资源的耗尽而导致服务器瘫痪。

恶意拒绝服务攻击并不是只利用安全漏洞，往往是在其他攻击手段失败后的报复性措施，或者配合其他手段一起使用。例如在地址欺骗攻击方式中，黑客一般先对目标计算机进行拒绝服务攻击，使得目标计算机无法进行正常响应，从而黑客可以假冒目标主机应答完成地址欺骗攻击。目前还没有很好的拒绝服务攻击防范手段，因此这种攻击方法被恶意的攻击者大量地使用。

5.3.6　病毒或后门攻击

黑客最常用的攻击手段是使用病毒或木马技术渗透到对方的主机系统里，从而实现对远程目标主机的控制。病毒或后门攻击技术主要是漏洞攻击技术和社会工程学攻击技术的综合应用。

计算机病毒和木马技术不断进步，其功能非常复杂、强大，所采用的隐蔽技术也越来越高。计算机联网或者访问一个带有木马的网页都可能造成病毒和木马的感染。由于网络的发展，木马的流行程度远远高于传统意义上的病毒，并且现代的病毒也很少仅仅以破坏系统为目的，经常与木马程序结合，控制被感染的主机系统。木马控制用户主机后，就可以任意地修改用户计算机的参数设定，复制文件，窥视整个硬盘中的内容等。

病毒(或木马)感染计算机，还可以为远程入侵者提供控制被感染计算机的后门，著名的冰河病毒就是典型代表。通常，入侵者通过各种手段进入到内部主机后，会在用户主机上安装后门服务程序，并监视和控制主机的操作。

这种攻击手段的可怕之处在于其自我保护和复制能力。病毒或后门在为黑客提供通道的同时，还不断地在目标网络内部进行扩散，感染更多主机，影响正常用户的使用。

5.4　网络环境下的攻击

网络环境中的主机往往有网络设备的保护，黑客要入侵目标系统，需要首先攻击主机所在的网络环境和网络设备。黑客针对网络的攻击，主要集中在网络接入设备上，如拨号服务器、VPN 接入服务器、无线接入服务器等，同时也会攻击防火墙等安全防护设备。攻击者还经常通过拒绝服务的攻击方式对网络进行攻击，阻碍目标网络对外提供正常的服务。

5.4.1　针对远程接入的攻击

任何联网系统都需要一定的远程接入访问的手段，拨号和 VPN 就是常用的接入手段。由于意识到网络安全问题，很多专用网络并不提供与互联网的直接连接，这便给黑客攻击带来了困难。针对这种状况，攻击者会对拨号网络接入、ADSL 宽带接入以及 VPN 客户端系统进行攻击。ADSL 宽带接入是目前宽带用户的主流解决方案，但由于用户群缺乏基本的安全常识，很容易成为攻击对象。拨号网络接入以其稳定性和设备的简单性著称，并且可以实现专用网络与公众互联网的隔离，到现在还被广泛地使用。因此即使在拥有高速网络接口的企业中，为满足内部办公需要等原因，通常会保留拨号接入的接口，但这些接口可能会对企业网造成可怕的安全影响。VPN 技术在网络环境中广泛采用，相关设备为保障安全引入了公用和私用网络体系，虽然 VPN 相当注重连接的安全性，但在实际中，VPN 网络仍然是黑客攻击的重点对象之一。

1. VPN 攻击

VPN 虚拟专用网是目前企业和各种机构的标准安全接入方式，它为企业的远程分支机构、个人用户、家庭办公提供企业网和办公系统的接入服务。由于 VPN 接入后可以直接进入内部网，因此对黑客具有很大的诱惑力，针对 VPN 的各种入侵方法也不断出现。VPN 主要的攻击包括对加密数据的攻击和试图入侵内部网络的攻击。

VPN 通常可以分为链路层 VPN、IP 层 VPN 以及 SSL VPN 三种。链路层 VPN 通常由电信运营商提供，安全级别较高，攻击难度较大。对于大多数中小型企业，为了便于工作及部署，基本都是采用 PPTP 及强化的 IPSec VPN，这也是黑客攻击的主要目标。至于大型企业及分支众多的分店型企业，则较多使用 SSL VPN，由于此类 VPN 通常会将内网的其他服务尽量进行隔离，因此使得黑客入侵成本较高，但黑客一旦攻入可能会获得更大的利益，也成为黑客的攻击目标。而针对 VPN 的恶意攻击，常见的有中间人攻击、DoS 攻击等。在对 VPN 设备进行攻击前，也需要先对攻击目标进行踩点和扫描，来发现及识别目标和已知漏洞。

例如，对于最常见的微软公司 PPTP VPN 利用 PPTP(点对点隧道协议)，在安全方面依赖于 IPSec，就有很多针对性的扫描和攻击工具，如 nmap 等。微软公司 PPTP 协议的漏洞主要体现在以下几个方面：

(1) 在 PPTP 的服务器及客户端程序上都存在缓冲溢出漏洞，恶意攻击者可通过发送一个含有恶意数据的信息包给 PPTP 进程，使黑客能执行任意的恶意代码；

（2）网络数据加密的密钥种子数据根据用户密码生成，使得系统的实际密钥长度低于最佳长度 40 位或 128 位；

（3）系统采用 IPSec 协议，决定了安全隧道只加密了数据有效负载部分，窃听者可以利用隧道获得内部 IP 地址等有用的信息；

（4）会话加密算法使用对称 RC4 算法，在发送和接收双向会话中密钥被重用，削弱了算法的强度，使得会话容易遭受常见的加密攻击；

（5）微软公司的安全认证协议 MS CHAP，其依赖的加密函数 LanManager 散列算法强度低，安全性不足。

总体来看，VPN 在通道内部由于加密等有效手段比较安全，但通道两端和通道建立过程中存在许多安全隐患。当远程客户端连接到 VPN 系统后，黑客可以通过侦听了解系统内部信息。并且黑客可以攻击远程客户端所在的主机，当主机再次连接到系统内部时，黑客便拥有了相应内部网络访问的权限，进而威胁整个系统的安全。

2. 拨号攻击

拨号攻击的过程主要是利用拨号攻击工具依次拨打目标系统的电话号码，记录有效的数据连接，在电话线另一端的系统再通过猜测用户名和保密短语有选择地尝试登录。拨号攻击与其他攻击类似，同样要经过踩点、扫描、查点和漏洞分析几个步骤。

1）拨号信息的收集

拨号攻击最有效的策略是利用社会工程学技术，从安全意识不高的企业人员口中套出目标公司的电话号码信息，通常可以获得与主电话号码不属于同一端局的拨号服务器号码。另一种方法可以通过企业在电话号码簿或互联网上公开的企业联系信息，入侵者根据企业的主电话号码，利用自动程序尝试拨打相近的号码，进行拨号服务器连接尝试。

信息的搜集还可以包括企业相关人员对外注册的信息，通过这些信息可以更进一步获得有用的攻击信息。例如，从网络上公布的域名注册详细信息，攻击者可以获得注册企业的主电话号码，还可以根据注册人猜测出一个可能的网络用户名称，而通常这个名称的主人属于企业的高层用户或系统的高级管理人员，还可以用来进行身份伪装和其他社会工程学攻击。

2）拨号的入侵攻击

使用拨号信息进行入侵和攻击，主要是利用已有的有价值信息进行分析。通过对拨号服务器连接特性进行分析，可以构成专门的接入性猜测攻击。通常需要分析各种连接的属性，包括连接超时及尝试次数、超过阈值后的处理措施、连接许可时间、认证方式、用户代号和密码的长度限制、是否响应功能键以及系统的标识信息等。根据各种相关因素，就可以确认服务器的攻击难度，对服务器实施攻击渗透。

服务器攻击难度通常包含五个级别：具有容易猜到的进程使用的密码；单一认证，无尝试次数限制；单一认证，有尝试次数限制；双重认证，无尝试次数限制；双重认证，有尝试次数限制。随着攻击的级别越来越高，攻击的难度也越来越大，攻击脚本也就越难设计。根据拨号设备的类型，对于简单安全系统，可以使用手工方式测试密码或采用其他简单方式对获得的用户名、密码进行尝试。对第二级别的设备，主要通过探测密码获取访问权限，而由于连接尝试没有次数限制，可通过字典方式的暴力攻击进行密码猜测。第三级别的拨号设备由于每次攻击有时间限制，在经过一定时间的猜测尝试后，要进行挂起，过一段时间再重新连接尝试,这使得攻击的周期变得较长。对第四级和第五级设备的攻击,要输入的认证信息更多,因此所花的攻击代价和时间都要高一些。

5.4.2 针对防火墙的攻击

防火墙(Firewall)是网络安全中非常重要的一环,它已被公认为企业网络安全防护的基本设备。企业中的安全人员往往也认为只要安装防火墙设备,应该就能解决网络的安全问题,实际上市场上每个防火墙产品几乎每年都有安全弱点被发现,另外由于人为的设置不当更增加了防火墙的安全隐患。防火墙有两种主流类型:应用代理和包过滤网关。尽管应用代理比包过滤网关安全,但是应用代理只适合于作为互联网访问的网关,无法完成对企业内部服务器的管理;包过滤网关以及更为先进的全状态检测的包过滤网关能解决各种网络访问服务,得到了更多应用。

1. 防火墙安全及攻击分析

防火墙主要是通过对网络访问的限制,来保护内部网络免遭攻击的。防火墙必须有正确的参数设置,才能更好地发挥安全防护机制。由于防火墙是人工手动设定的,同时为了满足某些特殊业务需求,因此不可避免地存在各种不安全的设置。黑客每次攻击的方式和特征不同,防火墙无法事先得知攻击者的来源地址和用来攻击的通信协议,而又不能进行动态设定,这就要求管理员制定一个非常完整严谨的配置,这是非常困难的。防火墙的多重安全规则之间有时会有冲突,因而留下了一些系统安全漏洞,让入侵者有机可趁。另外防火墙的设定通常是采用对某一类数据包全部拒绝的方式,也就是不会分辨正常封包和攻击封包的不同,而攻击者经常使用网络通信必须的数据包格式(如 ICMP Ping Response)进行攻击探测,防火墙要想挡住这类攻击必须全部过滤此类数据,但这种设置又会对 Firewall 内部的用户正常使用网络造成影响。

攻击者要想绕过防范严密的防火墙极为困难,但是攻击者可以利用防火墙在开发和使用中存在的种种缺陷,对防火墙本身或者其后的内部网络发动攻击,攻击成功后,攻击者就可以轻易地进入到网络内部,进行破坏而不被及时发觉。黑客往往使用 Traceroute、Nmap 之类的信息搜集工具,发现或推断出经由目标站点的路由器和防火墙的访问通路,并确定防火墙的类型。针对防火墙的攻击在攻击事故发生后查看相关日志总能发现,之所以会存在这种攻击主要原因是因为防火墙自身存在脆弱点,或者网络管理员对防火墙的错误配置、缺乏有效的管理维护以及对防火墙的安全审核和检查不当。

另外,防火墙不能防范不经过它的攻击,因此很难防范来自于网络内部的攻击以及病毒的威胁。黑客了解各种防火墙的漏洞之后,就会分析攻击防火墙的技术和手段,攻击的手段和技术也越来越多样化。黑客攻击防火墙的方法大致可以分为两大类:

第一类方法是探测攻击,通过扫描、分析了解防火墙的类型、所支持和允许的服务,进一步了解防火墙系统实现和设计上的漏洞,进行有针对性的攻击,这种方法技术难度大,但是一旦成功,破坏力大。

第二类方法是利用地址欺骗、访问序列号重放攻击等手法,绕过防火墙认证机制,对防火墙及内部主机网络进行破坏。

两种方法中,绕过防火墙的方法需要依赖于系统设置错误或者内部人员疏漏,更多的情况需要对防火墙进行检测和直接攻击。

2．防火墙类型探测

不同厂商生产的各型号防火墙都有独特的电子特征。黑客采用扫描探测等方式，能够有效地确定目标网络上各种防火墙的类型、版本甚至所配置的规则。根据目标网络的防火墙类型，攻击者就能够推测防火墙的脆弱点和安全漏洞，并尝试利用这些漏洞对目标网络进行渗透。探测防火墙类型的方法主要有以下几种：

（1）最简便的方法就是扫描特定的默认端口。防火墙如果没有修改默认端口，通过端口扫描工具的扫描，很容易确认防火墙的类型。例如，著名的防火墙 CheckPoint Firewall 使用 256、257 和 258 默认 TCP 端口，Microsoft 的 Proxy Server 则默认使用 1080 和 1745 端口进行 TCP 连接监听。

（2）路由跟踪是另一种探测防火墙类型的有效方法。路由跟踪工具可以检查网络通信中，到达目标主机路径上每一跳的具体地址和基本名称属性，而通常到达目标主机之前的最后一跳是防火墙的概率很大。黑客在获取路径信息后，会进行进一步的分析检测，确认最后一跳。

（3）源端口扫描信息探测防火墙。如果以上的方法无法确认防火墙的信息，那么攻击者需要使用较高级的技术查找防火墙的信息。通过探测目标并留意到达目标所经历的路径，攻击者可以推断出防火墙类型和其配置规则。通过对这些信息的分析，可以得到关于防火墙配置的大量基本信息。例如，可以用 Nmap 工具对目标主机进行扫描，获知哪些端口是打开的，哪些端口是关闭的，以及哪些端口被阻塞。

还有其他一些探测防火墙的方法，例如可以利用防火墙在连接时返回的功能以及类型和版本声明，这在代理性质的防火墙中更为普遍。攻击者确定防火墙类型后，就了解了可能的已知漏洞或常见的错误配置。攻击者将查阅资料，找到可以利用的漏洞或后门，穿过或绕开防火墙，进入到企业内部网，进行破坏活动。

3．防火墙攻击方法

对于配置不当的防火墙，黑客可以使用分析和扫描工具探测到防火墙的存在，并分析其具体类型和配置规则。防火墙攻击具体的方法如下：

1）简单包过滤防火墙攻击

简单包过滤防火墙在网络层截获数据包，并利用源地址和端口、目的地址和端口进行过滤。对简单的包过滤防火墙，可以通过修改数据包的源地址、目的地址已经连接的序列号，模仿合法的通信数据包，例如模拟成内部的网络地址，骗过防火墙。入门级包过滤防火墙不能记录 TCP 的状态，容易受到拒绝服务攻击而造成系统繁忙，部分防火墙在满负荷状态下，会使验证和过滤功能部分失效。攻击者还可以进行分片攻击，先发送合法的 IP 分片，通过防火墙的检测，然后发送封装恶意数据的后续分片包，由于后续的分片不作检测就可以直接穿透防火墙，直接到达内部网络主机，因此会威胁到网络和主机的安全。简单包过滤防火墙已经较少使用了，这些攻击方法目前也不再是主流方法。

2）状态检测包过滤防火墙攻击

目前的包过滤防火墙都实现了状态检测功能，采用访问控制规则 ACL 规定进出内部网络的数据包是否应被拦截。防火墙总会存在某种设置，使某些类型的数据包顺利通过。防火墙还需要关注默认端口是否已经关闭，由于默认端口的数据包一般没有日志记录，如果攻击者使用伪装默认端口的方法就会绕过所有的防火墙规则,攻击网络内部。攻击者完成对防火墙的攻击后,就可以利用默认端口与后门程序进行通信,实施对整个内部网络的攻击,并且攻击行为很难被记录。

另外还有其他手段穿过防火墙攻击,如协议隧道攻击就是把真实数据包进行二次 IP 封装并进行隐藏,穿过防火墙顺利到达目标主机的。攻击者还可能从网络内部攻击防火墙,通常使用反弹木马,通过在局域网内部安装木马,主动连接外部攻击者。黑客通过社会工程学中的种种欺骗手段,设法在网络内部安装木马程序,并进一步完成对防火墙的攻击。防火墙往往限定只允许内部地址访问控制端口,此时防火墙由于看到连接是内部主动发起的,会允许数据包顺利通过,攻击者就到达了网络内部威胁系统安全。

3) 应用代理防火墙攻击

应用代理防火墙是在应用层提供服务,虽然不能满足所有的网络服务活动,安全缺陷也通常较少,一旦加强了防火墙的安全并实施稳固的代理规则,代理防火墙是难以绕过的。但是在实际的运行中,对应用代理的错误配置,会造成各种安全隐患。管理员通常会忘记限制本地访问,内部用户都可以对应用代理进行本地登录,这使得防火墙本身的安全性就成了更大的问题。入侵者可以控制任何一个内部主机,就有可能获得防火墙的本地访问权限。入侵者进一步可以根据操作系统的弱点进行攻击,获取根用户的权限并进一步控制整个防火墙。系统管理员也可能会忽略禁止外部连接通过该代理的访问权限,尽管应用代理服务器的安全性可能很高,并且设定了健壮的访问控制规则,但由于没有对代理访问进行认证,外部攻击者可能会利用这些代理服务器隐藏自己的行踪,并作为发起攻击的跳板攻击他人,造成法律风险和纠纷。

5.4.3 网络拒绝服务攻击

网络拒绝服务(DoS)攻击是以破坏一个网络或系统服务为目的的恶性网络攻击手段。DoS 攻击不需要取得主机访问和控制权限,它实际上利用了 TCP/IP 等网络互联协议的内在缺陷,这些协议在设计时没有考虑如何解决开放环境下,彼此不完全信任群体中应用的安全问题。此外,许多操作系统和网络设备的网络协议栈实现也存在缺陷,造成了网络 DoS 攻击的泛滥。目前,DoS 攻击威胁网络服务,不仅造成了服务的中断和网络拥堵,部分攻击还会造成系统崩溃甚至设备损毁。

1. DoS 攻击类型

一般情况下,拒绝服务攻击通过巨量的集中访问或发送数据包,使被攻击对象的系统服务关键资源过载,从而使被攻击对象无法继续服务。目前已知的拒绝服务攻击不下几百种,这些攻击手段以不同的方式对目标网络服务构成破坏,但总体来看,DoS 攻击从攻击目的和手段上主要分为以下几种类型。

1) 带宽耗用型 DoS 攻击

带宽耗用型 DoS 攻击是简单直接的攻击方式。攻击者通过发送大量数据包,拥塞目标网络的所有可用带宽,使得正常访问被淹没,达到堵塞目标站点的目的。这种攻击大多是远程攻击者使用的。这种攻击的一种方法是攻击者自身拥有比目标网络更多的网络带宽。例如,拥有 100 Mb/s 带宽的攻击者可以完全填塞 T1 连接目标站点的网络链路。另一种方法是攻击者组织多个网络集中攻击目标网络,达到 DoS 攻击效果。

2）资源衰竭型 DoS 攻击

资源衰竭型 DoS 攻击主要针对系统资源而不是网络带宽。攻击者往往只有基本的访问权，他通过滥用访问权消耗大量的系统资源。攻击者消耗的目标资源包括 CPU、内存、服务端口、文件系统和系统进程总数之类的系统资源。系统由于资源占用而无法及时释放，造成系统崩溃或可利用资源耗尽，合法用户无法获取原来享有的资源。

3）编程缺陷型 DoS 攻击

编程缺陷型 DoS 攻击就是利用目标系统中操作系统、应用程序、网络协议栈等的缺陷，针对在处理异常条件时的逻辑错误或崩溃而实施的 DoS 攻击。编程缺陷型 DoS 攻击不需要发送大量的数据包，对攻击者的网络带宽无特殊要求，但攻击者需要有较为高超的技术水平或工具才能实施攻击。攻击者需要向目标系统发送精心设计的异常数据包，导致目标系统服务失效和系统崩溃。

4）基于路由的 DoS 攻击

基于路由的 DoS 攻击主要针对目前主流 TCP/IP 网络依赖于路由进行通信的事实，攻击者通过操纵设备或网络中的路由信息，破坏合法系统访问和网络服务。较早版本路由协议缺乏高强度的认证机制，如路由信息协议和边界网关协议等往往没有或只有很弱的认证手段。攻击者采用假冒源 IP 地址创建 DoS 攻击，改变数据访问的合法路径。这种攻击手段操纵目标网络和主机，使目标网络数据包被路由到不存在的网络地址，或者转发到攻击者指定的网络。

5）基于 DNS 的 DoS 攻击

基于 DNS 的 DoS 攻击是另一种针对重要协议的攻击方式，与基于路由的 DoS 攻击原理非常类似。DNS 为网络访问提供域名服务，当用户访问某域名时，会首先请求某 DNS 服务器转换成网络地址后进一步访问。DNS 攻击通过发送域名解析相关的数据包，欺骗目标网络的域名服务器，使目标系统的高速缓存使用虚假的地址信息。当用户请求 DNS 服务器执行域名解析服务时，攻击者就把访问地址重定向到其设定的目标站点。

2. DoS 攻击手段

DoS 攻击往往可以影响许多类型的系统，将系统的网络带宽或资源耗尽。这类攻击的常用方法是针对协议认证和流程上的弱点，进行协议操纵。例如，使用 ICMP 等协议进行网络攻击，攻击者同时会影响很多系统。目前 DoS 攻击主要有以下攻击手段。

1）Smurf 攻击

Smurf 攻击是基于广播地址与回应请求的 DoS 攻击，早期针对局域网进行攻击。该攻击向一个网络上的多个系统广播地址发送 Ping 请求包，这些系统得到请求后作出响应，回应信息不会发到攻击者那里，而是回应到了被攻击的目标主机位置，造成了攻击数据量的放大。攻击者往往在单位时间发出数以千计的请求，使目标主机接到洪水般的回应包，造成网络服务失效。

Smurf 攻击通常包括了攻击者、第三方主机和目标系统。攻击者向第三方主机发送定向广播数据包，将源地址伪造成目标系统地址，使得大量第三方主机相继向目标系统发出响应。如果攻击者给 500 个第三方主机发出伪造数据包，形成的 DoS 攻击效果就放大了500 倍。目标主机接收到大量的 ICMP 数据包，造成网络带宽的耗尽。该攻击方法可以通过在防火墙上设置禁止定向广播包过滤条件预防。

2）Ping Of Death 攻击

Ping Of Death 攻击是一种针对目标 IP 不停进行 Ping 探测，从而致使目标主机网络瘫痪的拒绝服务攻击。目标主机响应这些 Ping 数据包需要时间和内存资源，所以发的包越多越大，主机响应的时间越长，资源消耗越多。

该方法攻击的手段极为简单，通过工具发送大数据包，甚至通过"ping－l 65500 目标主机 IP 地址"命令就可以完成。攻击的特征是采用大数据包，由于早期 Windows 系统的安全缺陷，部分操作系统接收到长度大于 65 535 字节的数据包时，就会造成内存溢出、系统崩溃、重启、内核失败等后果，从而达到攻击的目的。攻击者也可能同时使用大量的请求冲击目标主机，使得主机可用资源消耗殆尽，无法再处理合法用户的请求，达到攻击目的。现在操作系统的标准 TCP/IP 实现都能正常处理超大尺寸的数据包，并且大多数防火墙能够自动过滤这种攻击，因而该攻击方法已经较少采用。

3）Land 攻击

Land 攻击是另一种流行的拒绝服务攻击，其攻击特征是攻击者伪造的数据包是 SYN 类型，数据包使用相同的源、目的主机和端口，存在缺陷的目标主机根据 SYN 地址，向自己的地址发送 SYN/ACK 应答消息，结果自己接收后再给自己发 ACK 消息，最后创建一个空连接并保留直到超时。该攻击的原理是利用伪造数据包，使目标主机循环发送和接收响应数据包，消耗大量的系统资源，从而造成有缺陷系统崩溃或死机，无法正常服务。许多 UNIX 在遭遇 Land 攻击后将造成系统崩溃，而 Windows 服务器版在遭遇 Land 攻击后将使得网络和系统运行极其缓慢。

4）TCP SYN 洪泛攻击

TCP SYN 洪泛攻击利用 TCP 的三次握手机制，曾是最具有破坏性的 DoS 攻击。该攻击原理主要是利用 TCP 连接三次握手中的资源不平衡性。攻击者使用伪造的 IP 地址，向目标主机发送 SYN 数据包，目标主机试图发送 SYN/ACK 应答数据包时，由于响应的地址并不存在，目标主机无法收到进一步的响应 RST 数据包或 ACK 数据包，只能保持连接状态直到连接超时。

由于 TCP 协议的连接队列容量通常很小，攻击者往往只需在很短时间内发送若干 SYN 数据包就能够导致缓存用完，不能再处理其他合法的 SYN 连接，完全阻塞特定端口，造成相对应的服务异常。这种攻击只需要很小的带宽就能成功地引发 SYN 洪泛，并且由于攻击者对源地址进行了伪装，而使得 SYN 洪泛攻击具有隐蔽性，难于查找发起者，非常具有破坏性。

5）域名劫持攻击

域名劫持攻击就是在特定网络范围内，拦截并分析域名解析的请求，并直接返回假的 IP 地址，使特定的网址不能访问或访问假冒网址。DNS 服务支持递归功能，允许 DNS 服务器处理不是自己所服务区域的解析请求。当某个 DNS 服务器接收到一个不是自己所服务区域的查询请求时，它将把该请求间接传送给所请求区域的权威性 DNS 服务器。这个权威性服务器接收到响应后，最初的 DNS 服务器再把该响应发回给请求方。对于脆弱的 BIND 版本，攻击者可以利用 DNS 递归的功能，产生虚假的高速缓存 DNS 信息。该攻击称为 PTR 记录欺诈，它发掘的是从 IP 地址映射到主机名称过程中的漏洞，通过将主机名称映射到其他的 IP 地址或不存在的 IP 地址，用户就无法正确地获得需要的服务，达到拒绝服务的目的。

6）DDoS 攻击

在 2000 年 2 月，出现了分布式的拒绝服务（DDoS）攻击，多个著名的网站受到了这种攻击，造成了不可估量的损失。DDoS 攻击的第一步是瞄准并获得尽可能多的系统管理员访问权。一旦获得了对系统的访问权，攻击者会将 DDoS 软件上传并运行，大多数的 DDoS 服务器程序运行的方式是监听发起攻击的指令。这样，攻击者只需将需要的软件上传到尽可能多的受损系统上，然后等待适当的时机发起攻击命令即可。TFN 攻击是第一个公开的 UNIX 分布式拒绝服务攻击。TFN 有客户端和服务器端组件，允许攻击者将服务器程序安装至远程的系统上，然后在客户端上使用简单的命令，就可以发起完成分布式拒绝服务攻击。Stacheldraht 更进一步，它将主控与被控之间的通信进行了加密，躲避入侵检测系统的检测。同时它还可以用 rcp 命令在需要时升级服务器组件，进行新的 DDoS 攻击。

DDoS 攻击手段的发展非常快，为增加攻击威力，目前已经采用了许多新攻击技术，如伪造数据，消除攻击包特征；综合利用协议缺陷和系统处理缺陷；使用多种攻击包混合攻击；采用攻击包预产生法，提高攻击速率。目前已经出现的攻击工具在单点情况下能发起 6～7 万个/秒攻击包，足以堵塞一个百兆带宽的大中型网站。

习　题　5

1. 什么是黑客？黑客攻击的动机及入侵成功的原因是什么？
2. 黑客攻击的步骤和流程是什么？目前流行的主要网络攻击方式有哪些？
3. 黑客社会工程学攻击的思想和主要方法各是什么？
4. 试比较“密码还原技术”和“密码猜测技术”的异同。
5. 简述拒绝网络服务攻击及主要攻击类型。
6. 端口扫描的目的是什么？简述 TCP connect( )扫描的原理。
7. 主动攻击和被动攻击有何差别？列举主动攻击的具体类型。

第 6 章　网络漏洞扫描技术

计算机网络作为一个开放的信息平台，人们在享受其带来便捷的同时，也深受网络安全威胁的烦恼。各式各样的系统漏洞是造成网络安全不健全的主要原因，对系统和网络环境的攻击，大多数都是利用软件中的漏洞进行的。

本章首先介绍了网络漏洞的基本概念；接着介绍了网络漏洞扫描技术和常用工具；最后介绍了两种不同的漏洞扫描方法。

6.1　计算机网络漏洞概述

计算机漏洞是硬件、软件或者是安全策略上的错误而引起的缺陷，从而可以使别人能够利用这个缺陷，在系统未授权的情况下访问系统或者破坏系统的正常使用。在计算机安全领域中，安全漏洞通常又被称为脆弱性（Vulnerability）。

漏洞本身不会自己出现，它依赖于人的发现。那些"最新"的安全漏洞描述，可能是被HACKER、安全服务组织、程序生产商或者不安分者发现的。这些缺陷所能影响到的网络范围是很大的，其中包括路由器、客户和服务器程序、操作系统、防火墙等。

如果这个漏洞是安全服务者、HACKER 或程序生产商发现的话，那么就会及时出现在一些安全资讯邮件列表或者 BBS 上，以便于网络单位查询和弥补。而那些被不安分者发现的漏洞，一般是通过地下交易，或者破坏服务器来公之于众的。

简单地说，计算机漏洞是系统的一组特性，攻击者或者攻击程序能够利用它通过已授权的手段和方式获取对资源的未授权访问，或者对系统造成损害。

6.1.1　存在漏洞的原因

随着软件日趋复杂，漏洞是难以避免的。漏洞的产生原因是多方面的，有设计阶段引入的，也有编程阶段引入的，还有后期管理维护引入的。

从技术角度来说，漏洞产生于以下几个方面：

（1）软件或协议设计时的缺陷。软件在设计之初，通常不存在某些不安全因素，但是当各种组件不断加入软件中，就可能引入不可知的漏洞。另外，如果在设计时存在缺陷，那么无论实现方法多么完美，都会存在漏洞。软件或协议设计时不可能考虑到所有可能的安全问题，导致了一些安全漏洞。

（2）软件或协议实现中的弱点。软件或协议设计时，对安全问题考虑得比较周全。但在实现时，却由于对一些异常情况没有完整地处理而被攻击者利用，造成对系统的伤害。

（3）软件本身的缺陷。各种各样新的、复杂的网络服务软件层出不穷，通常这些服务在设计、部署和维护阶段都会出现安全问题。这些新产品为了提早占领市场，加快了推入市场的步伐，使得程序员没有足够的时间保证不再犯以前犯过的错误，更不能保证不引入新的错误，这都可能造成服务软件本身的漏洞。

（4）系统和网络的配置错误。缺省配置的滥用，信任关系的不可信，不负责的安全管理等都会导致产生安全漏洞。通常软件安装时都有一个默认配置，保证系统无需配置就能够正常工作，但通常默认配置是以减轻管理员工作强度为目的的，以方便性为主，却无法兼顾安全性，所以黑客就能利用配置的漏洞进行破坏。典型的例子就是 SQL Server 中超级管理员 sa 的初始密码为空。一些商业操作系统通常宣称自己为了迎合用户的需求而设计，在提供易用性、易维护性的前提下牺牲了一些安全性。

6.1.2　漏洞信息的获取

获得漏洞信息的来源是多方面的，既可以自行分析代码去发现漏洞，也可以借助工具软件进行检测。能够用于漏洞扫描的工具软件很多，有商业软件和免费软件。

漏洞一般是由个人发现的，如研究人员、消费者、工程师、开发人员、黑客、临时人员等。一方面可以使用各种方法主动去发现系统存在的漏洞，称为渗透测试；另一方面可以从各种渠道获得各种漏洞的相关信息，例如很多漏洞扫描程序都使用 Bugtraq 数据库和CERT 报告数据库中列出的漏洞来更新自己的漏洞识别标志。

6.2　漏洞检测策略

漏洞检测通常由网络扫描器进行，使用某些类型的自动化扫描产品，可以探测某个 IP地址范围下的端口和服务。大多数此类产品还可以测定所运行操作系统和应用程序的类型、版本、补丁级别、用户账号和 SNMP 信息。它们可以执行低层次的口令暴力破解，并将这些发现与该产品相关数据库中记录的弱点和漏洞相匹配，最终结果是产生一大堆文件，并提供了每个系统的漏洞和相应的对策，以减轻相关的风险。通常最后会列出被检测系统的漏洞以及修补漏洞需要采取的一系列措施。

漏洞评估对识别环境内部的基本安全问题有好处，但对于特定的漏洞来说，往往需要一个正义的黑客来实际测试并确定其风险等级。从扫描的着眼点出发，对计算机进行安全扫描可以分为两种策略：基于网络和基于主机。

1. 基于网络的安全评估扫描策略

基于网络的安全评估扫描是从入侵者的角度出发来评估系统安全性的，目的是发现计算机系统或网络设备潜在的安全漏洞，使用的工具称为远程扫描器或者网络扫描器。前面提到的网络扫描工具都有此项功能。这种扫描能够发现系统中最危险，也是最可能被入侵者利用的漏洞，扫描效率高，与目标平台无关，通用性强；缺点是可能会影响网络性能。

2. 基于主机的脆弱性评估扫描策略

基于主机的脆弱性评估扫描是针对单个主机进行的，是从管理员的角度进行检测的。

它能够分析文件内容，对系统中不恰当的设置、弱口令、安全规则设置等进行深入细致的检查。这种扫描器可以通过执行一些插件或者脚本，来模拟对系统进行攻击的行为，并记录系统的反应，从而准确地定位系统的问题，发现其中的漏洞；但缺点是具有平台相关性，升级复杂，扫描效率较低，每次只能检查一台主机。

6.3 常用扫描工具

在黑客发起攻击前，对目标主机的相关信息进行收集是必须的，同样，网络管理员也需要随时了解服务器的运行状态，及时发现安全隐患。所以对双方来说，一个好的端口扫描器能够使你事半功倍。

6.3.1 X–Scan

X–Scan 是国内最著名的综合扫描器之一，完全免费，是不需要安装的绿色软件，界面支持中文和英文两种语言，包括图形界面和命令行方式，X–Scan 扫描界面如图 6.1 所示。该软件主要由国内著名的民间入侵者组织"安全焦点"(http：//www. xfocus. net)完成，2000 年发布了内部测试版 X–Scan V0.2，目前最新的版本是 2005 年发布的 X–Scan 3.3。X–Scan 可运行在 Windows 9x/NT4/2000 上，但在 Windows 98/NT 4.0 下无法通过 TCP/IP 堆栈指纹识别远程操作系统类型，在 Windows 98 下对 Netbios 信息的检测功能也受限。

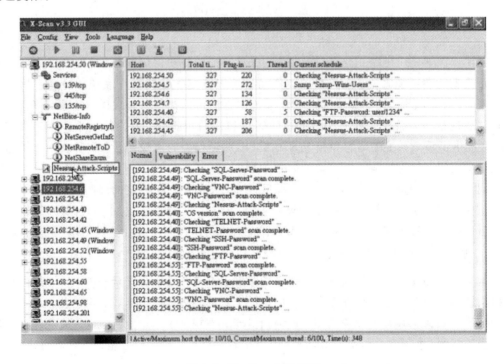

图 6.1 X–Scan 扫描界面

X–scan 采用多线程方式对指定 IP 地址段(或单机)进行安全漏洞检测，支持插件功能，提供了图形界面和命令行两种操作方式，扫描内容包括：远程服务类型、操作系统类型及版本、各种弱口令漏洞、后门、应用服务漏洞、网络设备漏洞、拒绝服务漏洞等二十几个大类；常用功能有：标准端口状态及端口 BANNER 信息，CGI 漏洞，IIS 漏洞，RPC 漏洞，SQL － SERVER、FTP － SERVER、SMTP － SERVER、POP3 － SERVER、NT － SERVER 弱口令用户和 NT 服务器 NETBIOS 信息。X － Scan 把扫描报告和安全焦点网站相连接，对扫描到的每个漏洞进行"风险等级"评估，并提供漏洞描述、漏洞溢出程序，方便网管测试、修补漏洞。

6.3.2　Nmap

Nmap(Network Mapper)是 Linux、FreeBSD、UNIX、Windows 下的网络扫描和嗅探工具包，是一款针对大型网络的端口扫描工具，几乎每一个做网络安全的人都肯定会用到，可从 http：//nmap.org/下载。Nmap 可用于扫描仅有两个节点的 LAN，也可用于 500 个节点以上的网络。其基本功能有三个，一是探测一组主机是否在线；二是扫描主机端口，嗅探所提供的网络服务；三是可以推断主机所用的操作系统。

在不同情况下，可能需要隐藏扫描、越过防火墙扫描或者使用不同的协议进行扫描，比如：UDP、TCP、ICMP 等。Nmap 支持 Vanilla TCP connect 扫描、TCP SYN(半开式)扫描、TCP FIN、Xmas、NULL(隐藏)扫描、TCP FTP 代理(跳板)扫描、SYN/FIN IP 碎片扫描(穿越部分数据包过滤器)、TCP ACK 和窗口扫描、UDP 监听、ICMP 端口无法送达扫描、ICMP 扫描(狂 ping)、TCP Ping 扫描、直接 RPC 扫描(无端口映射)、TCP/IP 指纹识别远程操作系统，以及相反身份认证扫描等。Namp 同时支持性能和可靠性统计，例如：动态延时计算，数据包超时和转发，并行端口扫描，通过并行 ping 侦测下层主机等。

Nmap 还允许用户定制扫描技巧。通常，一个简单的使用 ICMP 协议的 ping 操作可以满足一般需求；也可以深入探测 UDP 或者 TCP 端口，直至主机所使用的操作系统；还可以将所有的探测结果记录到各种格式的日志中，供进一步分析操作。

ZeNmap 是安全扫描工具 Nmap 的一个官方图形用户界面，是一个跨平台的开源应用，不仅初学者容易使用，同时为高级使用者提供了很多高级特性，ZeNmap 的 GUI 图形界面如图 6.2 所示。使用 ZeNmap 进行扫描，频繁的扫描能够被存储，进行重复运行；命令行工具提供了直接与 Nmap 的交互操作；扫描结果能够被存储便于事后查阅；存储的扫描可以被比较以辨别其异同；最近的扫描结果能够存储在一个可搜索的数据库中。ZeNmap 存在的目的并不是为了替代 Nmap，而是使 Nmap 更容易使用。比起 Nmap，ZeNmap 有以下优点：

(1) 交互式图形界面查看扫描结果。除了能够展示 Nmap 的正常扫描结果输入之外，ZeNmap 能够集中显示一个主机上的所有端口或者所有运行某个特定服务的主机，对单一主机或者一个完全扫描以一种方便的显示形式进行了概括，ZeNmap 甚至能够画出所发现网络的拓扑图，多个相关的扫描结果能够被归并集中显示。

(2) 比较功能。ZeNmap 能够比较出两个扫描动作执行过程间的异同，例如两个同样的扫描动作在不同时间运行、针对不同主机运行、针对相同的主机但参数不同的运行等之间的异同。比较功能能够帮助管理员很容易地跟踪出现在他们网络上新的主机和服务，同时可以跟踪哪些原有的主机和服务被终止。

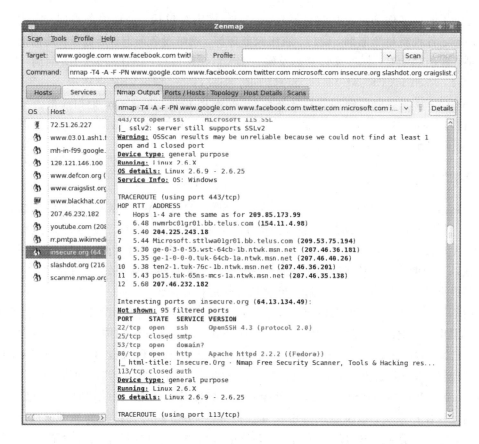

图 6.2　ZeNmap 的 GUI 图形界面

（3）便利性。ZeNmap 会一直保存扫描结果，直到主动删除它们。这意味着运行一个扫描，查看扫描结果，然后决定是否保存至文件，甚至不需要事先想一个文件名。

（4）可重复性。ZeNmap 的命令行工具可以很方便地多次运行同一个扫描，而不需要为一个普通的扫描来建立一个脚本。

（5）直观性。Nmap 有数百个参数选项，通常会让初学者不知所措。ZeNmap 的用户界面上会显示当前将要运行的命令，无论这个任务是来自一个文档还是通过菜单来操作的。这将帮助初学者了解他们正在做什么，这也将帮助高级使用者在按下"扫描"按钮之前进一步确认其所要进行的扫描。

6.3.3　Nessus

Nessus 被认为是目前全世界最多人使用的系统弱点扫描与分析软件，总共有超过75 000 个机构使用 Nessus 作为扫描该机构电脑系统的软件，Nessus 的扫描界面如图 6.3 所示。

1998 年，Nessus 的创办人 Renaud Deraison 展开了一项名为"Nessus"的计划，其计划的目的是希望能为因特网社群提供一个免费、威力强大、更新频繁并使用简易的远端系统安全扫描程式。经过了数年的发展，包括 CERT 与 SANS 等著名的网络安全相关机构都认同此工具软件的功能与可用性。2002 年时，Renaud 与 Ron Gula、Jack Huffard 创办了一

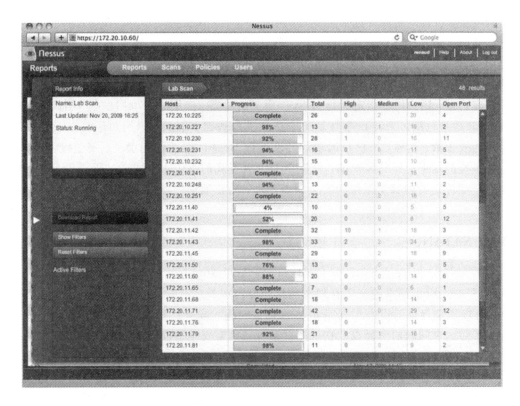

图 6.3　Nessus 的扫描界面

个名为 Tenable Network Security 的机构。在第 3 版的 Nessus 发布之时，该机构收回了 Nessus 的版权与程式源代码（原本为开放源代码），并注册了 nessus. org 成为该机构的网站。

　　Nessus 是一个功能强大而又易于使用的远程安全扫描器，它不仅免费而且更新极快。安全扫描器的功能是对指定网络进行安全检查，找出该网络是否存在有导致对手攻击的安全漏洞。Nessus 系统被设计为 client/sever 模式，服务器端负责进行安全检查，客户端用来配置管理服务器端。在服务端还采用了 plug – in 的体系，允许用户加入执行特定功能的插件，该插件可以进行更快速和更复杂的安全检查。在 Nessus 中还采用了一个共享的信息接口，称为知识库，其中保存了前面进行检查的结果，且可以 HTML、纯文本、LaTeX 等几种格式保存。

　　Nessus 的优点在于：

　　（1）采用了基于多种安全漏洞的扫描，避免了扫描不完整的情况。

　　（2）它是免费的，比起商业的安全扫描工具如 ISS 具有价格优势。

　　（3）在 Nmap 用户参与的一次关于最喜欢的安全工具问卷调查中，在与众多商用系统及开放源代码的系统竞争中，Nessus 名列榜首。

　　（4）Nessus 扩展性强、容易使用、功能强大，可以扫描出多种安全漏洞。

　　Nessus 的安全检查完全是由 plug – ins 的插件完成的。比如：在"useless services"类中，"Echo port open"和"Chargen"插件用来测试主机是否易受到已知的 echo-chargen 攻击；在"backdoors"类中，"pc anywhere"插件用来检查主机是否运行了 BO、PcAnywhere

等后台程序,可喜的是其中包括了最近的 CodeRed 及其变种的检测。在 Nessus 主页中不但详细介绍了各种插件的功能,还提供了解决问题的相关方案。除了这些插件外,Nessus 还为用户提供了描述攻击类型的脚本语言,来进行附加的安全测试,这种语言称为 Nessus 攻击脚本语言(NSSL),可用来完成插件的编写。

在客户端,用户可以指定运行 Nessus 服务的机器、使用的端口扫描器、测试的内容及测试的 IP 地址范围。Nessus 本身是工作在多线程基础上的,所以用户还可以设置系统同时工作的线程数。这样,用户在远端就可以进行 Nessus 的工作配置了。安全检测完成后,服务端将检测结果返回到客户端,由客户端生成直观的报告。在这个过程当中,由于服务器向客户端传送的内容是系统的安全弱点,为了防止通信内容受到监听,其传输过程还可以选择加密。

6.3.4　SATAN

SATAN(Security Administrator Tool for Analyzing Networks,安全管理员的网络分析工具)是一个分析网络的安全管理和测试、报告工具。它用来搜集网络上主机的许多信息,并可以识别且自动报告与网络相关的安全问题。对所发现的每种问题类型,SATAN 都提供了对这个问题的解释以及它可能对系统和网络安全造成影响的程度,并且通过所附的资料,它还能解释如何处理这些问题。

SATAN 是为 UNIX 设计的,它主要是用 C 和 Perl 语言编写的,为了用户界面的友好性,还用了 HTML 技术。SATAN 于 1995 年 4 月发布。起初它仅仅是一个基于 X Windows 系统的安全程序,具有友好的用户界面。运行时,除了命令行方式,还可以通过浏览器来操作,它具有 HTML 接口,能通过当前系统中的浏览器进行浏览和操作;能以各种方式选择目标;可以以表格方式显示结果;当发现漏洞时,会出现一些上下文敏感的指导显示。它能在许多 UNIX 平台上运行,有时根本不需要改变代码,而在其他非 UNIX 平台上也只是略作移植即可。

SATAN 要比一般的扫描程序占用更多的资源,尤其是内存和 CPU 功能方面要求更高一些。如果运行 SATAN 时速度很慢,最直接的办法就是扩大内存和提高处理器能力,还有两种方法:一是尽可能地删除其他进程;二是把一次扫描主机的数量限制在 100 台以下。

SATAN 还需要一套 Perl5.0 以上的脚本解释程序的支持以及一个浏览器,因为它在运行的时候会自动启动浏览器。SATAN 程序包也比较大,容易暴露目标,所以在寻找 SATAN 安装平台的时候要想到以上几点,否则就有可能白费功夫。在分布式系统上也可运行 SATAN 的安装程序(IRIX 或 SunOS),不过在编译的时候很容易出错。

SATAN 可以自动扫描整个子网,掌握它很容易。但使用之前必须拥有起码的网络攻击的基本知识。一般对 UNIX 进行攻击大多首要目标就是得到一个普通的登录用户后,即在/etc/passwd 或 NIS 映射中获取加密口令,得到后便可利用 Crack 猜出至少一个口令。这就明显地表示出来对单一主机攻击的优越性。目标主机与漏洞共存的系统,可以理解为系统受托于目标系统、各个系统连接在一个物理网上或者各个系统拥有相同的用户,那么攻击的发起者可以利用 DNS 高速缓存崩溃或 IP 欺骗伪装成某个受托系统或用户,也可以在信任主机或者伪装信任关系与目标机器的传输间架起一道屏障(即所谓的包截获),截获来自于目标机器与各个机器间的数据信息。

　　SATAN 有一个很重要的功能，那就是 SATAN 的自动攻击程序。这个功能也体现了它的创造者的理念是很清楚的，他明白这个是干什么的，因为创作者把入侵做为了安全最慎重的环节。

　　SATAN 的确很古老了，但是它目前在网络安全领域中所起到的作用却一直没有衰退过。SATAN 的特点包括可扩展的框架、友好的界面以及检测系统的可伸缩方法。它的总体结构允许使用者方便地增加附加的探测器，可以方便快速自动地检测很多系统，这也就是 SATAN 自 1995 年 4 月发布以来能成为网络安全领域的重要程序的原因之一。但从 2006 年 SecTools.Org 发起的 TOP100 网络安全分析工具评选结果中，可以看到 SATAN 已经被 Nessus、SARA 和 SAINT 所取代。

6.3.5　SAINT

　　SAINT(Security Administrators Integrated Network Tool，安全管理员集成网络工具)脱胎于著名的网络脆弱性检测工具 SATAN，但 SATAN 的两位作者 Dan Farmer 和 Wietse Venema 并没有参与 SAINT 的开发。

　　SAINT 是一个集成化的网络脆弱性评估环境。它可以帮助系统安全管理人员收集网络主机信息，发现存在或者潜在的系统缺陷；提供主机安全性评估报告；进行主机安全策略测试。SAINT 还具有非常友好的界面，用户可以在本地或者远程通过 Netscape、Mozilla、lynx 等浏览器对其进行管理，微软 Internet Explorer 主要用于远程管理模式，SAINT 扫描设置界面如图 6.4 所示。

图 6.4　SAINT 扫描设置界面

　　在 SAINT 软件包中有一个目标捕捉程序，通常这个程序使用 fping 判断某台主机或者某个子网中的主机是否正在运行。如果主机在防火墙之后，就通过 tcp_scan 进行端口扫描来判断目标主机是否正在运行。接着把目标主机列表传递给数据收集引擎进行信息收集。最后 SAINT 把收集的信息和安全分析/评估报告以 HTML 格式输出到用户界面(浏览器)。SAINT 有两种工作模式:简单模式(simple mode)和探究模式(exploratory mode):

1. 简单模式

简单模式下 SIANT 通过测试各种网络服务,例如 finger、NFS、NIS、ftp、tftp、rexd、statd 等,尽可能多地收集远程主机和网络的信息。除了系统提供的各种服务之外,这些信息还包括系统现有或潜在的安全缺陷,包括:网络服务的错误配置;系统或者网络工具的安全缺陷;脆弱的安全策略。然后,SAINT 把这些信息以 HTML 格式输出到浏览器,用户可以通过浏览器查询收集的信息,对数据进行分析。

2. 探究模式

SAINT 真正强大之处在于其探究模式。基于开始搜集的数据和用户配置的规则集,SAINT 通过扫描次级主机来测试主机之间的信任通道、主机之间的依赖性,以及实现更深入的信息收集。这样,用户不但可以分析主机和网络,而且可以通过测试主机或者网络之间信任的继承关系,对系统的安全级别作出合理的判断。

6.3.6 SARA

SARA (Security Auditor's Research Assistant,安全评审研究助手)是基于 SATAN 模块的安全分析工具,网址是 http://www-arc.com/sara/。它用于检查已被发现的安全漏洞、后门、信任关系、缺省 CGI、常用登录名等。SARA 的扫描设置界面如图 6.5 所示。通过 Co-Linux 也可以在 Windows 2000/XP 下运行,名叫 CoSara,但仍需要 Linux 操作基础。

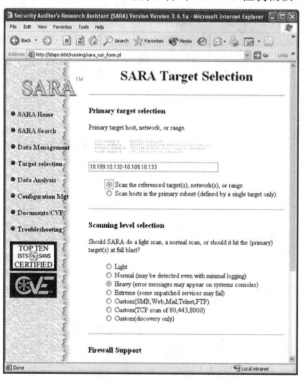

图 6.5　SARA 的扫描设置界面

6.3.7　ISS

ISS(Internet Security Scanner)是 ISS 公司(http：//www.iss.net/)于 1992 年开发的软件，该软件最初是帮助管理人员探测、记录与 TCP/IP 主机服务相关的网络安全弱点，并保护网络资源的共享工具，其扫描结果如图 6.6 所示。

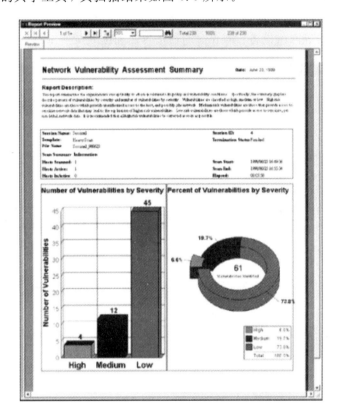

图 6.6　ISS 的扫描结果

ISS 软件主要分为扫描和监测两大部分，其中扫描功能可以审核 Web 服务器内部的系统安全设置，评估文件系统底层的安全特性，寻找有问题的 CGI 程序，以及试图解决这些问题的 Web Security Scanner。它通过审核基于防火墙底层的操作系统的安全特性，来测试防火墙和网络协议是否有安全漏洞，同时其自身具有过滤功能的 Firewall scanner，还可以从广泛的角度来检测网络系统上的安全漏洞，并且提出了一种可行的方法来评定 TCP/IP 互联系统的安全设置。它可以系统地探测每一种网络设备的安全漏洞，提出适当的 Intranet Scanner，扫描数据库安全漏洞的 Database Scanner，测试系统的文件存取权限、文件属性、网络协议配置、账号设置、程序可靠性，以及一些用户权限所涉及到的安全问题，同时还可以寻找到一些黑客曾经潜入系统内部的痕迹。

在实时监测方面，ISS 通过一种自动识别和实时响应的智能安全系统监视网络中的活动，寻找有攻击企图和未经授权的行为。该实时安全监视系统采用分布式体系，网络系统管理员可以通过一个中心控制器实时监控并响应整个网络。一旦安全系统检测到一个攻击对象，或有超越网络授权的操作行为时，它将提供运行用户预先指定程序、监视并记录非法操作过程、自动切断信号并发送 E-mail 给网络管理员和通知系统管理员等几种响应方式。

6.3.8 Retina

Retina 是 eEye 公司(www.eeye.com)的产品。它强大的网络漏洞检测技术可以有效地检测并修复各种安全隐患和漏洞,并且生成详细的安全检测报告,兼容各种主流操作系统、防火墙、路由器等网络设备。Retina 的扫描界面如图 6.7 所示。

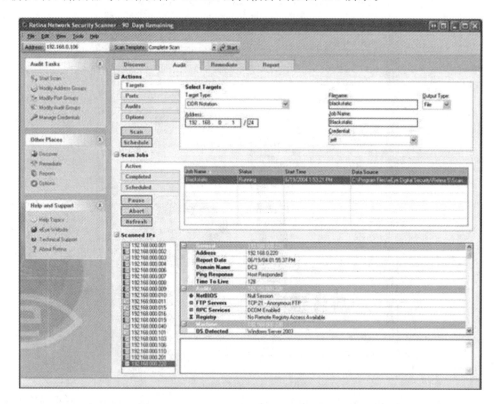

图 6.7 Retina 的扫描界面

Retina 是符合行业和政府标准的多平台网络安全管理系统,它可用检测已知的危害和 zero-day 攻击。Retina 能识别已知病毒或 zero-day 攻击,并提供安全风险评估,使网络安全、策略的执行和审计调整得到最好实施。它还能减少可能会被攻击的网络漏洞,降低网络和商业经营的安全风险。

Retina 能发现和帮助修复所有已知的互联网,局域网和外部系统的网络安全漏洞,提供安全风险评估,并包含了先进的报告工具来安排和隔离以及做必要的修复工作。Retina 最有竞争力的优点在于它能够自动矫正许多检测出来的漏洞,并且提供了可以完全定制的助手工具。Retina 的助手工具允许用户强制实施内部安全规则,比如防病毒部署和企业标准注册登记表的设置。

6.3.9 GFI LANguard NSS

GFI LANguard NSS(GFI LANguard Network Security Scanner)是面向 Windows、

Mac OS、Linux 等各类平台，提供安全弱点扫描、更新补丁管理，以及网络和软件检查等功能的漏洞管理软件，它的扫描报告界面如图 6.8 所示。

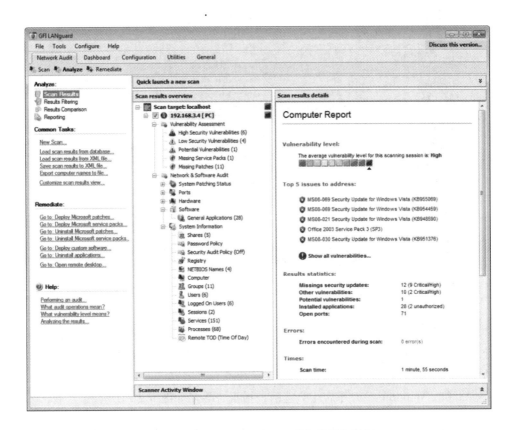

图 6.8　GFI LANguard NSS 的扫描报告界面

企业网络漏洞管理有三大主要问题：网络扫描、网络审计和补丁管理。作为管理员经常需要处理各种不同的问题，有时会使用多种产品分别处理与网络漏洞、补丁管理和网络审计相关的问题。然而使用 GFI LANguard NSS，漏洞管理的三大主要问题就可以通过一个软件包得以解决。

6.3.10　SSS

SSS(Shadow Security Scanner)，黑客们通过使用 SSS 软件可以对指定 IP 段的电脑进行多达四五千漏洞扫描，并且可对这些电脑的漏洞生成非常详细的报表文件，供黑客参考。黑客则根据 SSS 软件做出的漏洞分析，选择入侵系统的攻击方式，从而达到入侵系统的目的。目前 SSS 软件不仅可以扫描 Windows 系列平台，而且还可以应用在 UNIX 及 Linux、FreeBSD、OpenBSD、Net BSD、Solaris 等平台上。它的扫描界面如图 6.9 所示。

对于黑客来说，SSS 是一个不错的扫描工具，能够给黑客提供足够的情报。而 SSS 软件对于网站管理员来说也是一款不错的软件，通过使用该软件对自己的网站系统进行扫描，可以起到及时安装系统补丁，封堵漏洞的目的。

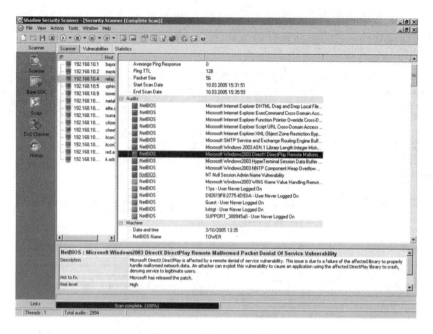

图 6.9　SSS 的扫描界面

6.3.11　MBSA

微软 MBSA(Microsoft Baseline Security Analyzer，微软基准安全分析器)是针对普通用户的安全，由微软提供的检测 Windows 系统安全的免费软件，可运行在 Windows NT、Windows 2000、Windows XP 平台上，它的扫描报告界面如图 6.10 所示。

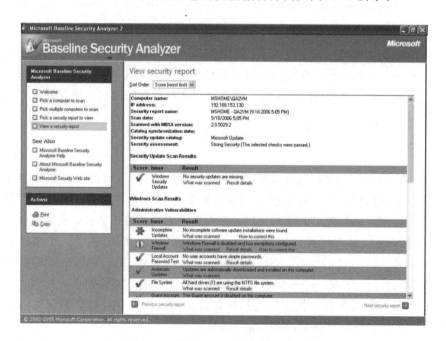

图 6.10　微软 MBSA 的扫描报告界面

MBSA 工具可以定期检测和发现系统中的漏洞，大部分的微软软件检测器都包含在内。除了检测漏洞之外，MBSA 还提供了详细的解决方案以及补丁下载地址，并提示如何进行修复，最大限度地保证系统的安全。MBSA 不但可以对 Windows 操作系统漏洞进行检测，还能检测基于 Windows 平台的一些应用程序，如 Office、SQL Server、IIS。检测完成后生成一份安全报告。

6.4　漏洞扫描的实施

黑客攻击和渗透测试工作，对目标系统实施攻击的流程却大致相同。

总得来说，一般远程攻击第一阶段是获取系统上的一个 user name and password，而第一步又可分为针对目标主机建立安全漏洞列表和信息库两个步骤，攻击者通过对目标主机的漏洞与机会进行搭配，而获取对系统的访问权限；第二阶段就是获取根的访问权限，一旦可以获取根的访问权限这个机器就已经可以说被完全控制；第三阶段就是扩展访问权，用来对其他网络进行攻击，这个阶段还包括清扫攻击时留下的痕迹，这样就可以把自己隐藏起来不被发现。

6.4.1　发现目标

踩点是策划黑客攻击或渗透测试的准备阶段，主要目的是获得目标的相关信息，比如关键主机的地址分配情况、网络的结构、连接类型及访问控制机制、开放资源等。

通过踩点已获得一定的信息（如 IP 地址范围、主要服务器地址等），下一步需要确定目标范围内哪些系统是"活动的"，以及它们提供哪些服务。扫描的主要目的是对攻击的目标系统所提供的各种服务进行评估，以便集中精力在最有希望的途径上发动攻击。

6.4.2　摄取信息

利用扫描等手段，对网络信息的搜集和判断，是攻击必不可少的一个步骤，称为网络调查。它的范围包括：网络的拓扑结构、主机 IP 地址和操作系统、打开的端口和各服务程序的版本等技术层面的信息，以及管理员姓名、爱好、邮件地址、电话号码等与人有关的信息。网络调查最简单也是最直接的办法，就是正常地访问目标系统，通过登录等方法合法地获得系统信息。扫描中采用的主要技术有 Ping 扫视、TCP/UDP 端口扫描、操作系统检测和服务类型确认。

通过使用扫描器（如 Nmap）扫描网络，寻找存在漏洞的目标主机。一旦发现了有漏洞的目标，接下来就是对监听端口的扫描。还要使用 TCP 协议栈指纹准确地判断出被扫描主机的操作系统类型。

1. Ping 扫视（Ping Sweeping）

入侵者使用 Nmap 扫描整个网络寻找目标。通过使用"-sP"命令，进行 Ping 扫描。缺省情况下，Nmap 给每个扫描到的主机发送一个 ICMP echo 和一个 TCP ACK，主机对任何一种的响应都会被 Nmap 得到。例如扫描 192.168.1.0 网络：

```
# Nmap -sP 192.168.1.0/24
Host (192.168.1.11) appears to be up.
Host (192.168.1.12) appears to be up.
Host (192.168.1.76) appears to be up.
Nmap run completed —— 256 IP addresses (3 hosts up) scanned in 1 second
```

2. TCP ping

如果不发送 ICMP echo 请求,但要检查系统的可用性,这种扫描可能得不到一些站点的响应。在这种情况下,一个 TCP"ping"就可用于扫描目标网络。

一个 TCP"ping"将发送 ACK 到目标网络上的每个主机。网络上的主机如果在线,则会返回一个 TCP RST 响应。使用带有 Ping 扫描的 TCP ping 选项,也就是"PT"选项可以对网络上的指定端口进行扫描(下例中指的缺省端口是 80(http)号端口),它将可能通过目标边界路由器甚至是防火墙。注意,被探测的主机上的目标端口无须打开,关键取决于是否在网络上。TCP Ping 扫描如下:

```
# Nmap −sP −PT80 192.168.1.0/24
TCP probe port is 80
Host (192.168.1.11) appears to be up.
Host (192.168.1.12) appears to be up.
Host (192.168.1.76) appears to be up.
Nmap run completed —— 256 IP addresses (3 hosts up) scanned in 1 second
```

3. 端口扫描(Port Scanning)

当潜在入侵者发现了在目标网络上运行的主机,下一步就是进行端口扫描。Nmap 支持不同类别的端口扫描 TCP 连接、TCP SYN、Stealth FIN、Xmas Tree、Null 和 UDP 扫描。一个攻击者使用 TCP 连接扫描很容易被发现,因为 Nmap 将使用 connect()系统调用打开目标机上相关端口的连接,并完成三次 TCP 握手。黑客登录到主机将显示开放的端口。一个 TCP 连接扫描使用"−sT"命令如下:

```
# Nmap −sT 192.168.7.12
Interesting ports on (192.168.7.12):
Port State Protocol Service
7 open tcp echo
9 open tcp discard
13 open tcp daytime
19 open tcp chargen
21 open tcp FTP
...
Nmap run completed —— 1 IP address (1 host up) scanned in 3 seconds
```

4. 隐蔽扫描(Stealth Scanning)

如果一个攻击者不愿在扫描时使其信息记录在目标系统日志上,TCP SYN 扫描可以做到，它很少会在目标机上留下记录，三次握手的过程从来都不会完全实现。通过发送一个 SYN 包（是 TCP 协议中的第一个包）可以开始一次 SYN 的扫描。任何开放的端口都将有一个 SYN/ACK 响应。然而，攻击者发送一个 RST 替代 ACK，连接就会中止。三次握手得不到实现，也就很少有站点能记录这样的探测。如果是关闭的端口，对最初 SYN 信号的响应也会是 RST，让 Nmap 知道该端口不在监听。"－sS"命令将发送一个 SYN 扫描探测主机或网络：

```
# Nmap -sS 192.168.1.7
Interesting ports on saturnlink. nac. net (192.168.1.7)：
Port State Protocol Service
21 open tcp FTP
25 open tcp smtp
53 open tcp domain
80 open tcp http
...
Nmap run completed —— 1 IP address (1 host up) scanned in 1 second
```

虽然 SYN 扫描可能不被注意，但仍会被一些入侵检测系统捕捉。Stealth FIN、Xmas 树和 Null scans 可用于躲避包过滤和可检测进入受限制端口的 SYN 包。这三个扫描器对关闭的端口返回 RST，对开放的端口将吸收包。一个 FIN "－sF"扫描将发送一个 FIN 包到每个端口。然而 Xmas 扫描"－sX"打开 FIN、URG 和 PUSH 的标志位，一个 Null scans "－sN"可关闭所有的标志位。因为微软不支持 TCP 标准，所以 FIN、Xmas Tree 和 Null scans 在非微软公司的操作系统下才有效。

5. UDP 扫描（UDP Scanning）

如果一个攻击者寻找一个流行的 UDP 漏洞，比如 rpcbind 漏洞，为了查出哪些端口在监听，则进行 UDP 扫描即可知哪些端口对 UDP 是开放的。Nmap 将发送一个 0 字节的 UDP 包到每个端口。如果主机返回端口不可达，则表示端口是关闭的。但这种方法受到时间的限制，因为大多数的 UNIX 主机限制 ICMP 错误速率。幸运的是，Nmap 本身检测这种速率并自身减速，也就不会产生溢出主机的情况。

6.4.3　漏洞检测

漏洞检测通常由专用的扫描器进行，在进行漏洞扫描的时候，有可能会造成 DoS 拒绝服务攻击。作为黑客来说，这也许是攻击的目的之一，但如果只是攻击前的准备工作，就要想办法把影响降低到最低程度，以免被提前发觉。

如果是第三方进行渗透测试，就应该与客户沟通，并在合同中添加一项条款：DoS 攻击将不是蓄意测试的结果，但在其他测试的工程中，有可能发生 DoS 攻击。测试结束后，应当确保测试结果的机密性。某些渗透测试公司将测试结果提供给其他公司来作为他们工作的范例，这些结果包含了如何攻入特定金融机构的某个电子金融网站的详细步骤，以及如何收集敏感信息。因此作为一名渗透测试人员，必须遵守保持报告细节机密的道德约束，粉碎报告的所有实物副本，用 PGP 这样的擦除工具删除所有的电子副本。

6.5 小 结

随着近年来漏洞数量的迅速增加，威胁手段多种多样，攻击速度也越来越快，攻击者留下的防护时间也越来越短，这就需要提高快速响应能力和早期预警能力，以应对攻击手段的变化趋势，取得理想的防护效果。攻击行为的出发点和目的，也从个人行为向有组织的团体行为转变，攻击动机已经从单纯的技术炫耀，向获取经济利益和表达政治情绪转移。这些发展趋势，使得安全防护面临着更加严峻的考验。

从漏洞发现开始，到出现能够解决问题的补丁或更新应用程序的发布，总是有一段时间的。在这段时间内，应该采取什么样的措施来自我保护呢？这就需要考虑标准的风险评估问题：① 服务确实有必要吗？如果没有必要，就关闭。② 服务可以公开访问吗？如果不能，就用防火墙隔离。③ 所有不安全的选项都关闭了吗？如果没有，请关闭不安全的选项。如果值得冒风险继续运行有漏洞的程序，就应该使用某种防御措施，利用 Port knocking 技术，或者迁移到新的操作系统或新的应用程序上。

传统的操作系统加固和防火墙隔离技术等都是静态安全防御技术，对日新月异的攻击手段缺乏主动的反应，采用主动防御技术对网络安全防护体系的建设和完善起着重要的作用。

习 题 6

1. 漏洞是什么？产生的原因有哪些？
2. 漏洞信息对于黑客和管理员的意义有何不同？
3. 检测漏洞的策略有哪些？
4. 常用扫描工具有哪些？你喜欢哪一款？请写出选择的理由。
5. 请检测你的电脑，设计检测方法，并列出检测到的漏洞信息。
6. 如果发现漏洞，该如何处理？

第 **7** 章　网络入侵检测原理与技术

计算机网络技术的发展和应用对人类生活方式的影响越来越大。通过 Internet 用户可以将自己的计算机连接几乎世界上任何一台计算机。因此，传统的安全域的概念也已经发生了深刻的变化，边界变得模糊了，网络系统管理员再也不能满足于守住安全边界了，也不再有信心保护敏感信息万无一失。越来越多的证据表明计算机信息系统的安全性是十分脆弱的。基于计算机和网络信息系统的安全问题已经成为非常严重的问题。

本章先从入侵检测原理、检测方法、入侵检测系统的测试与评估几个方面对入侵检测技术进行了详细介绍，接着介绍了典型的入侵检测系统 Snort 和入侵防护系统技术，最后给出了目前入侵检测技术的发展方向和最新的研究成果。

7.1　入侵检测原理

入侵检测问题的研究最早可追溯到 20 世纪 50 年代在贝尔实验室出现的专用 EDP（电子数据处理）审计程序的设计和实现，以及 Rand 公司早期的工作。入侵检测技术在 20 世纪 80 年代，随着局域网技术的发展和广泛应用而被人们所关注。

入侵检测技术至今已经历三代：第一代技术采用主机日志分析、模式匹配的方法；第二代技术出现在 20 世纪 90 年代中期，主要包括网络数据包截获、主机网络数据和审计数据分析、基于网络的入侵检测和基于主机的入侵检测等方法；第三代技术出现在 2000 年前后，引入了协议分析、行为异常分析等方法。从 20 世纪 90 年代到现在，入侵检测系统的研发得到了极大的发展和应用，在智能化和分布式两个方向取得了长足的进展。

7.1.1　入侵检测的概念

1980 年，James P. Anderson 等人第一次提出了入侵检测（Intrusion Detection）的概念，其定义为：对潜在的有预谋的未经授权的访问信息、操作信息致使系统不可靠、不稳定或无法使用的企图的检测和监视；并将威胁分为外部渗透、内部渗透和不法行为三种，还提出了利用审计跟踪数据监视入侵活动的思想。换句话说，入侵检测是指在计算机网络或计算机系统中的若干关键点收集信息并对收集到的信息进行分析，从而判断网络或系统中是否有违反安全策略的行为和被攻击的迹象，它是对入侵行为的发觉。

从该定义可以看出，入侵检测对安全保护采取的是一种积极、主动的防御策略，而传统的安全技术都是一些消极、被动的保护措施。入侵检测技术与传统的安全技术不同，它对进入系统的访问者（包括入侵者）能进行实时的监视和检测，一旦发现访问者对系统进行非法的操作(这时访问者成为了入侵者),就会向系统管理员发出警报或者自动截断与入侵者的连接,这样就会大大提高系统的安全性。所以对入侵检测技术研究是非常有必要的,并且它也是一种全新理念的网络(系统)防护技术。

入侵检测作为其他经典手段的补充和加强,是任何一个安全系统中不可或缺的最后一道防线。入侵检测可以分为两种方法:被动、非在线地发现和实时、在线地发现计算机网络系统中的攻击者。从大量非法入侵或计算机盗窃案例可以清晰地看到,计算机系统的最基本防线"存取控制"和"访问控制",在许多场合并不是防止外界非法入侵和防止内部用户攻击的绝对屏障。大量攻击成功的案例是由于系统内部人员不恰当地或恶意地滥用特权而导致的。

入侵检测是对传统安全产品的合理补充,帮助系统对付网络攻击,扩展了系统管理员的安全管理能力(包括安全审计、监视、进攻识别和响应),提高了信息安全基础结构的完整性。它从计算机网络系统中的若干关键点收集信息,并分析这些信息,看网络中是否有违反安全策略的行为和遭到袭击的迹象。入侵检测系统(IDS,Intrusion Detection System)被认为是防火墙之后的第二道安全闸门,在不影响网络性能的情况下能对网络进行监测,从而提供对内部攻击、外部攻击和误操作的实时保护。这些都通过它执行以下任务来实现:

(1) 监视、分析用户及系统活动;

(2) 系统构造和弱点的审计;

(3) 识别反映已知进攻的活动模式并向相关人士报警;

(4) 异常行为模式的统计分析;

(5) 评估重要系统和数据文件的完整性;

(6) 对操作系统的审计跟踪管理,并识别用户违反安全策略的行为。

对一个成功的入侵检测系统来讲,它不但可使系统管理员及时了解网络系统(包括程序、文件和硬件设备等)的任何变更,还能给网络安全策略的制订提供指南。更为重要的一点是,它应该管理、配置简单,从而使非专业人员非常容易地掌握。而且,入侵检测的规模还应根据网络威胁、系统构造和安全需求的改变而改变。入侵检测系统在发现入侵后,应及时作出响应,包括切断网络连接、记录事件和报警等。

7.1.2　入侵检测模型

最早的入侵检测模型是由 Dorothy Denning 于 1987 年提出的 CIDF(Common Intrusion Detection Framework),该模型虽然与具体系统和具体输入无关,但是对此后的大部分实用系统都有很大的借鉴价值。图 7.1 表示了该通用模型的体系结构。

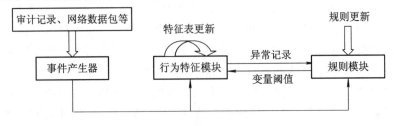

图 7.1　通用入侵检测系统(CIDF)模型

在该模型中，事件产生器可根据具体应用环境而有所不同，一般来自审计记录、网络数据包以及其他可视行为，这些事件构成了入侵检测的基础。

行为特征模块是整个检测系统的核心，它包含了用于计算用户行为特征的所有变量，这些变量可根据具体采用的统计方法以及事件记录中的具体动作模式而定义，并根据匹配上的记录数据更新变量值。如果有统计变量的值达到了异常程度，行为特征表将产生异常记录，并采取一定的措施。

规则模块可以由系统安全策略、入侵模式等组成，它一方面为判断是否入侵提供参考机制，另一方面根据事件记录、异常记录以及有效日期等控制并更新其他模块的状态。在具体实现上，规则的选择与更新可能不尽相同，但一般地，行为特征模块执行基于行为的检测，而规则模块执行基于知识的检测。

根据入侵检测模型，入侵检测系统的原理可分为如下两种。

1. 异常检测原理

异常检测原理指的是根据非正常行为(系统或用户)和使用计算机资源非正常情况检测出入侵行为。异常检测原理模型如图 7.2 所示。

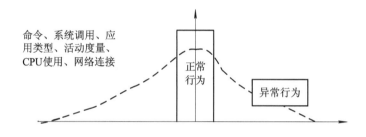

图 7.2　异常检测原理模型

从图 7.2 可以看出，异常检测原理根据假设攻击与正常的(合法的)活动有很大的差异来识别攻击。异常检测首先收集一段时期正常操作活动的历史记录，再建立代表用户、主机或网络连接的正常行为轮廓，然后收集事件数据并使用一些不同的方法来决定所检测到的事件活动是否偏离了正常行为模式。基于异常检测原理的入侵检测方法和技术有如下几种：

(1) 统计异常检测方法；

(2) 特征选择异常检测方法；

(3) 基于贝叶斯推理的异常检测方法；

(4) 基于贝叶斯网络的异常检测方法；

(5) 基于模式预测的异常检测方法。

其中比较成熟的方法是统计异常检测方法和特征选择异常检测方法，已经有根据这两种方法开发而成的软件产品面市，其他的方法目前还都停留在理论研究阶段。

2. 误用检测原理

误用检测原理是指根据已经知道的入侵方式来检测入侵。入侵者常常利用系统和应用软件中的弱点或漏洞来攻击系统，而这些弱点或漏洞可以编成一些模式，如果入侵者的攻击方式恰好匹配上检测系统模式库中的某种模式，则入侵即被检测到了。误用检测原理模型如图 7.3 所示。

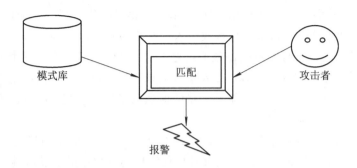

图 7.3 误用检测原理模型

基于误用检测原理的入侵检测方法和技术主要有如下几种:

(1) 基于条件概率的误用检测方法;

(2) 基于专家系统的误用检测方法;

(3) 基于状态迁移分析的误用检测方法;

(4) 基于键盘监控的误用检测方法;

(5) 基于模型的误用检测方法。

7.1.3 IDS 在网络中的位置

当实际使用检测系统的时候,首先面临的问题就是决定应该在系统的什么位置安装检测和分析入侵行为用的感应器 Sensor 或检测引擎 Engine。对于基于主机的 IDS,一般来说,直接将检测代理安装在受监控的主机系统上。对于基于网络的 IDS,情况稍微复杂一些,下面以一常见的网络拓扑结构(见图 7.4)来分析 IDS 检测引擎应该位于网络中的哪些位置。

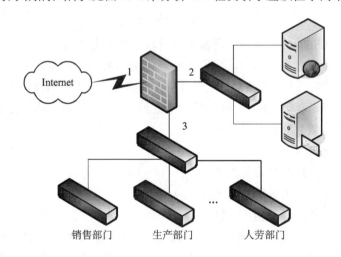

图 7.4 IDS 在网络中的位置

位置 1:感应器位于防火墙的外侧,非系统信任域,它将负责检测来自外部的所有入侵企图(这可能产生大量的报告)。通过分析这些攻击将帮助完善系统并决定是否在系统内部部署 IDS。对于一个配置合理的防火墙来说,这些攻击企图不会带来严重的问题,因为只有进入内部网络的攻击才会对系统造成真正的损失。

位置 2:很多站点都把对外提供服务的服务器单独放在一个隔离的区域,通常称为

DMZ(非军事化区)。在此放置一个检测引擎是非常必要的,因为这里提供的很多服务都是黑客乐于攻击的目标。

位置 3:此处应该是最重要、最应该放置检测引擎的地方。对于那些已经透过系统边缘防护,进入内部网络准备进行恶意攻击的黑客,这里正是利用 IDS 系统及时发现并作出反应的最佳地点。

7.2　入侵检测方法

入侵检测系统的实现方法有:

(1) 基于概率统计的检测;

(2) 基于神经网络的检测;

(3) 基于专家系统的检测;

(4) 基于模型推理的检测;

(5) 基于免疫的检测等。

7.2.1　基于概率统计的检测

基于概率统计的检测技术是在异常入侵检测中用的最普遍的技术,它是对用户历史行为建立的模型。根据该模型,当发现有可疑的用户行为发生时保持跟踪,并监视和记录该用户的行为。

基于概率统计的检测技术旨在对用户历史行为建模。根据该模型,当发现有可疑的用户行为发生时,保持跟踪,并监视和记录该用户的行为。SRI(Standford Research Institute)研制开发的 IDES(Intrusion Detection Expert System)是一个典型的实时检测系统。IDES 系统能根据用户以前的历史行为,生成每个用户的历史行为记录库,并能自适应地学习被检测系统中每个用户的行为习惯,当某个用户改变其行为习惯时,这种异常就被检测出来。这种系统具有固有的弱点,比如,用户的行为非常复杂,因而要想准确地匹配一个用户的历史行为和当前行为是非常困难的。这种方法的一些假设是不准确或不贴切的,会造成系统误报或错报、漏报。

在这种实现方法中,首先检测器根据用户对象的动作为每一个用户都建立一个用户特征表,通过比较当前特征和已存储的特征,判断是否有异常行为。用户特征表需要根据审计记录情况而不断地加以更新。在 SRI 的 IDES 中给出了一个特征简表的结构:<变量名,行为描述,例外情况,资源使用,时间周期,变量类型,阈值,主体,客体,值>。其中,变量名、主体、客体唯一确定了每个特征简表。特征值由系统根据审计数据周期地产生。这个特征值是所有有悖于用户特征的异常程度值的函数。假设 S_1, S_2, $\cdots$, S_n 分别是用于描述特征的变量 M_1, M_2, $\cdots$, M_n 的异常程度值,S_i 值越大,表明异常程度越大,则这个特征值可以用所有 S_i 的加权和来表示:

$$M = A_1 S_{12} + A_2 S_{22} + A_3 S_{32} + \cdots + A_n S_{n2} (A_i > 0)$$

式中:A_i 表示每一特征的权值。

这种方法的优越性在于能应用成熟的概率统计理论,但不足之处在于:

（1）统计检测对于事件发生的次序不敏感，完全依靠统计理论可能会漏掉那些利用彼此相关联事件的入侵行为；

（2）定义判断入侵的阈值比较困难，阈值太高则误检率提高，阈值太低则漏检率增高。

7.2.2　基于神经网络的检测

基于神经网络的检测技术的基本思想是用一系列信息单元训练神经单元，在给出一定的输入后，就可能预测出输出。它是对基于概率统计的检测技术的改进，主要克服了传统的统计分析技术的一些问题，例如：

（1）难以表达变量之间的非线性关系。

（2）难以建立确切的统计分布。统计方法基本上是依赖对用户行为的主观假设，如偏差的高斯分布，错发警报常由这些假设所导致。

（3）难以实现方法的普遍性。适用于某一类用户的检测措施一般无法适用于另一类用户。

（4）实现价值比较昂贵。基于统计的算法对不同类型的用户不具有自适应性，算法比较复杂庞大，算法实现上昂贵，而神经网络技术实现的代价较小。

（5）系统臃肿，难以剪裁。由于网络系统是具有大量用户的计算机系统，要保留大量的用户行为信息，因而导致系统臃肿，难以剪裁。基于神经网络的技术能把实时检测到的信息有效地加以处理，作出攻击可行性的判断，不过这种技术现在还不成熟。

基于神经网络的模块：当前命令和刚过去的 W 个命令组成了网络的输入，其中 W 是神经网络预测下一个命令时所包含的过去命令集的大小。根据用户代表性命令序列训练网络后，该网络就形成了相应的用户特征表。网络对下一事件的预测错误率在一定程度上反映了用户行为的异常程度。这种方法的优点在于能够更好地处理原始数据的随机特性，即不需要对这些数据作任何统计假设并有较好的抗干扰能力；缺点是网络的拓扑结构以及各元素的权值很难确定，命令窗口的大小 W 也很难选取。窗口太大，网络效率降低；窗口太小，网络输出不好。

目前，神经网络技术提出了对基于传统统计技术的攻击检测方法的改进方向，但尚不十分成熟，所以传统的统计方法仍在继续发挥作用，也仍然能为发现用户的异常行为提供相当有参考价值的信息。

7.2.3　基于专家系统的检测

进行安全检测工作自动化的另外一个值得重视的研究方向就是基于专家系统的检测技术，即根据安全专家对可疑行为的分析经验来形成一套推理规则，然后再在此基础上形成相应专家系统，由此专家系统自动进行对所涉及的攻击操作的分析工作。

所谓专家系统，是指基于一套由专家经验事先定义的规则的推理系统。例如，在数分钟之内某个用户连续进行登录，且失败超过三次，就可以被认为是一种攻击行为。类似的规则在统计系统中似乎也有。同时应当说明的是，基于规则的专家系统或推理系统也有其局限性，因为作为这类系统的基础的推理规则，一般都是根据已知的安全漏洞进行安排和策划的，而对系统最危险的威胁则主要是来自未知的安全漏洞。实现基于规则的专家系统是一个知识工程问题，而且其功能应当能够随着经验的积累而利用其自学习能力进行规则的扩充和修正。当然，这样的能力需要在专家的指导和参与下才能实现，否则可能同样会导致较多的误报现象。一方面，推理机制使得系统面对一些新的行为现象时可能具备一定的应对能力（即有可能会发现一些新的安全漏洞）；另一方面，攻击行为也可能不会触发任何一个规则，从而被检测到。专家系统对历史数据的依赖性总的来说比基于统计技术的审计系统少，因此系统的适应性比较强，可以较灵活地适应广谱的安全策略和检测需求。但是迄今为止，推理系统和谓词演算的可计算问题距离成熟解决都还有一定的距离。

在具体实现过程中，专家系统主要面临的问题如下：

（1）全面性问题。很难从各种入侵手段中抽象出全面的规则化知识。

（2）效率问题。需要处理的数据量过大，而且在大型系统上，很难获得实时连续的审计数据。

7.2.4　基于模型推理的检测

攻击者在攻击一个系统时往往采用一定的行为程序（如猜测口令的程序），这种行为程序构成了某种具有一定行为特征的模型，根据这种模型所代表的攻击意图的行为特征，可以实时地检测出恶意的攻击企图，虽然攻击者并不一定都是恶意的。用基于模型的推理方法人们能够为某些行为建立特定的模型，从而能够监视具有特定行为特征的某些活动。根据假设的攻击脚本，这种系统就能检测出非法的用户行为。一般为了准确判断，要为不同的攻击者和不同的系统建立特定的攻击脚本。

当有证据表明某种特定的攻击模型发生时，系统应收集其他证据来证实或者否定攻击的真实性，既不能漏报攻击，对信息系统造成实际损害，又要尽可能地避免误报。

当然，上述的几种方法都不能彻底地解决攻击检测问题，所以最好是综合地利用各种手段强化计算机信息系统的安全程序以增加攻击成功的难度，同时根据系统本身的特点辅助以较适合的攻击检测手段。

7.2.5　基于免疫的检测

基于免疫的检测技术是运用自然免疫系统的某些特性到网络安全系统中，使整个系统具有适应性、自我调节性、可扩展性。人的免疫系统成功地保护人体不受各种抗原和组织的侵害，这个重要的特性吸引了许多计算机安全专家和人工智能专家。通过学习免疫专家的研究，计算机专家提出了计算机免疫系统。在许多传统的网络安全系统中，每个目标都将它的系统日志和收集的信息传送给相应的服务器，由服务器分析整个日志和信息，判断是否发生了入侵。在大规模网络中，网络通信量极大，且绝大多数数据与入侵无关，检测效率低。基于免疫的入侵检测系统运用计算免疫的多层性、分布性、多样性等特性设置动态代理，实时分层检测和响应机制。

7.2.6　入侵检测新技术

数据挖掘技术被 Wenke Lee 用于了入侵检测中。用数据挖掘程序处理搜集到的审计数据，可以为各种入侵行为和正常操作建立精确的行为模式。这是一个自动的过程，不需要人工分析和编码入侵模式。

移动代理用于入侵检测中，它具有能在主机间动态迁移、一定的智能性、与平台无关性、分布的灵活性、低网络数据流量和多代理合作特性，它适用于大规模信息搜集和动态处理。在入侵检测系统中采用移动代理技术，可以提高入侵检测系统的性能和整体功能。

7.2.7 其他相关问题

为了防止过多的不相干信息的干扰，用于安全目的的攻击检测系统在审计系统之外还要配备适合系统安全策略的信息采集器或过滤器。同时，除了依靠来自审计子系统的信息，还应当充分利用来自其他信息源的信息。在某些系统内，可以在不同的层次进行审计跟踪，如有些系统的安全机制中采用三级审计跟踪，包括审计操作系统核心调用行为的、审计用户和操作系统界面级行为的和审计应用程序内部行为的。

另一个重要问题是决定攻击检测系统的运行场所。为了提高攻击检测系统的运行效率，可以安排在与被监视系统独立的计算机上执行审计跟踪分析和攻击性检测，这样做既有效率方面的优点，也有安全方面的优点。监视系统的响应时间对被监测系统的运行完全没有负面影响，也不会因为与其他安全有关的因素而受到影响。

总之，为了有效地利用审计系统提供的信息，通过攻击检测措施防范攻击威胁，计算机安全系统应当根据系统的具体条件选择适用的主要攻击检测方法，并且有机地融合其他可选用的攻击检测方法。同时应当清醒地认识到，任何一种攻击检测措施都不能视之为一劳永逸的，必须配备有效的管理和措施。

对于安全技术和机制的要求将越来越高，这种需求也刺激着攻击检测技术的发展，将不仅驱动理论研究的进展，还将促进实际安全产品的进一步发展。

7.3 入侵检测系统

入侵检测通过对计算机网络或计算机系统中的若干关键点收集信息并进行分析，从中发现网络或系统中是否有违反安全策略的行为和被攻击的迹象。进行入侵检测的软件与硬件的组合就是入侵检测系统。

入侵检测系统执行的主要任务包括：监视、分析用户及系统活动；审计系统构造和弱点；识别、反映已知进攻的活动模式，向相关人员报警；统计分析异常行为模式；评估重要系统和数据文件的完整性；审计、跟踪管理操作系统，识别用户违反安全策略的行为。入侵检测一般分为3个步骤，依次为信息收集、数据分析和响应(包括被动响应和主动响应)。

(1) 信息收集的内容包括系统、网络、数据及用户活动的状态和行为。入侵检测利用的信息一般来自系统日志、目录以及文件中的异常改变，程序执行中的异常行为及物理形式的入侵信息四个方面。

(2) 数据分析是入侵检测的核心。它首先构建分析器，把收集到的信息经过预处理，建立一个行为分析引擎或模型，然后向模型中植入时间数据，并在知识库中保存植入数据的模型。数据分析一般通过模式匹配、统计分析和完整性分析3种手段进行。前两种方法用于实时入侵检测，而完整性分析则用于事后分析。可用5种统计模型进行数据分析：操作模型、方差、多元模型、马尔柯夫过程模型、时间序列分析。统计分析的最大优点是可以学习用户的使用习惯。

（3）入侵检测系统在发现入侵后会及时作出响应，包括切断网络连接、记录事件和报警等。响应一般分为主动响应（阻止攻击或影响进而改变攻击的进程）和被动响应（报告和记录所检测出的问题）两种类型。主动响应由用户驱动或系统本身自动执行，可对入侵者采取行动（如断开连接）、修正系统环境或收集有用信息；被动响应则包括告警和通知、简单网络管理协议（SNMP）陷阱和插件等。另外，还可以按策略配置响应，可分别采取立即、紧急、适时、本地的长期和全局的长期等行动。

7.3.1　入侵检测系统的构成

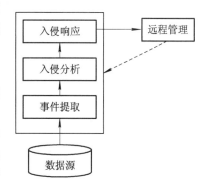

一个入侵检测系统的功能结构如图 7.5 所示，它至少包含事件提取、入侵分析、入侵响应和远程管理四部分功能。

图 7.5 中各部分功能如下：

（1）事件提取功能负责提取与被保护系统相关的运行数据或记录，并负责对数据进行简单的过滤。

（2）入侵分析的任务就是在提取到的运行数据中找出入侵的痕迹，将授权的正常访问行为和非授权的不正常访问行为区分开，分析出入侵行为并对入侵者进行定位。

（3）入侵响应功能在分析出入侵行为后被触发，根据入侵行为产生响应。

图 7.5　入侵检测系统功能构成

（4）由于单个入侵检测系统的检测能力和检测范围的限制，入侵检测系统一般采用分布监视集中管理的结构，多个检测单元运行于网络中的各个网段或系统上，通过远程管理功能在一台管理站点上实现统一的管理和监控。

7.3.2　入侵检测系统的分类

入侵检测系统可以从不同的角度来分类。

1. 从数据来源的角度分类

从数据来源看，入侵检测系统有三种基本结构：基于网络的入侵检测系统、基于主机的入侵检测系统和分布式入侵检测系统。

（1）基于网络的入侵检测系统（NIDS）数据来源于网络上的数据流。NIDS 能够截获网络中的数据包，提取其特征并与知识库中已知的攻击签名相比较，从而达到检测的目的。其优点是侦测速度快，隐蔽性好，不容易受到攻击，对主机资源消耗少；缺点是有些攻击是由服务器的键盘发出的，不经过网络，因而无法识别，误报率较高。

（2）基于主机的入侵检测系统（HIDS）检测分析所需数据来源于主机系统，通常是系统日志和审计记录。HIDS 通过对系统日志和审计记录的不断监控和分析来发现攻击后误操作。其优点是针对不同操作系统特点捕获应用层入侵，误报少；缺点是依赖于主机及其审计子系统，实时性差。

（3）采用上述两种数据来源的分布式入侵检测系统（DIDS）能够同时分析来自主机系统审计日志和网络数据流的入侵检测系统，一般为分布式结构，由多个部件组成。DIDS 可以从多个主机获取数据,也可以从网络传输取得数据,克服了单一的 HIDS、NIDS 的不足。

2. 从检测的策略角度分类

从检测的策略来看,入侵检测模型主要有三种:滥用检测、异常检测和完整性分析。

(1)滥用检测(Misuse Detection)就是将收集到的信息与已知的网络入侵和系统误用模式数据库进行比较,从而发现违背安全策略的行为。该方法的优点是只需收集相关的数据集合,显著减少了系统负担,且技术已相当成熟。该方法存在的弱点是需要不断的升级以对付不断出现的黑客攻击手法,不能检测到从未出现过的黑客攻击手段。

(2)异常检测(Anomaly Detection)首先给系统对象(如用户、文件、目录和设备等)创建一个统计描述,统计正常使用时的一些测量属性(如访问次数、操作失败次数和延时等)。测量属性的平均值将被用来与网络、系统的行为进行比较,任何观察值在正常值范围之外时,就认为有入侵发生。其优点是可检测到未知的入侵和更为复杂的入侵;缺点是误报、漏报率高,且不适应用户正常行为的突然改变。

(3)完整性分析主要关注某个文件或对象是否被更改,这经常包括文件和目录的内容及属性,它在发现被更改的、被特洛伊化的应用程序方面特别有效。其优点只要是成功的攻击导致了文件或其他对象的任何改变,它都能够发现;缺点是一般以批处理方式实现,不用于实时响应。

7.3.3 基于主机的入侵检测系统 HIDS

基于主机的入侵检测出现在 20 世纪 80 年代初期,那时网络还没有今天这样普遍、复杂,且网络之间也没有完全连通。其检测的主要目标主要是主机系统和系统本地用户。它的检测原理是根据主机的审计数据和系统日志发现可疑事件。基于主机的入侵检测系统可以运行在被检测的主机或单独的主机上,基本过程如图 7.6 所示。

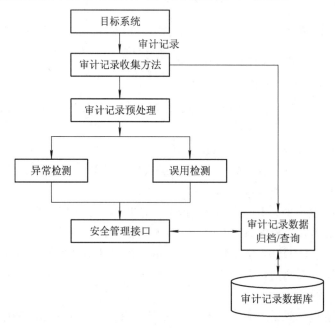

图 7.6 基于主机的入侵检测系统结构示意图

在这一较为简单的环境里，检查可疑行为的检验记录是很常见的操作。由于入侵在当时是相当少见的，因此对攻击的事后分析就可以防止今后的攻击。

现在的基于主机的入侵检测系统保留了一种有力的工具，以理解以前的攻击形式，并选择合适的方法去抵御未来的攻击。基于主机的 IDS 仍使用验证记录，但自动化程度大大提高，并发展了精密的可迅速做出响应的检测技术。通常，基于主机的 IDS 可监测系统、事件、Windows 操作系统下的安全记录以及 UNIX 环境下的系统记录。当有文件发生变化时，IDS 将新的记录条目与攻击标记相比较，看它们是否匹配。如果匹配，系统就会向管理员报警并向别的目标报告，以采取措施。

基于主机的入侵检测系统有以下优点：

（1）监视特定的系统活动。基于主机的 IDS 监视用户和访问文件的活动，包括文件访问、改变文件权限、试图建立新的可执行文件、试图访问特殊的设备。例如，基于主机的 IDS 可以监督所有用户的登录及下网情况，以及每位用户在连接到网络以后的行为。对于基于网络的系统要做到这种程度是非常困难的。

基于主机技术还可监视只有管理员才能实施的非正常行为。操作系统记录了任何有关用户账号的增加、删除、更改的情况，改动一旦发生，基于主机的 IDS 就能检测到这种不适当的改动。基于主机的 IDS 还可审计能影响系统记录的校验措施的改变。

最后，基于主机的系统可以监视主要系统文件和可执行文件的改变。系统能够查出那些欲改写重要系统文件或者安装特洛伊木马或后门的尝试并将它们中断。而基于网络的系统有时会查不到这些行为。

（2）非常适用于被加密的和交换的环境。既然基于主机的系统驻留在网络中的各种主机上，它们可以克服基于网络的入侵检测系统在交换和加密环境中面临的一些部署困难的问题。在大的交换网络中确定安全 IDS 的最佳位置并且实现有效的网络覆盖非常困难，而基于主机的检测通过驻留在所有需要的关键主机上避免了这一难题。

根据加密驻留在协议栈中的位置，它可能让基于网络的 IDS 无法检测到某些攻击。基于主机的 IDS 并不具有这个限制。因为当操作系统（也包括基于主机的 IDS）收到通信时，数据序列已经被解密了。

（3）近实时的检测和应答。尽管基于主机的检测并不提供真正实时的应答，但新的基于主机的检测技术已经能够提供近实时的检测和应答。早期的系统主要使用一个过程来定时检查日志文件的状态和内容，而许多现在的基于主机的系统在任何日志文件发生变化时都可以从操作系统及时接收一个中断，这样就大大减少了攻击识别和应答之间的时间。

（4）不需要额外的硬件。基于主机的检测驻留在现有的网络基础设施上，包括文件服务器、Web 服务器和其他的共享资源等。这减少了基于主机的 IDS 的实施成本，因为不需要增加新的硬件，所以也减少了以后维护和管理这些硬件设备的负担。

7.3.4　基于网络的入侵检测系统 NIDS

随着计算机网络技术的发展，单独地依靠主机审计信息进行入侵检测已难以适应网络安全的需求。因而人们提出了基于网络的入侵检测系统体系结构，这种检测系统根据网络流量、网络数据包和协议来分析检测入侵，其基本过程如图 7.7 所示。

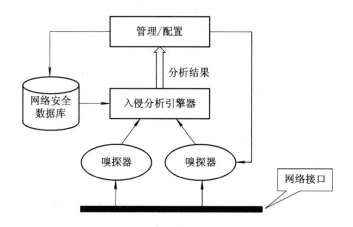

图 7.7　基于网络的入侵检测系统模型

基于网络的入侵检测系统使用原始网络包作为数据源。基于网络的 IDS 通常利用一个运行在随机模式下的网络适配器来实时监视并分析通过网络的所有通信业务。它的攻击辨识模块通常采用 4 种常用技术来识别攻击标志:

(1) 模式、表达式或字节匹配;

(2) 频率或穿越阈值;

(3) 低级事件的相关性;

(4) 统计学意义上的非常规现象检测。

一旦检测到攻击行为,IDS 的响应模块就提供多种选项以通知、报警,并对攻击采取相应的反应。

基于网络的入侵检测系统主要有以下优点:

(1) 拥有成本低。基于网络的 IDS 允许部署在一个或多个关键访问点来检查所有经过的网络通信。因此,基于网络的 IDS 系统并不需要在各种各样的主机上进行安装,大大减少了安全和管理的复杂性。

(2) 攻击者转移证据困难。基于网络的 IDS 使用活动的网络通信进行实时攻击检测,因此攻击者无法转移证据,被检测系统捕获的数据不仅包括攻击方法,而且包括对识别和指控入侵者十分有用的信息。

(3) 实时检测和响应。一旦发生恶意访问或攻击,基于网络的 IDS 检测可以随时发现它们,因此能够很快地作出反应。例如,对于黑客使用 TCP 启动基于网络的拒绝服务攻击(DoS),IDS 系统可以通过发送一个 TCP reset 来立即终止这个攻击,这样就可以避免目标主机遭受破坏或崩溃。这种实时性使得系统可以根据预先定义的参数迅速采取相应的行动,从而将入侵活动对系统的破坏减到最低。

(4) 能够检测未成功的攻击企图。一个放在防火墙外面的基于网络的 IDS 可以检测到旨在利用防火墙后面的资源的攻击,尽管防火墙本身可能会拒绝这些攻击企图。基于主机的系统并不能发现未能到达受防火墙保护的主机的攻击企图,而这些信息对于评估和改进安全策略是十分重要的。

(5) 操作系统独立。基于网络的 IDS 并不依赖主机的操作系统作为检测资源,而基于主机的系统需要特定的操作系统才能发挥作用。

7.3.5　分布式入侵检测系统

网络系统结构复杂化和大型化带来了许多新的入侵检测问题：

（1）系统的弱点或漏洞分散在网络中的各个主机上，这些弱点有可能被入侵者一起用来攻击网络，而依靠惟一的主机或网络 IDS 不会发现入侵行为。

（2）入侵行为不再是单一的行为，而是表现出相互协作入侵的特点，例如分布式拒绝服务攻击（DDoS）。

（3）入侵检测所依靠的数据来源分散化，收集原始检测数据变得困难，如交换型网络使得监听网络数据包受到限制。

（4）网络速度传输加快，网络的流量加大，集中处理原始的数据方式往往会造成检测瓶颈，从而导致漏建。

基于这种情况，分布式的入侵检测系统就应运而生。分布式 IDS 系统通常由数据采集构件、通信传输构件、入侵检测分析构件、应急处理构件和管理构件组成，如图 7.8 所示。这些构件可根据不同情形组合，例如数据采集构件和通信传输构件组合就产生出新的构件，它能完成数据采集和传输两种任务。所有的这些构件组合起来就变成了一个入侵检测系统。各构件的功能如下：

（1）数据采集构件：收集检测使用的数据，可驻留在网络中的主机上或安装在网络中的监测点。需要通信传输构件的协作，将收集的信息传送到入侵检测分析构件处理。

（2）通信传输构件：传递检测的结果，处理原始的数据和控制命令，一般需要和其他构件协作完成通信功能。

（3）入侵检测分析构件：依据检测的数据，采用检测算法对数据进行误用分析和异常分析，产生检测结果、报警和应急信号。

（4）应急处理构件：按入侵检测的结果和主机、网络的实际情况作出决策判断，对入侵行为进行响应。

（5）管理构件：管理其他的构件的配置，产生入侵总体报告，提供用户和其他构件的管理接口，图形化工具或者可视化的界面，供用户查询、配置入侵检测系统情况等。

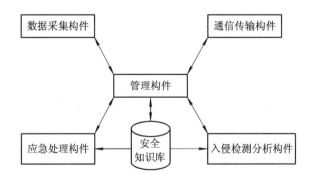

图 7.8　分布式入侵检测系统结构示意图

采用分布式结构的 IDS 目前已成为研究的热点，较早系统有 DIDS 和 CSM。DIDS（Distributed Intrusion Detection System）是典型的分布式结构，是 UC Davis、Lawrence

Livermore National Laboratory、Haystack Laboratory US Air Force 联合起来的项目。其目标是既能检测网络的入侵行为,又能检测主机的入侵行为。

7.4 入侵检测系统的测试评估

7.4.1 测试评估概述

入侵检测系统的测试评估非常困难,涉及到操作系统、网络环境、工具、软件、硬件和数据库等技术方面的问题。IDS 目前没有工业标准可参考来评测,判断 IDS 检测的准确性只有依靠黑箱法测试。另外,测试需要构建复杂的网络环境和测试用例。由于入侵情况的变化,IDS 系统也需要维护多种不同类型的信息(如正常和异常的用户、系统和进程行为,可疑的通信量模式字符串,对各种攻击行为的响应信息等),才能保证系统在一定时期内发挥有效的作用。

7.4.2 测试评估的内容

一般可以从以下几个方面去评价一个入侵检测系统:

(1)是否能保证自身的安全。和其他系统一样,入侵检测系统本身也往往存在安全漏洞。如果查询 bugtraq 的邮件列表,诸如 Axent NetProwler、NFR、ISS Realsecure 等知名产品都有漏洞被发觉出来。若对入侵检测系统攻击成功,则直接导致其报警失灵,入侵者在其后所作的行为将无法被记录。因此入侵检测系统首先必须保证自己的安全性。

(2)运行与维护系统的开销。较少的资源消耗将不影响受保护主机或网络的正常运行。

(3)入侵检测系统报警准确率。误报和漏报的情况应尽量少。

(4)网络入侵检测系统负载能力以及可支持的网络类型。根据网络入侵检测系统所布署的网络环境不同要求也不同。如果在 512 KB 或 2 MB 专线上布署网络入侵检测系统,则不需要高速的入侵检测引擎,而在负荷较高的环境中,性能是一个非常重要的指标。

(5)支持的入侵特征数。入侵检测系统的特征库需要不断更新才能检测出新出现的攻击方法,因此可以检测的入侵特征数量也是衡量一个检测系统性能的重要指标。

(6)是否支持 IP 碎片重组。入侵检测中,分析单个的数据包会导致许多误报和漏报,IP 碎片的重组可以提高检测的精确度。而且,IP 碎片是网络攻击中常用的方法,因此,IP 碎片的重组还可以检测利用 IP 碎片的攻击。IP 碎片重组的评测标准有三个性能参数:能重组的最大 IP 碎片数,能同时重组的 IP 包数,能进行重组的最大 IP 数据包的长度。

(7)是否支持 TCP 流重组。TCP 流重组是为了对完整的网络对话进行分析,它是网络入侵检测系统对应用层进行分析的基础。如检查邮件内容、附件,检查 FTP 传输的数据,禁止访问有害网站,判断非法 HTTP 请求等。

从上面的列举可以看出,IDS 的评估涉及到入侵识别能力、资源使用情况、强力测试反应等几个主要问题。入侵识别能力是指 IDS 区分入侵和正常行为的能力;资源使用情况是指 IDS 消耗多少计算机系统资源，以便将这些测试的结果作为 IDS 运行所需的环境条件；强力测试反应是指测试 IDS 在特定的条件下所受影响的反应，如负载加重情形下 IDS 的运行行为。下面就 IDS 的功能、性能以及产品可用性三个方面作一些具体讨论。

1. 功能测试

功能测试的数据能够反映出 IDS 的攻击检测、报告、审计、报警等多种能力。

1）攻击识别

以 TCP/IP 协议攻击识别为例，攻击识别的能力可以分成以下几种：

（1）协议包头攻击分析的能力：IDS 系统能够识别与 IP 包头相关的攻击能力。常见的这种类型攻击如 LAND 攻击。其攻击方式是通过构造源地址、目的地址、源端口、目的端口都相同的 IP 包发送，这样会导致 IP 协议栈产生 progressive loop 而崩溃。

（2）重装攻击分析的能力：IDS 能够重装多个 IP 包的分段并从中发现攻击的能力。常见的重装攻击是 Teardrop 和 Ping of Death。Teardrop 通过发多个分段的 IP 包而使得当重装包时，包的数据部分越界，进而引起协议和系统不可用。Ping of Death 是 ICMP 包以多个分段包（碎片）发送，而当重装时，数据部分大于 65 535 B，从而超出 TCP/IP 协议所规定的范围，引起 TCP/IP 协议栈崩溃。

（3）数据驱动攻击分析能力：IDS 具有分析 IP 包的数据具体内容，例如 HTTP 的 phf 攻击。Phf 是一个 CGI 程序，允许在 Web 服务器上运行。phf 处理复杂服务请求程序的漏洞，使得攻击者可以执行特定的命令，攻击者从而可以获取敏感的信息或者危及到 Web 服务器的使用。

2）抗攻击性

IDS 可以抵御拒绝服务攻击。对于某一时间内的重复攻击，IDS 报警能够识别并能抑制不必要的报警。

3）过滤能力

IDS 中的过滤器可方便地设置规则以根据需要过滤掉原始的数据信息，例如网络上的数据包和审计文件记录。一般要求 IDS 过滤器具有下面的能力：

（1）可以修改或调整；

（2）创建简单的字符规则；

（3）使用脚本工具创建复杂的规则。

4）报警

报警机制是 IDS 必要的功能，例如发送入侵警报信号和应急处理机制。

5）日志

IDS 的日志有以下功能：

（1）保存日志的数据能力；

（2）按特定的需求说明，日志内容可以选取。

6）报告

IDS 的报告有以下功能：

（1）产生入侵行为报告；

（2）提供查询报告；

（3）创建和保存报告。

2. 性能测试

性能测试在各种不同的环境下，检验 IDS 的承受强度，主要的指标有下面几点：

（1）IDS 的引擎吞吐量。这一指标可以表征 IDS 在预先不加载攻击标签情况下，IDS 处理原始检测数据的能力。

（2）包的重装。测试的目的就是评估 IDS 的包的重装能力。例如，IDS 的入侵标签库只有单一的 Ping of Death 标签，这是来测试 IDS 的响应情况的。

（3）过滤的效率。测试的目标就是评估 IDS 在攻击的情况下过滤器的接收、处理和报警的效率。这种测试可以用 LAND 攻击的基本包头为引导，这种包的特性是源地址等于目标地址。

3. 产品可用性测试

IDS 可评估系统用户界面的可用性、完整性和扩充性。IDS 支持多个平台操作系统，容易使用且稳定。

7.4.3　测试评估标准

美国 IDG InfoWorld 测试中心的安全测试小组开发了一种可以视之为 BenhMark 类型的测试基准——IWSS16。该小组收集了若干种典型的可以公开得到的攻击方法，对其进行组合，形成 IWSS16。IWSS16 组合了四种主要类型的攻击手段。

1. 收集信息攻击

网络攻击者经常在正式攻击之前，进行试探性的攻击，目标是获取系统有用的信息，所以，收集信息攻击检测注意力集中在 Ping 扫描、端口扫描、账户扫描、DNS 转换等操作方面。网络攻击者经常使用的攻击工具包括 Strobe、NetScan、SATAN（Security administrator's Tool for Auditing Network）。利用这些工具可以获取网络上的内容、网络的漏洞位置等信息。

2. 获取访问权限攻击

在 IWSS16 中集成了一系列的破坏手段来获取对网络的特许访问，其中包括许多故障制造攻击，例如发送函件故障、远程 Internet Mail Access Protocol 缓冲区溢出、FTP 故障、phf 故障等。通过这些攻击造成的故障会暴露系统的漏洞，使攻击者获取访问权限。

3. 拒绝服务攻击

拒绝服务攻击是最不容易捕获的攻击，因为不留任何痕迹，所以安全管理人员不易确定攻击的来源。由于其攻击目标是使得网络上节点系统瘫痪，因此，这是很危险的攻击。当然，就防守一方的难度而言，拒绝服务攻击是比较容易防御的攻击类型。这类攻击的特点是以潮水般的申请使系统在应接不暇的状态中崩溃；除此而外，拒绝服务攻击还可以利用操作系统的弱点，有目标地进行针对性的攻击。典型的拒绝服务攻击包括 Syn、Ping of Death、Land、Teardrop、Internet Control Message Protocol（ICMP）、User Datagram Protocol 以及 Windows Out of Band 等攻击。

4. 逃避检测攻击

入侵者往往在攻击之后，使用各种逃避检测的手段，使其攻击的行为不留痕迹，其中典型的做法是修改系统的安全审计记录。

7.4.4　IDS 测试评估现状以及存在的问题

虽然 IDS 及其相关技术已获得了很大的进展，但关于 IDS 的性能检测及其相关评测工具、标准以及测试环境等方面的研究工作还很缺乏。

Puketza 等人在 1994 年开创了对 IDS 评估系统研究的先河，在他们开发的软件平台上可以实现自动化的攻击仿真。1998 年，Debar 等人在 IDS 实验测试系统的研究中指出，在评估环境中仿真正常网络流量是一件非常复杂而且耗时的工作。林肯实验室在 1998 年、1999 年进行的两次 IDS 离线评估，是迄今为止最权威的 IDS 评估。在精心设计的测试网络中，他们对正常网络流量进行了仿真，实施了大量的攻击，将记录下的流量系统日志和主机上的文件系统映像等数据交由参加评估的 IDS 进行离线分析，最后根据各 IDS 提交的检测结果做出评估报告。目前美国空军罗马实验室对 IDS 进行了实时评估。罗马实验室的实时评估是林肯实验室离线评估的补充，它主要对作为现行网络中的一部分的完整系统进行测试，其目的是测试 IDS 在现有正常机器和网络活动中检测入侵行为的能力、IDS 的响应能力及其对正常用户的影响。IBM 的 Zurich 研究实验室也开发了一套 IDS 测评工具。此外，有些黑客工具软件也可用来对 IDS 进行评测。

目前，市场上以及正在研发的 IDS 很多，各系统都有自己独特的检测方法，但攻击描述方式以及攻击知识库还没有一个统一的标准。这大大加大了测试评估 IDS 的难度，因为很难建立一个统一的基准，也很难建立统一的测试方法。

测试评估 IDS 中存在的最大问题是只能测试已知的攻击。在测试评估过程中，采用模拟的方法来生成测试数据，而模拟入侵者实施攻击面临的困难是只能掌握已公布的攻击，而对于新的攻击方法就无法得知。这样的后果是，即使测试没有发现 IDS 的潜在弱点，也不能说明 IDS 是一个完备的系统。不过，可以通过分类选取测试例子，使之尽量覆盖许多不同种类的攻击，同时不断更新入侵知识库，以适应新的情况。

并且，由于测试评估 IDS 的数据都是公开的，如果针对测试数据设计待测试 IDS，则该 IDS 的测试结果肯定比较好，但这并不能说明它实际运行的状况就好。

此外，对评测结果的分析使用也有很多问题。理想状况是可以自动地对评测结果进行分析，但实际上很难做到这一点。对 IDS 的实际评估通常既包含客观的也包含主观的分析，这和 IDS 的原始检测能力以及它报告的方式有关。分析人员要在 IDS 误报时分析为什么会出现这种误报、在给定的测试网络条件下这种误报是否合理等问题。评测结果的计分方式也很关键，如果计分不合理的话，得出的评测结果可信度也就不可能很高。比如，如果某个 IDS 检测不出某种攻击或对某种正常行为会产生虚警，则同样的行为会不断产生同样的结果，正确的处理方法是应该只计一次，但这很难把握，一旦这种效果被多次重复考虑该 IDS 的评测结果肯定不是很理想，但实际上该入侵检测总体检测效果可能很好。

入侵检测作为一门正在蓬勃发展的技术，出现的时间并不是很长；相应地，对 IDS 进行评测出现得更晚。它肯定有很多不完善和有待改进的地方，这需要进一步的研究。其中几个比较关键的问题是：网络流量仿真、用户行为仿真、攻击特征库的构建、评估环境的实现以及评测结果的分析。

近几年来，我国入侵检测方面的研究工作和产品开发也有了很大的发展，但对入侵检测评估测试方面的工作还不是很多。各入侵检测产品厂家基于各方面的原因,在宣传时常常夸大其词,而 IDS 的用户对此往往又不是很清楚,所以迫切需要建立起一个可信的测试评估标准,这对开发者和用户都有好处。

7.5 典型的 IDS 系统及实例

7.5.1 典型的 IDS 系统

入侵检测系统大部分是基于各自的需求和设计独立开发的,不同系统之间缺乏互操作性和互用性,这对入侵检测系统的发展造成了障碍,因此 DARPA(the Defense Advanced Research Projects Agency,美国国防部高级研究计划局)在 1997 年 3 月开始着手 CIDF(Common Intrusion Detection Framework,公共入侵检测框架)标准的制定。现在加州大学 Davis 分校的安全实验室已经完成 CIDF 标准,IETF(Internet Engineering Task Force,Internet 工程任务组)成立了 IDWG(Intrusion Detection Working Group,入侵检测工作组)负责建立 IDEF(Intrusion Detection Exchange Format,入侵检测数据交换格式)标准,并提供支持该标准的工具,以更高效率地开发 IDS 系统。

我国在这方面的研究刚开始起步,目前也已经开始着手入侵检测标准 IDF(Intrusion Detection Framework,入侵检测框架)的研究与制定。

几种典型的攻击检测系统如下。

(1) NAI 公司 Cyber cop 攻击检测系统包括三个组成部分:Cyber Cop Scanner、Cyber cop Server 和 Cyber cop Network。Cyber cop Scanner 的目标是在复杂的网络环境中检测出薄弱环节。Cyber cop Scanner 主要对 Intranet、Web 服务器、防火墙等网络安全环节进行全面的检查,从而发现这些安全环节的攻击脆弱点。Cyber cop Server 的目标是在复杂的网络环境中提供防范、检测和对攻击作出反应,并能采取自动抗击措施的工具。Cyber cop Network 的主要功能是在复杂的网络环境中通过循环监测网络流量(Traffic)的手段保护网络上的共享资源。Cyber cop 能够生成多种形式的报告,包括 HTLM、ASCII 正文、RTF 格式以及 Comma Delimited 格式。

(2) ISS 公司(Internet Security System)的 Real Secure 2.0 for Windows NT 是一种领导市场的攻击检测方案。Real Secure2.0 提供了分布式安全体系结构,多个检测引擎可以监控不同的网络并向中央管理控制台报告,控制台与引擎之间的通信可以采用 128 bitTSA 进行认证和加密。

(3) Abirnet 公司的 Session - wall - 32.1 是一种功能比较广泛的安全产品,其中包括攻击检测系统功能。Session - wall - 3 提供定义监控、过滤及封锁网络流量的规则的功能,因此其解决方案比较简洁、灵活。Session - Wall - 3 受到攻击后即向本地控制台发送警报、电子函件,并进行事件记录,还具备向安全管理人员发信息的功能,它的报表功能也比较强。

(4) Anzen 公司的 NFR(Netware Flight Recorder)提供了一个网络监控框架,利用这个框架可以有效地执行攻击检测任务。OEM 公司可以基于 NFR 定制具备专门用途的攻击检测系统，有些软件公司已经利用 NFR 开发出各自的产品。

（5）IBM 公司的 IERS 系统（Internet Emergency Response Service）由两个部件组成：NetRanger 检测器和 Boulder 监控中心。NetRanger 检测器负责监听网络上的可识别的通信数字签名，一旦发现异常情况，就启动 Boulder 监控中心的报警器报警。

（6）中科网威信息技术有限公司的"天眼"入侵检测系统、"火眼"网络安全漏洞检测系统是我国少有的几个入侵检测系统之一。它根据国内网络的特殊情况，由中国科学院网络安全关键技术研究组经过多年研究，综合运用了多种检测系统成果研制成功的。它根据系统的安全策略作出反映，实现了对非法入侵的定时报警、记录事件，方便取证，自动阻断通信连接，重置路由器、防火墙，同时能及时发现并及时提出解决方案，并列出可参考的全热链接网络及系统中易被黑客利用和可能被黑客利用的薄弱环节，防范黑客攻击。该系统的总体技术水平达到了"国际先进水平"（1998 年的关键技术"中国科学院若干网络安全"项目成果鉴定会结论）。

（7）启明星辰公司的黑客入侵检测与预警系统，集成了网络监听监控、实时协议分析、入侵行为分析及详细日志审计跟踪等功能。该系统主要包括两部分：探测器和控制器。探测器能监视网络上流过的所有数据包，根据用户定义的条件进行检测，识别出网络中正在进行的攻击。它能实时检测到入侵信息并向控制器管理控制台发出告警，由控制台给出定位显示，从而将入侵者从网络中清除出去。探测器能够监测所有类型的 TCP/IP 网络，其强大的检测功能为用户提供了最为全面、有效的入侵检测能力。控制器是一个高性能管理系统，它能监控位于本地或远程网段的多个探测器的活动；集中地配置策略，提供统一的数据管理和实时报警管理；显示详细的入侵告警信息（如入侵 IP 地址、目的 IP 地址、目的端口、攻击特征），对事件的响应提供在线帮助，以最快的方式阻止入侵事件的发生。另外，它还能全面地记录和管理日志，以便进行离线分析，对特殊事件提供智能判断和回放功能。

7.5.2　入侵检测系统实例 Snort

1. Snort 概述

Snort 是一个轻量级网络入侵检测系统，具有实时数据流分析和日志 IP 网络数据包的功能，能够进行协议分析和内容搜索匹配，能够检测不同的攻击方式并对攻击进行实时报警。此外，Snort 是一个跨平台、开放源代码的免费软件，具有很好的扩展性和可移植性。Snort 使用著名的网络包捕获器 Libpcap 进行开发。Libpcap 是网络数据包捕获的标准接口，使用 BPF 数据包捕获机制，它为 Snort 提供了一个可移植的数据包截获和过滤机制。

2. Snort 的结构

Snort 的结构如图 7.9 所示。它主要包括四个模块：数据包嗅探器、预处理器、检测引擎和报警输出模块。首先，Snort 通过数据包嗅探器从网络中捕获数据包，而后交给预处理器进行处理，而后再交给检测引擎来对每个包进行检测判断入侵，如果有入侵行为发生，通过报警输出模块进行记录，告警信息也可存入数据库中进行保存。

Snort 的预处理器、检测引擎和报警输出模块采用插件结构，插件程序按照 Snort 提供的插件函数接口完成，使 Snort 的功能扩展更加容易。Snort 采用基于规则的网络信息搜索

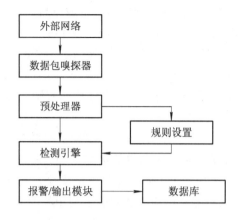

图 7.9　Snort 结构

机制，对网络数据在入侵规则库中进行匹配，从而发现入侵行为。

下面将分别介绍数据包嗅探器、预处理器、检测引擎、报警输出模块各个组成模块的工作原理。

1）数据包嗅探器

数据包嗅探器模块主要实现网络数据包捕获和解析的功能。Snort 利用 Libpcap 库函数进行数据采集，该库函数可以为应用程序提供直接从链路层捕获数据包的接口函数，并可以设置数据包过滤器来捕获指定的数据，将捕获的网络数据包按照 TCP/IP 协议族的不同层次进行解析。

2）预处理器

预处理器模块针对可疑行为检查包或者修改包，以便检测引擎能对其正确解释，还可以对网络流进行标准化以便检测引擎能够准确匹配特征。

3）检测引擎

检测引擎模块是入侵检测系统实现的核心，当数据包从预处理器送过来后，检测引擎依据预先设置的规则检查数据包，一旦发现数据包中的内容和某条规则相匹配，就通知报警输出模块。

4）报警/输出模块

检测引擎检查后的 Snort 数据需要以某种方式输出。如检测引擎中的某条规则被匹配，则会触发一条报警，这条报警信息、会通过网络等方式或 SNMP 协议的 trap 命令送给日志文件，报警信息也可以记入数据库。

3. Snort 规则结构

Snort 采用基于规则的网络入侵模式搜索机制，对网络数据包进行模式匹配，从中发现入侵或恶意攻击行为。Snort 规则就是使用一种简单的描述语言来刻画网络上的带有攻击标识的数据包。Snort 将所有已知的入侵行为以规则的形式存放在规则库中，每一条规则由规则头部和规则选项两个部分组成。规则头定义了规则的动作、所匹配网络报文的协议、源地址、目的地址、源端口以及目标端口等信息；规则选项部分则包含了所要显示给用户查看的警告信息以及用来判定报文是否为攻击报文的其他信息。一条规则可以用来探测一个或多个类型的入侵活动，一个好的规则可以来探测多种入侵特征。

Snort 规则头部的主要结构如图 7.10 所示。

动作	协议	地址	端口	方向	地址	端口

图 7.10　Snort 规则头部结构

图 7.10 中，动作部分表示当规则与包比对并符合条件时，会采取什么类型的动作。通常的动作是产生告警、记录日志或向其他规则发出请求。

协议部分用来在一个特定协议的包上应用规则。这是规则所涉及的第一个条件。一些可以用到的协议如 IP、ICMP、UDP 等等。

地址部分定义源或目的地址。地址可以是一个主机、一些主机的地址或者网络地址。注意，在规则中有两个地址段，依赖于方向段决定地址是源或者是目的地址。例如，方向段的值是"->"，那么左边的地址就是源地址，右边的地址是目的地址。

如果协议是 TCP 或 UDP，则端口部分用来确定规则所对应的包的源及目的端口；如果是网络层协议，如 IP 或 ICMP，则端口号就没有意义了。

方向部分用来确定地址和端口是源，还是目的。

例如，这样一个规则，当它探测到 TTL 为 100 的 ICMP Ping 包时，就会产生告警：

alert icmp any any -> any any（msg："Ping with TTL=100"；ttl：100；）

括号之前的部分叫做规则头部，括号中的部分叫做规则选项。头部依次包括如下部分。

（1）规则的动作。在这个规则中，动作是 alert（告警），指如果符合后面的条件，就会产生一个告警。如果产生告警，默认的情况下将会记录日志。

（2）协议。在这个规则中，协议是 icmp，也就是说这条规则仅仅对 icmp 包有效，如果一个包的协议不是 icmp，Snort 探测引擎就不理会这个包以节省 CPU 时间。协议部分在对某种协议的包应用 Snort 规则时是非常重要的。

（3）源地址和源端口。在这个例子中，它们都被设置成了 any，也就是这条规则将被应用在来自任何地方的 icmp 包上，当然，端口号与 icmp 是没有什么关系的，仅仅与 TCP 和 UDP 有关系。

（4）方向。->表示从左向右的方向，表示在这个符号的左面部分是源，右面是目的，也表示规则应用在从源到目的的包上；如果是<-，那么就相反。注意，也可以用<>来表示规则将应用在所有方向上。

（5）目的地址和端口。都是"any"，表示规则并不关心它们的目的地址。在这个规则中，由于 any 的作用，方向段并没有实际的作用，因为它将被应用在所有方向的 icmp 包上。

在括号中的规则选项部分表示：如果包符合 TTL=100 的条件就产生一条包含文字："Ping with TTL=100"的告警。TTL 是 IP 包头部字段。

4. Snort 典型规则示例

Snort 规则的本质就是简单模式匹配，即通过对数据包的分析得到所需信息，用以匹配自身的规则库。如果能够匹配某一规则，就产生事件报警或者做日志记录，否则就丢弃（即便是属于攻击）。

在初始化并解析规则时,分别生成 4 个不同的规则树:TCP、UDP、ICMP 和 IP。每一个规则树即一个独立的三维链表:规则头(Rule Tree Node,RTN)、规则选项(Optional Tree Node,OTN)和指向匹配函数的指针。RTN 包含动作、协议、源(目的)地址和端口以及数据流向;OTN 包含报警信息(msg)、匹配内容(content)等选项。当 Snort 捕获一个数据包时,首先分析该数据包属于哪个规则树,然后找到相匹配的 RTN 节点,最后向下与 OTN 节点进行匹配,每个 OTN 节点包含一组用来实现匹配操作的函数指针。当数据包与某个 OTN 节点匹配时,即判断此数据包为攻击数据包。

根据网络入侵的分类,较典型的 Snort 规则有以下几类:

1)端口扫描

端口扫描通常指用同一个信息对目标主机的所有需要扫描的端口发送探测数据包,然后根据返回端口的状态来分析目标主机端口是否打开可用的行为。这是黑客用于收集目标主机相关信息,从而发现某些内在安全弱点的常用手段。

规则实例:

    alert tcp any any —> $ HOME_NET any (msg:"SYN FIN Scan"; flags:SF:)

含义:当有人对系统进行 SYN FIN 扫描时,向管理员发出端口扫描的警报。

2)系统后门

在大多数情况下,攻击者入侵一个系统后,可能还想在适当的时候再次进入系统,一种较好的方法就是在这个已被入侵的系统中留一个后门。后门(backdoor)就是攻击者再次进入网络或系统而不被发现的隐蔽通道。最简单的方法就是在主机上打开一个监听的端口。

规则实例:

    alert udp any any —> $ HOME_NET 31337 (msg:"Back Orifice";)

含义:当有人连接系统 UDP 端口 31337 时,向管理员发出后门程序 Back Orifice 活动的警报。

3)拒绝服务

拒绝服务攻击(Denial of Service)是一种最早也是最常见的攻击形式,攻击者通过发送一些非法的数据包使系统瘫痪,或者发送大量的数据包使系统无法响应,从而达到破坏系统的目的。

规则实例:

    alert tcp $ EXTERNAL_NET any —> $ HOME_NET 12754 (msg:"DDOS mstream client to handler"; flow:to_server, established; content:">"; flags:A+; reference:cve, 2000—0138; classtype:attemped—doc; sid:247; rev:5;)

含义:目的端口号为 12754 的 TCP 连接中,数据包含字符串">"时,向管理员发出拒绝服务攻击的警报。

4)缓冲区溢出

缓冲区溢出也是一种较为常用的黑客技术。它通过往程序的缓冲区写入超出其长度的内容,造成缓冲区的溢出,并利用精心构造的数据覆盖程序的返回指针,从而改变程序的执行流程,达到执行攻击代码的目的。

规则实例:

    alert tcp any any —> $ HOME_NET 21 (msg:"FTP buffer overflowl! "; content: "|5057 440A 2F69|";)

含义：当有人向系统 TCP 端口 21 发送的数据中带有二进制数据"|5057 440A 2F69|"时，向管理员发出 FTP 溢出攻击的警报。

7.6　入侵防护系统

随着网络入侵事件的不断增加和黑客攻击水平的不断提高，用户面对的网络攻击、病毒感染的事件不断增加，传统的入侵检测技术显得力不从心，因此需要引入一种全新的技术——入侵防护（IPS，Intrusion Prevention System）。

7.6.1　IPS 的原理

绝大多数 IDS 系统都是被动的，而不是主动的。也就是说，在网络入侵实际发生之前，它们往往无法预先发出警报。而入侵防护系统则倾向于提供主动防护，即预先对入侵活动和攻击性网络流量进行拦截。也就是说，IPS 是一种主动的、积极的入侵防范及阻止系统，它部署在网络的进出口处，当检测到攻击企图后，它会自动地将攻击包丢掉或采取措施将攻击源阻断。

简单地说，入侵防护系统（IPS）是任何能够检测已知和未知攻击并且在没有人为干预的情况下能够自动阻止攻击的硬件或者软件设备。IPS 也称为 IDP（Intrusion Detection&Prevention，入侵检测和防御系统），是指不但能检测入侵的发生，而且能通过一定的响应方式，实时地中止入侵行为的发生和发展，实时地保护网络及信息系统不受实质性攻击的一种智能化的安全产品。

入侵防护系统通过一个网络接口接收来自外部系统的流量，经过检查确认不含有异常活动或可疑内容后，再通过另外一个网络接口将它传递到内部系统中；有问题的数据包，以及所有来自该问题的后续包，都会被 IPS 给彻底清除掉，如图 7.11 所示。

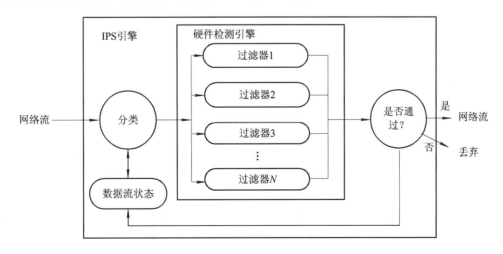

图 7.11　IPS 工作原理

IPS 实现实时检查和阻止入侵的原理在于 IPS 拥有数目众多的过滤器，能够防止各种攻击。当新的攻击手段被发现之后，IPS 就会创建一个新的过滤器。IPS 数据包处理引擎是专业化定制的集成电路，可以深层检查数据包的内容。如果有攻击者利用数据链路层至应用层的漏洞发起攻击，IPS 就能够从数据流中检查出这些攻击并加以阻止。IPS 可以做到逐一字节地检查数据包。所有流经 IPS 的数据包都会被分类，分类的依据是数据包中的报头信息，如源 IP 地址和目的 IP 地址、端口号和应用域。每种过滤器负责分析相对应的数据包。通过检查的数据包可以继续前进，包含恶意内容的数据包就会被丢弃，被怀疑的数据包需要接受进一步的检查。

针对不同的攻击行为，IPS 需要不同的过滤器，每种过滤器都设有相应的过滤规则。在对传输内容进行分类时，过滤引擎还需要参照数据包的信息参数，并将其解析至一个有意义的域中进行上下文分析，以提高过滤准确性。

7.6.2　IPS 的分类

目前，对于入侵防护系统的分类主要是依据操作系统平台，分为基于主机的入侵防护系统(HIPS)和基于网络的入侵防护系统(NIPS)。

1. 基于主机的入侵防护(HIPS)

基于主机的入侵防护系统(HIPS)，通过在主机/服务器上安装软件代理程序，来防止网络攻击入侵操作系统以及应用程序。基于主机的入侵防护能够保护服务器的安全弱点不被不法分子所利用；可以根据自定义的安全策略以及分析学习机制来阻断对服务器、主机发起的恶意入侵；可以阻断缓冲区溢出、改变登录口令、改写动态链接库以及其他试图从操作系统夺取控制权的入侵行为，整体提升主机的安全水平。

在技术上，HIPS 采用独特的服务器保护途径，利用由包过滤、状态包检测和实时入侵检测组成的分层防护体系。这种体系能够在提供合理吞吐率的前提下，最大限度地保护服务器的敏感内容，既可以以软件形式嵌入到应用程序对操作系统的调用当中，通过拦截对操作系统的可疑调用，提供对主机的安全防护(现在大部分防病毒软件的实时保护功能，实际上已经提供了部分这样的功能)；也可以以更改操作系统内核程序的方式，提供比操作系统更加严谨的安全控制机制。

由于 HIPS 工作在受保护的主机/服务器上，因此它与具体的主机/服务器操作系统平台紧密相关，不同的平台需要不同的软件代理程序。

2. 基于网络的入侵防护(NIPS)

基于网络的入侵防护系统(NIPS)，通过检测流经的网络流量，来提供对网络系统的安全保护。由于它采用串联连接方式，因此一旦辨识出入侵行为，NIPS 就可以阻止整个网络会话，而不仅仅是复位会话。同样由于实时在线，NIPS 需要具备很高的性能，以免成为网络的瓶颈，因此 NIPS 通常被设计成类似于交换机的网络设备，提供线速吞吐速率以及多个网络端口。

基于特定的硬件平台，才能真正实现千兆级网络流量的深度数据包检测和阻断功能。这种特定的硬件平台通常可以分为三类：第一类是网络处理器(NP)，第二类是专用的FPGA 编程芯片，第三类是专用的 ASIC 芯片。

在技术上，NIPS 吸取了目前 NIDS 所有的成熟技术，包括特征匹配、协议分析和异常检测。特征匹配是最广泛应用的技术，具有准确率高、速度快的特点。基于状态的特征匹配不但能检测攻击行为的特征，还要检查当前网络的会话状态，避免受到欺骗攻击。从策略上讲，NIPS 倾向于提供更先进的问题警告并且保护更大范围的计算机环境，而 HIPS 倾向于对面向特定主机的具体行为更深层次的识别。

为了保证 IPS 的性能，商用 NIPS 系统都采用了协议分析技术，先将数据包进行分类，然后并行地对数据包进行多个规则的匹配检测。

7.6.3　IPS 和 IDS 的比较

IPS 是从 IDS 的检测技术发展而来的，它沿袭了 IDS 的两大主要检测技术：一是应用的特征检测；二是行为匹配检测，对一系列行为动作做连续的跟踪和关联。另外，IPS 利用对攻击行为样本建立一些模型，基于模式匹配来判断是否为攻击行为。IPS 利用 IDS 的检测技术串行部署，实时检测并直接阻断攻击行为。

IPS 在很多方面是吸收了防火墙和 IDS 的技术精髓。首先，IPS 和 IDS 的部署方式不同，串接式部署是区别 IPS 和 IDS 的主要特征。IDS 产品在网络中是旁路式工作的，IPS 产品在网络中是串接式工作的。串接式工作保证所有网络数据都经过 IPS 设备，IPS 如检测到数据流中的恶意代码，核对策略，在未转发到服务器之前，将信息包和数据流拦截，如图 7.12 所示。

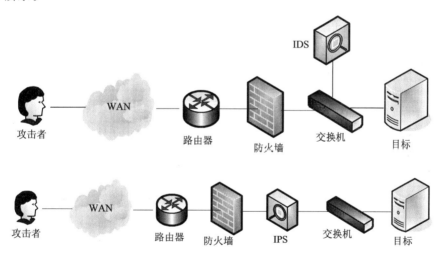

图 7.12　IDS 和 IPS 的部署

IPS 和 IDS 对入侵的响应机制不同，IDS 能检测到信息流中的恶意代码，但由于是被动处理通信，本身不能对数据流作任何处理，最多也只能在数据流中嵌入 TCP 阻断包，以重置正在进行的攻击会话。然而，整个攻击信息包有可能先于 TCP 重置信息包到达被攻击的主机，在这种情况下，IDS 作出响应没有任何意义。

IPS 和 IDS 的发展目标不同，IPS 重在深层防御，追求精确阻断，是防御入侵的最佳方案。它弥补了防火墙或 IDS 对入侵数据实时阻断效果的不足。IDS 重在全面检测，追求有效呈现，是了解入侵状况的最佳方案。IDS 除了完善入侵行为识别全面性以外，还要通过统计数据分析、多维报表呈现等管理特性，更加直观地让用户了解入侵威胁状况和趋势，以便支撑治理入侵的最佳思路。

7.7　入侵检测技术的发展方向

1. 入侵检测技术的发展与演化

近年来,入侵检测技术无论从规模与方法上都发生了变化。入侵的手段与技术也有了"进步与发展"。入侵检测技术的发展与演化主要反映在下列几个方面:

(1) 入侵或攻击的综合化与复杂化。入侵的手段有多种,由于网络防范技术的多重化,攻击的难度增加,使得入侵者在实施入侵或攻击时往往同时采取多种入侵的手段,以保证入侵的成功几率,并可在攻击实施的初期掩盖攻击或入侵的真实目的。

(2) 入侵主体对象的间接化,即实施入侵与攻击的主体的隐蔽化。通过一定的技术,可掩盖攻击主体的源地址及主机位置,即使用了隐蔽技术后,对于被攻击对象攻击的主体是无法直接确定的。

(3) 入侵或攻击的规模扩大。对于网络的入侵与攻击,在其初期往往是针对某公司或一个网站,其攻击的目的可能为某些网络技术爱好者的猎奇行为,也不排除商业的盗窃与破坏行为。由于战争对电子技术与网络技术的依赖性越来越大,随之产生、发展、逐步升级到电子战与信息战。对于信息战,无论其规模与技术都与一般意义上计算机网络的入侵与攻击都不可相提并论。信息战的成败和国家主干通信网络的安全是与任何主权国家领土安全一样重要的国家安全。

(4) 入侵或攻击技术的分布化。以往常用的入侵与攻击行为往往由单机执行,由于防范技术的发展使得此类行为不能奏效。所谓的分布式拒绝服务(DDoS)在很短时间内可造成被攻击主机的瘫痪,且此类分布式攻击的单机信息模式与正常通信无差异,所以往往在攻击发动的初期不易被确认。分布式攻击是近期最常用的攻击手段。

(5) 攻击对象的转移。入侵与攻击常以网络为侵犯的主体,但近年来的攻击行为却发生了策略性的改变,由攻击网络改为攻击网络的防护系统,且有愈演愈烈的趋势。现已有专门针对 IDS 作攻击的报道。攻击者详细地分析了 IDS 的审计方式、特征描述、通信模式,找出 IDS 的弱点,然后加以攻击。

2. 入侵检测技术的发展方向

针对上述问题,下一代入侵检测系统不仅要使入侵检测技术能适应高速网络要求,而且传输数据包要求在实时性、扩展性、安全性、适用性、有效性等方面应有较大的改进与提高。入侵检测技术的发展方向可以概括如下。

(1) 分布式入侵检测。它主要面向大型网络和异构系统,采用分布式结构,可以对多种信息进行协同处理和分析,与单一架构的入侵检测系统相比具有更强的检测能力。

(2) 智能化入侵检测。智能化方法常用的有神经网络、遗传算法、模糊技术、免疫原理、数据挖掘等,其目的是降低检测系统的虚警和漏报概率,提高系统的自学习能力和实时性。从目前的一些研究成果看,基于智能技术的入侵检测方法具有许多传统检测方法所没有的优点,有良好的发展潜力。

(3) 入侵检测系统之间以及入侵检测系统和其他安全组件之间的互动性研究。在大型网络中，网络的不同部分可能使用了多种入侵检测系统，甚至还有防火墙、漏洞扫描等其他类别的安全设备，这些入侵检测系统之间以及 IDS 和其他安全组件之间的互动，有利于共同协作，减少误报，并能更有效地发现攻击，作出响应，阻止攻击。从管理、网络结构、加密通道、防火墙、病毒防护、入侵检测多方位全面地对所关注的网络作出评估，然后提出可行的解决方案。

（4）入侵检测系统自身安全性的研究。入侵检测是个安全产品，自身安全极为重要。因此，越来越多的入侵检测产品采用强身份认证、黑洞式接入、限制用户权限等方法，以免除自身的安全问题。

（5）建立入侵检测系统评价体系。设计通用的入侵检测测试、评估方法和平台，实现对多种入侵检测系统的检测，已成为当前入侵检测系统的另一重要研究与发展领域。评价入侵检测系统可从检测范围、系统资源占用、自身的可靠性等方面进行，评价指标有：能否保证自身的安全、运行与维护系统的开销、报警准确率、负载能力、可支持的网络类型、支持的入侵特征数、是否支持 IP 碎片重组、是否支持 TCP 流重组等。

总之，入侵检测系统作为一种主动的安全防护技术，提供了对内部攻击、外部攻击和误操作的实时保护，在网络系统受到危害之前拦截和响应入侵。随着网络通信技术安全性的要求越来越高，电子商务等网络应用要求提供可靠的服务，而入侵检测系统能够从网络安全的立体纵深、多层次防御的角度出发提供安全服务，必将进一步受到人们的高度重视。

未来的入侵检测系统将会结合其他网络管理软件，形成入侵检测、网络管理、网络监控三位一体的工具。强大的入侵检测软件的出现极大地方便了网络的管理，其实时报警为网络安全增加了又一道保障。尽管在技术上仍有许多未克服的问题，但正如攻击技术不断发展一样，入侵检测也会不断更新、成熟。

习　题　7

1. 什么叫入侵检测？
2. 简述入侵检测系统的构成。
3. 入侵检测系统分为哪几类？
4. 简述 IDS 的测试评估方法。
5. 简述 IPS 的工作原理。

第 8 章　Internet 基础设施的安全性

　　全球信息高速公路的建设给整个社会的科技、经济与文化带来了巨大的推动与冲击，同时也给我们带来了很多挑战。Internet 的信息安全是一个综合的系统工程，需要我们在网络安全技术的研究和应用领域做长期的攻关和规划。

　　本章主要介绍 Internet 环境下的安全防范措施。具体的技术有 DNS、安全协议 IPSec、电子邮件加密协议（PGP、S/MIME）、安全套接层 SSL、安全电子交易 SET、安全的超文本传输协议 SHTTP 以及虚拟专用网 IP VPN 技术等。

8.1　Internet 安全概述

　　随着政府网、海关网、企业网、电子商务、网上娱乐等一系列网络应用的蓬勃发展，Internet 正在越来越多地离开原来单纯的学术环境，融入到社会的各个方面。一方面，网络用户成分越来越多样化，出于各种目的的网络入侵和攻击也越来越频繁；另一方面，网络应用越来越深地渗透到金融、商务、国防等关键要害领域。换言之，Internet 网的安全，包括网上的信息数据安全和网络设备服务的运行安全，日益成为与国家、政府、企业、个人的利益休戚相关的"大事情"。然而，由于在早期网络协议设计上对安全问题的忽视，以及在使用和管理方面的无政府状态，逐渐使 Internet 自身的安全受到严重威胁，与它有关的安全事故屡有发生。这就要求我们对与 Internet 互连所带来的安全性问题予以足够重视。

　　网络面临的安全威胁可分为两种：一是对网络数据的威胁；二是对网络设备的威胁。这些威胁可能来源于各种各样的因素：可能是有意的，也可能是无意的；可能是来源于企业外部的，也可能是内部人员造成的；可能是人为的，也可能是自然力造成的。

　　总结起来，大致有下面几种主要威胁：

　　（1）非人为、自然力造成的数据丢失、设备失效、线路阻断；

　　（2）人为但属于操作人员无意的失误造成的数据丢失；

　　（3）来自外部和内部人员的恶意攻击和入侵。

　　前面两种威胁的预防与传统电信网络基本相同，最后一种是当前 Internet 网络所面临的最大威胁，是电子商务、政府网工程等顺利发展的最大障碍，也是企业网络安全策略最需要解决的问题。

　　在 Internet 环境中，可以从不同层次对上述安全问题加以解决，如图 8.1 所示。

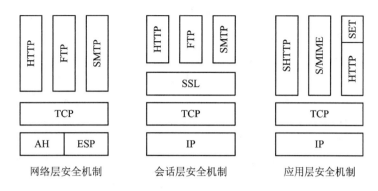

图 8.1　已经实现的各种网络安全机制

8.2　DNS 的安全性

域名系统(DNS)是一种用于 TCP/IP 应用程序的分布式数据库,它提供主机名字和 IP 地址之间的转换信息。通常,网络用户通过 UDP 协议和 DNS 服务器进行通信,而服务器在特定的 53 端口监听,并返回用户所需的相关信息,这是"正向域名解析"的过程。

"反向域名解析"也是一个查 DNS 的过程。当客户向一台服务器请求服务时,服务器方一般会根据客户的 IP 反向解析出该 IP 对应的域名。

8.2.1　目前 DNS 存在的安全威胁

1. DNS 的安全隐患

DNS 的安全隐患主要有以下几点:

(1) 防火墙一般不会限制对 DNS 的访问;

(2) DNS 可以泄漏内部的网络拓扑结构;

(3) DNS 存在许多简单有效的远程缓冲溢出攻击;

(4) 几乎所有的网站都需要 DNS;

(5) DNS 的本身性能问题是关系到整个应用的关键。

2. DNS 的安全威胁

DNS 的安全威胁主要有以下几点:

(1) 拒绝服务攻击。

(2) 设置不当的 DNS 将泄漏过多的网络拓扑结构。如果你的 DNS 服务器允许对任何人都进行区域传输,那么整个网络架构中的主机名、主机 IP 列表、路由器名、路由器 IP 列表,甚至包括机器所在的位置等都可以被轻易窃取。

(3) 利用被控制的 DNS 服务器入侵整个网络,破坏整个网络的安全完整性。当一个入侵者控制了 DNS 服务器后,他就可以随意篡改 DNS 的记录信息,甚至使用这些被篡改的记录信息来达到进一步入侵整个网络的目的。例如,将现有的 DNS 记录中的主机信息修改成被攻击者自己控制的主机,这样所有到达原来目的地的数据包将被重定位到入侵者手中，在国外，这种攻击方法有一个很形象的名称，被称为 DNS 毒药，因为 DNS 带来的威胁会使得整个网络系统中毒，破坏了完整性。

（4）利用被控制的 DNS 服务器，绕过防火墙等其他安全设备的控制。现在一般的网站都设置有防火墙，但是由于 DNS 服务的特殊性，在 UNIX 机器上，DNS 需要的端口是 UDP 53 和 TCP 53，它们都是需要有 root 执行权限的。这样，防火墙就很难控制对这些端口的访问，入侵者可以利用 DNS 的诸多漏洞获取到 DNS 服务器的管理员权限。

如果内部网络的设置不合理，例如 DNS 服务器上的管理员密码和内部主机管理员密码一致，DNS 服务器和内部其他主机处于同一个网段，DNS 服务器处于防火墙的可信任区域等等，就相当于给入侵者提供了一个打开系统大门的捷径。

8.2.2 Windows 下的 DNS 欺骗

局域网内的网络安全是一个值得大家关注的问题，往往容易引发各种欺骗攻击，这是局域网自身的属性所决定的——网络共享。这里所说的 DNS 欺骗是基于 ARP 欺骗之上的网络攻击，如果在广域网上，则比较麻烦。

1. DNS 欺骗的原理

让我们换个思路，如果客户机在进行 DNS 查询时，能够人为地给出我们自己的应答信息，结果会怎样呢？这就是著名的 DNS ID 欺骗(DNS Spoofing)。

在 DNS 数据报头部的 ID(标识)是用来匹配响应和请求数据报的。现在，让我们来看看域名解析的整个过程。客户端首先以特定的标识向 DNS 服务器发送域名查询数据报，再在 DNS 服务器查询之后以相同的 ID 号给客户端发送域名响应数据报。这时，客户端会将收到的 DNS 响应数据报的 ID 和自己发送的查询数据报 ID 相比较，如果匹配则表明接收到的正是自己等待的数据报，如果不匹配则丢弃。

假如我们能够伪装 DNS 服务器提前向客户端发送响应数据报，那么客户端的 DNS 缓存里域名所对应的 IP 就是我们自定义的 IP 了，同时客户端也就被带到了我们希望的网站。条件只有一个，那就是我们发送的 ID 匹配的 DNS 响应数据报在 DNS 服务器发送的响应数据报之前到达客户端。具体的 DNS 欺骗原理如图 8.2 所示。

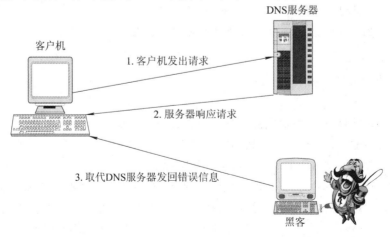

图 8.2　DNS 欺骗原理

2. DNS 欺骗的实现

现在我们知道了 DNS ID 欺骗的实质，那么如何才能实现呢？这要分两种情况：

（1）本地主机与 DNS 服务器，本地主机与客户端主机均不在同一个局域网内。这种情况下实现 DNS 欺骗的方法有以下几种：向客户端主机随机发送大量 DNS 响应数据报，命中率很低；向 DNS 服务器发起拒绝服务攻击，太粗鲁；BIND 漏洞，使用范围比较窄。

（2）本地主机至少与 DNS 服务器或客户端主机中的某一台处在同一个局域网内。这种情况下我们可以通过 ARP 欺骗来实现可靠而稳定的 DNS ID 欺骗。下面我们将详细讨论这种情况。

首先我们进行 DNS ID 欺骗的基础是 ARP 欺骗，也就是在局域网内同时欺骗网关和客户端主机(也可能是欺骗网关和 DNS 服务器，或欺骗 DNS 服务器和客户端主机)。我们以客户端的名义向网关发送 ARP 响应数据报，不过其中将源 MAC 地址改为我们自己主机的 MAC 地址；同时以网关的名义向客户端主机发送 ARP 响应数据报，同样将源 MAC 地址改为我们自己主机的 MAC 地址。这样以来，在网关看来客户端的 MAC 地址就是我们主机的 MAC 地址；客户端也认为网关的 MAC 地址为我们主机的 MAC 地址。由于在局域网内数据报的传送是建立在 MAC 地址之上的，所以网关和客户端之间的数据流通必须先通过本地主机。

在监视网关和客户端主机之间的数据报时，如果发现客户端发送的 DNS 查询数据报（目的端口为 53），那么我们可以提前将自己构造的 DNS 响应数据报发送到客户端。注意，我们必须提取由客户端发送来的 DNS 查询数据报的 ID 信息，因为客户端是通过它来进行匹配认证的，这就是一个我们可以利用的 DNS 漏洞。这样，客户端会先收到我们发送的 DNS 响应数据报并访问我们自定义的网站，虽然客户端也会收到 DNS 服务器的响应报文，不过已经来不及了。

如果你不幸被欺骗了，先禁用本地连接，然后启用本地连接就可以清除 DNS 缓存。不过也有一些例外情况：如果 IE 中使用代理服务器，欺骗就不能进行，因为这时客户端并不会在本地进行域名请求；如果你访问的不是网站主页，而是相关子目录的文件，这样你在自定义的网站上不会找到相关的文件，登录以失败告终。

8.2.3　拒绝服务攻击

Berkeley Internet Name Domain(BIND)是我们所熟知的域名软件，它具有广泛的使用基础，Internet 上的绝大多数 DNS 服务器都是基于这个软件的。

来自 DIMAP/UFRN(计算机科学和应用数学系/北格兰德联邦大学)的 CAIS/RNP(Brazilian Research Network CSIRT)和 Vagner Sacramento 对 BIND 的几种版本进行了测试，证明了在 BIND 版本 4 和 8 上存在缺陷，攻击者利用这个缺陷能成功地进行 DNS 欺骗攻击。

如果攻击者以不同的 IP 源地址、相同的域名同时向目标 DNS 服务器发送若干个解析请求，目标 DNS 服务器为了解析这些请求，会将接收到的请求全部发送到其他 DNS 服务器。由于这些解析请求都被单独进行处理，并分配了不同的 ID，因此在目标服务器等待这些不同 ID 的回复时，攻击者可尝试使用不同 ID 向目标 DNS 服务器发送回复，通过猜测或穷举得到正确的回复 ID，以便进行 DNS 欺骗攻击。在 BIND4 和 BIND8 中猜测成功的几率是：$n/65535$(n 为同时向目标 DNS 服务器发送请求的数目)。

许多 Internet 的正常服务都必须依赖于 DNS 服务。因此,如果此缺陷被成功利用,将会影响网络中的其他服务。攻击者能使用 DNS 欺骗进行拒绝服务攻击或者伪装成一个受信任系统。

受影响版本包括:

BIND 4.9.11 以及之前的版本(4.9.x);

BIND 8.2.7 以及之前的版本(8.2.x);

BIND 8.3.4 以及之前的版本(8.3.x)。

解决方案:建议用户立即升级到版本 BIND 9.2.1:http://www.isc.org/products/BIND/bind9.html。

临时解决方案:

(1) 配置 DNS 服务器仅仅允许在自己的域内使用递归;

(2) 在防火墙或边界路由器上进行防欺骗配置;

(3) 将 DNS 服务器放置在 DMZ 内。

8.3 安全协议 IPSec

因特网与大多数包交换网络都是建立在 Internet 协议(IP)之上的,因而,要解决这些网络的安全问题就要首先解决 IP 的安全问题。IPSec 协议正是解决 IP 通信安全的一个可行方案,它使用强的密码认证协议和加密算法来保护 IP 通信的完整性和保密性。

8.3.1 IP 协议简介

IP 协议是位于 ISO 七层协议中网络层的协议,它实现了 Internet 中自动路由的功能,即寻径的功能。IP 维系着整个 TCP/IP 协议的体系结构。除了数据链路层外,TCP/IP 协议栈的所有协议都是以 IP 数据报的形式传输的。IP 允许主机直接向数据链路层发送数据包,这些数据包最终会进入物理网络,然后可能通过不同的网络传送到目的地。IP 提供无连接的服务。在无连接的服务中,每个数据报都包含完整的目的地址并且路由相互独立;这样,使用无连接的服务时,数据报到达目的地的顺序可能与发送方发送的顺序不同。

TCP/IP 协议簇有两种 IP 版本:版本 4(IPv4)和版本 6(IPv6)。我们现在使用的是 IPv4,最新的 IPv6 可以解决地址紧缺的问题,而 IPSec 技术则为保护 IP 通信的安全提供了一个可行的解决方案,它适合上面的两种 IP 版本。

8.3.2 下一代 IP——IPv6

近年来随着通信业的高速发展,中国已经成为通信技术和应用发展的主要市场。2002 年 11 月 30 日,中国移动电话用户达到了 2 亿,固定电话的普及率为 31.99%,互联网用户则为 4829 万。由此,我国现有的 IPv4 已经不能满足网络市场对地址空间、端到端的 IP 连接、服务质量、网络安全和移动性能的要求。因此,以 IPv6 为核心技术的下一代网络在中国正越发受到重视。

IPv6(Internet Protocol Version 6,Internet 协议版本 6),它是 Internet 协议的最新版

本，已作为 IP 的一部分并被许多主要的操作系统所支持。IPv6 也被称为"IPng"(下一代 IP)，它对现行的 IP(版本 4)进行了重大的改进。使用 IPv4 和 IPv6 的网络主机和中间节点可以处理 IP 协议中任何一层的包。用户和服务商可以直接安装 IPv6 而不用对系统进行什么重大的修改。相对于版本 4，新版本的最大改进在于将 IP 地址从 32 位改为 128 位，这一改进是为了适应网络快速的发展对 IP 地址的需求，也从根本上改变了 IP 地址短缺的问题。可以预见，IPv6 可以为未来 10～15 年左右分配足够的 IP 地址。

IPv6 的改进有：简化 IPv4 首部字段(被删除或者成为可选字段)，减少了一般情况下包的处理开销以及 IPv4 首部占用的带宽。改进 IP 首部选项编码方式的修改导致更加高效的传输，在选项长度方面更少的限制，以及将来引入新的选项时更强的适应性；加入一个新的能力，使得那些发送者要求特殊处理的属于特别传输流的包能够贴上标签，比如非缺省质量的服务或者实时服务。为支持认证，数据完整性以及(可选的)数据保密的扩展都在 IPv6 中说明。

IPv6 定义在 RFC2373(IP Version 6 Addressing Architecture，1998.7)、RFC2374(An IPv6，Aggregatable Global Unicast Address Format 1998.7)、RFC2375(IPv6 Multicast Address Assignments，1998.7)和 RFC2492(IPv6 Over ATM Network，1999)中。很显然，IPv6(128 位)和 IPv4(32 位)是有区别的，因为 IPv6 有 8 个 16 位地址段，而 IPv4 有 4 个 8 位地址。除了这个明显区别外，IPv6 使用了一个不同的方式来表示它的编码，如表 8.1 所示。

表 8.1　IPv6 地址表示方法

地址	描述
0:0:0:0:0:0:0:0	这是指定的地址，不应该分配给 IPv6 网络中的任何节点
0:0:0:0:0:0:0:1	这是 IPv6 的标准回环地址
0:0:0:0:0:0:10:10:20:2	它表示了一串共 6 个"高阶"IPv6 16 位数，以及 4 个"低阶"IPv4 8 位数($6 \times 16 + 4 \times 8 = 126$)
::10:10:20:2	除了使用了双冒号表示法来替代所有的前导 0 外，与上一条地址相同

请记住，可以使用一套双冒号(::)来替代许多组的 16 位 0，从而可以避免在一个 IPv6 地址的一部分位置输入一整串 0。同样这套双冒号在一个地址中只能使用一次，一般用来压缩开始或者结尾部分的 0，因此，不会有这样的地址::10::(假如想表示 0:0:0:0:0:0:10:0:0:0)。

IPv6 推广的复杂性来自于路由器和其他的网络设备。现在的路由器要么只支持 IPv4，要么只支持 IPv6，从来不会支持两种版本。所以在网络技术有了新的发现和发明或者大规模部署 IPv6 路由设备之前，要广泛使用 IPv6 仍然需要几年的时间。

8.3.3　IP 安全协议 IPSec 的用途

IP 数据包本质上是不安全的。伪造 IP 地址，篡改 IP 数据报的内容，重放旧的内容，监测传输中的数据包的内容都是比较容易的。因此，既不能保证一个 IP 数据包确实来自它声称的来源，也不能保证 IP 数据包在从源到目的地的传输过程中没有被第三方篡改或者窥视。

设计 IPSec 是为了给 IPv4 和 IPv6 数据提供高质量的、可互操作的、基于密码学的安全性。它可以防止 IP 地址欺骗，防止任何形式的 IP 数据包篡改和重放，并为 IP 数据包提供保密性和其他的安全服务。IPSec 在网络层提供这些服务,该层是在 TCP/IP 协议栈中包含 IP 协议的层。IPSec 所提供的安全服务是通过使用密码协议和安全机制的联合实现的。IPSec 能够让系统选择所需的安全协议,并一起使用密码算法,同时生成为提供这些请求的服务所必需的密钥,并将它们放在核心的位置。

IPSec 提供的安全服务包括对网络单元的访问控制,数据源认证,提供用于无连接服务协议(协议)的无连接完整性,重放数据报的监测和拒绝,使用加密来提供保密性和有限的数据流保密性。由于 IPSec 服务是在网络层提供的,任何上层协议,如 TCP、UDP、ICMP 和IGMP,或者任何应用层协议都可以使用这些服务。

8.3.4 IPSec 的结构

IPSec 通过使用两种通信安全协议:认证头(AH, Authentication Header)和封装安全载荷(ESP, Encryption Service Payload),并使用像 Internet 密钥交换(IKE, Internet Key Exchange)协议这样的密钥管理过程和协议来实现安全性。

1. 认证头(AH)

设计认证头(AH)协议的目的是用来增加 IP 数据包的安全性。AH 协议提供无连接的完整性、数据源认证和防重放保护服务。然而,AH 不提供任何保密性服务,它不加密所保护的数据包。AH 的作用是为 IP 数据流提供高强度的密码认证,以确保被修改过的数据包可以被检查出来。

AH 使用消息验证码(MAC)对 IP 进行认证,如图 8.3 所示。MAC 是一种算法,它接收一个任意长度的消息和一个密钥,生成一个固定长度的输出,成为消息摘要或指纹。如果数据包的任何一部分在传送过程中被篡改,当接收端运行同样的 MAC 算法,并与发送端发送的消息摘要值进行比较时,将会被检测出来。

图 8.3 AH 认证和完整性

最常见的 MAC 是 HMAC。HMAC 可以和任何迭代密码散列函数(如 MD5、SHA-1、RIPEMD-160 和 Tiger)结合使用,而不用对散列函数进行修改。

AH 被应用于整个数据包,除了任何在传输中易变的 IP 包头域,例如被沿途的路由器修改的 TTL 域。AH 的工作步骤如下:

(1) IP 包头和数据负载用来生成 MAC;

(2) MAC 被用来建立一个新的 AH 报头,并添加到原始的数据包上;

(3) 新的数据包被传送到 IPSec 对端路由器上;

（4）对端路由器对 IP 包头和数据负载生成 MAC，并从 AH 包头中提取出发送过来的 MAC 信息，对两个信息进行比较。MAC 信息必须精确匹配，即使所传输的数据包有一个比特位被改变，对接收到的数据包的散列计算结果都将会改变，AH 包头也将不能匹配。

2. 封装安全载荷（ESP）

封装安全载荷（ESP）可以被用来提供保密性、数据来源认证（鉴别）、无连接完整性、防重放服务，以及通过防止数据流分析来提供有限的数据流加密保护，如图 8.4 所示。实际上，ESP 可以提供和 AH 类似的服务，但是增加了两个额外的服务：数据保密和有限的数据流保密服务。数据保密服务通过使用密码算法加密 IP 数据包的相关部分来实现。数据流保密由隧道模式下的保密服务提供。

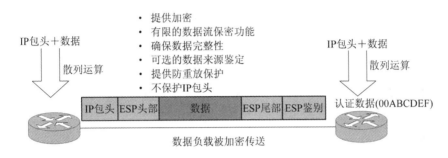

图 8.4　封装安全载荷 ESP

ESP 中用来加密数据包的密码算法都毫无例外地使用了对称密钥体制。公钥密码算法采用计算量非常大的大整数模指数运算，大整数的规模超过 300 位十进制数字。而对称密码算法主要使用初级操作（异或、逐位与、位循环等），无论以软件还是硬件方式执行都非常有效。所以相对公钥密码系统而言，对称密钥系统的加、解密效率要高得多。ESP 通过在 IP 层对数据包进行加密来提供保密性，它支持各种对称的加密算法。对于 IPSec 的缺省算法是 56 bit 的 DES，该加密算法必须被实施，以保证 IPSec 设备间的互操作性。ESP 通过使用消息认证码（MAC）提供认证服务。

ESP 可以单独应用，也可以以嵌套的方式使用，或者和 AH 结合使用。

3. IKE 协议

IKE（Internet Key Exchange，因特网密钥交换）协议是一种混合协议，是 IETF 标准的安全关联和密钥交换解析的方法。在交换经过 IPSec 加密的数据之前，必须先建立起一种被称为"安全关联（SA，Security Association）"的关系。在一个 SA 中，两个系统就如何交换和保护数据达成协议。一般来说，SA 的自动建立和动态维护是通过 IKE 来进行的，利用 IKE 创建和删除 SA，不需要管理员手工维护，而且 SA 有生命期。

IKE 实行集中化的安全关联管理，并生成和管理授权密钥。授权密钥是用来保护要传送的数据的。除此之外，IKE 还有管理员能够定制密钥交换的特性，例如：管理员可以设置密钥交换的频率。这可以降低密钥受到侵害的机会，还可以降低被截获的数据被破译的机会。

IKE 为 IPSec 提供实用服务：IPSec 双方的鉴别、IKE 和 IPSec 安全关联的协商、为 IPSec 所用的加密算法建立密钥。它使用了三个不同协议的相关部分：Internet 安全关联和密钥交换协议(ISAKMP)、Oakley 密钥确定协议和 SKEME。IKE 为 IPSec 双方提供用于生成加密密钥和认证密钥的密钥信息。同样，IKE 使用 ISAKMP 为其他 IPSec(AH 和 ESP)协议协商 SA(安全关联)。

8.4　电子邮件的安全性

电子邮件的最普遍问题是角色欺骗，不能相信电子邮件上的地址，因为发送者可以伪造一个假的地址，或者在传送过程中修改信头，或者发送者直接连接到目标主机的 SMTP 端口，自己发送邮件。另外，电子邮件的信头和内容是明文传送的，所以内容在传送过程中可能被他人偷看或修改。信头可以被篡改，用来隐藏真实的发送者或者把信息转发到别处。PGP(MIME Security with Pretty Good Privacy)和 S/MIME(Secure/MIME)是两个最常见的邮件加密技术。

8.4.1　PGP

PGP 最早出现在 1990 年，是一种长期在学术圈和技术圈内得到广泛使用的安全邮件标准。其特点是通过单向散列算法对邮件内容进行签名，保证信件内容无法修改，并使用公钥和私钥技术保证邮件内容保密且不可否认。发信人与收信人的公钥发布在公开的地方，如 FTP 站点。公钥本身的权威性由第三方(特别是收信人所熟悉或信任的第三方)进行签名认证，但它没有统一的集中的机构进行公钥/私钥的签发，即在 PGP 系统中，更多的信任是来自于通信的双方。

PGP(Pretty Good Privacy)，是一个基于 RSA 公钥加密体系的邮件加密软件。可以用它对你的邮件保密以防止非授权者阅读，它还能对你的邮件加上数字签名从而使收信人可以确信邮件是你发来的。它让你可以安全地和你从未见过的人们通信，事先并不需要任何保密的渠道用来传递密钥。它采用了审慎的密钥管理，一种 RSA 和传统加密的杂合算法，用于数字签名的邮件文摘算法，加密前压缩等，还有一个良好的人机工程设计。它的功能强大，有很快的速度，而且它的源代码是免费的。

实际上，还可以用 PGP 代替 UUencode 生成 RADIX 64 格式(就是 MIME 的 BASE 64 格式)的编码文件。

PGP 的创始人是美国的 Phil Zimmermann。他的创造性在于他把 RSA 公钥体系的方便和传统加密体系的高速度结合起来，并且在数字签名和密钥认证管理机制上有巧妙的设计。因此，PGP 成为几乎最流行的公钥加密软件包。

1. PGP 加密原理

PGP 是一种供大众使用的加密软件。加密是为了安全，隐私权是一种基本人权。在现代社会里，电子邮件和网络上的文件传输已经成为生活的一部分。邮件的安全问题就日益突出了，大家都知道在 Internet 上传输的数据是不加密的。如果你自己不保护自己的信息，第三者就会轻易获得你的隐秘。还有一个问题就是信息认证，如何让收信人确信邮件没有被第三者篡改，就需要数字签名技术。RSA 公钥体系的特点使它非常适合用来满足上述两个要求：保密性(Privacy)和认证性(Authentication)。

　　RSA(Rivest-Shamir-Adleman)算法是一种基于大数不可能质因数分解假设的公钥体系。简单地说就是找两个很大的质数，一个公开，一个不告诉任何人。一个称为"公钥"，另一个叫"私钥"(Public key & Secret key or Private key)。这两个密钥是互补的，就是说用公钥加密的密文可以用私钥解密，反过来也一样。假设甲要寄信给乙，他们互相知道对方的公钥。甲就用乙的公钥加密邮件寄出，乙收到后就可以用自己的私钥解密出甲的原文。由于没别人知道乙的私钥，所以即使是甲本人也无法解密那封信，这就解决了信件保密的问题。另一方面由于每个人都知道乙的公钥，他们都可以给乙发信，那么乙就无法确信是不是甲的来信。认证的问题就出现了，这时候数字签名就有用了。

　　在说明数字签名前先要解释一下什么是"邮件文摘"(Message Digest)，简单地讲就是对一封邮件用某种算法算出一个最能体现这封邮件特征的数来，一旦邮件有任何改变这个数都会变化，那么这个数加上作者的名字(实际上在作者的密钥里)、日期等等，就可以作为一个签名了。确切地说，PGP 是用一个 128 位的二进制数作为"邮件文摘"的，用来产生它的算法叫 MD5(Message Digest 5)。MD5 的提出者是 Ron Rivest，PGP 中使用的代码是由 Colin Plumb 编写的，MD5 本身是公用软件。所以，PGP 的法律条款中没有提到它。MD5 是一种单向散列算法，它不像 CRC 校验码，很难找到一份替代的邮件与原件具有同样的 MD5 特征值。

　　回到数字签名上来，甲用自己的私钥将上述的 128 位的特征值加密，附加在邮件后，再用乙的公钥将整个邮件加密。(注意这里的次序，如果先加密再签名的话，别人可以将签名去掉后签上自己的签名，从而篡改了签名)。这样，这份密文被乙收到以后，乙用自己的私钥将邮件解密，得到甲的原文和签名，乙的 PGP 也从原文计算出一个 128 位的特征值来和用甲的公钥解密签名所得到的数比较，如果符合就说明这份邮件确实是甲寄来的。这样两个安全性要求都得到了满足。

　　PGP 还可以只签名而不加密，这适用于公开发表声明时，声明人为了证实自己的身份(在网络上只能如此了)，可以用自己的私钥签名。这样就可以让收件人能确认发信人的身份，也可以防止发信人抵赖自己的声明。这一点在商业领域有很大的应用前途，它可以防止发信人抵赖和信件被途中篡改。

　　那么为什么说 PGP 用的是 RSA 和传统加密的杂合算法呢？因为 RSA 算法计算量极大，在速度上不适合加密大量数据，所以 PGP 实际上用来加密的不是 RSA 本身，而是采用了一种叫 IDEA 的传统加密算法。传统加密，简单地说就是用一个密钥加密明文，然后用同样的密钥解密。这种方法的代表是 DES(US Federal Data Encryption Standard)，也就是乘法加密，它的主要缺点就是密钥的传递渠道解决不了安全性问题，不适合网络环境邮件的加密需要。IDEA 是一个有专利的算法，专利持有者是 ETH 和一个瑞士公司：Ascom-Tech AG。非商业用途的 IDEA 实现不用向他们交纳费用。IDEA 的加(解)密速度比 RSA 快得多，所以实际上 PGP 是以一个随机生成密钥(每次加密不同)用 IDEA 算法对明文加密，然后用 RSA 算法对该密钥加密。这样，收件人同样是用 RSA 解密出这个随机密钥，再用 IDEA 解密邮件本身。这样的链式加密就做到了既有 RSA 体系的保密性，又有 IDEA 算法的快捷性。PGP 的创意有一半就在这一点上了，为什么 RSA 体系在 20 世纪 70 年代就提出来，却一直没有推广应用呢？那么 PGP 创意的另一半在哪儿呢？下面再谈 PGP 的密钥管理。

2. 密钥管理机制

一个成熟的加密体系必然要有一个成熟的配套密钥管理机制。公钥体制的提出就是为了解决传统加密体系的密钥分配过程难以保密的缺点。比如网络 hacker 们常用的手段之一就是"监听",如果密钥是通过网络传送就太危险了。举个例子,Novell Netware 的老版本中,用户的密码是以明文在线路中传输的,这样监听者轻易地就获得了他人的密码。当然,Netware 4.1 中数据包头的用户密码现在是加密的了。对 PGP 来说公钥本来就要公开,就没有防监听的问题。但公钥的发布中仍然存在安全性问题,例如公钥被篡改(Public Key Tampering),这可能是公钥密码体系中最大的漏洞,因为大多数新手不能很快发现这一点。你必须确信你拿到的公钥属于它看上去属于的那个人。

防止这种情况出现的最好办法是避免让任何其他人有机会篡改公钥,比如直接从 Alice 手中得到她的公钥,然而当她在千里之外或无法见到时,这是很困难的。PGP 发展了一种公钥介绍机制来解决这个问题。举例来说:如果你和 Alice 有一个共同的朋友 David,而 David 知道他手中的 Alice 的公钥是正确的(关于如何认证公钥,PGP 还有一种方法,后面会谈到,这里假设 David 已经和 Alice 认证过她的公钥)。这样,David 可以用他自己的私钥在 Alice 的公钥上签名(就是用上面讲的签名方法),表示他担保这个公钥属于 Alice。当然你需要用 David 的公钥来校验他给你的 Alice 的公钥,同样 David 也可以向 Alice 认证你的公钥,这样 David 就成为你和 Alice 之间的"介绍人"。这样 Alice 或 David 就可以放心地把 David 签过字的 Alice 的公钥上载到 BBS 上让你去拿,没人可能去篡改它而不被你发现,即使是 BBS 的管理员。这就是从公共渠道传递公钥的安全手段。

那怎么安全地得到 David 的公钥呢?确实有可能你拿到的 David 的公钥也是假的。PGP 对这种可能也有预防的建议,那就是由一个大家普遍信任的人或机构担当这个角色。他被称为"密钥侍者"或"认证权威",每个由他签字的公钥都被认为是真的,这样大家只要有一份他的公钥就行了,认证这个人的公钥是方便的,因为他广泛提供这个服务,假冒他的公钥是很困难的。这样的"权威"适合由非个人控制组织或政府机构充当,现在已经有等级认证制度的机构存在。

对于那些非常分散的人们,PGP 更赞成使用私人方式的密钥转介方式,因为这样有机的非官方途径更能反映出人们自然的社会交往,而且人们也能自由地选择信任的人来介绍。总之和不认识的人们之间的交往一样。每个公钥有至少一个"用户名"(User ID),请尽量用自己的全名,最好再加上本人的 E-mail 地址,以免混淆。

注意,必须遵循的一条规则是:在使用任何一个公钥之前,一定要首先认证它。无论你受到什么诱惑,当然会有这种诱惑,你都不要,绝对不要,直接信任一个从公共渠道(尤其是那些看起来保密的)得来的公钥,记得要用熟人介绍的公钥,或者自己与对方亲自认证。同样你也不要随便为别人签字认证他们的公钥,就和你在现实生活中一样,家里的房门钥匙你是只会交给十分信任的人的。

下面讲讲如何通过电话认证密钥。每个密钥有它们自己的标识(KeyID),KeyID 是一个 8 位十六进制数,两个密钥具有相同 KeyID 的可能性是几十亿分之一,而且 PGP 还提供了一种更可靠的标识密钥的方法:"密钥指纹"(Key's Fingerprint)。每个密钥对应一串数字(16 个两位十六进制数),这个指纹重复的可能就更微乎其微了,而且任何人无法指定生成一个具有某个指纹的密钥,密钥是随机生成的,从指纹也无法反推出密钥来。这样你拿到某人的公钥后就可以和他在电话上核对这个指纹，从而认证他的公钥。如果你无法和 Alice 通电话，你可以和 David 通电话认证 David 的公钥，从而通过 David 认证了 Alice 的公钥，这就是直接认证和间接介绍的结合。

这样又引出一种方法，就是把具有不同人签名的自己的公钥收集在一起，发送到公共场合，这样可以希望大部分人至少认识其中一个人，从而间接认证了你的公钥。同样你签了朋友的公钥后应该寄回给他，这样就可以让他通过你被你的其他朋友所认证，就和现实社会中人们的交往一样。PGP 会自动为你找出你拿到的公钥中有哪些是你的朋友介绍来的，哪些是你朋友的朋友介绍来的，哪些则是朋友的朋友的朋友介绍的……它会帮你把它们分为不同的信任级别，让你参考决定对它们的信任程度。你可以指定某人有几层转介公钥的能力，这种能力是随着认证的传递而递减的。

转介认证机制具有传递性。PGP 的作者 Phil Zimmermann 说过一句话："信赖不具有传递性；我有个我相信决不撒谎的朋友。可是他是个认定总统决不撒谎的傻瓜，可很显然我并不认为总统决不撒谎。"

关于公钥的安全性问题是 PGP 安全的核心问题。和传统单密钥体系一样，私钥的保密也是决定性的。相对公钥而言，私钥不存在被篡改的问题，但存在泄露的问题。RSA 的私钥是很长的一个数字，用户不可能将它记住，PGP 的办法是让用户为随机生成的 RSA 私钥指定一个口令（pass phase），只有通过给出口令才能将私钥释放出来使用。用口令加密私钥的方法的保密程度和 PGP 本身是一样的，所以私钥的安全性问题实际上首先是对用户口令的保密。当然私钥文件本身失密也很危险，因为破译者所需要的只是用穷举法试探出你的口令，虽说很困难但毕竟是损失了一层安全性。在这里只需简单地记住一点，要像任何隐私一样保存你的私钥，不要让任何人有机会接触到它，最好只在大脑中保存，不要写在纸上。

PGP 在安全性问题上的审慎考虑体现在 PGP 的各个环节。比如每次加密的实际密钥是个随机数，大家都知道计算机是无法产生真正的随机数的。PGP 程序对随机数的产生是很审慎的，关键的随机数像 RSA 密钥的产生是从用户敲键盘的时间间隔上取得随机数种子的。对于磁盘上的 randseed.bin 文件是采用和邮件同样强度的密钥来加密的。这有效地防止了他人从你的 randseed.bin 文件中分析出你的加密实际密钥的规律来。

PGP 的加密前预压缩处理。PGP 内核使用 PKZIP 算法来压缩加密前的明文。一方面，对电子邮件而言，压缩后加密再经过 7 bits 编码密文有可能比明文更短，这就节省了网络传输的时间。另一方面，明文经过压缩，实际上相当于经过一次变换，信息更加杂乱无章，对明文攻击的抵御能力更强。PGP 中使用的 PKZIP 算法是经过原作者同意的。PKZIP 算法是一个公认的压缩率和压缩速度都相当好的压缩算法。在 PGP 中使用的是 PKZIP 2.0 版本兼容的算法。

8.4.2　S/MIME

对一般用户来说，PGP 和 S/MIME 邮件加密专用协议在使用上几乎没有什么差别。但是事实上它们是完全不同的，主要体现在格式上，这就有点像 GIF 和 JPEG 两种图形文件，对用户来说，查看图片是没有区别的，但它们是两种完全不同格式的文件。这也就意味着，由于格式的不同，一个使用 PGP 的用户不能与另一个使用 S/MIME 的用户通信，且他们也不能共享证书。

PGP/MIME 和 Open PGP 都是基于 PGP 的,已经得到许多重要的邮箱提供商支持。PGP 的通信和认证的格式是随机生成的,使用简单的二进制代码。PGP 的主要提供商是美国 NAI 的子公司 PGP,在我国,由于 PGP 的加密超过 128 位,受到美国出口限制,所以商用的比较少。S/MIME v3 和 OPEN PGP 的对比如表 8.2 所示。

表 8.2 S/MIME v3 和 OPEN PGP 的对比

主要特征	S/MIME v3	Open PGP
信息通信的格式	基于 cms 的二进制格式	基于早期 PGP 的二进制格式
身份认证的格式	基于 x.509v3 的二进制格式	基于早期 PGP 的二进制格式
机密算法	tripledes(des ede3 cbc)	tripledes(des ede3 eccentric cfb)
数字签名	Diffie-Hellman(x9.42) with dss	elgamal with dss
哈希算法	sha-1	sha-1

S/MIME 是一个新协议,最初版本来源于私有的商业社团 RSA 数据安全公司。S/MIME v2 版本已经广泛地使用在安全电子邮件上,但是它并不是 IETF 的标准。因为它需要使用 RSA 的密钥交换,这就受限于美国 RSA 数据安全公司的专利(不过,2001 年 12 月该专利已到期)。

S/MIME 是从 PEM(Privacy Enhanced Mail)和 MIME(Internet 邮件的附件标准)发展而来的。同 PGP 一样,S/MIME 也利用单向散列算法和公钥与私钥的加密体系。但它与 PGP 主要有两点不同:它的认证机制依赖于层次结构的证书认证机构,所有下一级的组织和个人的证书由上一级的组织负责认证,而最上一级的组织(根证书)之间相互认证,整个信任关系基本是树状的,这就是所谓的 Tree of Trust。还有,S/MIME 将信件内容加密签名后作为特殊的附件传送,它的证书格式采用 X.509,但与一般浏览器网上使用的 SSL 证书有一定差异。

国内众多的认证机构基本都提供一种叫"安全电子邮件证书"的服务,其技术对应的就是 S/MIME 技术,平台使用的基本上是美国 Versign 的,主要提供商有北京的天威诚信(www.itrus.com.cn)和 TrustAsia 上海(www.trustasia.com.cn),它们一个是 Versign 的中国区合作伙伴,一个是 Versign 亚太区分支机构。

8.5 Web 的安全性

8.5.1 Web 的安全性要求

计算机的安全性历来都是人们讨论的主要话题之一,而计算机安全主要研究的是计算机病毒的防治和系统的安全。在计算机网络日益扩展和普及的今天,计算机安全的要求更高,涉及面更广,不但要求防治病毒,提高系统抵抗外来非法黑客入侵的能力,还要提高对远程数据传输的保密性，避免在传输途中遭受非法窃取。

1. Web 服务器主要的漏洞

对于系统本身的安全性，主要考虑服务器自身的稳定性、健壮性，增强自身抵抗能力，杜绝一切可能让黑客入侵的渠道，避免造成对系统的威胁。

Web 服务器的漏洞主要有以下几个方面：

（1）在 Web 服务器上不允许访问的秘密文件、目录或重要数据。

（2）从远程用户向服务器发送信息时，特别是信用卡的信息时，中途遭不法分子非法拦截。

（3）Web 服务器本身存在的一些漏洞，使得一些人能入侵到主机系统破坏一些重要的数据，甚至造成系统瘫痪。

（4）CGI 程序中存在的漏洞。

（5）在防治网络病毒方面，在 http 传输中 HTML 文件一般不会存在感染病毒的危险。危险在于下载可执行文件，如 .zip、.exe、.arj、.Z 等格式的文件过程中应特别加以注意，这些文件都有潜伏病毒的可能性。

2. 安全预防措施

Web 服务器安全预防措施有以下几点：

（1）限制在 Web 服务器新建账户，定期删除一些短期使用的用户。

（2）对在 Web 服务器上新开的账户，在口令长度及定期更改方面作出要求，防止被盗用。

（3）对口令和用户名出错次数进行限制，防范穷举法攻击。

（4）尽量使 ftp、mail 等服务器与之分开，去掉 ftp、sendmail、tftp、NIS、NFS、finger、netstat 等一些无关的应用。

（5）在 Web 服务器上去掉一些绝对不用的 shell 等之类的解释器，即当在你的 cgi 的程序中没用到 perl 时，就尽量把 perl 在系统解释器中删除掉。

（6）禁止乱用从其他网站下载的一些工具软件，并在没有详细了解之前尽量不要用 root 身份注册执行，以防止某些程序员在程序中设下的陷阱。

（7）定期查看服务器中的日志 logs 文件，分析一切可疑事件，及时发现一些非法用户的入侵尝试。

（8）设置好 Web 服务器上系统文件的权限和属性，对可让人访问的文档分配一个公用的组，如 WWW 只分配它只读的权利。把所有的 HTML 文件归为 WWW 组，由 Web 管理员管理 WWW 组。对于 Web 的配置文件仅对 Web 管理员有写的权利。

（9）有些 Web 服务器把 Web 的文档目录与 FTP 目录指定在同一目录，应该注意不要把 FTP 的目录与 CGI-BIN 指定在一个目录之下。这样是为了防止一些用户通过 FTP 上在一些尤如 PERL 或 SH 之类的程序并用 Web 的 CGI-BIN 去执行造成不良后果。

（10）通过限制用户 IP 或 DNS，控制访问许可。

（11）在选用 Web 服务器时，应考虑到不同服务器对安全的要求不一样。一些简单的 Web 服务器就没有考虑到一些安全的因素，不能把他用作商业应用，只作一些个人的网点。

对重要商业应用，必须加上防火墙和数据加密技术加以保护。在数据加密方面，更重要的是不断提高和改进数据加密技术，使不法分子难有可乘之机。通过这些方法，就可以使 Web 服务处于相对安全的地位。

8.5.2 安全套接字层(SSL)

SSL(Secure Socket Layer)系由 Netscape 公司建议的一种建构在 TCP 协议之上的保密措施通信协议，不但适用于 HTTP，而且还适用于 TELNET、FTP、NNTP、GOPHER 等客户/服务器模式的安全协议。Netscape Navigator、Secure Mosaic 和 Microsoft Internet Explorer 等客户浏览器与 Netscape、Microsoft、IBM、Quarterdeck、OpenMarket 和 O'Reilly 等服务器产品都采用 SSL 协议。

SSL 协议允许客户端(典型的如浏览器)和 HTTP 服务器之间通过安全的连接来通信。它采用了加密、来源验证、数据完整性等支持，以保护在不安全的公众网络上交换的数据。SSL 版本包括：SSL 2.0 有安全隐患，现在已经基本上不用了；SSL 3.0 应用则比较广泛；最后，由 SSL 3.0 改进而来的传输层加密(Transport Layer Security，TLS)已经成为 Internet 标准并应用于几乎所有新出的软件中。

在数据传输之前，加密技术通过将数据转变成看起来毫无意义的内容来保护数据不被非法使用。其过程是：数据在一端(客户端或者服务器端)被加密，然后传输，再在另一端解密。

来源认证是验证数据发送者身份的一种办法。浏览器或者其他客户端第一次尝试与网页服务器进行安全连接之上的通信时，服务器会将一套信任信息以证书的形式呈现出来。证书由权威认证机构(CA)(值得信赖的授权者)来发行和验证。一个证书描述一个人的公钥。一个签名的文档会作出如下保证：我证明文档中的这个公钥属于在该文档中命名的实体。目前知名的权威认证机构有 Verisign、Entrust 和 Thawte 等。注意，现在使用的 SSL/TLS 证书是 X.509 证书。

SSL 协议的目标是提供两个应用间通信的保密和可靠性，可在服务器和客户端同时实现支持。SSL 可提供三种基本的安全服务：信息保密、信息完整性、相互认证，如表 8.3 所示。

表 8.3 SSL 的应用

服务类型	主要技术	应用
信息保密	加密	防止窃听
信息完整性	信息认证码	防止破坏
相互认证	X.509 证明	防止冒名

SSL 由两层组成，低层是 SSL 记录层，用于封装不同的上层协议，其中一个被封装的协议即 SSL 握手协议，它可以让服务器和客户机在传输应用数据之前协商加密算法和加密密钥，客户机提出自己能支持的全部算法清单，服务器选择最适合它的算法。

SSL 是名符其实的安全套接层。它的连接动作和 TCP 的连接类似，因此，可以认为 SSL 连接就是安全的 TCP 连接，因为在协议层次图中 SSL 的位置正好在 TCP 之上而在应用层之下。但是，SSL 不支持某些 TCP 的特性，比如频带外数据。

　　SSL 的特性之一是为电子商务的事务提供可交流的加密技术和为验证算法提供标准的方法。SSL 的开发者认识到不是所有人都会使用同一个客户端软件，从而不是所有客户端都会包括任何详细的加密算法。对于服务器也是同样。位于连接两端的客户端和服务器，在初始化"握手"的时候需要交流加密和解密算法(密码组)。如果它们没有足够的公用算法，连接尝试将会失败。

　　注意，当 SSL 允许客户端和服务器端相互验证的时候，典型的作法是只有服务器端在 SSL 层上进行验证，客户端通常在应用层通过 SSL 保护通道传送的密码来进行验证。这个模式常用于银行、股份交易和其他的安全网络应用中。SSL 和 TCP/IP 协议的层次如图 8.5 所示。

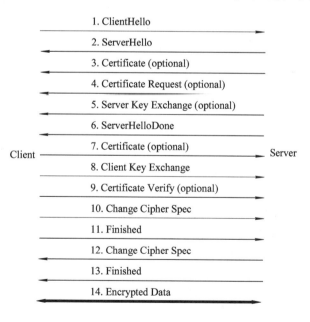

图 8.5　SSL 和 TCP/IP 协议的层次

SSL 完全"握手"协议如图 8.6 所示。它展示了在 SSL"握手"过程中的信息交换顺序。

Client		Server
→	1. ClientHello	
←	2. ServerHello	
←	3. Certificate (optional)	
←	4. Certificate Request (optional)	
←	5. Server Key Exchange (optional)	
←	6. ServerHelloDone	
→	7. Certificate (optional)	
→	8. Client Key Exchange	
→	9. Certificate Verify (optional)	
→	10. Change Cipher Spec	
→	11. Finished	
←	12. Change Cipher Spec	
←	13. Finished	
↔	14. Encrypted Data	

图 8.6　SSL"握手"协议

这些消息的意义如下：

　　(1) ClientHello：发送信息到服务器的客户端，这些信息包括 SSL 协议版本、会话 ID 和密码组信息，如加密算法和能支持的密钥的大小。

（2）ServerHello：选择最好密码组的服务器并发送这个消息给客户端。密码组包括客户端和服务器支持。

（3）Certificate：服务器将包含其公钥的证书发送给客户端。这个消息是可选的，在服务器请求验证的时候会需要它。换句话说，证书用于向客户端确认服务器的身份。

（4）Certificate Request：这个消息仅在服务器请求客户端验证它自身的时候发送。多数电子商务应用不需要客户端对自身进行验证。

（5）Server Key Exchange：如果证书包含了服务器的公钥不足以进行密钥交换，则发送该消息。

（6）ServerHelloDone：通知客户端，服务器已经完成了交流过程的初始化。

（7）Certificate：仅当服务器请求客户端对自己进行验证的时候发送。

（8）Client Key Exchange：客户端产生一个密钥与服务器共享。如果使用 Rivest-Shamir-Adelman（RSA）加密算法，客户端将使用服务器的公钥将密钥加密之后再发送给服务器。服务器使用自己的私钥或者密钥对消息进行解密以得到共享的密钥。现在，客户端和服务器共享着一个已经安全分发的密钥。

（9）Certificate Verify：如果服务器请求验证客户端，那么这个消息允许服务器完成验证过程。

（10）Change Cipher Spec：客户端要求服务器使用加密模式。

（11）Finished：客户端告诉服务器它已经准备好安全通信了。

（12）Change Cipher Spec：服务器要求客户端使用加密模式。

（13）Finished：服务器告诉客户端它已经准备好安全通信了。这是 SSL "握手"结果的标志。

（14）Encrypted Data：客户端和服务器现在可以开发在安全通信通道上进行加密信息的交流了。

8.5.3 安全超文本传输协议

从 World-Wide Web 角度来看，人们提出了三种安全的 HTTP 协议或协议簇。第一个是 HTTPS，它事实上就是基于 SSL 来实现安全的 HTTP。第二个是 SHTTP（Secure HTTP），是 Commerce Net 在 1994 年提出的，其最初的目的是用于电子商务。该协议后来也提交给了因特网工程任务组 IETF 的 Web 事务安全工作组讨论。像 SSL 一样，SHTTP 提供了数据机密性、数据完整性和身份鉴别或认证服务。二者的不同之处在于，SHTTP 是 HTTP 的一个扩展，它把安全机制嵌入到 HTTP 中。显然，由于 SHTTP 较之 SSL 更面向应用，因此实现起来要复杂一些。SHTTP 和 TCP/IP 的层次如表 8.4 所示。在早期，各厂商一般只选择支持上述两个协议之一，但现在许多厂商对两者都支持。第三个是安全电子交易（Secure Electronic Transaction）SET。这是一个庞大的协议，它主要涉及电子商务中的支付处理。它不仅定义了电子支付协议，还定义了证书管理过程。SET 是由 Visa 和 MasterCard 共同提出的。

SHTTP（Secure HTTP）系由 Commerce Net 公司建议构造在 HTTP 协议之上的高层协议。目前，由 Open Market 公司推销的 Open Marketplace 服务器结合 Enterprise Integration Technologies 的 Secure HTTP Mosaic 客户浏览器采用 S-HTTP。

表 8.4　SHTTP 和 TCP/IP 的层次

OSI 模型	Web
应用层	WEB 应用
表示层	HTTP
会话层	SHTTP
传输层	TCP
网络层	IP
链路层	Ethernet/Token Ring
物理层	LAN/WAN

SHTTP/HTTP 可以采用多种方式对信息进行封装,封装的内容包括加密、签名和基于 MAC 的认证,并且一个消息可以被反复封装加密。此外,SHTTP 还定义了包头信息来进行密钥传输、认证传输和相似的管理功能。SHTTP 可以支持多种加密协议,还为程序员提供了灵活的编程环境。

SHTTP 使用 HTTP 的 MIME 网络数据包进行签名、验证和加密,数据加密可以采用对称或非对称加密。通过 SHTTP,安全服务器以加密和签名信息回答请求。在对客户验证签名及身份时,验证是通过服务器的私钥实现的,该私钥用来产生服务器的数字签名,当信息发给客户时,服务器将其公钥证书和签名信息一起发往客户,客户便可以验证发送者的身份,服务器也可以用同样的过程来验证发自客户的数字签名。SHTTP 的范围覆盖了 Web 客户和服务器。

由于 SSL 的迅速出现,SHTTP 未能得到广泛应用。SSL 可使用各种类型的加密算法和密钥验证机制。与 SHTTP 相似,SSL 提供了加密 HTTP 网络数据包的能力。SHTTP 在 HTTP 协议层工作,SSL 在套接字层工作,能加密多种其他基于套接字的 Internet 协议。SSL 的客户机和服务器之间的谈判与套接字谈判的处理过程相似。SSL 不同于 SHTTP 之处在于:后者是 HTTP 的超集,只限于 Web 的使用;前者则是通过 Socket 发送信息的,SSL 是一个通过 Socket 层对客户和服务器间的事务进行安全处理的协议,适用于所有 TCP/IP 应用。SSL 包括客户和服务器之间协商加密算法类型的信息和交换证书与密钥的信息。

目前,SSL 基本取代了 SHTTP。大多数 Web 贸易均采用传统的 Web 协议,并使用 SSL 加密的 HTTP 来传输敏感的账单信息。各种 Web 交易应用程序都提供相似的功能,其后端系统正在被商业化的商用服务器产品所取代。较为复杂的实时支付确认系统需要与商业银行中的商业系统集成。复杂性较小的系统可延迟支付确认,直到所需的交易移到贸易商的常规账单系统。

8.6　虚拟专用网及其安全性

几乎所有的企业都比过去任何时候更依赖于互联网。随着电子商务、ERP、CRM 这些词汇的流行, 对于许多企业来说, 如何管理遍布于各地的分支机构, 保持它们之间良好的信息沟通, 最大限度地共享资源, 以及与合作伙伴、重要客户的联络等, 成为他们考虑的一个重要问题。通过拨号或 xDSL 登录到远程服务器上吗? 显然这会成为黑客们攻击的对象; 专线当然是有效的解决方案, 但是, 昂贵的费用并不是每个企业都能接受的, 而且使用专线接入的方式又时常面对线路拥堵、系统维护等问题。因此, VPN(虚拟专用网)的出现给人们带来了新的希望。

8.6.1　VPN 简介

虚拟专用网(VPN)是平衡 Internet 的适用性和价格优势的最有前途的新兴通信手段之一。VPN 被广泛接受的定义是: 建立在公众网络上, 并隔离给单独用户使用的任何网络。依这条定义来衡量, Frame Relay、X.25、ATM 等都可以认为是 VPN, 这种 VPN 一般被认为是第二层的 VPN。正在蓬勃发展的 VPN 模式, 是建立在共享的 IP 骨干网上的网络, 它被称为 IP VPNs。利用这种共享的 IP 网建立 VPN 连接, 可以使企业减少对昂贵租用线路和复杂远程访问方案的依赖性。据预测, 到 2001 年, VPN 服务的市场数量将超过100 亿美元, 同时每年设备的市场数量将达到 15 亿美元。

与传统专用网相比, VPN 给企业带来了很多的好处, 同时也给服务供应商特别是 ISP 带来了很多机会。VPN 给企业带来的好处主要有以下四点:

(1) 降低成本;

(2) 易于扩展;

(3) 可随意与合作伙伴联网;

(4) 完全控制主动权。

VPN 的解决方案根据应用环境的不同分为三类, 如图 8.7 所示。

(1) Access VPN: 主要提供给公司内部在外出差和在家中办公的人员与公司建立通信。

(2) Intranet VPN: 主要提供给公司内部各分支办公室与中心办公室之间建立通信。

(3) Extranet VPN: 主要提供给合作伙伴和重要客户与本公司间建立通信。

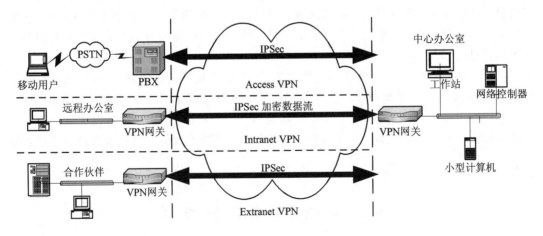

图 8.7　VPN 解决方案分类

8.6.2　VPN 协议

1. VPN 协议分类

目前，两种既各具特点又具有一定互补性的 VPN 架构正逐渐推广应用。一种是二层隧道协议，用于传输二层网络协议，它主要应用于构建 Access VPN 和 Extranet VPN；另一种是三层隧道协议，用于传输三层网络协议，它主要应用于构建 Intranet VPN 和 Extranet VPN。

二层隧道协议主要有三种：PPTP(Point to Point Tunneling Protocol)点对点隧道协议、L2F (Layer 2 Forwarding)二层转发协议和 L2TP(Layer 2 Tunneling Protocol)二层隧道协议。其中，L2TP 结合了前两个协议的优点，具有更优越的特性，得到了越来越多的组织和公司的支持，将是使用最广泛的 VPN 二层隧道协议。

用于传输三层网络协议的隧道协议叫三层隧道协议。三层隧道协议并非是一种很新的技术，早已出现的 RFC 1701 Generic Routing Encapsulation GRE 协议就是一个三层隧道协议，此外还有 IETF 的 IPSec 协议，以及最新的 MPLS。IPSec 和 MPLS 方式是正在蓬勃发展的 VPN 模式，是建立在共享的 IP 骨干网上的网络，它被称为 IP VPNs，发展前景十分广阔。

2. IPSec VPN

IPSec(IP Security)是一组开放协议的总称。特定的通信方之间在 IP 层通过加密与数据源验证以保证数据包在 Internet 网上传输时的私有性、完整性和真实性。IPSec 通过 AH (Authentication Header)和 ESP (Encapsulating Security Payload)这两个安全协议来实现，而且此实现不会对用户主机或其他 Internet 组件造成影响，用户还可以选择不同的硬件和软件加密算法而不会影响其他部分的实现。

传统 VPN 基于封装(隧道)技术以及加密模块技术，可在两个位置间安全地传输数据。IPSec 协议是目前的 VPN 中最常使用的。该类型的 VPN 是位于 IP 网络顶层的点对点隧道的覆盖。它位于另一种 IP 网络的上层。由于是一种覆盖，在每个站点之间必须建立一个隧道，这就导致了网络的低效。

我们来看看存在的两种网络布局结构：中心辐射布局和全网络布局。中心辐射布局由一个中心站点同许多远程站点相连。这是 IPSec 网的最实用的布局。位于中心站点位置的 CPE 通常非常昂贵，其价格同相连的远程站点的数目有关。每个远程站点建立同中心站点相连的 IPSec 隧道。如果有 20 个远程站点，那么就会建立 20 个到中心站点的 IPSec 隧道。该模式对于远程到远程之间的通信不是最优的。任何数据包，如果从一个远程站点发送到另外一个远程站点，首先需要通过中心站点，需要中心站点实现解封、解密、判定转发路径、加密、封装等一系列步骤。这对于在远程站点中已经进行的封装/加密工作来说，是多余的。实际上，数据包经过两个 IPSec 隧道的传输，延迟时间大大地增加了，超过了两个站点之间直接通信时，数据包的延迟时间更大。

显然，解决这个问题的方案是建立一个全网络布局。但该类型的布局存在不少缺点。最大的缺点是可扩充性。对于全网状 IPSec 网络，需要支持的隧道的数量随着站点的数目呈几何级数增加。例如，对于一个 21 个站点构成的中心辐射布局网络(一个中心站点和 20 个远程站点)，需要建立 210 个 IPSec 隧道，每个站点需要配置能够处理 20 个 IPSec 隧道的 CPE，这意味着每个站点需要价格更为昂贵的 CPE 设备。从某种意义上讲，建立一个全网络布局是不现实的。假设由 100 个站点组成的 VPN，它将需要建立 4950 个隧道。

另外一个考虑是 CPE 设备，一个供应商需要确保所有的 CPE 之间能够兼容。最简单的方案是在每个位置使用同一种 CPE 设备，但这并不可行。许多场合中，用户打算重用自己的 CPE。另外，对于 DSL，同一种 CPE 设备并没有在所有不同的 CLEC 设备之间进行过测试。虽然兼容性目前不是个大问题，但在使用 IPSec 协议时仍需要考虑。

对于 IPSec VPN 来说，配置将成为一个问题，供应商必须配置好每个 IPSec 隧道。配置单一的一个 IPSec 隧道不成问题，但网络节点数量增大时，问题就来了。在建立全网络布局时，情况最糟。上例中，配置一个由 21 个节点组成的网络需费时数天。对于服务供应商来说，日常维护的难度也很大。IPSec 实际使用拓扑图如图 8.8 所示。

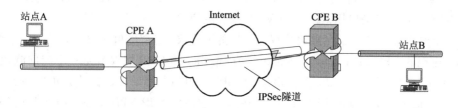

图 8.8 IPSec 实际使用拓扑图

3. MPLS VPN

MPLS(Multiprotocol Label Switch)多协议标签交换吸收了 ATM 的一些交换的思想，无缝地集成了 IP 路由技术的灵活性和二层交换的简捷性。在面向无连接的 IP 网络中增加了 MPLS 这种面向连接的属性，通过采用 MPLS 建立"虚连接"的方法为 IP 网增加了一些管理和运营的手段。

MPLS VPN 中，客户站点运行的是通常的 IP 协议。它们并不需要运行 MPLS、IPSec 或者其他特殊的 VPN 功能。在 PE 路由器中，路由识别器对应于同每个客户站点的连接。这些连接可以是诸如 T1、单一的帧中继、ATM 虚电路、DSL 等这样的物理连接。路由识别器在 PE 路由器中被配置，它是设置 VPN 站点工作的一部分，它并不在客户设备上进行配置，对于客户来说是透明的。采用 MPLS/BGP 协议的 VPN 如图 8.9 所示。

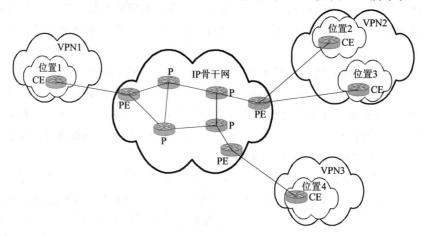

图 8.9 采用 MPLS/BGP 协议的 VPN

1) MPLS VPN 的工作过程

(1) 用户端的路由器(CE)首先通过静态路由或 BGP 将用户网络中的路由信息通知提供商路由器(PE)，同时在 PE 之间采用 BGP 的 Extension 传送 VPN‐IP 的信息以及相应的标记(VPN 的标记，以下简称为内层标记)，而在 PE 与 P 路由器之间则采用传统的 IGP 协议相互学习路由信息，采用 LDP 协议进行路由信息与标记(骨干网络中的标记，以下称为外层标记)的绑定。到此时，CE、PE 和 P 路由器中基本的网络拓扑以及路由信息已经形成。PE 路由器拥有了骨干网络的路由信息以及每一个 VPN 的路由信息。

(2) 当属于某一 VPN 的 CE 用户数据进入网络时，在 CE 与 PE 连接的接口上可以识别出该 CE 属于哪一个 VPN，进而到该 VPN 的路由表中去读取下一跳的地址信息，同时，在前传的数据包中打上 VPN 标记(内层标记)。这时得到的下一跳地址为与该 PE 作 Peer 的 PE 的地址，为了达到这个目的端 PE，此时在起始端 PE 中需读取骨干网络的路由信息，从而得到下一个 P 路由器的地址，同时采用 LDP 在用户前传数据包中打上骨干网络中的标记(外层标记)。

(3) 在骨干网络中，初始 PE 之后的 P 均只读取外层标记的信息来决定下一跳，因此骨干网络中只是简单的标记交换。

(4) 在到达目的端 PE 之前的最后一个 P 路由器时，将外层标记去掉，读取内层标记，找到 VPN，并送到相关的接口上，进而将数据传送到 VPN 的目的地址处。

2) MPLS VPN 的优点

从以上工作过程可见，MPLS VPN 丝毫不改变 CE 和 PE 原有的配置，一旦有新的 CE 加入到网络时，只需在 PE 上作简单配置，其余的改动信息由 IGP/BGP 自动通知到 CE 和 PE。因此，MPLS VPN 拥有以下优点：

(1) VPN 连接配置简单，对现有骨干网络没有压力；

(2) 对现有用户的要求为零，用户不需要作任何改动，用户加入 VPN 的配置也很简单；

(3) 网络可扩展能力很强；

(4) VPN 用户可以延用原有的专用地址，不需要作任何修改，在骨干网络采用 VPN‐ID，可以保持全网的惟一性；

(5) 易于提供增值业务，如不同的 COS。

IPSec VPN 和 MPLS VPN 之间的一个关键差异是 MPLS 厂商在性能、可用性以及服务等级上提供了 SLA(Service Level Agreement)。而它对于建立在 IPSec 设备上的 VPN 来说则是不可用的，因为 IPSec 设备利用 Internet 接入服务直接挂接在 Internet 上。

MPLS VPN 要求所有的站点都与同一服务供应商相关联。如果连接到 VPN 的所有站点都是由一个公司所有的，这当然不存在什么问题，但是需要在 VPN 上增加商业合作伙伴时，可能就会出现一些问题了。如果合作伙伴使用的是其他一些服务供应商的服务，而且还需要加入这个连接的话，那么它就必须将连接转到 MPLS VPN 供应商。另外，MPLS VPN 并没有为自己的远程拨号用户提供远程接入服务。

还有的公司使用了 VPN 管理服务，服务供应商可为其安装、管理、监测和维护 VPN 设备，这就减少了公司在设备上的投资，公司只需考虑设备的正常运转和不落伍就可以了。但它的缺点就是，当技术、设备需要更新时，这些公司只能等待服务供应商来作出决定。

当前，国内的电信运营商——中国电信、中国网通、中国移动、中国联通等，相继推出了基于多协议标记交换(MPLS)技术的 IP - VPN 业务，满足其位于不同国际、国内城市分支机构间低成本、安全、快速、可靠的内部通信需求。

8.6.3　VPN 方案设计

图 8.10 是对一个典型 VPN 应用的设计。基于 IPSec VPN 的解决方案，它将三个分支机构与网络中心连接起来。网络中心为了安全，使用了网络防火墙 Cisco Secure PIX，通过加装 VPN 加速卡(VAC)，作为 VPN 隧道的终端。这些加速卡通过硬件进行 DES 和 3DES 的加密，极大地提高了这些加密算法的处理能力。同时，在网络中心建立了证书授权中心，提供建立 VPN 隧道连接时的身份验证。

通过利用 Cisco IOS 软件对 IPSec 的支持，在分支机构建立 VPN 隧道的终端。为了提高 VPN 服务的处理性能，可以加装用于 Cisco 路由器的 VPN 加速卡(VAC)。每次由分支机构的路由器发起建立 VPN 隧道的请求，网络中心的 PIX 防火墙响应后，即可建立起 VPN 隧道，实现安全保密的通信。

由于很多的软硬件产品都支持 IPSec 协议，因此也可以使用 VPN 集中器、带 VPN 的 ADSL Modem、支持 IPSec 的防火墙产品等。具体设计实施细节请参考对应产品的技术文档。

这种设计方案，使用针对 VPN 作了性能优化的路由器和 PIX 防火墙，可以充分利用现有的 Cisco 设备，既可以建立安全的 VPN 网络，同时又提供了对 Internet 访问的途径，非常适用于混合的广域网环境。

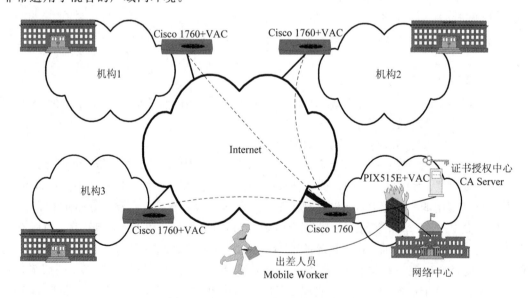

图 8.10　基于 IPSec 的 VPN 设计方案

8.6.4　VPN 的安全性

图 8.10 中，所有连接到 VPN 的站点现在都拥有了自己的 Internet 接入。这意味着它

们的 Internet 流量不再通过传统的远程接入和 Internet 连接进行传输，这就减少了利用 Internet 连接进行传输的流量总量，但是同时也意味着公司必须管理所有站点的防火墙，而不是处于中心位置的一个防火墙。

IPSec VPN 利用 IPSec 协议为端到端的隧道连接提供了认证和保密，对数据流的认证使用了一个强的密码认证算法，所以尽管数据通过公网传输，但是被欺骗的概率还是很小的。类似地，对数据流的加密也使用了一个强的密码加密算法，所以尽管数据通过公网传输，但是数据的保密性受损的可能性不大。另外，内部网及其身份可以由安全网关来保护。

MPLS VPN 采用路由隔离、地址隔离和信息隐藏等多种手段提供了抗攻击和标记欺骗的手段，因此研究认为 MPLS VPN 完全能够提供与传统的享有很高的安全声誉的 FR/ATM VPN 相类似的安全保证。但 MPLS VPN 也并未比 FR/ATM 在安全方面做得更好，也没有解决所有管理型的共享网络普遍存在的非法访问受保护的网络元、错误配置以及内部（包括核心）攻击等安全问题。如果运营商错误配置和建立了一个 MPLS VPN，就会把一个客户的流量注入到另外一个客户的网络中去。虽然这不仅是 MPLS 所特有的问题（2000 年 2 月 Yankee Group 发表的研究报告指出传统的 FR/ATM VPN 存在严重的安全隐患），但是 MPLS 也没解决这一问题。现在对用户的建议是：如果你认为 MPLS VPN 不够安全，那么就在 MPLS 上再运行 IPSec 协议。

8.6.5　微软的点对点加密技术

PPTP 是由多家公司（其中包括 Ascend Communications、Microsoft、3Com、ECI Telematics 以及 U.S. Robotics 等各大公司）专门为支持 VPN 而开发的一种技术。PPTP 是一种通过现有的 TCP/IP 连接（称为"隧道"）来传送网络数据包的方法。VPN 要求客户端和服务器之间存在有效的互联网连接。一般服务器需要与互连网建立永久性连接，而客户端则通过 ISP 连接互联网，并且通过拨号网（Dial – Up Networking，DUN）入口与 PPTP 服务器建立服从 PPTP 协议的连接。这种连接需要访问身份证明（如用户名、口令和域名等）和遵从的验证协议。RRAS 为在服务器之间建立基于 PPTP 的连接及永久性连接提供了可能。

只有当 PPTP 服务器验证客户身份之后，服务器和客户端的连接才算建立起来了。PPTP 会话的作用就如同服务器和客户端之间的一条隧道，网络数据包由一端流向另一端。数据包在起点处（服务器或客户端）被加密为密文，在隧道内传送，在终点将数据解密还原。因为网络通信是在隧道内进行的，所以数据对外而言是不可见的。隧道中的加密形式更增加了通信的安全级别。一旦建立了 VPN 连接，远程的用户可以浏览公司局域网 LAN，连接共享资源，收发电子邮件，就像本地用户一样。

PPTP 同样提供改进的加密方式。原来的版本对传送和接收通道使用同样的密钥，而新版本则采用种子密钥方式，对每个通道都使用不同的密钥，这使得每个 VPN 会话更加安全。要破坏一个 VPN 对话的安全，入侵者必须解密两个惟一的密钥：一个用于传送路径，一个用于接收路径。更新后的版本还封堵了一些安全漏洞，这些漏洞允许某些 VPN 业务根本不以密文方式进行。

1. PPTP 的优点

（1）减少了远程拨入公司网络所需的大量长途电话费用。用户只需拨本地号码访问Internet 即可。

（2）降低了调制解调器和综合服务数字网（ISDN）适配器池之类的 RAS 基础结构费用。相反，ISP 处理所有的调制解调器和 ISDN 升级，而公司维护与 Internet 的连接，以处理 PPTP 通信。

（3）使用户能访问与他们通过直接拨号 RAS 连接可以访问的相同的应用程序。

（4）在 Windows 9x/NT/2000/XP 中都支持。

2. PPTP 和防火墙

PPTP 通过允许远程网络验证用户身份，好像用户拨入一个 RAS 服务器一样，并通过使用基础的 PPTP 协议的压缩和加密功能，提供对远程专用网的安全访问。

可以使用防火墙技术来保护 PPTP 服务器和它提供安全 Internet 访问的专用网：将PPTP 服务器放在 Internet 上，将防火墙放在它的后面来保护所服务的网络；或将防火墙服务器放在 Internet 上，将 PPTP 服务器放在防火墙和专用网之间。

在第一种情况下，管理员启用 PPTP 服务器上的 PPTP 筛选功能，以使服务器只接收PPTP 数据包。然后，再在隧道服务器后面的防火墙上应用进一步的筛选，以基于源地址和目标地址或其他标准接纳数据包。

在第二种情况下，除任何其他筛选标准之外，还必须启用防火墙，以识别 PPTP 数据包，并向 PPTP 服务器来回传递 PPTP 数据包。

第一个方法比较好，因为它能筛选来自隧道服务器的除 PPTP 数据包之外所有的数据包，然后在解密和解压缩之后，将隧道所携带的数据提交出去，以供进一步筛选。第二种方法可能引起安全问题，因为防火墙筛选器看不到 PPTP 数据包的内部。

3. 在服务器上配置 PPTP

在服务器上配置 PPTP 非常简单。在 Windows 2000 Server 下，只需要安装和配置RAS 或 RRAS（路由和远程访问服务），并加载 PPTP 即可。在 PPTP 配置过程中，必须输入 VPN 的数目，即该服务器将同时支持的 PPTP 连接的数目。每个服务器最多可以定义256 个端口。具体实施请参阅 RRAS 的联机帮助或访问微软公司网站。

4. PPTP 的使用

PPTP 可以在公共网络如 Internet 上实现安全的、多协议的 Virtual Private Networks（VPNs）。通过 PPTP，远程用户可以通过拨本地 ISP 的 Point of Presence（POP）来访问企业网络、应用程序，而无需直接拨入企业网络。PPTP 通过为每一远程客户端生成一个虚拟网络来直接连接到目标服务器上，同时管理员能像其他远程管理一样进行监测管理。

8.6.6 第二层隧道协议

当微软和 Cisco 公司分别向 IETF 提交了 PPTP2.0 和 L2F（Layer 2 Forwarding）时，IETF 建议这两家公司将它们的技术联合起来以降低协议的专有性。其结果就是产生了"第二层隧道协议（Layer 2 Tunneling Protocol，L2TP）"。L2TP 利用 IPSec 进行加密。表8.5 是对 PPTP 和 L2TP 两种协议的一个简单对比。

表 8.5　PPTP 和 L2TP 的比较

PPTP(RFC 2637)	L2TP(RFC 2661)
使用 TCP 以及一个通用路由封装的修订版本	结合了 Cisco 系统公司开发的第二层转发协议(L2F)以及 PPTP 的优点
在 PPTP 客户端和 PPTP 服务器间使用 IP 网络	使用 UDP,可以应用在 ATM、帧中继以及 X.25 网络之上,但是目前只定义了 IP 网络上的 L2TP
可以封装其他网络协议,比如 IP、IPX 以及 NetBEUI	使用 IPSec ESP 进行加密,而不是 MPPE
使用与 PPP 相同的认证方式,比如 EAP、MS - CHAP、CHAP、SPAP 以及 PAP	同样支持 EAP、MS - CHAP、CHAP、SPAP 和 PAP 验证机制。计算机可以使用 IPSec ESP 安全协会(SA)进行验证
可以使用微软点对点加密(MPPE),但是只与 EAP 或者 MS - CHAP 结合使用	安全机制比 PPTP 好
支持 Windows 9x 以及 Windows NT/2000/XP 客户端	Windows 2000 上的 L2TP 客户端与服务器一般使用 1701 号 UDP 端口
设置简单	IPSec 上的 L2TP 不能被 NAT 翻译,因为 UDP 端口号是加密的
PPTP 服务器使用 1723 号 TCP 端口	
PPTP 是一个比较老的协议	

8.6.7　VPN 发展前景

目前,基于 IP Security(IPSec)的 VPN 和采用 MPLS 技术的 VPN 这两种既各具特点又具有一定互补性的 VPN 架构正逐渐在交付新兴服务的基础网络领域大行其道。根据预测,服务供应商会以 MPLS VPN 为主,并且把 IPSec VPN 和 MPLS VPN 这两种 IP VPN 有机地组合起来以综合运用各自的优点。

MPLS VPN 能够利用公用骨干网络的广泛而强大的传输能力,降低企业内部网络/Internet 的建设成本,极大地提高用户网络运营和管理的灵活性,同时能够满足用户对信息传输安全性、实时性、宽频带、方便性的需要,所以,很受一些大型跨地域集团用户的欢迎。IP Security(IPSec)的 VPN 尽管配置较复杂,效率比较低,但支持的产品多,有基于软件的和硬件的,包括 Windows 2000 也支持,并且不需要运营商的额外支持,所以非常适合网络规模小的用户。

对于一些网络化较早的大型企业,可以采取折衷方案,通过对专线网和 VPN 网优化组合后,在与业务数据量较大、比较重要的分支机构连接时,利用专线连接;而与业务数据量较小、不太重要的分支机构连接时,通过 VPN 组网。

习 题 8

1. 请结合自己的认识，简述一下 Internet 面临的安全威胁。

2. DNS 存在的安全隐患是什么？

3. DNS ID 欺骗的原理是什么？

4. IPv6 的地址表示法与 IPv4 的地址表示法有什么不同？请举例说明。

5. IPSec 的设计目标是什么？具体包含哪些技术？

6. 怎样使用 PGP 或者 S/MIME 保护电子邮件的安全？请自行试验，并简述试验的过程(相关的软件可以从网络上下载)。

7. Web 服务有哪些方面的安全隐患？可用的预防策略都是哪些？

8. 请简述 SSL 的工作过程。

9. IP VPN 有哪些技术？请举例说明怎样针对不同的需求选择合适的技术。

10. 某公司总部在台湾，以有 2 MB 的 DDN 接入，使用路由器设备，其在上海的办事处采用写字楼提供的"光纤十五类缆"接入方式，现在国内新的分公司(有 4 台电脑)已经申请了 ADSL 上网，请自行查找资料，设计一套 VPN 的应用方案。

11. PPTP 的工作原理是什么？

12. 隧道交换协议有哪些技术？请比较这些技术。

第 9 章　电子商务的安全技术及应用

目前，电子商务已成为世界范围内的新热点。但是电子商务的安全性是实施中的关键问题，也是技术难点。本章主要介绍电子商务的概念、电子商务的安全性要求，并通过电子支付系统、电子现金系统详尽介绍了电子商务的安全技术，最后介绍了电子现金协议的实现方法。

9.1　电子商务概述

9.1.1　电子商务的概念

因特网在商务领域同样也引起了一场巨大的革命，电子商务已成为人们关注的焦点之一。电子商务的早期形式是 EDI(Electronic Data Interchange，电子数据交换)，EDI 的主旨是商务票据传送的电子化，由于使用者少、应用范围小，没有人称其为电子商务。从 20 世纪 80 年代初开始，世界范围内使用因特网的人数迅速增长，为电子商务的发展和广泛应用提供了良好的基础。电子商务一词才被提出，而且受到学术界和商业、产业界的热切关注，各国政府也给予电子商务发展以极大的关注和支持。

从广义上讲，电子商务是指通过电子数据交换来完成某种与商务或服务有关的工作，它可以是各种形式、各种内容、各种目的、各种风格、各种程度的电子数据的交换，其基础是以电子化的形式来处理和传输商务数据，包括文本、声音、视频、图像等数据类型。电子商务有许多不同的内容，例如货物贸易和相关服务、提供数字化的商务材料、实现电子转账、完成电子化的股票交易处理、提供电子提货单证、进行商业拍卖活动、不同的工程设计人员协同完成工程设计、联机科技情报查询服务等。

直观地说，电子商务就是将传统商务移植到信息网上。与传统商务相似，电子商务为销售者和消费者建立交易关系，使他们能商谈交易的商品和交易的条件，如提供何种商品或服务，适应的法律和规范、价格、付款方式、商品提供方式和保证等。

简单地说，电子商务就是利用计算机网络进行产品、服务和信息的买卖，但在实际应用中，不同的人从不同的角度对电子商务有不同的界定：

从商业角度，使商业交易及工作流程自动化；

从服务角度，在提高产品质量及缩短服务提供时间的同时降低服务费用；

从通信角度，通过电话、通信网络或其他手段提供信息、产品、服务及支付手段；

从在线角度，提供经因特网及其他在线服务进行产品及信息买卖的能力。

实际上，电子商务主要包含三个要素：信息、电子数据交换和电子资金转账。电子商务的交易过程可以描述为三个阶段：

（1）交易前，主要是指交易各方在交易活动前的准备活动，包括网络咨询、广告、商务洽谈等。

（2）交易中，包括合同的签订，涉及企业间、公证机关、银行、税务部门、海关等方面的电子凭证交换，即电子数据交换和电子支付。

（3）交易后，包括商品的支付、电子支票等。

电子商务一般包括四个部分：

（1）交易的商流：指接受订单、购买、开具发票等销售的工作，也包括维修等售后服务之类的工作；

（2）配送的物流：指商品的配送；

（3）转账支付的结算：交易双方必然涉及到资金转移的过程，包括付款、与金融机构交互等；

（4）信息流：包括商品信息、信息提供、促销、直销等。

与传统的商业系统相比，电子商务具有交易花费成本低、资金更安全、资金结算速度快、节省人力物力、方便等特点。由于在电子商务操作过程中涉及到了金钱交易等信息，因此不允许在传送过程中有第三者的窃听、篡改、伪造，也不允许对其进行非法访问。要使电子商务发挥其巨大的潜力，它应对所有网络用户都是开放的，且至少应像传统商务那样方便、可靠和安全。

9.1.2　电子商务的分类

可按以下方式对电子商务进行分类。

1. 商业活动运作方式

从商业活动运作方式来看，电子商务可分为完全电子商务和不完全电子商务。

（1）完全电子商务：即可以完全通过电子商务方式实现和完成整个交易过程的交易。

（2）不完全电子商务：指无法完全依靠电子商务方式实现和完成完整交易过程的交易，它需要依靠一些外部要素(如运输系统等)来完成交易。

2. 应用服务的领域范围

从应用服务的领域范围来看，电子商务可分为四类，即企业(B，Business)对消费者(C，Customer)、企业对企业、企业对政府机构、消费者对政府机构的电子商务。

（1）企业对消费者(B 到 C)的电子商务。这类电子商务等同于电子零售商业。目前，因特网上已遍布各种类型的商业中心，提供各种商品和服务，主要有鲜花、书籍、计算机、汽车等商品和服务。

（2）企业对企业(B 到 B)的电子商务。商业机构(或企业、公司)使用因特网或各种商务网络向供应商(企业或公司)订货和付款。这类电子商务发展最快，已经有了多年的历史，特别是通过增值网络(有篷货车)运行 EDI，使其得到了迅速扩大和推广。公司之间可能使用网络进行订货和接受订货、合同等单证和付款。

（3）企业对政府机构(B 到 G)的电子商务。企业对政府机构方面的电子商务可以覆盖公司和政府组织间的许多事务。

(4) 消费者对政府机构(C 到 G)的电子商务。政府将会把电子商务扩展到福利费发放和自我估税的征收方面。

3. 电子商务的服务形式

电子商务主要支持两种类型的活动：

(1) 间接电子商务。在间接电子商务服务中，用户可以联机订购有形货品、参加商品交易会，购销双方在网上签订意向购销合同，但仍需采用传统的购销方式签订正式的合同，仍需采用传统的邮递或快递方式来实现交货。

(2) 直接电子商务。在直接电子商务服务中，用户可以在全球范围内联机订购无形商品，如购买电脑软件、享受娱乐服务、使用电子信息服务、在网上参与股票交易等，而且付款和交货都可以通过网络来完成。

4. 电子商务的参与者

从电子商务的参与者来看，电子商务可分为以下几种：① 企业⇔企业；② 企业⇔消费者；③ 企业⇔政府；④ 消费者⇔政府。

企业与企业间的交易使公司能减少采购时间，减少库存开销，形成虚拟的策略联盟，加快技术交流。企业与消费者间的交易能帮助公司形成独特的产品，扩大市场，使消费者能尽快找到他们所需要的产品，减少查找开销，为消费者提供更大的选择商品的空间。企业与政府组织间的交易包括进行金融或物品交易、注册企业、进出口商品申报等。消费者与政府的交易主要为消费者向政府支付的证照费。所有这些交易都会要求特定安全服务来保证企业、消费者、财经组织、政府部门能建立完成某项交易的信任关系。

5. 商务形式

从商务形式来分，电子商务可分为以下几种：

(1) 邮购零售：零售商收受基于数字化或传统的定单或付款目录，并递送实物商品；

(2) 网上信息销售：类同于邮购零售，但这些商品是受版权保护的数字化商品，因而可直接在网上递送；

(3) 电子大厅：一个组织为多个服务提供者提供服务，其服务范围从为主机上的内容提供目录服务到计费服务；

(4) 预订：一个组织通过客户的预订来为客户提供服务，如预订新闻服务、数据库服务和电子杂志等；

(5) 合同签订：两方或多方交换一份合同的签名备份；

(6) 网上拍卖：以拍卖的方式在网络上销售商品或服务；

(7) 订票：用户购买能用来访问某种服务的票据。

6. 付款方式

从付款方式来分，电子商务可分为以下几种：① 电子数据交换；② 信用卡；③ 电子支票；④ 电子现金；⑤ 记账卡；⑥ 物物交换。

9.1.3　电子商务系统的支持环境

开展电子商务业务，需要很多条件。除各个企业的不同情况之外，电子商务的开展需要一些共同的环境支持，以解决商务过程中必不可少的信息流、资金流和物流。

1. 网络环境

网络环境是开展电子商务的基础，信息的传递、网上资金账户的认证、资金的划转等，都需要数据交换的网络环境。

现在的电子商务发展都是以因特网技术为基础的，这样可以节约很多成本，所以企业所在地区因特网的发展情况会直接影响企业开展电子商务的业务。利用因特网开展电子商务，对网络的要求很高，不止是因特网环境存在就可以，其稳定性、带宽以及接入费用都对电子商务的开展有举足轻重的作用。

2. 支付系统

如果说，利用现在的网络获取商务信息，在进行商品的交易时还不得不借助于传统的银行业务系统，即支付手段不能在网上进行，无疑会使交易的支付成为电子商务进一步发展的瓶颈。网上银行以及网上支付系统的建立与完善也是电子商务发展的重要条件之一。

虽然网上银行与支付系统的发展不是目前各个商业企业所能决定的事情，但随着电子商务的进一步发展和金融环境的逐渐优化与完善，企业在时机成熟时，和网上银行建立合作关系，可以解决商务中的资金流问题。

3. 安全认证系统

传统的商务活动是以现有的信用体系为依托，比如票据、现金、对方企业的实力以及担保等等。但是，电子商务的主要形式之一就是网上交易，包括合同的处理以及资金的划转等，所以在网上怎么确定信用、如何保护商业秘密、如何保证网上账户和数据传送的安全，对发展电子商务是一个很严重的问题。

4. 配送系统

在传统的商务中，货物的配送系统已发展得相当完善，每天全球庞大的贸易都是以货物运输系统为基础的。企业到企业的货物运输由企业或专业的运输公司来完成；零售主要是顾客自己携带，大件商品由零售企业送货上门。但在电子商务情况下怎样解决物流问题呢？

在零售中产生的交易可能交易量很小，而顾客在任意地方都可以在网上购买，如果零售企业单独送货，成本会很高，怎么解决呢？这时，就会感觉到传统的配送系统的缺憾。如何解决电子商务情况下的货物配送也是发展电子商务重要的问题。

9.2　电子商务的安全技术要求

9.2.1　电子商务与传统商务的比较

传统商务与电子商务在形式上极其相似。以购物为例，现实生活中使用信用卡购物的流程与在网上信用卡购物的流程就非常相似。

实际生活中使用信用卡购物的流程如下：

（1）持卡人在商场浏览并选择商品；

（2）持卡人将欲购货物放入购物小推车或货筐中；

（3）持卡人在商场的 POS 机前，由 POS 机逐一确认所购物品，并自动打印所购商品名称、单价、总价和有关折扣、税款等信息，交给持卡人签名用来付款的信用卡；

（4）持卡人选择付款方式，即指定要用来付款的信用卡；

（5）持卡人将信用卡交给 POS 机刷卡；

（6）商家的 POS 机将持卡人的账号信息送到银行验证；

（7）商家接收 POS 机所打印的清单确认；

（8）商家按清单将货发给持卡人（可以当时提货或由配运公司送货）；

（9）商家要求持卡人的开户行将货款通过银行结（清）算网络付给他。

网上购物的过程与实际生活中的购物流程极其类似，具体如下：

（1）持卡人使用浏览器在因特网上查看商家建立的购物中心主页上发布的商品信息；

（2）持卡人决定购买哪些商品；

（3）持卡人从该商家站点上得到一个订货单，其中包括商品名称、单价、总额、税款、邮购地址等；

（4）持卡人选择付款方式，即指定要用来付款的信用卡；

（5）持卡人将订货单和付款指令发给商家；

（6）商家将持卡人的账号信息送到商家开户银行印章；

（7）商家接收订货合同；

（8）商家按订单将货发给持卡人。

从安全和信任关系来看，二者有着极大的差异。在传统交易过程中，买卖双方是面对面的，因此很容易保证交易过程的安全性和建立起信任关系。在电子商务过程中，买卖双方是通过网络来联系的，由于网络既不是安全的，也不是可信的，因而给交易双方进行交易的安全和建立信任关系带来困难。

9.2.2　电子商务面临的威胁和安全技术要求

由于因特网的开放性和不安全性，在电子商务系统中无论是商品的销售者还是消费者都面临着许多安全威胁，主要的威胁如下。

1. 对销售者的威胁

（1）中央系统安全性被破坏：入侵者假冒成合法用户来改变用户数据（如商品送达地址）、解除用户订单或生成虚假订单；

（2）竞争者检索商品递送状况：不诚实的竞争者以他人的名义来订购商品，从而了解有关商品的递送状况和货物的库存情况；

（3）客户资料被竞争者获悉；

（4）被他人假冒而损害公司的信誉：不诚实的人建立与销售者服务器名字相同的另一WWW 服务器来假冒销售者；

（5）消费者提交订单后不付款；

（6）虚假订单；

（7）获取他人的机密数据：当某人想要了解另一人在销售商处的信誉时，他以这个人的名字向销售商订购昂贵的商品，然后观察销售的行动。假如销售商认可该订单，则说明被观察者的信誉高；否则，说明被观察者的信誉不高。

2. 对消费者的威胁

(1) 虚假订单：一个假冒者可能会以客户的名字来订购商品，而且有可能收到商品，而此时客户却被要求付款或返还商品；

(2) 付款后不能收到商品：在要求客户付款后，销售商中的内部人员不将订单和货款转发给执行部门，因而使客户不能收到商品；

(3) 机密性丧失：客户有可能将秘密的个人数据或自己的身份数据(如用户名、口令等)发送给冒充销售商的机构，这些信息也可能会在传递过程中被窃听；

(4) 拒绝服务：攻击者可能向销售商的服务器发送大量的虚假订单来穷竭它的资源，从而使合法用户不能得到正常的服务。

3. 销售者对电子商务的要求

正是由于以上威胁，销售者会对电子商务提出以下要求：

(1) 能鉴别消费者身份的真实性，确信消费者对商品或服务的支付能力。

(2) 知识产权保护。"数据商品"易于拷贝和分配，使商品开发者的知识产权受到侵害，因此电子商务系统应提供可靠的机制来保护知识产权。

(3) 有效的争议解决机制。当消费者收到商品或得到服务却说没有收到商品和服务时，销售者能出示有效证据，使用有效的解决机制来解决争议，防止销售者提供的服务被破坏。

4. 消费者对电子商务的要求

同时，消费者会对电子商务系统提出以下要求：

(1) 能对销售者的身份进行鉴别，以保证消费者能确认他要进行交易的对方是他所希望的银行、销售商或政府部门，而不是一个欺骗者。

(2) 能保证消费者的机密信息和个人隐私不被泄露给非授权的人。

(3) 有效的争议解决机制。当消费者为商品付款后未收到商品，收到错误的商品或收到不能保证的商品时，消费者能出示有效的证据，利用争议解决机制来解决争议。

5. 电子商务的安全技术要求

以上所有要求可归纳成如下的安全技术要求。

(1) 真实性要求：能对信息、实体的真实性进行鉴别；

(2) 机密性要求：保证信息不被泄露给非授权的人或实体；

(3) 完整性要求：保证数据的一致性，防止数据被非授权建立、修改和破坏；

(4) 可用性要求：保证合法用户对信息和资源的使用不会被不正当地拒绝；

(5) 不可否认要求：建立有效的责任机制，防止实体否认其行为；

(6) 可控性：能控制使用资源的人或实体的使用方式。

9.2.3 电子商务系统所需的安全服务

为了满足电子商务的安全要求，电子商务系统必须利用安全技术为电子商务活动的参与者提供可靠的安全服务，主要的安全服务包括以下几点。

(1) 鉴别服务：对人或实体的身份进行鉴别，为身份的真实性提供保证。这意味着当某人或实体声称具有某个特定的身份时，鉴别服务将提供一种方法来验证其声明的正确性。

(2) 访问控制服务：通过授权来对使用资源的方式进行控制，防止非授权使用或控制资源。它有助于达到机密性、完整性、可控性和建立责任机制。

（3）机密性服务：目标是为电子商务参与者的信息在存储、处理传输过程中提供机密性保证，防止信息被泄露给非授权获得信息的人或实体。

（4）不可否认服务：与其他服务不同，不可否认服务针对的是来自合法用户的威胁，而不是未知攻击者的威胁。否认是指电子商务活动者否认其所进行的操作，如否认交易已发生，否认在交易过程中的行为或否认对某消息的接收和发送。不可否认服务就是为交易的双方提供不可否认的证据来为解决因否认而产生的争议提供支持。它实际上建立了交易双方的责任机制。

9.2.4 电子商务的安全体系结构

如图 9.1 所示，电子商务的安全体系包括以下三个层次：

（1）基本加密算法，其中包括单钥密码体制、公钥密码体制、安全杂凑函数等算法。

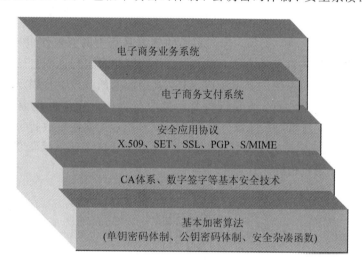

图 9.1 电子商务的安全体系结构

（2）以基本加密算法为基础的 CA 体系、数字签字等基本安全技术。

（3）以基本加密算法、安全技术、CA 体系为基础的各种安全应用协议，如 X.509、SET（Secure Electronic Transaction，安全电子交易）、SSL、PGP、S/MIME 等。

以上各部分构成了电子商务的安全体系，在此安全体系之上可以建立电子商务的支付系统和各种业务系统。

9.3 电子支付系统的安全技术

9.3.1 电子支付系统的安全要求

利用电子商务进行商品交易，必然会牵涉到支付。随着因特网的日益普及，已开发出了很多网上支付系统。"网上支付"，顾名思义是通过网络进行货币支付，其本质是试图在网上把现有的支付结构转化为电子形式。例如，国外的实物商品零售应用系统大都采用了支票处理方式，但却把支票处理转化为电子形式，从而避免了大量的纸张处理。而信用卡行业已建立了一系列的设施，使得在大范围内实现信用卡联机服务。在电子现金方面，出现了许多新的现金形式，这些新的现金形式往往是为支持特定的购买者和销售商之间的关系而设计的。

货币的不同形式导致了不同的支付方式。一个安全、有效的支付系统是实现电子商务的重要前提，它应有以下功能：

(1) 使用 X.509 和数字签名实现对各方的认证；

(2) 使用加密算法对业务进行加密；

(3) 使用消息摘要算法以保证业务的完整性；

(4) 在业务出现异议时，保证对业务的不可否认性；

(5) 处理多方贸易的多支付协议。

1. 认证

为了实现协议的安全性，必须对参与贸易的各方其身份的有效性进行认证。例如，客户必须向商家和银行证明自己的身份，商家也必须向客户及银行证明自己的身份。

图 9.2 表示网上支付系统的基本组成成分，其中商家的开户银行表示商家在其中有账号的某财政机构，称为接收行。支付网关是由接收行操作的用于处理商家支付信息的设备。证书发放机构 CA 的职能是向各方发放 X.509 证书。在某些接收行也可能有自己的注册机构，由注册机构向商家发放证书，商家可向客户出示这个证书以向客户说明自己是合法的。认证机构和注册机构的工作应是协调的。

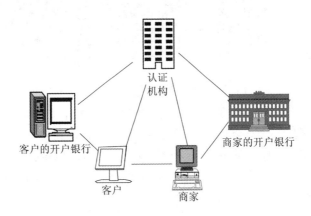

图 9.2　网上支付系统的基本组成部分

2. 保密和数据的完整性

为实现保密，系统应支持某些加密方案。在使用网络浏览器和服务器的同时，系统可利用安全套接字层 SSL 和安全的超文本传输协议 S-HTTP。根据需要，加密算法可使用单钥或公钥算法，通过利用加密和消息摘要算法，以获得数据的加密和数据的完整性。

3. 业务的不可否认性

业务的不可否认性是通过使用公钥体制和 X.509 证书体制来实现的。业务的一方发出他的 X.509 证书，接收方可从中获得发方的公钥。此外，每个消息可使用 MD5 单向杂凑算法加以保护。发方可使用自己的秘密密钥加密消息的摘要，并把加密结果一同发送给收方。收方用发方的公钥证实发方的确已发出了一个特定的消息，然后发方可计算一新的秘密密钥用于下次加密消息摘要。

4. 多支付协议

多支付协议应满足以下两个要求：

（1）商家只能读取订单信息，如货物的类型和销售价。当接收行对支付认证后，商家就不必读取客户信用卡的信息了；

（2）接收行只需知道支付信息，无需知道客户所购何物。在客户购买大额物品（如汽车、房子等）时可能例外。

这些要求可加强传统支付方案（如信用卡支付）的安全性。

9.3.2　电子支付手段

典型的电子支付手段有：电子信用卡、电子支票、电子现金。

1. 电子信用卡

在早期的 Web 结点商务应用中，只是要求输入信用卡号码，然后把这个号码以明码方式通过因特网传送给清算系统，以获得确认。显然，这种方式的安全性是有问题的。其后，为了提高联机信用卡的安全性，采取了一系列的技术。

首先，在 Netscape 和 Microsoft 的 Web 的设施中，都实现了安全套接字层 SSL。SSL 保证在浏览器与 Web 服务器间的通信信息不会被第三方获取。这样就有效地防止了通过监听网络来收集信用卡号码或修改有关交易报文的可能。

图 9.3 是电子信用卡系统示意图。

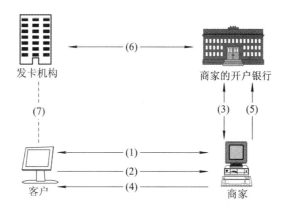

图 9.3　电子信用卡系统示意图

系统的参与者共有四方：

（1）具有 Web 浏览器的客户；

（2）处理信用卡业务并提供主页的商家服务器；

（3）为商家处理信用卡业务的商家的开户银行；

（4）发卡机构。

使用信用卡的业务过程包括三个阶段，见图9.3。

第一阶段：完成客户的购物。

（1）客户访问商家的主页，得到商家的货物明细单。

（2）客户挑选所需的货物，并用信用卡向商家支付。

（3）商家服务器访问其开户银行，以对客户的信用卡号码及所购货物的数量进行认证。银行完成认证后，通知商家购物过程是否向下继续进行。

（4）商家通知客户业务是否已经完成。

第二阶段：从客户账目向商家账目转账。

（5）商家服务器访问商家的开户行，并向银行提供购物的收据。

（6）商家银行访问发卡机构以取得商家售物所得到的现金。

第三阶段：通知客户应支付的款额，并为客户下账。

（7）发卡机构根据一段时间内（可能为一个月）客户购物时应向各商家支付的款额，为客户下账，并通知客户。

2. 电子支票

电子支票系统用于发出支付和处理支付的网上服务。付款人向受款人发出电子支票，受款人将其存入银行以取出现金。每宗业务都是在因特网上进行的。电子支票与通常支票的工作方式大致相同，它具有一种类似的电子签名，常规的加密方式使得电子支票和通常的支票都适用于信用卡无法处理的小额支付。目前已开发的许多系统是为那些通过因特网出售信息或小型软件程序的公司而设计的。几乎所有的方案都依赖第三方或经纪人，他们来证实客户拥有买货的款额，也可以证实在客户付款前商家已交货。这个过程高度自动化，即使是交易额小到不到一美分，而且这种方式也很经济划算。

图9.4是对电子支票系统的描述。

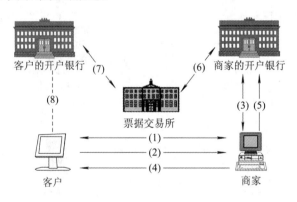

图9.4　电子支票系统的描述

系统中主要的各方有：客户、商家、客户的开户银行、商家的开户银行和票据交易所。票据交易所可由一独立的机构或现有的一个银行系统承担，其功能是在不同的银行之间处理票据。

客户使用一可访问因特网上不同Web服务器的浏览器，可浏览服务器上的商店或商城。该浏览器同时还可向用户显示电子支票的格式。

一宗完整的电子支票业务由下面略述的若干步构成，这些步骤可分为三个不同阶段。第一阶段是客户的购买阶段；第二阶段，商家把电子支票发给它的开户行以得到现款；第三阶段，商家的开户银行通过交易所或客户的开户行兑换电子支票，见图 9.4。

第一阶段：购买货物。

（1）客户访问商家的服务器，商家的服务器向客户介绍其货物。

（2）客户挑选货物并向商家发出电子支票。

（3）商家通过其开户银行对支付进行认证，验证客户支票的有效性。

（4）如果支票是有效的，商家则接收客户的这宗业务。

第二阶段：把支票存入商家的开户银行。

（5）商家把支票电子化发送给它的开户银行。商家可根据自己的需要，何时发送由其自行决定。

第三阶段：不同银行之间交换支票。

（6）商家的开户行把电子支票发送给交易所以兑换现金。

（7）交易所向客户的开户银行兑换支票，并把现金发送给商家的开户银行。

（8）客户的开户行为客户下账。

与传统的纸支票和其他形式的支付相比，电子支票有以下优点：

（1）节省时间。电子支票的发行不需要填写、邮寄或发送，而且电子支票的处理也很省时。在使用纸支票时，商家必须收集所有的支票并存入其开户行。用电子支票，商家可即时发送给银行，由银行为其入账。所以，使用电子支票可节省从客户写支票到为商家入账这一段时间。

（2）减少了处理纸支票时的费用。使用电子支票可免除客户诸如每月第一天在银行排长队，可免除新学期大学生缴学费时排长队。相应地，减少了银行职员在收支票、处理支票以及向客户邮寄注销了的支票时的工作。

（3）减少了支票被退回情况的发生。电子支票的设计方式使得商家在接收前，先得到客户开户行的认证，类似于银行本票。

（4）电子支票在用于支付时，不必担心丢失或被盗。如果被盗，接收者可要求支付者停止支付。

（5）电子支票不需要安全存储，只需对客户的秘密密钥进行安全存储。

电子支票也有某些保密性方面的考虑。电子支票必须经手银行系统，银行系统对经手的每宗业务必须用文件证明其细目。同时，银行必须为被支付者保密，不可泄露业务的细节。

3. 电子现金

电子现金又称为数字现金，是能被客户和商家接受的、通过因特网购买商品或服务时使用的一种交易媒介。

电子现金系统中有发行电子现金的银行，记为 E‑Mint，它根据客户所存款额向客户兑换等值的电子现金，所兑换的电子现金须经它数字签字。客户可用 E‑Mint 发行的电子现金在网上购物。

图 9.5 是电子现金系统中的各方及其关系的描述。

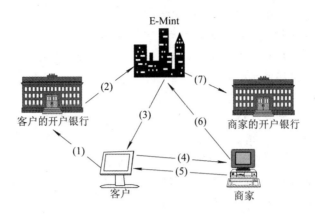

图 9.5　电子现金系统

其业务可分为独立的三个阶段。

第一阶段：获得电子现金(简称提款)。

(1) 客户为了获得电子现金，要求他的开户银行把其存款转到 E-Mint。

(2) 客户的开户银行从客户的账目向 E-Mint 转账。

(3) E-Mint 给客户发送电子现金，客户将电子现金存入其计算机或 Smart 卡。

第二阶段：用电子现金购物(简称支付)。

客户得到电子现金后，无论何时都可用之购物，而且只要电子现金未被花完，就可多次购物。

(4) 客户挑选货物并且把电子现金发送给商家。

(5) 商家向客户提供货物。

第三阶段：商家兑换电子现金(简称存款)。

商家收到电子现金后，无论何时都可兑换。

(6) 商家收到电子现金发送给 E-Mint。或者，商家把电子现金发送给他的开户银行，由开户银行负责在 E-Mint 兑换。

(7) E-Mint 把款项划到商家的开户银行，商家的开户银行为商家入账。

以上过程是在客户和商家之间进行的。类似地，可用于在两个客户或两个机构(如银行、学校、企业)之间进行。

电子现金系统除以上模式外，还有另一种模式，该模式不是由 E-Mint 发行电子现金的，而是用户拥有一个软件，由这个软件创建电子现金。每个电子现金有一个顺序号，在使用前必须传送到 E-Mint，以获得授权。在提交给 E-Mint 前，用户的软件把顺序号隐藏起来，它把顺序号乘以一个随机数。因此 E-Mint 可以为电子现金进行授权，加上银行的数字签字，但却不知道提交钞票者是谁。在用户使用这个电子现金前，这个软件再删除用于隐藏顺序号的随机数。这样，商家及其银行就可以看到原来的顺序号。当这样一个电子现金用于支付时，商家及其银行可以验证现金上的数字签字是否确实是由一家有权的 E-Mint 发出的。

下面主要介绍电子现金应用系统。

9.4　电子现金应用系统

9.4.1　电子现金应用系统的安全技术

1. 电子现金应用系统的安全技术要求

电子现金应用系统(以下简称为：电子现金)应满足以下安全技术要求：

(1) 独立性。电子现金不依赖于所用的计算机系统。

(2) 不可重复使用。电子现金一次花完后，就不能用第二次。

(3) 匿名性。电子现金不能提供用于跟踪持有者的信息。

(4) 可传递性。电子现金可容易地从一个人传给另一人，并且不能提供跟踪这种传递的信息。

(5) 可分性。电子现金可用若干种货币单位，并且可像普通的现金一样，把大钱分为小钱。

(6) 安全存储。电子现金能够安全地存储在客户的计算机或 Smart 卡中，而且客户以这种方式存的钱可方便地在网上传递。

为此电子现金需要在以下几个方面考虑其安全方案。

2. 电子现金的产生

从控制的角度来看，要确保使用电子货币进行交易的安全性，E - Mint 在它所发行的电子现金上需做一戳记。与钞票上的号码一样，电子现金在产生时，也应产生一个惟一的识别数。客户购买电子现金时，通过他的计算机产生一个或多个 64 bit(或更长)的随机二进制数。银行打开客户加密的信封，检查并记录这些数，并对这些数进行数字化签字后再发送给客户，经过签字的每个二进制数表示某一款额的电子现金。客户可用这一电子现金向任一商家购物。商家把电子现金发送给银行，银行核对其顺序号，如果顺序号正确，商家则得到款项。

3. 认证

电子现金是由 E - Mint 的秘钥进行数字化签字的。接收者使用 E - Mint 的公钥来解密电子现金。通过这种方式，可向接收者保证电子现金是由秘钥的拥有者，即经授权的 E - Mint 签署的。为了使接收者获得 E - Mint 的公钥，E - Mint 的 X.509 证书应被附加在电子现金中，或者 E - Mint 的公钥应被公布以防任何形式的欺诈。

4. 电子现金的传送

电子现金的传送必须是安全可靠的。其安全性可通过加密来实现，其完整性可通过计算并嵌入一个加密的消息摘要来加以保护。通过这种方式能够保证电子现金在传送期间不被篡改。为了可靠地传送数据，端-端协议应允许对丢失的数据报进行恢复。例如，在因特网上由于节点的故障而丢失的电子现金的恢复。恢复以后，终端结点应该能够重新传送数据报，并且应该避免接收者收到两次。TCP/IP 协议中有一些可靠性方面的考虑。

5. 电子现金的存储

在电子支票系统中，如果电子支票丢失或被盗，用户可要求停止支付。但电子现金文件丢失或被盗，则意味着用户的钱确实丢了。所以用户和银行必须有一个安全的方法来存储电子现金。如果所有的业务都是在线进行的，则当被盗的现金在使用时，可进行跟踪并拒绝支付。解决这一问题的另一方法是用户持有存着电子现金的 Smart 卡。

6. 不可重复使用

电子现金要解决的另一问题是如何保证用户对一个电子现金只使用一次。不法分子可能会想方设法复制或多次使用同一个电子现金。在交易时用户的身份识别与银行授权同时在联机系统中出现，这样可以防范对电子现金的复制或非法多次使用。在联机的清算系统中，用于支付的电子现金会被马上传送到发行这个电子现金的 E－Mint，然后对照记录在案的已使用过的电子现金，确定这些现金是否有效。但是，这样一个系统就等于同于一个信用卡处理系统，从隐私权及用户的角度来看，这样的系统是不理想的。而且，从数据库技术的角度来看，存储使用过的电子现金的信息并迅速进行查阅验证，需要很高性能的联机验证处理能力。脱机系统中防止重复花费的方法有密码技术和电子钱包。

9.4.2 脱机实现方式中的密码技术

1. 身份信息的嵌入

在电子现金中嵌入用户的身份信息(必要时可读取)，其目的是防止钱的重复花费，有两种方法：分割选择(cut-and-choose)技术和零知识证明。

（1）分割选择技术。何谓分割选择技术？举一个例子，比如在海关的入检口，工作人员可检查通过的每一个人，但他们可换用一种概率的方法，他们检查进来的人中的十分之一。长期的走私犯会在大多数时间里逃脱，但有 10％的机会被抓住，而抓住一次所受到的处罚将远远超过其他九次所得到的，从而对走私犯起到强大的震慑作用。对于电子货币来说，用户可产生 m 个密封的货币，银行打开其中的 $m-1$ 个并检查其有效性，若有效，银行则为另一个未打开的签字(即盲签字)，用户可用这个签过字的货币去购物。

（2）零知识证明。零知识证明是公钥密码体制中示证者用于证明知道某个事物或具有某种东西但却不出示这种东西(即验证者从示证者那里得不到任何有关证明的知识)的协议。在电子现金系统中，用户产生一个密钥对，使得密钥和他的身份信息相联系。在支付协议中用户将其公钥作为电子现金的一部分提交给商家，然后用零知识证明方法向商家证明他拥有与公钥相对应的密钥。如果用户对商家两次不同的询问应答两次，那么他的密钥将被泄露，商家将得到重复花费同一电子现金的用户的身份。

2. 认证和签字技术

电子现金中使用的签字有两种，消息可恢复式数字签字和具有后缀的数字签字。

1) 消息可恢复式数字签字

设 m 是待签的消息，S_{Sk} 是使用秘密钥 Sk 的签字函数，V_{Pk} 是使用公钥 Pk 的验证函数，使得

$$V_{Pk}(S_{Sk}(m)) = m \qquad (9.1)$$

其中，V_{Pk}是容易实现的，任何人只要知道 Pk 就可以签字加以验证。而对于 S_{Sk}，若知道 SK，则很容易实现，否则其实现是困难的。

这一方案中，验证者得到的是对 m 的签字而不是 m 本身。通过式(9.1)，一方面验证了签字者的身份，另一方面恢复了消息 m。

2）具有后缀的数字签字

签字者用其秘密钥对消息 m 签字后，将签字结果作为后缀加到消息 m 后。验证者验证由消息、后缀及签字者的公钥构成的一个方程，如果方程满足，验证者则可确信签字者的确是用其秘密钥对 m 签字的。

例 9.1　盲 RSA 签字算法：假定用户想让银行对消息 m 产生一个盲签字，用户产生一个随机数 r，并将 $r^e \cdot m(\bmod n)$ 发送给银行签字，银行的签字为

$$c = (r^e \cdot m)^d (\bmod n) = r \cdot m^d \bmod n$$

用户对 c 除去 r，得到 m 的签字，即

$$\frac{c}{r} = m^d \bmod n$$

例 9.2　Schnorr 协议：是基于拥有一个秘密钥的零知识证明。设 p、q 是两个大素数，其中 $q \mid p-1$，G_q 是 Z_p^* 的一个阶为 q 的子群，$g \in G_q$ 是 G_q 的一个生成元。

对 $\forall s \in G_q$，s 是模指数运算，即

$$f: s \rightarrow g^s \bmod p$$

其逆称为离散对数运算。如果 p、q 选择恰当，则模指数运算是一单向函数，即求离散对数在计算上是不可行的。

假定在 G_q 上有一条直线

$$y = mx + b \qquad (9.2)$$

该直线可由 m、b 惟一确定。为了隐藏该直线，设

$$c = g^b \bmod p$$

$$n = g^m \bmod p$$

(c, n) 给出该直线在 f 下的影子，知道 (c, n) 得不出这一直线，但却能判断一个点 (x, y) 是否在这一直线上。如果 (x, y) 满足式(9.2)，也一定满足

$$g^y = n^x \cdot c(\bmod p) \qquad (9.3)$$

反之，若 (x, y) 满足式(9.3)，也一定在式(9.2)的直线上。

因为式(9.3)仅涉及一些公开的量，能被任何人验证，所以任何人都能验证一个点是否在一给定的直线上，但位于给定直线上的点仅能由知道秘密信息的人产生。

假定示证者（Alice）想让验证者（Bob）确信他知道 m，但又不出示 m，Alice 可构造一直线，其中直线的截距 b 是随机选取的，而且在每次执行该协议时取不同的值。

协议执行步骤如下：

（1）Alice 向 Bob 发送 c；

（2）Bob 向 Alice 发送一询问 x；

（3）Alice 向 Bob 发送对询问的应答 y，其中 (x, y) 在 Alice 构造的直线上；

（4）Bob 通过式(9.3)验证 (x, y) 是在 Alice 构造的直线上，这样 Bob 就可知道 Alice

的确知道直线的斜率 m。

该协议有一重要特性，即每一直线仅能使用一次；否则，验证者将得到这一直线上的两个点 (x_0, y_0)，(x_1, y_1)，从而可得到直线的斜率：

$$m = \frac{y_1 - y_0}{x_1 - x_0} \bmod q$$

正因如此，上面才要求每次执行该协议时，b 取不同的值。这一特性在电子现金协议中非常有用，可用于防止同一电子现金的重复花费。

例 9.3 Schnorr 签字：在 Schnorr 协议中，示证者为签字者。在上面协议的第二步，验证者将询问取为消息和直线的影子链接后的一个杂凑值。这种签字可证明签字者的确知道他的秘密钥并且秘密钥是和验证者的消息相联系的。

例 9.4 盲 Schnorr 签字：假定用户想为自己的电子现金获得 Schnorr 签字，用户可在 G_q 上随机选择一个秘密值 b_0，将银行的询问向上平移 b_0，这样用户将得到一新直线和新直线上的点，虽然他不知道新直线的斜率，但因他没有改变新、旧直线的斜率，所以银行的签字仍然有效。当商家在银行存款时，银行看到的是在新直线上实现的协议，因为只有用户自己知道新旧直线平移的长度，所以银行不能把商家的存款和用户的提款联系起来。

9.4.3 电子钱包

在联机的支付系统中，用于支付的电子现金会被马上与记录在案的已使用过的电子现金比较，以检查是否重复花费。但在脱机的支付系统中，重复花费的检查是在用户支付以后，商家在银行存款时进行的。这种事后检查在大部分情况下可阻止重复花费，但在某些情况下则无效，比如某人以假身份获得一账号或者某人在重复花费某一大宗款项后藏匿起来。所以在脱机系统中仅依靠事后检查是不够的，还需要依靠物理上的安全设备。

防窜扰的卡可通过去掉已花费的电子现金，或通过使已花费过的电子现金变得无效来防止重复花费。然而，实际中并不存在真正的防窜扰的卡，这里所说的防窜扰卡是指其在物理构造上使得修改其内容是困难的，如 Smart 卡、PC 卡或任何含有防窜扰计算机芯片的存储设备。所以，即使使用防窜扰的卡仍然有必要提供密码保护来防止电子现金的伪造以及检查和识别重复花费。

因为存于防窜扰卡中的信息（如秘密钥、算法或记录）难于读取和修改，所以防窜扰卡也能为持卡者提供个人安全和保密。

但是仅使用防窜扰卡来防止重复花费还有一个缺陷，即用户必须对其完全信任。因为用户自己没有控制进出卡信息的能力，所以防窜扰卡可在用户不知道的情况下泄露用户的保密信息。

电子钱包（见图 9.6）是将防窜扰设备嵌入由用户控制的一个外部组件中，该外部组件可以是手持计算机或 PC 机。不能被用户读取或修改的内部组件（即防窜扰设备）称为"观察者"，进出观察者的所有信息必须通过外部组件，并能被用户控制其进出，以防观察者将用户的保密信息泄露出去。而且外部组件的工作必须在结合观察者后才能进行，以防用户进行未经许可的活动，如重复花费等。

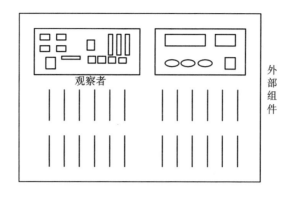

图 9.6　电子钱包的基本组成

9.5　电子现金协议技术

本节介绍的几个电子现金协议技术均为脱机实现方式。

9.5.1　不可跟踪的电子现金协议技术

在不可跟踪的电子现金协议技术中，同一电子现金如果只被用户支付一次，则具有不可跟踪性。但同一电子现金被用户支付两次，用户的身份信息将被暴露。协议中电子现金的形式为

$$(x, f(x)^{\frac{1}{3}}) \bmod N$$

式中：x 为一整数；$f(x)$ 为一单向函数；N 为 RSA 模数，只有银行知道 N 的大素数分解。这种电子现金的不可伪造性基于求模 N 的立方根是不可行的这一假定，即如果某人能够求模 N 的立方根，就可伪造这种电子现金。

该协议分为三步：提款协议、支付协议和存款协议。以下描述中，将协议中的三方用户、银行、商家分别记为 U、B、M。

1. 提款协议技术(U↔B)

(1) U 随机选取 n 个三元组 (a_i, b_i, c_i)，其中 $i = 1, 2, 3, \cdots, n$，n 为安全参数；

(2) U 计算 $B_i = r_i^3 f(x_i, y_i)$，$(i = 1, 2, \cdots, n)$，其中 r_i 是作为盲因子的随机整数，$x_i = g(a_i, c_i)$，$y_i = g(a_i \oplus (u \parallel v + i), d_i)$，$g$ 和 f 是两个无碰撞杂凑函数，$\parallel$ 为链接，u 是 U 的账号，v 是账目。即

$$U \to B: \{B_i \mid i = 1, 2, \cdots, n\}$$

(3) B 在集合 $\{1, 2, \cdots, n\}$ 中随机选取大小为 $n/2$ 个元素的子集 $R = \{i_j \mid j = 1, \cdots, n/2\}$，

$$B \to U: R;$$

(4) $U \to B: \{r_i, a_i, c_i, d_i \mid i \in R\}$，B 检查收到的四元组是否与 B_i 一致，若不一致，则终止协议；

(5) $B \to U: \prod_{i \notin R} B_i^{\frac{1}{3}}$，并在 U 的账目中去掉相应的数目；

(6) 计算 $C = \prod\limits_{i \notin R} r_i^{-1} \cdot B_i^{\frac{1}{3}} \equiv \prod\limits_{i \notin R} f(x_i, y_i)^{\frac{1}{3}} \bmod N$。

为简化记法，可进一步假定不在 R 中的 i 都在集合 $\{1, 2, \cdots, n/2\}$ 中，所以 $C = \prod\limits_{i=1}^{n/2} f(x_i, y_i)^{\frac{1}{3}}$，U 以 C 作为自己在 B 所提取的款项。

2. 支付协议技术(U↔M)

(1) U→M：C；

(2) M→U：e，其中 $e = (e_1, \cdots, e_{n/2})$，$e_i \in R\{0, 1\}(i = 1, \cdots, n/2)$，$e$ 作为 M 对 U 的询问；

(3) U 对 M 的询问作为应答

$$U \rightarrow M：\begin{cases} a_i, c_i, y_i & e_i = 1 \\ x_i, a_i \oplus (u \parallel v + i), d_i & e_i = 0 \end{cases}$$

(4) 根据 U 的应答，对 C 加以验证。

3. 存款协议技术(M↔B)

(1) M 将 C, e 以及 U 对 e 的应答存入 B；

(2) B 验证 M 存入结果的正确性，并在 M 的账目中加上相应的数目。

存款协议中，不可跟踪性是与防重复支付联系在一起的，如果一个电子现金只被用户支付一次，则不会暴露出用户的身份信息。然而如果 U 两次支付同一电子现金，则至少有一个比特 e_i，M 会以很高的概率$(1 - 2^{-n})$得到该比特对应的应答(a_i, c_i, y_i)和$(x_i, a_i \oplus (u \parallel v + i), d_i)$。M 将以上应答存入银行后，银行可从 a_i 和 $a_i \oplus (u \parallel v + i)$ 得到用户的账号 u，从而识别出重复支付者。

还有一个问题，就是用户和商家的共谋问题，一种情况是商家在两次不同业务中使用同一访问串 e，即商家企图两次存储同一电子现金。另一种情况是用户向两个不同的商家支付同一电子现金，两个商家都与用户共谋而同意用户这么做。解决这两种共谋问题的一种简单方法是将询问串 e 分为两部分：固定部分和随机部分，使得每一商家都有一固定部分(由银行指定)。

9.5.2　可分的电子现金协议技术

可分的电子现金协议中，银行有一组 RSA 方案集合，每一方案由三元组(e_j, d_j, N_j) $(j = 0, \cdots)$决定，其中 e_j 和 d_j 分别是加密密钥和解密密钥，N_j 是 RSA 模数。第一个方案(e_0, d_0, N_0)用于为用户产生电子证书，其他方案则分别用于产生各种面值的电子现金，例如(e_0, d_1, N_1)用于产生面值为 100 元的电子现金，(e_2, d_2, N_2)用于产生面值为 50 元的电子现金等。银行将$(e_j, N_j)(j = 0, 1, \cdots)$及每一 RSA 加密方案用于产生多大面值的电子现金公布出去。

设用户 U 在该银行的账号为 u_A，U 的 RSA 加密方案为(e_A, d_A, N_A)，其中(e_A, N_A)是公开参数。

又设 $z \in Z_N$ 是一任意整数，模数 $N = pq$，其中 p, q 分别满足 $p \equiv 3 \bmod 8$，$q \equiv 7 \bmod 8$，称满足以上条件的 N 为 Williams 整数。在集合 $\{z, -z, 2z, -2z\}$ 中，确定

z_1 是一个平方剩余类(表示为 $z_1 = \langle z \rangle_Q$), z_2 是 Jacobi 符号为 1(即 $\left(\dfrac{z_2}{N}\right) = 1$)的非平方剩余

类(记为 $z_2 = \langle z \rangle_+$), z_3 是 Jacobi 符号为 -1(即 $\left(\dfrac{z_3}{N}\right) = -1$)的非平方剩余类(记为

$z_3 = \langle \mathbf{Z} \rangle_-$)是容易的。

该协议中使用这样一棵二叉树：树的每一结点表示一定的金额，根结点 $\Gamma_0 = \langle Z \rangle_Q$ 代表电子现金的总额，它的两个儿子(左儿子为 $\Gamma_{00} = \langle \Gamma_0^{1/2} \rangle_Q$, 右儿子为 $\Gamma_{01} = \langle \Omega_0 \times \Gamma_0^{1/2} \rangle_Q$, 各表示总金额的一半，其中 Ω_0 是由一杂凑函数 f_Ω 产生的一整数。孙子结点又表示总金额的四分之一，依次类推。注意，树中的结点都是平方剩余类。支付时需遵守以下两个规则：一是根路径规则，即当一个结点被支付后，它的所有祖先和后继结点都不能再被支付。二是同一结点规则，即同一结点不能被重复支付。违反上述任一规则都被视为重复支付，都容易被银行识别。

1. 注册协议技术(U↔B)

注册协议用于用户 U 在银行 B 开一账户，且 B 向 U 发放一证书 L。

(1) U 随机选取 (a_i, η_i) $(i = 1, 2, \cdots, n)$, 其中 n 是安全参数，η_i 是 RSA 模数(即 $\eta_i = p_i \times q_i$ 是 Williams 整数，$p_i \equiv 3 \bmod 8$, $q_i \equiv 7 \bmod 8$);

(2) U→B: $\{w_i | i = 1, \cdots, n\}$, 其中 $w_i \equiv r_i^{e_0} \times g(a_i \| \eta_i) \bmod N_0$, 而 r_i 是盲因子，为一整数，g 是非碰撞的杂凑函数，a_i 的产生如下：U 首先产生一个串 $s_i = u_A \| a_i \| g(u_A \| a_i)^{d_A} \bmod N_A$, 然后将 S_i 分为两部分 $S_i = S_{i_0} \| S_{i_1}$, 求 $\alpha_{i_0} \equiv s_{i_0}^2 \bmod \eta_i$, $\alpha_{i_1} \equiv s_{i_1}^2 \bmod \eta_i$, $\alpha_i = \alpha_{i_0} \| \alpha_{i_1}$;

(3) B 在集合 $\{1, \cdots, n\}$ 中随机选取一个大小为 $n/2$ 的子集 **R**, B→U: R;

(4) 对每一 $i \in$ R, U 向 B 展示用于产生 w_i 的所有参数，包括 a_i, p_i, q_i, $g(u_A \| a_i)^{d_A}$, r_i;

(5) 对每一 $i \in$ R, B 检验 w_i 是否正确，如果不正确，则终止协议；

(6) B→U: $\prod\limits_{i \notin R} w_i^{d_0} \bmod N_0$;

(7) U 在 $\prod\limits_{i \notin R} w_i^{d_0} \bmod N_0$ 中去掉盲因子可得 B 发放的证书：$L = \prod\limits_{i \notin R} r_i^{-1} \cdot w_i^{d_0} \bmod N_0 = \prod\limits_{i \notin R} g(\alpha_i \| \eta_i)^{d_0} \bmod N_0$ 为简化记法，可进一步假定 $L = \prod\limits_{i=1}^{n/2} g(\alpha_i \| \eta_i)^{d_0} \bmod N_0$。

2. 提款协议技术(U↔B)

设 U 向 B 提取的款额为 x 元，B 找出产生这个值的 RSA 方案，设为 (e_x, d_x, N_x)。

(1) U 选取两个随机整数 b 和 r, 使

$$U \to B: z \equiv r^{e_x} g(L \| b) \bmod N_x$$

(2) B→U: $z^{d_x} \bmod N_x$, B 在 U 的账目中下去 x 元；

(3) U 得到的数字现金为

$$C \equiv r^{-1} z^{d_x} \equiv g(L \| b)^{d_x} \bmod N_x$$

3. 支付协议技术(U↔M)

支付协议中，U 和商家 M 将使用三个公开的非碰撞杂凑函数 f_Γ, f_A 和 f_Ω。

(1) U 计算根结点

$$\Gamma_{i,0} = \langle f_{\Gamma}(C \parallel 0 \parallel \eta_i) \rangle_Q \bmod \eta_i, \qquad i = 1, \cdots, n/2$$

然后计算 $\Gamma_{i,0}$ 的两个儿结点，左儿子为 $\Gamma_{i,00} \equiv \langle \Gamma_{i,0}^{\frac{1}{2}} \rangle \bmod \eta_i$，右儿子为 $\Gamma_{i,0} \equiv \langle \Omega_{i,0} \Gamma_{i,0}^{\frac{1}{2}} \rangle_Q \bmod \eta_i$，其中 $\Omega_{i,0} = \langle f_{\Omega}(C \parallel 0 \parallel \eta_i) \rangle_+$。

继续这一处理过程，即求 $\Gamma_{i,00}$ 的两个儿子 $\Gamma_{i,000}$ 和 $\Gamma_{i,001}$，求 $\Gamma_{i,01}$ 的两个儿子 $\Gamma_{i,010}$ 和 $\Gamma_{i,011}$。

为清楚起见，下面假定 U 提取的数字现金 C 表示 100 元，U 希望支付给 M 75 元。U 需在树中找出两个钱数之和为 75 元的结点，设这两个结点是 $\Gamma_{i,00} \equiv \langle \Gamma_{i,0}^{\frac{1}{2}} \rangle_Q \bmod \eta_i$，$\Gamma_{i,010} \equiv \langle \Gamma_{i,01}^{\frac{1}{2}} \rangle_Q \bmod \eta_i$，表示的钱数分别为 50 元和 25 元。然后 U 计算这两个结点的 Jacobi 符号等于 -1 的平方根：

$$X_{i,00} = \langle \Gamma_{i,00}^{\frac{1}{2}} \rangle_- \equiv \langle \Gamma_{i,0}^{\frac{1}{4}} \rangle_- \bmod \eta_i$$

$$X_{i,010} = \langle \Gamma_{i,010}^{\frac{1}{2}} \rangle_- \equiv \langle \Omega_{i,0}^2 \Gamma_{i,0}^{\frac{1}{8}} \rangle_- \bmod \eta_i$$

(2) U→M：$(L, C, \{(a_i, n_i, X_{i,00}, X_{i,010}) \mid i, \cdots, n/2\})$。

(3) M 验证 L 和 C，进一步对每一 $i=1, \cdots, n/2$，验证以下条件是否成立：

① $X_{i,00}$ 的 $X_{i,010}$ 的 Jacobi 符号等于 -1；

② $X_{i,00}^4 \stackrel{?}{=} d_i \Gamma_{i,0}$，$d_i \in \{\pm 1, \pm 2\}$；

③ $X_{i,010}^8 \stackrel{?}{=} d_i' \Omega_{i,0}^2 \Gamma_{i,0}$，$d_i' \in \{\pm 1, \pm 2\}$。

如果以上三条有一条不成立，则终止协议。

(4) M→U：$\{(E_{i,00}, E_{i,010}) \mid i=1, \cdots, n/2\}$，其中对每一 i，$E_{i,00}$，$E_{i,010} \in_R \{0, 1\}$。

(5) U 计算：

$$Y_{i,00} = \begin{cases} \langle \Lambda_{i,00}^{\frac{1}{2}} \rangle_- \bmod \eta_i, & \text{如果 } E_{i,00} = 1 \\ \langle \Lambda_{i,00}^{\frac{1}{2}} \rangle_+ \bmod \eta_i, & \text{如果 } E_{i,00} = 0 \end{cases}$$

$$Y_{i,00} = \begin{cases} \langle \Lambda_{i,010}^{\frac{1}{2}} \rangle_- \bmod \eta_i, & \text{如果 } E_{i,010} = 1 \\ \langle \Lambda_{i,010}^{\frac{1}{2}} \rangle_+ \bmod \eta_i, & \text{如果 } E_{i,010} = 0 \end{cases}$$

其中对 $s=00$ 和 $s=010$，$\Lambda_{i,s} = \langle f_{\Lambda}(C \parallel s \parallel \eta_i) \rangle_Q \bmod \eta_i$。

(6) M 验证：

① $Y_{i,00}$ 和 $Y_{i,010}$ 的 Jacobi 符号是否都等于 -1；

② $Y_{i,00}^2 \stackrel{?}{=} d_i f_{\Lambda}(C \parallel 00 \parallel \eta_i) \bmod \eta_i$，其中 $d_i \in \{\pm 1, \pm 2\}$；

③ $Y_{i,010}^2 \stackrel{?}{=} d_i' f_{\Lambda}(C \parallel 010 \parallel \eta_i) \bmod \eta_i$，其中 $d_i' \in \{\pm 1, \pm 2\}$。

如果以上验证都成立，M 则接收 U 支付的 75 元。

4. 存款协议技术

M 将在支付协议中得到的 U 发送的文本转发给银行 B，B 对收到的文本加以验证，如果验证通过，则在 M 的账目中存入 75 元。

以上可分电子现金协议的最大缺点是效率太低。

9.5.3　基于表示的电子现金协议技术

基于表示的电子现金协议中，所有的运算都是在一个群 Z_q^* 上进行的，其中 q 是一个大素数。首先给出 Z_q^* 上元素表示的定义。

定义：设 Z_q^* 的 k 个生成元构成的 k 元组 $(g_1, g_2, \cdots, g_k)$ 满足 $g_i \neq 1 (i=1, \cdots, k)$ 且 $g_i \neq g_j (i \neq j, i, j=1, \cdots, k)$，对任意 $h \in Z_q^*$，h 关于 $(g_1, g_2, \cdots, g_k)$ 的表示是 k 元组 $(a_1, a_2, \cdots, a_k)$，满足 $\prod\limits_{i=1}^{k} g_i^{a_i} = h$。

在离散对数问题的困难性假定之下，若已知 Z_q^* 的生成元组和元素 h，求元素的表示是不可行的。

1. 系统设置

系统设置过程由银行完成。银行随机选取 Z_q^* 的三个生成元 g、g_1、g_2，随机选取 $x \in Z_q^*$，选取两个非碰撞的杂凑函数 H 和 H_0。公开 g、g_1、g_2、q 以及 H 和 H_0 的描述，将 x 作为秘密钥，$h = g^x$ 作为公开钥。

2. 注册协议技术（U↔B）

(1) U 将自己的身份信息出示给 B；

(2) U 产生一个秘密的整数 $u_1 \in_R Z_q^*$，求 $I = g_1^{u_1}$，以 I 作为自己的账号，如果 $I_{g_2} \neq 1$，U 则将 I 发送给 B，其中 I_{g_2} 关于 (g_1, g_2) 的表示为 $(u_1, 1)$；

(3) B→U：$z = (I_{g_2})^x$。

3. 提款协议技术（U↔B）

(1) U 将自己的身份信息出示给 B；

(2) B→U：$(a = g^w, b = (I_{g_2})^w)$，其中 $w \in_R Z_q^*$；

(3) U 随机选取 (s, x_1, x_2)，计算 $A = (I_{g_2})^s$，$E = g_1^{x_1} g_2^{x_2}$，$z' = z^s$，U 再选取两个整数 u、v，计算 $a' = a^u g^v$，$b' = b^{su} A^v$，求 $c' = H(A, E, z', a', b')$；

(4) U→B：$c = \dfrac{c'}{u} \bmod q$，其中 u 是一个盲整数因子；

(5) B→U：$r = cx + w$；

(6) U 验证 $g^r \overset{?}{=} h^c a$，$(I_{g_2})^r \overset{?}{=} z^c b$，如果验证成立，则计算 $r' = ru + v \bmod q$。

U 得到的数字现金为 $C = (A, E, z', a', b', r')$。任何一个人都可以通过验证 $g^{r'} \overset{?}{=} h^c a'$ 和 $A^{r'} \overset{?}{=} (z')^c b'$ 来验证 U 的电子现金 C。因此可认为 (z', a', b', r') 是 (A, E) 的签字，签字由 U 结合 B 发来的 $r = cx + w$ 产生，其中 c 是 $c' = H(A, E, z', a', b')$ 变盲后的结果。

4. 付款协议技术（U↔M）

(1) U→M：C；

(2) M→U：$d = H_0(A, E, I_M, \text{data/time})$，其中 I_M 是 M 的身份；

(3) U→M：r_1，r_2，其中 $r_1 = dsu_1 + x_1 (\bmod q)$，$r_2 = ds + x_2 (\bmod q)$；

(4) M 验证 $g_1^{r_1} g_2^{r_2} \overset{?}{=} A^d E$，如果通过验证，则保存 $(C, r_1, r_2, \text{date/time})$。

5. 存款协议技术(M↔B)

(1) M→B：$(C, r_1, r_2, \text{date/time})$；

(2) B 根据 M 重新发来的数据 d，并验证 $g_1^{r_1} g_2^{r_2} \overset{?}{=} A^d E$，如果通过验证，B 则在账目数据库中查找是否已有$(C, r_1, r_2, \text{date/time})$。如果没有，则将这五元组为 M 存储在账目数据库中，同时为 M 入相应的账目；如果账目数据库中已有这五元组，则说明这个电子现金正在被用户重复支付，设已有的五元组是$(C, r_1', r_2', \text{date}'/\text{time}')$，B 根据已有的五元组求出 d'，可得 $GF(q)$ 中的以下方程：

$$r_1 \equiv d u_1 s + x_1$$
$$r_2 \equiv d s + x_2$$
$$r_1' \equiv d' u_1 s + x_1'$$
$$r_2' \equiv d' s + x_2'$$

由此可求出 $u_1 \equiv \dfrac{r_1 - r_1'}{r_2 - r_2'} \bmod q$，从而得到 U 的账号 $I = g^{u_1}$。

本协议也可以修改后使用电子钱包来实现。

9.5.4 微支付协议技术

电子现金协议如果用于小额支付(如几分钱)，那么花费在计算上的费用就会得不偿失。小额支付业务包括读 Web 站点中的页、发送短邮件、使用因特网上的白页或黄页等。为了支持小额支付，必须大大地简化电子现金协议和各个子协议。电子现金协议中费用最高的运算是数字签字，所以在微支付协议中应尽可能由杂凑函数来代替数字签字。

下面介绍的微支付协议称为 Pay Word，其中用户、商家、银行都有自己用以数字签字的秘密钥和公开钥，H 是一个非碰撞的杂凑函数。

1. 注册协议技术

(1) U 将自己的身份信息提交给 B，以便再开一账户并申请 Pay Word 证书；

(2) B→U：$CR = (m, SG_B(m))$，其中 $m = (\text{Bank - ID}, \text{U - D}, k_u, \text{exp - data})$，$SG_B(m)$ 是 B 对消息 m 的签字，k_u 是 U 的公开钥。

2. 支付协议技术

(1) U 产生一个支付字链 $w_1, w_2, \cdots, w_n$，其中 $w_i = H(w_{i+1})$，w_n 是随机选取的支付字，w_0 是支付字链头，每一支付字表示一分钱。

(2) U→M：$(w_0, SG_U(\text{U - ID}, \text{M - ID}, w_0, \text{time}))$，其中 $SG_U(\text{U - ID}, \text{M - ID}, w_0, \text{time})$ 是 U 为支付字链头产生的签字。

(3) M 验证签字，并存储支付字链头。

(4) U→M(w_i, I)，U 向 M 提交支付字链中的下一支付字作为自己的支付。

(5) M 验证 $w_{i-1} = H(w_i)$ 以验证 U 的支付。

3. 存款协议技术(M↔B)

(1) M→B(w_l, l)，$(w_0, SG_U(\text{U - ID}, w_0, \text{time}))$，其中 w_l 是 M 从 U 得到的最后一个支付字。

（2）B 验证最后一个支付字的正确性，即验证由最后一个支付字是否能产生正确的支付字链头。如果最后一个支付字是正确的，B 则从 U 的账目中去掉 1 分，在 M 的账目中加上 1 分。

微支付协议的安全性依赖于数字签字算法和杂凑算法的强度。协议是非常有效的，较耗时的数字签字仅在支付的开始使用，以后的支付就不再使用数字签字。

9.5.5　可撤销匿名性的电子现金系统实现技术

有效的电子现金系统必须满足某些安全性要求，如保护支付者的匿名性，电子现金的支付和提取不能被联系起来等。然而这却为犯罪分子提供了便利，常见的犯罪形式有以下几种。

（1）伪造：用户自己构造非法的电子现金，用于欺骗商家和银行。

（2）透支：用户用于支付的款项有意要超出所提取的款额。

（3）假冒：用户在未经他人同意的情况下，有意支取他人的款项。

（4）洗钱：用户将某一组织的资金非法转移到自己的账户。

（5）非法购买：如购买毒品等。

（6）敲诈勒索：犯罪分子迫使用户从银行提款后交给自己，以不被跟踪的方式存储或消费。

（7）盗窃银行：犯罪分子迫使（或蒙骗）银行以执行提款协议。

（8）偷税漏税：犯罪分子利用电子现金中的匿名性而不缴纳各种税款。

阻止犯罪的一种方法是要求在给定的一段时间内，对大宗业务进行跟踪，这将使得涉及到大宗款额的犯罪难以进行。然而，如果一天限制最多提款 100 元，那么过不了多长时间所提取的款额就将很快累加起来，特别当用户有好几个账号的情况下，问题会更为严重。同时在给定的时间段内，对提款额的限制还必须依靠防窜扰设备。

阻止犯罪的另一种方法是使用可撤销匿名性机制，它一方面仍然对合法用户的隐私加以保护，使得银行、商家或其他任何人都无法窥视用户的隐私；另一方面，在一定条件下（如法院命令），银行将用户的提款记录或存款记录提交给委托人，委托人根据自己的密钥解密提交的信息，从而将用户的提款信息和存款信息联系起来，以实现对支付的跟踪。根据委托人得到的两种不同类型的信息，相应地有两种类型的跟踪。

（1）向前跟踪：银行根据提款协议中得到的用户信息，在委托人的协助下能够在用户支付相应的款项时，识别这一款项。这种类型的跟踪可用于诸如敲诈、勒索等情况。当用户被迫提取一款项并交给某一匿名罪犯时，用户可秘密通知银行，银行在委托人的协助下可得到用户信息，用于以后跟踪这一款项。

（2）向后跟踪：当商家在银行存用户所支付的款项时，银行得到该款项的支付信息，并在委托人的协助下得到该款项相应的提取信息。这种类型的匿名撤销可用于诸如洗钱或钱的伪造等情况。当银行对商家所存款项产生怀疑时，可通过委托人得到这一款项的提取信息及提取者的身份。

在具有可跟踪性的支付系统中，最具有代表性的是一种基于分割选择技术的支付系统。该系统中对于每个提款记录都有一识别数相联系，对每一个存款记录都有另一个不同的识别数相联系，并且使得两种记录的识别数无法联系起来。为了提供向后跟踪，用户必须用委托人的公钥加密提款识别数(以及和提款记录不相联系的其他一些数据),把加密结果作为电子现金的组成部分,并在支付协议中发送给受款人。当受款人在银行存款时,这一加密结果又将被发送给银行,并且协议将使得银行确信这一加密结果是正确的。如果执行跟踪所要求的条件得以满足,银行则将支付文本或存款文本发送给委托人,由委托人解密得到提款识别数。银行由提款识别数得到用户的提款记录并识别提款人。

为了提供向前跟踪,用户在提款时必须用委托人的公钥加密一个存款识别数(以及和存款记录不相联系的其他一些数据),把加密结果作为提款协议的一部分发送给银行。银行虽然看到的仅是加了密的存款识别数,但协议可使得银行确信用户未进行欺骗。如果执行跟踪所要求的条件得以满足,银行则将提款记录发送给委托人,由委托人解密得到存款识别数。银行由存款识别数来识别受款人。

可撤销匿名性的电子现金系统应满足以下要求。

(1) 合法用户的匿名性:对合法用户来说,其匿名性应得以保护。

(2) 匿名的撤销:在一定的条件下(如法院命令),委托人可协助银行撤销用户的匿名性。

(3) 权利分担:委托人除了协助银行跟踪用户的电子现金外,再无任何其他权利。特别地,委托人不能伪造电子现金或假冒用户。

(4) 选择性:匿名的撤销是有选择的,即仅对法院要求的业务执行匿名的撤销,对其他业务(甚至对同一用户的其他业务)仍然保持其匿名性。

可撤销匿名性的电子现金系统包括以下步骤,如图9.7所示。

(1) 注册:用户在委托人处建立起身份与化名或身份与匿名的身份号等的联系,使得以后委托人可通过化名或匿名的身份号以及它们与身份的联系,实现对用户匿名性的撤销。

(2) 提款:用户从银行将款项提取到自己的设备(如 Smart 卡、电子钱包)中。

(3) 支付:用户使用存储在自己设备中的款项向商家支付。

(4) 存款:商家在银行存储款项,银行为商家入账。

(5) 跟踪:若执行跟踪的条件满足,委托人在银行的要求下,根据用户的提款信息计算出某个量或者根据用户的支付文本计算出用户的身份信息。

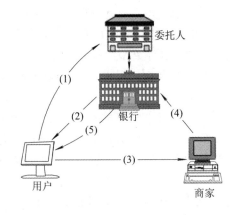

图 9.7 可撤销匿名性的电子现金系统

9.6　电子商务应用系统实例

　　Internet 的普及为电子商务的应用提供了广阔的前景，也对电子商务的应用开发模式、方法、工具提出了更高的要求。

　　目前，某海关要处理深圳的 10 000 多家和珠江三角洲一带的 5000 多家进出口企业的报关业务。每天有 2 万辆以上需要进出口申报的货车进出海关，估计今后每年还会以 20% 的速度递增。海关通过合同备案审批与进出口申报相结合来加强对进出口的管理、监控，以打击走私等各种非法行为；并且每天还必须审批大量的舱单，以核查、放行港口的货物，处理的业务量非常巨大。其业务处理系统是基于集中式处理的小型机群系统，用户需要通过昂贵的终端设施进行申报业务或委托报关进行报关。该系统难于快速响应、处理企业或个人的进出口业务请求。下面是某海关电子申报系统的电子商务应用案例。

9.6.1　某海关业务处理系统

　　某海关业务处理系统如图 9.8 所示。

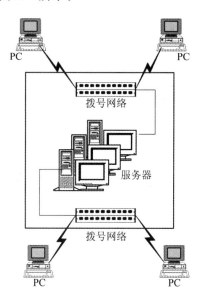

图 9.8　某海关业务处理系统

9.6.2　某海关电子申报系统网络平台

　　某海关电子申报系统网络平台如图 9.9 所示。

9.6.3　某海关电子申报系统的软件体系结构

　　某海关电子申报系统的软件体系结构如图 9.10 所示。

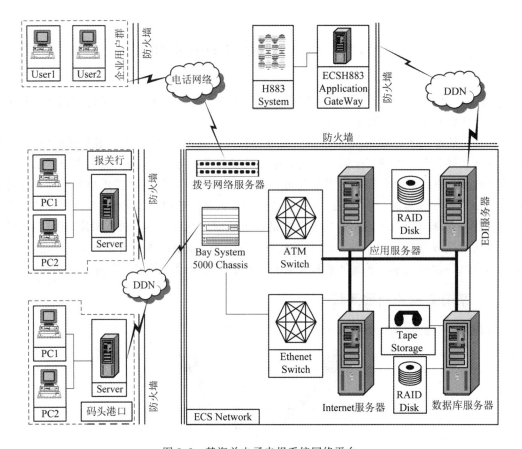

图 9.9 某海关电子申报系统网络平台

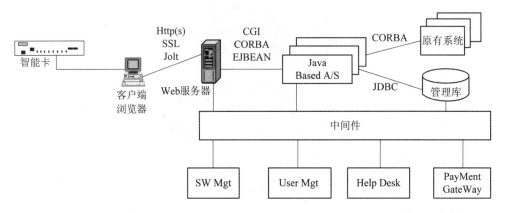

图 9.10 某海关电子申报系统的软件体系结构

习 题 9

1. 电子商务的定义是什么?
2. 电子商务分为几类?

3．简述电子商务系统的支持环境。

4．简述电子商务与传统商务的区别。

5．简述电子商务的安全体系结构。

6．简述电子支付系统的功能。

7．简述电子现金系统安全性应满足哪些要求。

8．简述电子现金协议脱机实现方式。

9．介绍一个电子商务的软件系统。

10．设计一个网上超市。

11．设计一个网上书店。

第 10 章　包过滤技术原理及应用

包过滤是一种保安机制,它控制哪些数据包可以进出网络,而哪些数据包应被网络拒绝。本章详细地介绍包过滤技术原理、设计,同时给出包过滤技术在应用中的处理方法。

10.1　高层 IP 网络的概念

一个文件要穿过网络,必须将文件分成小块,每小块文件单独传输。把文件分成小块的做法主要是为了让多个系统共享网络,每个系统可以依次发送文件块。在 IP 网络中,这些小块被称为包。所有的信息传输都是以包的方式来实施的。

将多个 IP 网络互连的基本设备是路由器。路由器可以是一台专门的硬件设备,也可以是一个工作在通用系统(如 UNIX、MS－DOS、Windows 和 Macintosh)下的软件包。软件包在网络群中穿越就是从一台路由器到另一台路由器,最后抵达目的地。因特网本身就是一个巨大的网络群,也可叫做网中网。

路由器针对每一个接收到的包作出路由决定如何将包送达目的地。在一般情况下,包本身不包含任何有助确定路由的信息。包只告诉路由器要将它发往何地,至于如何将它送达,包本身则不提供任何帮助。路由器之间通过诸如 RIP 和 OSPF 的路由协议相互通信,并在内存中建立路由表。当路由器对包进行路由时,它将包的目的地址与路由表中的入口地址相比较,并依据该表来发送这个包。在一般情况下,一个目的地的路由不可能是固定的。同时,路由器还经常使用"默认路由",即把包发往一个更加智能的或更上一级的路由器。

包过滤路由器是具有包过滤特性的一种路由器。在对包作出路由决定时,普通路由器只依据包的目的地址引导包,而包过滤路由器就必须依据路由器中的包过滤规则作出是否引导该包的决定。

10.2　包过滤的工作原理

10.2.1　包过滤技术传递的判据

包过滤技术可以允许或不允许某些包在网络上传递,它依据以下的判据:

(1) 将包的目的地址作为判据;

(2) 将包的源地址作为判据;

（3）将包的传送协议作为判据。

10.2.2　包过滤技术传递操作

大多数包过滤系统判决是否传送包时都不关心包的具体内容。

包过滤系统允许情况下的操作：

（1）不让任何用户从外部网用 Telnet 登录；

（2）允许任何用户使用 SMTP 往内部网发电子邮件；

（3）只允许某台机器通过 NNTP 往内部网发新闻。

包过滤不允许的操作：

（1）允许某个用户从外部网用 Telnet 登录而不允许其他用户进行这种操作；

（2）允许用户传送一些文件而不允许用户传送其他文件。

包过滤系统不能识别数据包中的信息，同样包过滤系统也不能识别数据包中的文件信息。包过滤系统的主要特点是可让我们在一台机器上提供对整个网络的保护。以 Telnet 为例，假定为了不让使用 Telnet 而将网络中所有机器上的 Telnet 服务器关闭，即使这样做了，也不能保证在网络中新增机器时，新机器的 Telnet 服务器也被关闭或其他用户不重新安装 Telnet 服务器。如果有了包过滤系统，由于只需要在包过滤中对此进行设置，也就无所谓机器中的 Telnet 服务器是否存在的问题了。

路由器为所有进出网络的数据流提供了一个有用的阻塞点。有些类型的保护只能由放置在网络中特定位置的包过滤路由器来提供。比如，我们设计的安全规则，让网络拒绝任何含有内部地址的包（就是那种看起来好像来自于内部主机而其实是来自于外部网的包），这种包经常被作为地址伪装入侵的一部分。入侵者总是用这种包把他们伪装成来自于内部网。要用包过滤路由器来实现我们设计的安全原则，惟一的方法是通过参数网络上的包过滤路由器。只有处在这种位置上的包过滤路由器才能通过查看包的源地址，从而辨认出这个包到底是来自于内部网还是来自于外部网。图 10.1 说明了对这种包的防范。

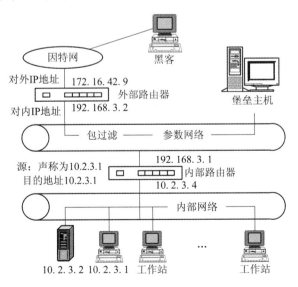

图 10.1　源地址伪装

10.2.3　包过滤方式的优缺点

1. 包过滤方式的优点

包过滤方式有许多优点,而其主要优点之一是仅用一个放置在重要位置上的包过滤路由器就可保护整个网络。如果我们的站点与因特网间只有一台路由器,那么不管站点规模有多大,只要在这台路由器上设置合适的包过滤,我们的站点就可获得很好的网络安全保护。

包过滤不需要用户软件的支持,也不需要对客户机作特别的设置,也没有必要对用户作任何培训。当包过滤路由器允许包通过时,它表现得和普通路由器没有任何区别。在这时,用户甚至感觉不到包过滤的存在,只有在某些包被禁入或禁出时,用户才认识到它与普通路由器的不同。包过滤工作对用户来讲是透明的。这种透明就是可在不要求用户作任何操作的前提下完成包过滤工作。

2. 包过滤系统的缺点及局限性

(1) 在机器中配置包过滤规则比较困难;

(2) 对系统中的包过滤规则的配置进行测试也较麻烦;

(3) 许多产品的包过滤功能有这样或那样的局限性,要找一个比较完整的包过滤产品比较困难。

包过滤系统本身就可能存在缺陷,这些缺陷对系统安全性的影响要大大超过代理服务系统对系统安全性的影响。因为代理服务的缺陷仅会使数据无法传递,而包过滤的缺陷会使得一些平常该拒绝的包也能进出网络。

即使在系统中安装了比较完善的包过滤系统,我们也会发现对有些协议使用包过滤方式不太合适。比如,对 Berkeley 的"r"命令(rcp、rsh、rlogin)与类似于 NFS 和 NIS/YS 协议的 RPC,用包过滤系统就不太合适。

有些安全规则是难于用包过滤系统来实施的。比如,在包中只有来自于某台主机的信息而无来自于某个用户的信息。因此,若要过滤用户就不能用包过滤。

10.3　包过滤路由器的配置

在配置包过滤路由器时,我们首先要确定哪些服务允许通过而哪些服务应被拒绝,并将这些规定翻译成有关的包过滤规则。对包的内容我们并不需要多加关心。比如:允许站点接收来自于因特网的邮件,而该邮件是用什么工具制作的则与我们无关。路由器只关注包中的一小部分内容。

10.3.1　协议的双向性

协议总是双向的,包括一方发送一个请求和另一方返回一个应答。在制订包过滤规则时,要注意包是从两个方向来到路由器的,比如,只允许往外的 Telnet 包将我们的键入信息送达远程主机，而不允许返回的显示信息包通过相同的连接，这种规则是不正确的，同时，拒绝半个连接往往也是不起作用的。在许多攻击中，入侵者往内部网发送包，他们甚至不用返回信息就可完成对内部网的攻击，因为他们能有返回信息加以推测。

10.3.2　"往内"与"往外"

在制订包过滤规则时，必须准确理解"往内"与"往外"的包和"往内"与"往外"的服务这几个词的语义。一个往外的服务（如上面提到的 Telnet）同时包含往外的包（键入信息）和往内的包（返回的屏幕显示信息）。虽然大多数人习惯于用"服务"来定义规定，但在制订包过滤规则时，我们一定要具体到每一种类型的包。我们在使用包过滤时也一定要弄清"往内"与"往外"的包和"往内"与"往外"的服务这几个词之间的区别。

10.3.3　"默认允许"与"默认拒绝"

网络的安全策略中有两种方法：默认拒绝（没有明确地被允许就应被拒绝）与默认允许（没有明确地被拒绝就应被允许）。从安全角度来看，用默认拒绝应该更合适。就如我们前面讨论的，我们首先应从拒绝任何传输来开始设置包过滤规则，然后再对某些应被允许传输的协议设置允许标志。这样做我们会感到系统的安全性更好一些。

10.4　包的基本构造

为了更好地理解包过滤，我们首先必须正确理解包的构造和它在 TCP/IP 协议各层上的操作，这些层是：应用层（如 HTTP、FTP 和 Telnet）、传输层（如 TCP、UDP）、因特网络层（IP）和网络接口层（FDDI、ATM 和以太网）。

包的构造有点像洋葱，它是由各层连接的协议组成的。在每一层，包都由包头与包体两部分组成。在包头中存放着与这一层相关的协议信息，在包体中存放着包在这一层的数据信息。这些数据信息也包含了上层的全部信息。在每一层上对包的处理是将从上层获取的全部信息作为包体，然后依本层的协议加上包头。这种对包的层次性操作（每一层均加装一个包头）一般称为封装。

在应用层，包头含有需被传送的数据（如需被传送的文件内容）。当构成下一层（传输层）的包时，传输控制协议（TCP）或用户数据报协议（UDP）从应用层将数据全部取来，然后再加装上本层的包头。当构筑再下一层（因特网络层）的包时，IP 协议将上层的包头与包体全部当作本层的包体，然后再加装上本层的包头。在构筑最后一层（网络接口层）的包时，以太网或其他网络协议将 IP 层的整个包作为包体，再加上本层的包头。图 10.2 显示了这种操作过程。

与上面介绍的封装过程相反，在网络连接的另一头的工作是解包，即在另一头，为了获取数据就由下而上依次把包头剥离。

在包过滤系统看来，包的最重要信息是各层依次加上的包头。在下面几节中，我们主要介绍各种将被包过滤路由器检查的包的包头内容。

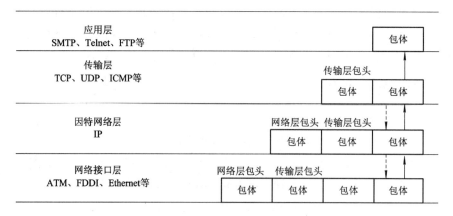

图 10.2　数据包的封装

10.5　包过滤处理内核

过滤路由器可以利用包过滤作为手段来提高网络的安全性。过滤功能既可以由许多商用防火墙产品来完成，也可以由基于软件的产品完成，如 Karthrige 就是由基于 PC 的过滤器来完成的。

许多商业路由器都可以通过编程来执行过滤功能。路由器制造商，如 Cisco、3Com、Newbrige 和 ACC 等提供的路由器都可以通过编程来执行包过滤功能。

10.5.1　包过滤和网络策略

包过滤还可以用来实现大范围内的网络安全策略。网络安全策略必须清楚地说明被保护的网络和服务的类型、它们的重要程度和这些服务要保护的对象。

一般来说，网络安全策略主要集中在阻截入侵者，而不是试图警戒内部用户。它的工作重点是阻止外来用户的突然入侵和故意暴露敏感性数据，而不是阻止内部用户使用外部网络服务。这种类型的网络安全策略决定了过滤路由器应该放在哪里和怎样通过编程来执行包过滤。一个好的网络安全策略还应该做到，使内部用户也难以危害网络的安全。

网络安全策略的一个目标就是要提供一个透明机制，以便这些策略不会对用户产生障碍。因为包过滤工作在 OSI 模型的网络层和传输层，而不是在应用层，这种方法一般来说比防火墙方法更具透明性。注意，防火墙是工作在 OSI 模型的应用层的，这一层的安全措施不应成为透明的。

10.5.2　一个简单的包过滤模型

包过滤器通常置于一个或多个网段之间。网络段区分为外部网段或内部网段。外部网段是通过网络将用户的计算机连接到外面的网络上，内部网段用来连接公司的主机和其他网络资源。

包过滤器设备的每一个端口都可用来完成网络安全策略，该策略描述了通过此端口可访问的网络服务类型。如果连在包过滤设备上的网络段的数目很大，那么包过滤所要完成的服务

就会变得很复杂。一般来说,应当避免对网络安全问题采取过于复杂的解决方案,理由如下:

(1) 它们难以维护;

(2) 配置包过滤时容易出错;

(3) 它们对所实施的设备的功能有副作用。

大多数情况下包过滤设备只连两个网段,即外部网段和内部网段。包过滤用来限制那些它拒绝的服务的网络流量。因为网络策略是应用于那些与外部主机有联系的内部用户的,所以过滤路由器端口两面的过滤器必须以不同的方式工作。

10.5.3　包过滤器操作

几乎所有的包过滤设备(过滤路由器或包过滤网关)都按照如下规则工作:

(1) 包过滤标准必须由包过滤设备端口存储起来,这些包过滤标准叫包过滤规则。

(2) 当包到达端口时,对包的报头进行语法分析,大多数包过滤设备只检查 IP、TCP 或 UDP 报头中的字段,不检查包体的内容。

(3) 包过滤器规则以特殊的方式存储。

(4) 如果一条规则阻止包传输或接收,此包便不被允许通过。

(5) 如果一条规则允许包传输或接收,该包可以继续处理。

(6) 如果一个包不满足任何一条规则,该包被阻塞。

从规则(4)和(5)可知,将规则以正确的顺序存放是很重要的。配置包过滤规则时常犯的错误就是把规则的顺序放错了,如果包过滤器规则以错误的顺序放置,那么有效的服务也可能被拒绝了,而该拒绝的服务却允许了。

在用规则(6)设计网络安全时,应该遵循自动防止故障的(Fail‐Safe)原理。它与另一个允许原理(未明确表示禁止的便被允许)正好相反,此原理是为包过滤设计的。我们要想到任何包过滤规则都不能保证网络的安全,并且,随着新服务的增加,很有可能遇到与任何现有的原则都不匹配的情况。这样,与其阻塞这些服务,倒不如让这些对网络安全没有太大威胁的服务通过。

包过滤操作流程图如图 10.3 所示。

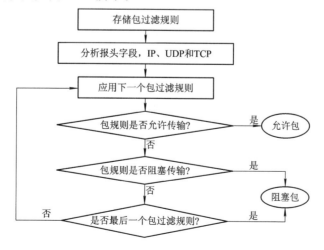

图 10.3　包过滤操作流程图

10.5.4　包过滤设计

考虑图 10.4 中的网络,其中过滤路由器用作在内部被保护网络和外部不信任网络之间的第一道防线。

假设网络策略安全规则确定:从外部主机发来的因特网邮件在某一特定网关被接收,并且想拒绝从不信任的名为 CREE‑PHOST 的主机发来的数据流(一个可能的原因是该主机发送邮件系统不能处理大量的报文,另一个可能的原因是怀疑这台主机会给网络安全带来极大的威胁)。

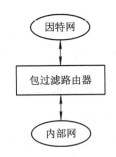

图 10.4　有包过滤路由器的网络

在这个例子中,SMTP 使用的网络安全策略必须翻译成包过滤规则。我们可以把网络安全规则翻译成下列中文规则:

(1) 我们不相信从 CREE‑PHOST 来的连接。

(2) 我们允许与我们的邮件网关的连接。

这些规则可以编辑成如表 10.1 所示的规则表。其中星号(＊)表示它可以匹配该列的任何值。

表 10.1　一个包过滤规则的编码例子

过滤规则号	动作	内部主机	内部主机端口	外部主机	外部路由器的端口	说　　明
1	阻塞	＊	＊	CREE‑PHOST	＊	阻塞来自 CREE‑PHOST 的流量
2	允许	Mail‑GW	25	2	＊	允许与我们的邮件网关的连接
3	允许	＊	＊	3	25	允许输出 SMTP 至远程邮件网关

对于过滤器规则 1(表 10.1 中),有一外部主机列,所有其他列有星号标记。"动作"是阻塞连接。这一规则可以翻译为:允许任意(＊)外部主机从其任意(＊)端口到我们的 Mail‑GW 主机端口的连接。

表 10.1 中,使用端口号 25 是因为这个 TCP 端口是保留给 SMTP 的。

这些规则应用的顺序与它们在表中的顺序相同。如果一个包不与任何规则匹配,它就会遭到拒绝。在表 10.1 中规定的过滤规则方式的一个问题是:它允许任何外部主机从端口 25 产生一个请求。端口 25 应该保留 SMTP,但一个外部主机可能用这个端口做其他用途。

规则 3 表示了一个内部主机如何发送 SMTP 邮件到外部主机端口 25,以使内部主机完成发送邮件到外部站点的任务。如果外部站点对 SMTP 不使用端口 25,那么 SMTP 发送者便发送邮件。

TCP 是全双工连接的,信息流是双向的。表 10.1 中的包过滤规则不能明确地区分包中的信息流向,即是从我们的主机到外部站点,还是从外部站点到我们的主机。

当 TCP 包从任一方向发送出去时,接收者必需通过设置确认(ACK,ACKnowledgement)标志来发送确认。ACK 标志是用在正常的 TCP 传输中的，首包的 ACK＝0，而后续包的 ACK＝1，如图 10.5 所示。

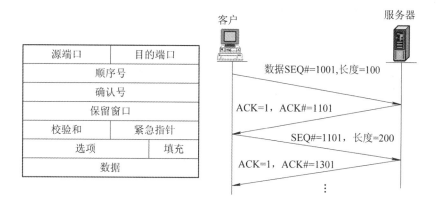

图 10.5 在 TCP 数据传输中使用确认

在图 10.5 中，发送者发送一个段(TCP 发送的数据叫做段)，其开始的比特数是 1001(SEQ♯)，长度是 100；接收者发送回去一个确认包，其中 ACK 标志置为 1，确认数表明下一个 TCP 数据段开始的比特数是(1101＋200)＝1301。

从图 10.5 我们可以看到，所有的 TCP 连接都要发送 ACK 包。当 ACK 包被发送出去时，其发送方向相反，且包过滤规则应考虑那些确认控制包或数据包的 ACK 包。

根据以上讨论，我们将修改过的包过滤规则在表 10.2 中列出。

表 10.2 SMTP 的包过滤规则

过滤规则号	动作	源主机或网络	源主机端口	目的主机或网络	目的主机端口	TCP 标志或 IP 选项	说　明
1	允许	199.245.180.0	*	*	25	*	包从网络 199.245.180.0 至目的主机端口 25
2	允许	Mail - GW	25	199.245.180.0	*	ACK	允许返回确认

对于表 10.2 中的规则 1，源主机或网络列有一项为 199.254.180.0，目的主机端口列有一项为 25，所有其他的列都是"＊"号。

过滤规则 1 的动作是允许连接。这可翻译为：允许任何从网络 199.245.180.0 的任一端口(＊)产生的到具有任何 TCP 标志或 IP 选项设置(包括源路由选择)的、任一目的主机(＊)的端口 25 的连接。

注意，由于 199.245.180.0 是一个 C 类 IP 地址(也叫 netid)，主机号(也叫 hostid)字段中的 0 指的是在网络 199.245.180 中的任何主机。

对于规则 2，源主机端口列有一项为 25，目的主机或网络列有一项是 199.245.180.0，TCP 标志或 IP 选项列为 ACK，目的主机端口列是"＊"号。

规则 2 的动作是允许连接。这可翻译为：允许任何来自任一(＊)端口的连接被继续设置。

表 10.2 的过滤规则 1 和 2 的组合效应就是允许 TCP 包在网络 199.245.180.0 和任一外部主机的 SMTP 端口之间传输。

因为包过滤只检验 OSI 模型的第二和第三层，所以无法绝对保证返回的 TCP 确认包是同一个连接的部分。

在实际应用中，因为 TCP 连接维持两方的状态信息，所以他们知道什么样的序列号和确认是所期望的。另外，上一层的应用服务(如 Telnet 和 SMTP)只能接受那些遵守应用协议规则的包。伪造一个含有正确 ACK 包的确认是很困难的(尽管理论上是可能的)。对于更高层的安全，我们可以使用应用层的网关，如防火墙等。

10.6 包 过 滤 规 则

为了简单的表达，我们在例子中经常用抽象的描述(如内部网、外部网)，而极少使用具体的地址(如 102.104.125.150)。而在实际应用的包过滤系统中，我们必须明确地说明地址范围。

在前面所举的例子中，包过滤系统对收到的每个包均将它与每条包过滤规则对照，按对照结果来确定包过滤系统对其的动作。请记住，若包过滤系统中没有任何一条规则与该包对应，则将它拒绝，这就是隐含默认"拒绝"原则。

在举的包过滤系统的例子中，所有的语法是指明在"/"符号后面与其他地址相比的位数。因此，10.0.0.0/8 可以匹配任何以 10 开头的地址。

10.6.1 制订包过滤规则应注意的事项

制订包过滤规则应注意以下事项：

(1) 联机编辑过滤规则。一般的文件编辑器都比较小，我们在编辑包过滤规则时有时还不太清楚新规则与原有的老规则是否会有冲突出现，将过滤规则以文本文件方式保存在其他的 PC 机上会很方便。因为这样可以找到比较熟悉的工具对它进行加工，然后再将它装入到包过滤系统。将过滤规则另存一个地方的第二个好处是可将每条过滤规则的注释部分也保存下来。大多数包过滤系统会自动将过滤程序中的注释部分消除，因此，当过滤规则装入过滤系统后，我们会发现注释部分已不再存在。

(2) 要用 IP 地址值，而不用主机名。在包过滤规则中，要用具体的 IP 地址值来指定某台主机或某个网络而不要用主机名字。这样，可以防止有人有意或无意破坏名字——通过地址翻译器后带来的麻烦。

(3) 从 scratch 中将新的过滤规则装入。规则文件生成后先要将老的规则文件消除，然后再从 scratch 中将新的规则文件装入。这样做可以不用再为新的规则集是否与老规则集产生冲突而担忧。

10.6.2 设定包过滤规则的简单实例

若内部网(C 类地址为 192.168.10.0)只与某一台外部主机(172.16.51.50)之间进行数据交换，在这种情况下，则可用表 10.3 所示包过滤规则。

表 10.3　包 过 滤 规 则

规则	流向	源地址	目的地址	ACK 位	过滤操作
A	往内	某台外部主机	内部	任意	允许
B	往外	内部	某台外部主机	任意	允许
C	双向	任意	任意	任意	拒绝

例 10.1　当用 screend 时，可以采用如下命令描述：

between host 172.16.51.50 and net 192.168.10.0 accept；

between host any and host any reject；

例 10.2　当用 Telehit Mctbiazer 时，我们还必须设定此规则用于哪个接口和该规则是否对进出流量均有效，如对一个名为"Syno"的外接口，其规则可用以下的命令来描述：

permit 172.16.51.51/32 192.168.10.0/24 syno in

deny 0.0.0.0/0 0.0.0.0/0 syno in

permit 192.168.10.0/24 172.16.51.50/32 syno out

deny 0.0.0.0/0 0.0.0.0/0 syno out

例 10.3　针对一个 Cisco 路由器，必须将规则变成设置，并将该设置用于相应的接口与数据流方向。假定接口为"serial 1"，其规则应描述成：

access-list 101 permit ip 172.15.51.50 0.0.0.0 192.168.10.0 0.0.0.255

access-list 101 deny ip 0.0.0.0 255.255.255.255 0.0.0.0 255.255.255.255

interface serial 0

access-group 101 in

access-list 101 permit ip 192.168.10.0 0.0.0.255 172.16.51.50 0.0.0.0

access-list 102 deny ip 0.0.0.0 255.255.255.255 0.0.0.0 255.255.255.255

interface Serial 0

access-group 102 out

10.7　依据地址进行过滤

在包过滤系统中，最简单的方法是依据地址进行过滤。用地址进行过滤可以不管使用什么协议，仅根据源地址/目的地址对流动的包进行过滤。一般而言用这种方法不仅只允许某些被指定的外部主机与某些被指定的内部主机进行交互，而且可以防止黑客用伪包装成来自某台主机，其实并非来自于那台主机的包对网络进行的侵扰。

例如，为了防止伪包流入内部网，我们可以这样来制订规则：

Rule	Direction	Source Address	Destination Address	Action
A	Inbound	Internal	Any	Deny

请注意，方向是往内的。在外部网与内部网间的路由器上，不仅将往内的规则用于路

由器的外部网接口，以控制流入的包；而且可以将规则用于路由器的内部网接口，用来控制流出的包。两种方法对内部网的保护效果是一样的，但对路由器而言，第二种方法显然没有对它(路由器)提供保护。

有时，依据源地址过滤有一定的风险，因为包的源地址易于被伪造，所以依靠源地址来过滤就不太可靠。除非再使用一些其他的技术(如加密、认证)，否则我们不能完全确认我们正在与之交互的机器就是我们想要与之交互的机器，而不是其他机器伪装的。上面讨论的规则能防止外部主机伪装成内部主机，而该规则对外部主机冒充另一台外部主机则束手无策。

依靠伪装发动攻击的技术有两种，① 源地址伪装；② 途中人的攻击。

在一个基本的源地址伪装攻击中，入侵者用一个用户认为信赖的源地址向用户发送一个包，他希望用户基于对源地址的信任而对该包进行正常的操作。他并不希望用户给他什么响应，即回送他的包。因此，他没有必要等待返回信息，他可以呆在任何地方。而用户对该包的响应则会送到被伪装的那台机器。其实，大多数协议对一个有经验的入侵者来讲，其响应都是可预测的。有些入侵者是不用获得响应就可实施入侵的。

例如：假定一个入侵者在用户的系统中注册了一个命令，该命令让系统将口令文件以E-mail方式发送给他。对于这种入侵，他就只要等待系统发出的口令文件即可，而不用再观察系统对该命令的执行过程了。

在许多情形下，特别是在涉及 TCP 的连接中，真正的主机(入侵者就是冒充它)对收到莫名其妙的包后的反应一般是将这种有问题的连接清除。当然，入侵者不希望看到这种情况发生。他们要保证在真正的主机连到我们的包前就要完成攻击，或者在我们接收到真正的主机要求清除连接前完成入侵。入侵者有一系列的手段可做到这一点，如：

(1) 在真正主机关闭的情形下，入侵者冒充它来攻击内部网；

(2) 先破坏真正主机，以保证伪装入侵成功；

(3) 在实施入侵时用大流量数据塞死真正主机；

(4) 将真正主机与攻击目标间的路由搞乱；

(5) 使用不要求两次响应的攻击技术。

采用以上技术实施攻击，在以前被认为是一种理论上的可能性，而非实际可能性。而目前以上这些技术已成为潜在的威胁。

途中人伪装攻击是依靠伪装成某台主机与内部网完成交互的能力，要做到这点，入侵者既要伪装成某台主机向被攻击者发送包，而且还要中途拦截返回的包，要做到这样，入侵者可用如下两种操作：

(1) 入侵者必须使自己处于被攻击对象与被伪装机器的路径当中。要达到这样的要求，最简单的方法是入侵者将自己安排在路径的两端，而最难的方法是将自己设置在路径中间，因为现代的 IP 网络，两点之间的路径是可变的。

(2) 将被伪装主机和被攻击主机的路径更改成必须通过攻击者的机器。这样做可能非常容易，也可能非常困难，主要取决于网络拓扑结构和网络的路由系统。

虽然，这种技术被称为"途中人"技术，但这种攻击却很少由处于路径中间的机器发起，因为处在网络路径中间的大都是网络(或网络服务)供应商。

10.8　依据服务进行过滤

被拒绝进入内部网的伪包主要是在依靠地址进行过滤的包过滤系统中。大多数包过滤系统还涉及到依据服务器进行过滤，这也许要复杂些。

从包过滤系统的观点看，我们将从与某些服务有关的包到底有哪些特征作为例子，对 Telnet 作详细的讨论。因为 Telnet 允许注册到另一个系统，用户就好像是与另一系统直接相连的终端一样。同时 Telnet 也相当普通。另外，从包过滤的观点看来，它也是诸如 SMTP、NNTP 等协议的代表，我们同时要观察往外的 Telnet 和往内的 Telnet。

10.8.1　往外的 Telnet 服务

在往外的 Telnet 服务中，一个本地用户与一个远程服务器交互。我们必须对往外与往内的包都加以处理，如图 10.6 所示。

图 10.6　往外的 Telnet 服务

在这种 Telnet 服务器中，往外的包中包含了用户击键的信息，并具有如下特征：
（1）该包的 IP 源地址是本地主机的 IP 地址；
（2）该包的 IP 目的地址是远程主机的 IP 地址；
（3）Telnet 是基于 TCP 的服务，所以，该 IP 包是满足 TCP 协议的；
（4）TCP 的目标端口号是 23；
（5）TCP 的源端口号在本例中（下面用"Y"表示）应该是一个大于 1023 的随机数；
（6）为建立连接的第一个外向包 ACK 位的信息是 ACK=0，其余外向包均为 ACK=1。

这种服务中往内的包中包含有用户的屏幕显示信息（如 login 提示符），并具有以下特征：
（1）该包的 IP 源地址是远程主机的 IP 地址；
（2）该包的 IP 目的地址是本地主机的 IP 地址；
（3）该包是 TCP 类型的；
（4）该包的源端口号是 23；
（5）该包的目标端口号为"Y"；
（6）所有往内的包的 ACK=1。

我们可注意到往内与往外的包头信息中,使用了相同的地址与端口号,只是将目标与源互换而已。

另外,至于为何往外的包的源端口号肯定大于1023,这最初是由 BSD UNIX 规定的,而后面的大多数 UNIX 都继承了这一惯例。BSD UNIX 将 0~1023 号端口保留给 root 使用。这些端口号只有服务器可用(而 BSD 的"r"命令(如 rcp 和 rlogin)例外)。甚至有些没有特权用户概念的操作系统(如 MS－DOS、Mashintosh)也继承了这一惯例。当客户程序要用到端口号时,只能被分配到 1023 号以上的端口号。

10.8.2 往内的 Telnet 服务

下面,我们再看一下往内的 Telnet 服务的情形。在这种服务中,一个远程用户与一个本地主机通信,同样,我们要同时观察往内与往外的包,往内的包中含有用户的击键信息,并具有如下特征:

(1) 该包的 IP 源地址是远程主机的地址。

(2) 该包的目的地址是本地主机的地址。

(3) 该包是 TCP 类型的。

(4) 该包的源端口号是一个大于 1023 的随机数。

(5) 为建立连接的第一个 TCP 的 ACK＝0,其余的 ACK＝1。

而往外的包中包含了服务器的响应,并具有如下特征:

(1) IP 源地址为本地主机地址。

(2) IP 目标地址为远程主机地址。

(3) IP 包为 TCP 类型。

(4) TCP 的源端口号为 23。

(5) TCP 的目标端口号为与往内包的目标端口相同的数(此处设它为"Z")。

(6) TCP 的 ACK＝1。

同样,观察往内与往外的包的特性,我们也会发现仅是源地址与目标地址互换而已。

10.8.3 Telnet 服务

表 10.4 指出了在 Telnet 服务中各种包的特性。表中,＊指出了为建立连接的第一个包的 ACK＝0 之外,其余均为 1;Y、Z 均为大于 1023 的随机数。

表 10.4 Telnet 服务中包的特性

服务方向	包方向	源地址	目标地址	包类型	源端口	目标端口	ACK 设置
往外	外	内部	外部	TCP	Y	23	＊
往外	内	外部	内部	TCP	23	Y	1
往内	内	外部	内部	TCP	Z	23	＊
往内	外	内部	外部	TCP	23	Z	1

若只允许往外的 Telnet,而其余一概拒绝,则相应的包过滤规则如表 10.5 所示。

表 10.5　往外的 Telnet 包过滤规则

规则	方向	源地址	目标地址	协议	源端口	目标端口	ACK 位	操作
A	外	内部	任意	TCP	＞1023	23	0 或 1	允许
B	内	任意	内部	TCP	23	＞1023	1	允许
C	双向	任意	任意	任意	任意	任意	0 或 1	拒绝

注：① 规则 A 允许外出到远程服务器。

　　② 规则 B 允许相应返回的包，但要核对相应的 ACK 位和端口号，这样就可以防止入侵者通过 B 规则来攻击。

　　③ 规则 C 是个默认的规则，如果包不符合 A 或 B，则被拒绝，请记住，任何被拒绝的包都应该被记入日志。

10.8.4　有关源端口过滤问题

在理论上，依据源端口来过滤并不会带来安全问题。但是，这样做必须有个前提，提供端口号的机器必须是真实的。假定我们错误地认为源端口是与某个服务有关的，若入侵者已经通过 root 完全控制了这台机器，那他就可随意在这台机器上，也就等于在我们包过滤规则的端口上运行任意的客户程序或服务器程序。有时我们根本不能相信由对方机器提供的机器源地址，因为有可能那台机器就是入侵者伪装的。对这种情况我们怎么来处置呢？我们应尽量在本地机器的端口上加以限制。如果我们只允许有往内的通往端口 23 的连接，且 23 端口上有可信的 Telnet 服务器（即该服务器只运行有关 Telnet 客户能提交的内容），那么，Telnet 客户的真假就无所谓了。因此，我们需要对往内的通往某个服务器端口的连接加以限制，同时，要保证运行服务器端口上的服务器可靠。在 TCP 下，我们可以允许往内的包进入，又可通过查验 ACK 位来禁止建立连接。在 UDP 下，因为没有类似的 ACK 位机制，故不能采用与 TCP 下相仿的方法。

习　题　10

1. 简述包过滤的基本特点及其工作原理。
2. 介绍一个具有包过滤特点的防火墙产品。
3. 安装一个具有包过滤特点的简单防火墙。

第11章　防火墙技术

Internet 的发展给企业的改革和开放带来了新的机遇，企业正努力通过利用它来提高市场反应速度和办事效率，以便更具竞争力。企业通过 Internet，可以从异地取回重要数据，同时又要面对 Internet 开放带来的数据安全问题的新挑战和新危险，即客户、销售商、移动用户、异地员工和内部员工的安全访问，以及保护企业的机密信息不受黑客和商业间谍的入侵。因此企业必须加强网络安全防范和建设，对于校园网络、政府办公网络、金融网络等都必须建立行之有效的网络安全措施，以保障个人隐私、企业秘密、财产安全等不受到侵犯。

目前，保障网络安全的有效措施主要有防火墙、身份认证、加密、数字签名、内容检查和入侵检测技术等，其中设置防火墙(Firewall)技术是实施网络安全的有效途径之一。

11.1　防火墙的概念

基于 Internet 体系结构的网络应用有两大部分：Intranet 和 Extranet。Intranet 是借助 Intranet 的技术和设备在 Intranet 上构造出企业 WWW 网，可放入企业全部信息，实现企业信息资源的共享；而 Extranet 是在电子商务、协同合作的需求下，用 Intranet 间的通道获得其他网络中允许共享的、有用的信息。因此按照企业内部的安全体系结构，防火墙应当满足如下的要求：

(1) 保证对主机和应用的安全访问；

(2) 保证多种客户机和服务器的安全性；

(3) 保护关键部门不受到来自内部和外部的攻击，为通过 Internet 与远程访问的雇员、客户、供应商提供安全通道。

因此，防火墙是在两个网络之间执行控制策略的系统(包括硬件和软件)，目的是保护网络不被可疑人入侵。本质上，它遵从的是一种允许或组织业余来往的网络通信安全机制，也就是提供可控的过滤网络通信，或者只允许授权的通信。

通常，防火墙就是位于内部网或 Web 站点与 Internet 之间的一个路由器和一台计算机(通常称为堡垒主机)。其目的如同一个安全门，为门内的部门提供安全，就像工作在门前的安全卫士，控制并检查站点的访问者。防火墙配置示意图如图 11.1 所示。

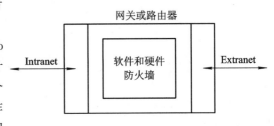

图 11.1　防火墙配置示意图

防火墙是 IT 管理员为保护自己的网络免遭外界非授权访问，但允许与 Internet 互连而发展起来的。从网际角度，防火墙可以看成是安装在两个网络之间的一道栅栏，根据安全计划和安全网络中的定义来保护其后面的网络。因此，从理论上讲，由软件和硬件组成的防火墙可以做到：

(1) 所有进出网络的通信流都应该通过防火墙；

(2) 所有穿过防火墙的通信流都必须有安全策略和计划的确认和授权；

(3) 防火墙是穿不透的。

利用防火墙能保护站点不被任意互连，甚至能建立跟踪工具，帮助总结并记录有关连接来源、服务器提供的通信量以及试图闯入者的任何企图。但是，由于单个防火墙不能防止所有可能的威胁，因此，防火墙只能加强安全，而不能保证安全。

11.2 防火墙的原理及实现方法

11.2.1 防火墙的原理

1. 基于网络体系结构的防火墙原理

防火墙的主要目的是为了分隔 Intranet 和 Extranet，以保护网络的安全。因此，从 OSI 的网络体系结构来看，防火墙是建立在不同分层结构上的、具有一定安全级别和执行效率的通信交换技术。无论是 OSI/RM 还是 TCP/IP RM，都具有相同的实现原理，如图 11.2 所示。

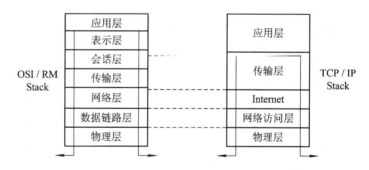

图 11.2 基于网络体系结构的防火墙实现原理

根据网络分层结构的实现思想，若防火墙所采用的通信协议栈愈在高层，所能检测到的通信资源就愈多，其安全级别也就愈高，然而其执行效率却愈差；反之，如果防火墙所采用的通信协议栈愈低层，所能检测到的通信资源就愈少，其安装级别也就愈低，但其执行效率却愈佳。

按照网络的分层体系结构，在不同的分层结构上实现的防火墙不同，所采用的实现方法技术和安全性能也就不尽相同，通常有：

(1) 基于网络层实现的防火墙，通常称为包过滤防火墙；

(2) 基于传输层实现的防火墙，通常称为传输级网关；

(3) 基于应用层实现的防火墙，通常称为应用级网关；

（4）整合上述所有技术，形成混合型防火墙，根据安全性能来进行弹性管理。

2．基于 Dual Network Stack 防火墙的实现原理

为了进一步提高防火墙的安全性，有的防火墙除了在不同的分层协议栈上实现安全通信外，还采用了连线隔离、通信协议栈和堆叠，以增加可靠性，如图 11.3 所示。

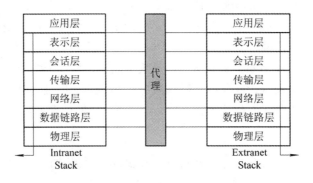

图 11.3　基于 Dual Network Stack 防火墙实现原理

基于 Daul Network Stack 的防火墙有效地保护了网络之间的通信和连线管理。从网际的角度看，Intranet 被完全隔离而实现了安全保护；从网络体系结构的角度看，在不同的分层协议栈上也有不同的防火墙实现技术，主要依赖于网络具体的协议结构。当然，对于内部和外部网络而言，其协议结构有可能是不同的，因而具有更好的适应性和安全性。

11.2.2　防火墙的实现方法

1．数据包过滤

防火墙通常就是一个具备包过滤功能的简单路由器，支持因特网安全。因为包过滤是路由器的固有属性。因而它是一种因特网互联更加安全的简单方法。

包过滤是一种简单而有效的方法，即通过拦截数据包，读出并拒绝那些不符合标准的包头，来过滤掉不应入站的信息。

包是网络上信息流动的单位。网上传输的文件一般在发送端被划分成一串数据包，经过网上的中间站点，最终传到目的地，最后把这些包中的数据又重新组成原来的文件。

每个包有两个部分：数据部分和包头。包头中含有源地址和目标地址等信息。

包过滤又称为过滤路由器，它把包头信息和管理员设定的规则表比较，如果有一条规则不允许发送某个包，则路由器将会丢弃它。

每个数据包都包含有特定信息的一组报头，其主要信息是：

（1）IP 协议类型（TCP、UDP 和 ICMP 等）；

（2）IP 源地址；

（3）IP 目标地址；

（4）IP 选择域的内容；

（5）TCP 或 UDP 源端口号；

（6）TCP 或 UDP 目标端口号；

（7）ICMP 消息类型。

　　另外，路由器也会得到一些在数据包头部信息中没有的有关数据包的其他信息。如：数据包到达的网络接口和数据包出去的网络接口。

　　过滤路由器与普通路由器的差别主要在于，普通路由器只是简单地查看每一个数据包的目标地址，并且选取数据包发往目标地址的最佳路径。

　　如何处理数据包上的目标地址，一般有两种情况，即路由器知道如何发送数据包到目标地址，则发送数据包；路由器不知道如何发送数据包到目标地址，则返回数据包，并向源地址发送"不能到达目标地址"的消息。

　　作为过滤路由器，它将更严格地检查数据包，除了决定它是否能发送数据包到其他目标之外，过滤路由器还决定它是否应该发送。"应该"或者"不应该"发送由站点的安全策略决定，并由过滤路由器强制设置。过滤路由器放置在内部网络与因特网之间，作用如下：

　　(1) 过滤路由器将担负更大的责任，它不但需要执行转发及确定转发的任务，而且它是惟一的保护系统；

　　(2) 如果安全保护失败(或在侵袭下失败)，内部的网络将被暴露；

　　(3) 简单的过滤路由器不能修改任务；

　　(4) 过滤路由器能容许或否认服务，但它不能保护在一个服务之内的单独操作。如果一个服务没有提供安全的操作要求，或者这个服务由不安全的服务器提供，数据包过滤路由器则不能保护它。

　　包过滤的一个重要的局限是它不能分辨好的用户和不好的用户，它只能区分好的包和坏的包。包过滤只好工作在有黑白分明的安全策略的网中，即内部人是好的，外部人是坏的。

　　例如，对于 FTP 协议，包过滤就不十分有效，为完成数据传输，FTP 允许连接外部服务器并使连接返回到端口 21。这甚至成为一条规则附加于路由器上，即内部网络机器上的端口 21 可用于探查外部情况。另外，黑客们很容易"欺骗"这些路由器。而防火墙则不同。因此，在决定实施防火墙计划之前，先要决定使用哪种类型的防火墙及设计。

2. 代理服务

　　代理服务是运行在防火墙主机上的一些特定的应用程序或者服务程序。防火墙主机可以是有一个内部网络接口和一个外部网络接口的双重宿主主机，也可以是一些可以访问因特网并可被内部主机访问的堡垒主机。代理服务的程序接受用户对因特网服务的请求(诸如文件传输 FTP 和远程登录 Telnet 等)，并按照安全策略转发它们到实际的服务。所谓代理就是一个提供替代连接并且充当服务的网关，也称之为应用级网关。

　　代理服务位于内部用户(在内部的网络上)和外部服务(在因特网上)之间。代理在幕后处理所有用户和因特网服务之间的通信以代替相互间的直接交谈。

　　透明是代理服务的一大优点。对于用户来说，代理服务器给出用户直接使用真正的服务器的假象；对于真正的服务器来说，代理服务器给出真正的服务器在代理主机上直接处理用户的假象(与用户真正的主机不同)。

　　代理服务如何工作？让我们看看最简单的情况，即增加代理服务到双重宿主主机。

　　如图 11.4(a) 所示，代理服务有两个主要的部件：代理服务器和代理客户。在图 11.4(a) 中，代理服务器运行在双重宿主主机上。代理客户是正常客户程序的特殊版本(即 Telnet 或者 FTP 客户)，用户与代理服务器交谈而不是面对远在因特网上的"真正的"服务器。此外，如果使用用户遵循特定的步骤，正常的客户程序也能被用作代理客户端。代理服务器评价来自客户的请求，并且决定认可哪一个或否定哪一个。如果一个请求被认可，代理服务器代表客户接触到真正的服务器，并且转发从代理客户到真正的服务器的请求，并将服务器的响应传送回代理客户。

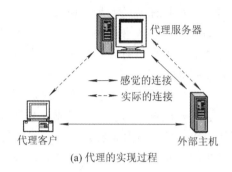

(a) 代理的实现过程

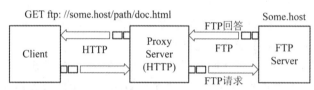

(b) 代理服务器技术细节

图 11.4 代理的实现过程及代理服务器技术细节

在一些代理系统中，可使用现有商用的软件，但要通过设置客户端用户过程使用它，而不是安装客户端客户代理软件。

代理服务器并非将用户的全部网络服务请求提交给因特网上的真正服务器，因为代理服务器能依据安全规则和用户的请求作出判断是否代理执行该请求，所以它能控制用户的请求。有些请求可能会被否决，比如，FTP 代理就可能拒绝用户把文件往远程主机上传送，或者它只允许用户将某些特定的外部站点的文件下载。代理服务可能对于不同的主机执行不同的安全规则，而不对所有主机执行同一个标准。

在应用中，如果数据流的实际内容很重要，并且需要控制，就应使用代理。例如一个应用代理可以用以限制 FTP 用户，使得他们能够从 Internet 上得到文件，而不能把文件上传到 Internet 上。

代理服务器在内部网和外部网之间充当"中间人"，通过打开堡垒主机上的套接字，允许直接从防火墙后访问 Internet 并允许通过这个套接字进行交流。代理服务器软件可以独立地在一台机器上运行，或者与诸如包过滤器的其他软件一起运行。

例如，某个 Web 服务器在防火墙外，有一个用户想访问它，则需要在防火墙上设置一个代理服务器，允许用户的请求通过，并试着用端口 80 与用户端口 1080 相连，再将所有请求重新定位到正确的地方。

在 Web 服务器上，或在防火墙上的代理服务器，可通过几条途径与浏览器协调。如果防火墙不能执行访问控制，则代理服务器可以执行这项功能。

可通过有选择地禁止一些 HTTP 方法的使用，来强迫客户机和服务器访问预先选定的服务器或主机。例如，可控制哪些站点允许用户访问，哪些站点希望与自己的站点相连。

代理服务器可检查不同的协议以保护指令的完整性，包括滤去可疑的 URL 及其他的 HTTP 子集或不连贯及形式错误的 HTML 指令。

可通过过滤掉已知的危险或陌生的数据或程序，来检阅从服务器传向客户机的语言。如果正确配置，代理服务器是非常安全的。它们是站点忠实的"看门狗"，决不允许任何未经授权的联机进入。

一般在堡垒主机上实现这个功能，代理服务器还用于控制出入 Web 站点或任何内部网络的访问。图 11.4(b)给出了代理服务器技术细节。

尽管代理服务器很强大，但若不仔细操作，也会给站点带来不利影响。因此，设置代理服务器时，应做到：

(1) 打开所有输出 TCP 连接。

(2) 允许 SMTP 和 DNS 进入邮件主机。

(3) 允许 FTP 进入大于 1024 的端口。

11.3　防火墙体系结构

防火墙的主要目的是对网络进行保护，以防止其他网络的影响。通常，当你所处的网络需要保护时，你所防止的网络是不可信的外部网，同时也是安全入侵的发源地。因此，保护网络包括阻止非授权用户访问敏感数据的同时，应该允许合法用户无障碍地访问网络资源。

一般说来，防火墙置于内部可信网络和外部不可信网络之间。防火墙作为一个阻塞点来监视和抛弃应用层的网络流量(如图 11.5 所示)。防火墙也可以运行于网络层和传输层，它在此处检查接收和送出包的 IP 和 TCP 包头，并且丢弃一些包，这些包是基于已编程的包过滤器规则的。同时，防火墙是用于实施网络安全策略的主要工具。在许多情况下，需要身份验证、安全和增强保密技术来加强网络安全或实施网络安全策略的其他方面。

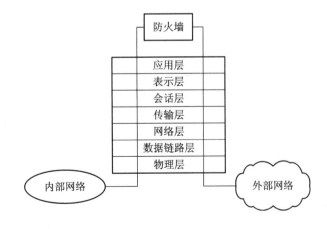

图 11.5　防火墙操作

目前，常见的防火墙体系结构有下列四种：

(1) 双宿主主机体系结构；

（2）堡垒主机过滤体系结构；

（3）过滤子网体系结构；

（4）应用层网关体系结构。

11.3.1 双宿主主机体系结构

在 TCP/IP 网络中，多宿主主机（multi-homed host）指具有多个网络接口的主机，如图11.6 所示。通常，每个网络接口都与网络互连。早期，这种宿主主机也可以在网络段之间传送流量。网关过去来完成这些多宿主主机的路由功能。今天，路由器用来完成路由功能，而网关则保留下来仅用于描述 OSI 模型层上层相似的那部分功能。

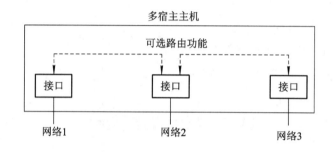

图 11.6　典型多宿主主机

1. 双宿主主机体系结构的防火墙应用模式

1）一个路由功能被禁止的双宿主主机防火墙

一个路由功能被禁止的双宿主主机防火墙如图 11.7 所示。图中，网络 1 上的主机 A 可以访问双宿主主机上的应用程序 A。类似的，主机 B 可以访问双宿主主机上的应用程序 B。由于双宿主主机上的这两个应用程序可以共享数据，主机 A 和 B 通过双宿主主机 上的数据共享来交换信息，因此在双宿主主机上相连的两个网络段之间没有网络流量的交换。这就是此方法的优点。

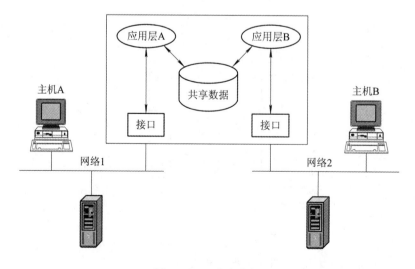

图 11.7　双宿主主机

2）双宿主主机防火墙

双宿主主机可用于把一个内部网络从一个不可信的外部网络分离出来，如图 11.8 所示。因为双宿主主机不能直接转发任何 TCP/IP 流量，所以它可以彻底阻塞内部和外部不可信网络间的任何 IP 流量。

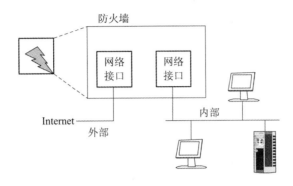

图 11.8　作为防火墙的双宿主主机

3）具有应用程序转发进程的双宿主主机防火墙

Internet 服务（如邮件和新闻等）本质上都是存储转发服务。WWW 网也可以认为是存储和转发，如"caching"和"proxy"。如果这些服务运行于双宿主主机上，它们将加以配置，用来在网络之间传送应用程序服务。如果应用程序的数据必须穿过防火墙，则应用程序转发进程被创建，并可以在双宿主主机上运行，如图 11.9 所示。新加入应用程序转发进程用于在两个互连的网络之间转发应用程序需求的特殊软件。

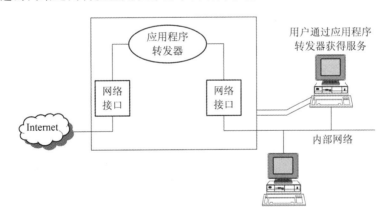

图 11.9　带应用程序进程的双宿主主机

4）允许用户登录的双宿主主机防火墙

允许用户登录到双宿主主机，并且双宿主主机的外部网络接口访问外部服务，如图 11.10 所示。如果使用了应用程序转发器，那么应用程序的流量不能穿过双宿主主机防火墙，除非应用程序转发器运行和配置在防火墙机器上，这是一种实施安全的策略，即"若没有明确允许，则就是被禁止"。如果用户被允许直接登录到防火墙，那么防火墙的安全性就将受到危害，这是因为双宿主主机防火墙是内部网络和外部网络相连的中心点。根据定义，双宿主主机防火墙处于危险区中，如果用户选择了较弱的密码，或者用户账户密码泄漏，那么危险区可能延伸到内部网络，从而就失去了双宿主主机防火墙的作用。

如果适当地记录用户的登录，那么当安全破坏问题被发现后，就有可能对登录到防火墙上的非授权用户进行跟踪；如果用户不允许直接登录到双宿主主机防火墙上，那么，任何企图登录的用户操作都被登记为一个警告的事件，即存在一种潜在的不安全性因素。

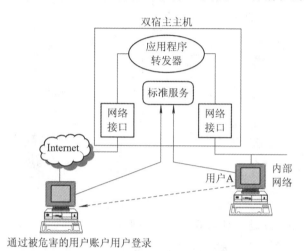

图 11.10　标准用户登录到双宿主主机的不安全性简图

5）作为邮件转发器的双宿主主机防火墙

存储转发的应用实例是 SMTP（邮件）。作为邮件转发器的双宿主主机防火墙（如图11.11 所示），给出了已配置的双宿主主机在外部不可信网络和内部网络之间任意转发邮件消息的位置。

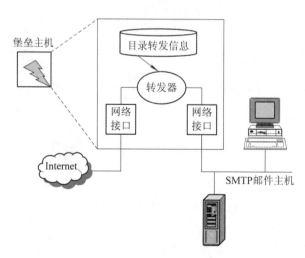

图 11.11　作为邮件转发器的双宿主主机

6）作为新闻发送器的双宿主主机防火墙

存储转发的应用实例是 NNTP（新闻）。作为新闻发送器的双宿主主机防火墙（如图11.12 所示），给出了已配置的双宿主主机在外部不可信网络和内部网络之间任意转发新闻消息的位置。

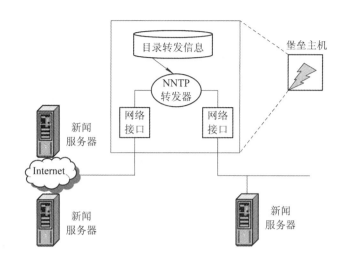

图 11.12　作为新闻发送器的双宿主主机

7）无配置的双宿主主机防火墙

双宿主主机是防火墙使用的最基本配置，双宿主防火墙主机的重要特性是路由器被禁止；网络段之间惟一的路径是通过应用层的转发功能。如果路由意外地（或通过设计）没有配置，同时允许 IP 转发，那么双宿主防火墙的应用层功能就可能被越过（如图 11.13 所示）。

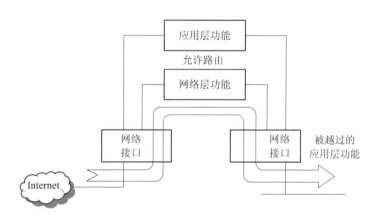

图 11.13　无配置的双宿主主机防火墙

大多数防火墙是基于 UNIX 平台实施的，在一些 UNIX 实施中缺省的路由功能是允许的。因此，验证双宿主防火墙的路由功能是否被禁止就非常重要，如果没有禁止，就应该禁止它。

2. 双宿主主机防火墙不安全隐患的消除

如果一个入侵者获得了对双宿主主机直接登录访问的权力，这将构成最大的威胁。登录验证应该通过双宿主主机的应用程序代理完成。一般来讲，来自外部不可信网络的登录需要有严格的身份验证。

对防火墙自身的访问要么通过控制台，要么取得远程访问权，为了防止对防火墙的威胁，在系统中，任何用户的账户都不能得到允许。

如果用户取得了对双宿主主机的登录访问权，内部网络就遭到了入侵，这些入侵可以通过以下的途径实现对双宿主主机防火墙的攻击：

(1) 文件系统上较弱的许可保护；

(2) 内部网络 NFS 安装卷标；

(3) 通过对已入侵的用户账号的用户主目录中，等价的主机文件(如. rhosts)分析，而遵照 Berkeleyr ∗ -设备的一些许可；

(4) 网络备份程序可能允许过多的恢复；

(5) 使用了没被正式确认的管理性 Shell 的文本；

(6) 从旧软件修订的高度来学习系统并且释放了一些尚未正式确认的记录；

(7) 安装旧的具有 IP 转发允许的操作系统核心或者安装有明显安全漏洞的操作核心；

(8) 使用探查程序(如 tcpdump 或 etherfind)来探查内部网络以寻找用户名和密码信息；

(9) 如果双宿主主机防范机制失败，内部网络将向潜在的入侵者敞开，除非问题被检测到并很快的校正。如 UNIX 核心变量 ipforwarding 控制 IP 路由器是否有效。如果入侵者得到了足够的系统特权，那么入侵者就可以改变这个核心变量的值并且允许 IP 转发。如果 IP 转发被允许，则防火墙的结构就被越过。

3. 双宿主主机防火墙应完成的服务

除了禁止 IP 转发外，还应该清除所有危险的程序、实用工具以及服务，它们在入侵者手中是很危险的。下面是双宿主主机防火墙要完成的服务：

(1) 清除程序工具(编译器、连接器等)。

(2) 清除不需要或不理解的，带 SUID 和 SGID 允许的程序。如果无法工作，可以把一些必要的程序放回原处。对于一个有经验者来讲，可以建一个监控器，当磁盘分区溢出时，则关闭双宿主主机。

(3) 使用磁盘分区，从而将填满该分区上所有磁盘空间的入侵的危害限制在该分区上。

(4) 清除不需要的系统和账户。

(5) 删除不需要的网络服务。用 netstat - a 命令验证只拥有自己所必需的网络服务。编辑/etc/inetd. conf 和/etc/服务文件并清除不需要的服务定义。

(6) 改变系统启动的文本，防止不需要程序的初始化，如路由/输出和某些路由支持程序。

11.3.2 堡垒主机过滤体系结构

堡垒主机是网络安全中的中心主机。它对网络安全至关重要，所以更应该加强防卫，要求网络管理员对堡垒主机就近实施监控。堡垒主机软件和系统安全要进行定期的审核，还应该定期检查一些关于潜在的安全破坏和企图对堡垒主机进行攻击的访问记录。

前面介绍的双宿主主机是堡垒主机的一个特例。

1. 堡垒主机

堡垒主机是内部网在因特网(外部网)上的代表。按照设计要求，由于堡垒主机在因特网上是可见的，因此它是高度暴露的。正由于这个原因，防火墙的建造者和管理者应尽力给予其保护，特别是在防火墙的安装和初始化的过程中应予以特别保护。

1）建立堡垒主机的一般原则

设计和建立堡垒主机的基本原则有两条：最简化原则和预防原则。

（1）最简化原则。堡垒主机越简单，对它进行保护就越方便。堡垒主机提供的任何网络服务都有可能在软件上存在缺陷或在配置上存在错误，而这些差错就可能使堡垒主机的安全保障出问题。因此，在堡垒主机上设置的服务必须最少，同时对必须设置的服务软件只能给予尽可能低的权限。

（2）预防原则。尽管你已对堡垒主机严加保护，但还有可能被入侵者破坏。对此你得有所准备，只有对最坏的情况加以准备，并设计好对策，才可能有备无患。对网络的其他部分施加保护时，也应考虑到"堡垒主机被攻破怎么办？"。我们强调这一点的原因非常简单，就是因为堡垒主机是外部网最易接触到的机器，所以它也是最可能被首先攻击到的机器。由于外部网与内部网无直接连接，因此堡垒主机是试图破坏内部系统的入侵者首先到达的机器。

一旦堡垒主机被破坏，我们还得尽力让内部网仍处于安全保障之中。要做到这一点，必须让内部网只有在堡垒主机正常工作时才信任堡垒主机。我们要仔细观察堡垒主机提供给内部网机器的服务，并根据这些服务的主要内容，确定这些服务的可信度及拥有权限。

另外，还有很多方法可用来加强内部网的安全性，比如：可以在内部网主机上安装操作控制机制（设置口令、鉴别设备等），或者在内部网与堡垒主机间设置包过滤。

2）堡垒主机的种类

堡垒主机目前有以下三种类型：无路由双宿主主机、牺牲主机和内部堡垒主机。

（1）无路由双宿主主机。无路由双宿主主机有多个网络接口，但这些接口间没有信息流。这种主机本身就可作为一个防火墙，也可作为一个更复杂防火墙结构的一部分。无路由双宿主主机的大部分配置雷同于其他堡垒主机，但就像我们后面讨论的那样，必须多加小心，确保它没有路由。如果某台无路由双宿主主机就是一个防火墙，必须在配置上考虑得较为周到，同时小心谨慎地运行堡垒主机的例行程序。

（2）牺牲主机。有些用户可能想用一些无论使用代理服务还是包过滤都难以保障安全的网络服务或者一些对其安全性没有把握的服务。针对这种情况，使用牺牲主机就非常有效。牺牲主机是一种上面没有任何需要保护信息的主机，同时它又不与任何入侵者想利用的主机相连。用户只有在使用某种特殊服务时才用到它。牺牲主机除了可让用户随意登录外，其配置基本上与一般的堡垒主机一样。用户总是希望在堡垒主机上存有尽可能多的服务与程序。但出于安全性的考虑，我们不可随意满足用户的要求，也不能让用户在牺牲主机上太舒畅。否则会使用户越来越信任牺牲主机而违反设置牺牲主机的初衷。牺牲主机的主要特点是它易于被管理，即使被侵袭也无碍内部网的安全。

（3）堡垒主机。在大多数配置中，堡垒主机可与某些内部主机进行交互。比如，堡垒主机可传送电子邮件给内部主机的邮件服务器，传送 Usenet 新闻给新闻服务器，与内部域名服务器协同工作等。这些内部主机其实是有效的次级堡垒主机，对它们就应像保护堡垒主机一样加以保护。我们可以在它们上面多放一些服务，但对它们的配置必须遵循与堡垒主机一样的过程。

3) 堡垒主机的选择

(1) 堡垒主机操作系统的选择。应该选择较为熟悉的系统作为堡垒主机的操作系统。一个配置好的堡垒主机是一个具有高度限制性操作环境的软件平台,所以对它的进一步开发与完善最好在其他机器上完成后再移植。这样做也为在开发时与内部网的其他外设与机器交换信息提供了方便。

选择主机时,应该选择一个可支持若干个接口,同时处于活跃状态并且能可靠地提供一系列内部网用户所需要的因特网服务的机器。如果站点内都是一些 MS - DOS、Windows 和 Macintosh 系统,那么在这些内部网站点的软件平台上,许多工具软件(如代理服务、包过滤系统或其他提供 SMTP、DNS 服务的工具软件)将不能运行。我们应该用诸如 UNIX、Windows NT 或者其他系统作为堡垒主机的软件平台。

UNIX 是能提供因特网服务的最流行操作系统,当堡垒主机在 UNIX 操作系统下运行时,有大量现成的工具可供使用。因此,在没有发现更好的系统之前,我们推荐使用 UNIX 作为堡垒主机的操作系统。同时,在 UNIX 系统下也易于找到建立堡垒主机的工具软件。

如果选用 UNIX 作为堡垒主机的操作系统,在版本选择上,应选用自己最为熟悉的版本,同时该版本下的软件工具应比较齐全、丰富。如果我们的站点也是用某个版本的 UNIX 作为操作系统,那么最好就选用该版本的 UNIX 作为堡垒主机的操作系统;如果我们有很多版本的 UNIX 可供选择,那就应选用户群最小的那个版本,这样做可使入侵者用预编译的方法来攻击堡垒主机的可能性减至最小(因为入侵者可能因无此版本的系统而无法预编译);如果我们对 UNIX 一点都不了解,那就可任选一个 UNIX 版本。

(2) 堡垒主机的速度选择。作为堡垒主机的计算机并不要求有很高的速度。实际上,选用功能并不十分强大的机器作为堡垒主机反而更好。除了经费问题外,选择机器只要物尽其用即可,因为在堡垒主机上提供服务的运算量并非很大。

人们经常用速度介于 2~5 MIPS 的机器(如 Sun—3、Micro VaxII 或其他基于 386、486 的 UNIX 平台)作为堡垒主机,这些机种对普通的使用已经足够了。对运算速度的要求主要由它的内部网和外部网的速度确定。网络在 56 KB/s 甚至 1.544 MB/s(T1 干线)速度下处理电子邮件、DNS、FTP 和代理服务并不占用很多 CPU 资源。但如果在堡垒主机上运行具有压缩/解压功能的软件(如 NNTP)和搜索服务(如 WWW)或有可能同时为几十个用户提供代理服务,那就需要更高速的机器了。如果我们的站点在因特网上非常受欢迎,我们对外的服务也很多,那就需要较快速度的机器来当堡垒主机。针对这种情况,也可使用多堡垒主机结构。在因特网上提供多种连接服务的大公司一般均为若干台大型高速的堡垒主机。

因为我们总是希望堡垒主机具有高可靠性,所以,在选择堡垒主机及它的外围设备时,应慎选产品。另外,我们还希望堡垒主机具有高兼容性,所以也不可选太旧的产品,在不追求好 CPU 性能的同时我们要求它至少能支持同时处理几个网络连接的能力。这个要求使得堡垒主机的内存要大,并配置有足够的交换空间。另外,如果在堡垒主机上要运行代理服务还需要有较大的磁盘空间作为存储缓冲。

(3) 堡垒主机的物理位置。有以下两条理由要求堡垒主机必须安置在较为安全的物理位置:

① 如若入侵者与堡垒主机有物理接触,他就有很多我们无法控制的方法来攻破堡垒主机。

② 对堡垒主机提供了许多内部网与因特网的功能性连接，如果它被损坏或被盗，那整个站点与外部网就会脱离或完全中断。

对堡垒主机要细心保护，以免发生不测。应把它放在通风良好，温度、湿度较为恒定的房间，最好配备有空调和不间断电源。

（4）堡垒主机在网络上的位置。堡垒主机应被放置在没有机密信息流的网络上，最好放置在一个单独的网络上。大多数以太网和令牌网的接口都可工作在混合模式。在这种模式下，该接口可捕捉到与该接口连接的网络上的所有数据包，而不仅仅是那些发给该接口所在机器地址的数据包。其他类型的网络接口（如 FDDI）就不能捕捉到接口所连接的网上的所有数据包，但根据不同的网络结构，它们能经常捕捉到一些并非发往该接口所在主机的数据包。

接口的这种功能在用 Etherfind、Tcpdump 程序对网络进行测试、分析和单步调试时非常有效，但这也为入侵者偷看他所在网段上的全部信息流提供了便利。这些信息流中包含有 FTP、Telnet、rlogin、机密邮件和 NFS 操作等。应作好最坏打算，假如堡垒主机被侵入，就不应该让侵入堡垒主机的入侵者可以方便地看到上述这些信息流。

解决以上问题的方法是将堡垒主机放置在参数网络上而不放在内部网上。正如我们前面讨论的那样，参数网络是内部网与因特网间的一层安全控制机制，参数网络与内部网是由网桥或路由器隔离的。内部网上的信息流对参数网络来讲是不可见的。处在参数网络上的堡垒主机只可看到在因特网与参数网络间来往的信息流。虽然这些信息流有可能比较敏感，但其敏感性要比典型的内部网信息流低得多。用一个由包过滤路由器与内部网分隔的参数网络还可为我们带来益处。因为在这种结构中，如果堡垒主机被破坏，可使与堡垒主机交互的内部主机数目减少，从而减少了内部网的暴露程度。

即使我们无法将堡垒主机放置在参数网络上，也应该将它放置在信息流不太敏感的网络上。比如我们可将它接在智能型 10 - BASE T 的集线器上，以太网交换机上，或者 ATM 网上。如果这样，由于在堡垒主机与内部网间已无其他保护措施，此时对堡垒主机的运行应加以特别关注。

4）堡垒主机提供的服务

堡垒主机应当提供站点所需求的所有与因特网有关的服务，同时还要经过包过滤提供内部网向外界的服务。任何与外部网无关的服务都不应该放置在堡垒主机上。

（1）堡垒主机提供的服务如下：

① 无风险服务，仅仅通过包过滤便可实施的服务；

② 低风险服务，在有些情况下这些服务运行时有安全隐患，但增加一些安全控制措施便可消除安全问题，这类服务只能由堡垒主机提供；

③ 高风险服务，在使用这些服务时无法彻底消除安全隐患，这类服务一般应被禁用，特别需要时也只能放置在主机上使用；

④ 禁用服务，应被彻底禁止使用的服务。

（2）堡垒主机应提供的其他服务：

① FTP 文件传输服务；

② WAIS 基于关键字的信息浏览服务；

③ HTTP 超文本方式的信息浏览服务；

④ NNTP Usenet 新闻组服务；

⑤ Gopher 菜单驱动的信息浏览服务。

为了支持以上这些服务，堡垒主机还应有域名服务（DNS）。DNS 服务很少单独使用，但必须由它将主机的名字翻译成 IP 地址。另外，还要由它提供其他有关站点和主机的零散信息，所以它是实施其他服务的基础服务。

来自因特网的入侵者可以利用许多内部网上的服务来破坏堡垒主机。因此应该将内部网上的那些不用的服务全部关闭。

值得注意的是，在堡垒主机上禁止使用用户账户。如果有可能的话，在堡垒主机上应禁止使用一切用户账户，即不准用户使用堡垒主机。这样做会给堡垒主机带来最大的安全保障。这是因为：

① 账户系统本身就易被攻破；

② 对账户系统的支撑软件一般也较易被攻破；

③ 用户在堡垒主机上操作，可能会无意地破坏堡垒主机的安全机制；

④ 堡垒主机上较多的用户账户。

5）建立堡垒主机

我们在前面已介绍了堡垒主机应完成的工作，而建立堡垒主机则应遵循以下步骤：

（1）给堡垒主机一个安全的运行环境；

（2）关闭机器上所有不必要的服务软件；

（3）安装或修改必需的服务软件；

（4）根据最终需要重新配置机器；

（5）核查机器上的安全保障机制；

（6）将堡垒主机连入网络。

在进行最后一步工作之前，必须保证机器与因特网是相互隔离的。如果内部网尚未与因特网相连，那我们应将堡垒主机完全配置好后方可让内部网与因特网相连；如果我们在一个已与因特网相连的内部网上建立防火墙，那就应该将堡垒主机配置成与内部网无连接的单独机器。如果在配置堡垒主机时被入侵，那这个堡垒主机就可能由内部网的防卫机制变成内部网的入侵机制。

6）堡垒主机的监测

监测堡垒主机的运行一旦完成了对堡垒主机的所有配置，我们就可把它连到网上，但这并不意味着我们有关堡垒主机的工作已结束。我们必须时刻关注着它的运行情况。为了能监测堡垒主机的运行情况，应及时发现出现的异常现象，及早发现入侵者或系统本身的安全漏洞。在这里，必须详细了解正常系统运行时预处理文件的内容：

（1）一般在同一时刻大概会有几个作业在运行；

（2）每个作业一般花费多少 CPU 时间；

（3）一天内哪些时间是系统重载的时间。

只有对系统正常的运行规律非常了解后才能及时发现系统的异常情况。

自动检测堡垒主机由于长时间的人工监测会使人感到非常疲劳，从而降低监测的质量。虽然系统自动产生的日志文件能提供许多有用的信息，但日志文件太大，在这个文件中仔细检查就会使人感到厌倦，甚至有些重要信息还会被人疏忽掉。另外还会发生这样的情况，当我们在看日志文件而停止系统生成日志时，入侵者恰恰在这个时候登录。因此我们必须想办法让计算机来完成监测工作。

因为各站点的情况不一样，所使用的操作系统也千差万别，各堡垒主机的配置也不尽相同，所以各站点对自动监测系统的要求也就不一样。比如，有些站点要求对电子邮件进行监测，有些站点要求对系统管理员的操作进行跟踪等等。

7）堡垒主机的保护与备份

在完成堡垒主机的配置并将它投入正常运行后，要给它以较好的物理运行环境，并将有关软件做备份，将文档资料妥善保存。

在系统被黑客侵入时，有时系统会有很明显的反应，有时系统的反应并不明显，需要我们从系统的运行情况加以推测，比如系统出现不可理解的重新启动或自动关闭就是迹象之一。因为黑客如果改动内核并要使新的内核生效，就必须将系统重新启动。

在一台运行正常的堡垒主机上，重新启动的现象是极少见的，系统的运行应该是非常平稳的。如果发生了以上现象，就应该立即进行仔细检查，确定这种现象到底是由系统中的合法问题引起的还是由入侵者造成的。

我们甚至可以这样来配置堡垒主机，使它在被其他用户执行 reboot 命令时不能正常启动。这样设置后，如果有人要强迫系统重新启动，那么机器就会自动停顿，等待我们的处理。即使机器的重新启动功能不能被关闭，我们也可以在配置时将系统的启动定义成一个并不存在的磁盘以达到同样的目的。

在防火墙系统中，内部网与堡垒主机间应是互不信任的。因为内部网主机可以认为堡垒主机已被入侵者破坏，而堡垒主机同样可以认为来自于内部网的一个用户有可能是伪装的入侵者。因此要制作安全的备份就得费一番功夫。普通在堡垒主机与内部网间的 dump 机制（如 BSD dump 和 rdump 命令）肯定已被包过滤系统阻断。由于堡垒主机应是一个稳定的系统，因而备份的制作频度可以稍低一些，每周一次或每月一次便足够了。

堡垒主机的系统备份不仅仅是为系统瘫痪后再重建系统时用的，它也是我们检查系统是否被入侵的工具之一。像其他重要的备份一样，妥善保管好堡垒主机的备份与保护机器本身同样重要。堡垒主机的备份包含着堡垒主机上所有的配置信息。如果备份被黑客非法获取，那他可以很快找到最便捷的入侵方式，并将系统的报警软件全部关闭。

2. 基于堡垒主机的防火墙应用模式

1）网络中的防火墙配置符号

网络中的防火墙配置符号表示法的定义见表 11.1。

表 11.1　网络中的防火墙配置符号表示法的定义

符号	描　　述
S	过滤路由器
R	普通路由器
F1	单个网络连接的防火墙
F2	两个网络连接的防火墙
B1	单个网络连接的堡垒主机
B2	两个网络连接的堡垒主机

用上述定义的符号来描述网络中的防火墙配置时，可以跟踪网络流量从外部网络到内部网络的路径。

2) 基于堡垒主机的防火墙应用模式

(1) B2 配置的堡垒主机的防火墙。在 B2 配置(如图 11.14 所示)中，堡垒主机的最简单作用是作为第一个，也是惟一的外部网络流量的入口点。其缺点是，因为堡垒主机作为与外部不可信网络的接口点，所以它们经常面临着入侵。

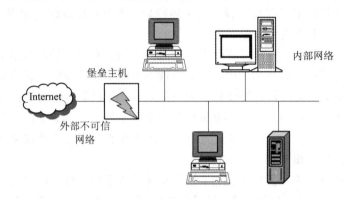

图 11.14　最简单的堡垒主机的使用(B2 配置)

(2) SB1 配置的堡垒主机的防火墙。在 SB1 配置(如图 11.15 所示)中，只有堡垒主机的网络接口是被配置的，这个网络接口是与内部网络接口相连的。过滤路由器的一个端口与内部网络相连，另一个端口接 Internet，这种类型的配置称为被过滤的主机网关。

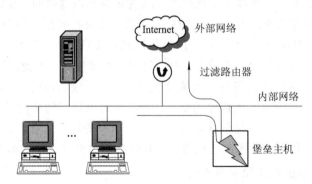

图 11.15　过滤路由器与堡垒主机(SB1 配置)

SB1 中必须配置过滤路由器，它可以把所有内部网络所接到的外部网络流量首先发送给堡垒主机。在它把流量转发给堡垒主机之前，过滤路由器将把它的过滤规则应用于包流量。只有通过过滤规则的网络流量才能转发到堡垒主机，而所有其他网络流量都将被丢弃。这种双重防卫体系结构使网络安全在一定程度上进一步加强，这在 SB2 中没有提到，因为入侵者必须首先穿过过滤路由器。如果入侵者设法穿过了过滤路由器，他还必须与堡垒主机竞争。

堡垒主机使用应用层功能来判定从外部网络发出的请求和对外部网络的请求是否被允许或拒绝。如果这些请求通过了堡垒主机的详细审查，它就可以将收到的流量转发给内部网络；对输出的流量(对外部网络的流量)，请求转发给过滤路由器。图 11.16 显示了网络流量在内部和外部网络间的路径。

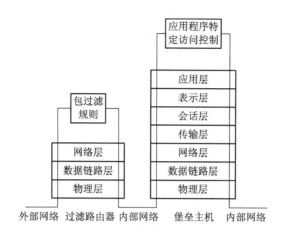

图 11.16　带过滤路由器和堡垒主机的网络流量路径

（3）把包过滤卸载到 IAP 配置的堡垒主机的防火墙。一些企业采用 Internet 访问供给器（IAP）为送往该企业网络的网络流量提供包过滤器规则（如图 11.17 所示）。在这种方式中，包过滤器仍然是第一位的，但是必须依靠 IAP 对包过滤器规则进行正确的管理。

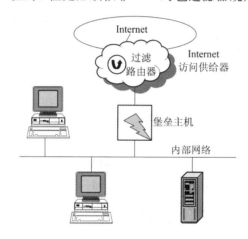

图 11.17　为内部提供包过滤

（4）被过滤堡垒主机网关网络的路由配置防火墙。过滤路由器的路由表必须加以配置以便外部流量可以转发给堡垒主机。过滤路由器的路由表应该加以保护，使其免受入侵和非法授权的修改。如果路由表的项目发生了修改，那么流量就不被转发到堡垒主机而是直接转发给局部连接网络，堡垒主机就被越过了。

图 11.18 显示了过滤路由器的路由表指向堡垒主机的位置。其中，内部网络号是 199.245.180.0，堡垒主机的 IP 地址是 199.245.180.10。过滤路由器在它的路由表中有下面的项目：目的网络为 199.245.180.0；转发至网络为 199.245.180.10；网络 199.245.180.0 的所有网络流量都被转发到堡垒主机的 IP 地址 199.245.180.10 处。

图 11.19 显示的是过滤路由器的路由表被破坏，目的网络 199.245.180.0 的项目被清除的情况。过滤路由器接收到的网络 199.245.180.0 外部流量没有转发到堡垒主机而是直接通过本地接口传送到内部网络。堡垒主机被越过，过滤路由器成了惟一的防线。如果过滤路由器被破坏，路由器的其他功能也同样被破坏，这时内部网络的安全就会受到威胁。

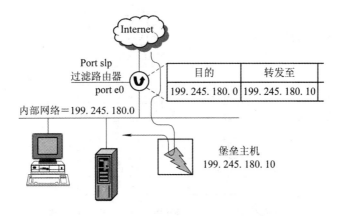

图 11.18　过滤路由器的路由表的正常设置

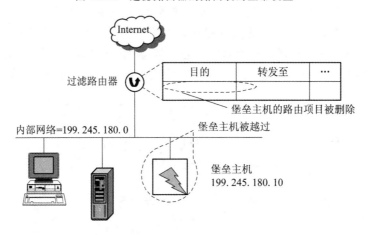

图 11.19　过滤路由器的路由表被破坏

如果过滤路由器对 ICMP（Internet Control Message Protocal）重定向消息做出应答，那么就容易受到入侵者所发错误 ICMP 消息的攻击。因此，对 ICMP 重定向消息的应答必需被禁止。

（5）SB2 配置堡垒主机的防火墙。在 SB2 配置（如图 11.20）中，显示了带过滤路由器的堡垒主机的使用，而堡垒主机的两个网络接口都已配置，一个网络接口连接到"Outside"网络，另一个网络接口连接到"Inside"网络。其中过滤路由器的一个端口连接到"Inside"网络，而另一个端口连接到 Internet。

在 SB2 中，过滤路由器必须加以配置，以便它能把从外部网络传到内部网络的所有流量发送给堡垒主机的"Inside"网络接口。在流量转发到主机前，过滤路由器将把它的过滤器规则用于包流量。只有通过过滤路由器规则的网络流量才能转发给堡垒主机，其他所有的网络流量都被丢弃。入侵者必须经过过滤路由器。如果入侵者设法穿过滤路由器，它还必须和堡垒主机竞争。

若在 Outside 网络上没有主机，则 Outside 网络组成了一个非军事区（DMZ），因为 DMZ 只有两个网络连接，它可以被专用的点对点连接所代替。这就使得通过协议分析来获取这个连接变得更加困难。如果在 DMZ 中使用以太网中的令牌环网络，那么一台放置了混杂模式网络接口的工作站就可以捕获到网络流量并访问敏感数据。正常情况下，网络接

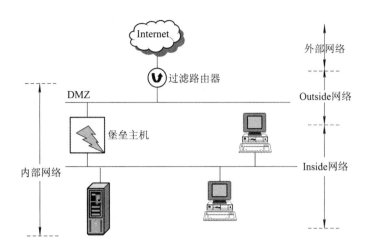

图 11.20　双网络接口的堡垒主机(SB2)配置

口只读取直接发送给它的包。但是，在混杂模式下，网络接口可以读取所有的网络接口能看到的包。所有组织的主机(堡垒主机除外)都与 Inside 网络相连。

　　在 SB2 配置中，如果只有堡垒主机的一个网络接口被使用，那么会使得不能通过过滤路由器路由表的攻击而越过堡垒主机。网络流量必须通过堡垒主机而到达 Inside 网络。

　　(6) SB2B2 配置的防火墙。在 SB2B2 配置(如图 11.21 所示)中，显示了两台带过滤路由器的堡垒主机的使用情况。这两台堡垒主机的双网络接口都已配置。在内部网络中形成了 4 个网络区：内部网络、Outside 网络、私有网络和 Inside 网络。

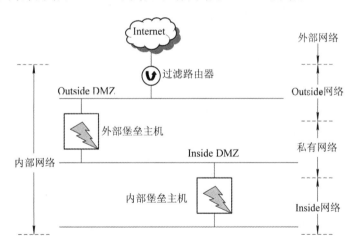

图 11.21　两台带有双网络接口卡配置的堡垒主机(SB2B2)配置

　　过滤路由器和 Outside 堡垒主机是 Outside 网络上仅有两个的网络接口。Outside 网络组成了 OutsideDMZ。

　　私有网络存在于 Inside 和 Outside 堡垒之间。私有网络提供与图 11.18 类似的一定程度的保护。一个组织可以把它的一些主机放在私有网络上，并把比较敏感的主机隐藏在Inside 堡垒主机的后面。换言之，一个组织可能需要最大的安全并且用私有网络作为第二缓冲区或 InsideDMZ，把所有主机都放置在 Inside 网络。

如果一个组织想提供大范围服务的完全访问，如匿名 FTP(File Transfer Protocol)、Gopher 和 WWW(word wide web) 服务，它就可以在 OutsideDMZ 上提供一定的主机作为奉献，如图 11.22 所示。堡垒主机不能相信任何来自这些奉献主机的流量。

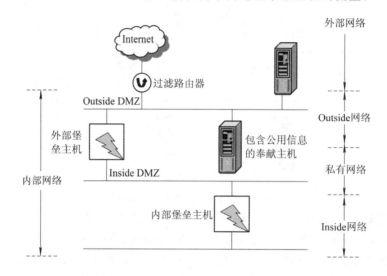

图 11.22　Outside DMZ 的奉献主机

过滤路由器必须加以配置，以便它能把 Outside 网络传到 Inside 网络的所有流量发送给 Inside 堡垒主机。在流量转发到堡垒主机前，过滤路由器将把它的过滤器规则用于包流量。只有通过过滤路由器规则的网络流量才能转发给堡垒主机，其他所有网络流量都被丢弃。入侵者必须首先穿越过滤路由器。如果入侵者设法穿越了过滤路由器，它必须和堡垒主机竞争。

如果 Outside 网络防卫受到破坏，入侵就会穿透 Inside 堡垒主机。如果资源允许，你可以使每台堡垒主机由不同的管理者负责。这样就能保证一台主机管理者所犯的错误不会在其他管理者那里重复发生。还可以保证的是，堡垒主机中所发现的缺陷可以被两个管理者发现并得以校正。图 11.23 显示了外部和内部网络之间网络流量所选择的路径。

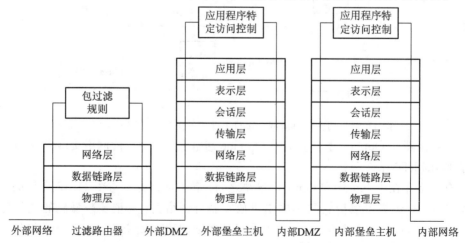

图 11.23　网络中的网络流量的路径

(7) SB1B1 配置的防火墙。SB1B1(图 11.24 所示)中使用两台堡垒主机,但每台堡垒主机只有一个网络接口,第二个路由器称为阻塞器(Choke),它加在 DMZ 和 Inside 网络之间。图 11.25 显示了网络流量在外部网络和内部网络之间的所选路径,在 SB1B1 的网络配置中要做到:过滤路由器应使用的是静态路由技术。

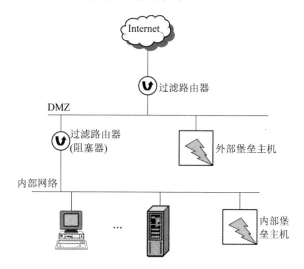

图 11.24 使用了单网络接口的堡垒主机

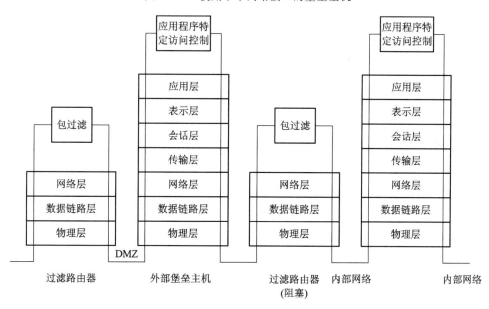

图 11.25 网络的网络流量路径

(8) SB2B1 配置的防火墙。SB2B1 配置(如图 11.26 所示)是实现如下问题的方法之一。

当堡垒主机只有一个网络接口被使用时,应选用静态路由器并且正确配置路由表项目,以保证堡垒主机没有越过。

(9) SB1B2 配置的防火墙。SB1B2 配置(如图 11.27 所示)是实现(8)中问题的另一种方法。

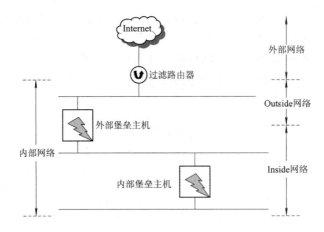

图 11.26　双端/单端堡垒主机配置(SB2B1 配置)

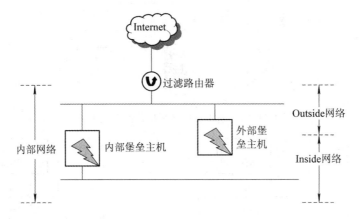

图 11.27　单端/双端堡垒配置(SB1B2 配置)

11.3.3　过滤子网体系结构

在某些防火墙配置中,可以创建图 11.28 所示类型的分离网络。在此网络中,外部不可信网络和内部网络都可以访问该分离网络。但是,网络流量却不能通过该分离网络在外部不可信网络和内部网络之间流动。这个分离的网络使用正确配置的过滤路由器的组合进行工作,如图 11.29 所示。因此,这种分离子网络就称为过滤子网。(网络中的防火墙配置符号表示法的定义见表 11.1)。

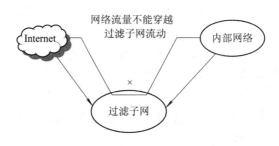

图 11.28　过滤子网

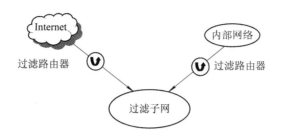

图 11.29　使用过滤路由器的过滤子网实现

　　有些过滤子网可以包括起堡垒主机作用的应用层网关,并能提供对 Outside 服务的交互访问(如图 11.30 所示)。

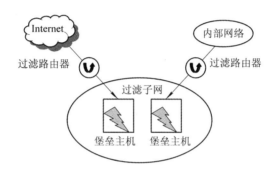

图 11.30　带有堡垒主机的过滤子网

　　一个已配置的过滤子网如图 11.31 所示。已配置的过滤子网指所带的堡垒主机作为过滤子网的中心访问点。这种类型的配置是 S－B1－S 或 SB1S。过滤路由器用来连接 Internet 和内部网络。堡垒主机是一个应用程序网关,它拒绝所有未被明确允许的流量。

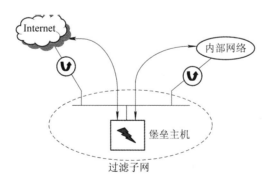

图 11.31　使用 SB1S 配置的过滤子网

　　由于对过滤子网惟一的访问是通过堡垒主机,因此,入侵者对过滤子网的破坏将非常困难。如果入侵者通过 Internet 进入,那么入侵者必须重新配置 Internet 上的路由、过滤子网和内部网络,以获得自由的访问权(如果过滤路由器只允许特定的主机访问,则上述做法将非常困难)。即使堡垒主机被破坏,入侵者也必须闯入内部网络的主机上,然后进入过滤路由器访问过滤子网。如果没有断开连接或碰到警报,则这种类型的跳跃式入侵是非常困难的。

因为过滤子网不允许网络流量在 Internet 和内部网络之间流动,所以这些网络上主机的 IP 地址是相互隐藏的。尽管如此,一个还没有从 NIC(Network Information Center)正式分配网络号的组织,也可以通过过滤子网上堡垒主机所提供的应用程序网关服务访问 Internet。如果这些服务通过应用程序网关加以限制,那么就把内部网络转换为正式分配网络号的网络。

11.3.4　应用层网关体系结构

1. 具有管理存储转发流量以及某些交互流量的应用层网关

应用层网关通过编程来计算用户应用层(OSI 模型第 7 层)的流量,并能在用户层和应用协议层提供访问控制,如图 11.32 所示。而且,应用层网关还可用来保留一个所有应用程序使用的记录。因此,记录和控制所有进出流量的能力是应用层网关的主要优点之一。网关本身可以建立它们所需的附加安全。

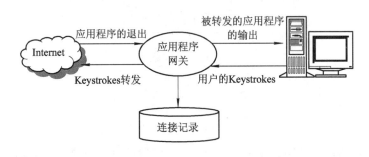

图 11.32　应用层网关

对于每一个它所转接的应用程序,应用层网关使用一个特殊目的代码。由于这个特殊目的代码应用层网关提供了可靠的安全性,因此对于每一个新增到网络上并需要保护的新类型的应用程序,新的特殊目的代码就需要记录下来。

为了使用应用层网关,用户必需登录到应用程序网关的机器上,或者在每一台将使用特定服务的主机上实施指定的代理应用程序服务。每一个应用程序的网关模块应具有自己的一套管理工具和命令语言。

应用层网关的缺点是,用户经常为每个应用程序而写程序。但是从安全角度来看,这也是一个优点,因为无法进入防火墙,除非能提供非常明确的应用层网关。

用户的应用程序相当于一个代理,它不仅能接收进来的呼叫而且还能对呼叫进行检查,以防止任何类型请求的访问被允许。这个事件中的代理是一个应用程序服务器代理。接收呼叫,并且验证任何呼叫允许后,代理就把它转发给请求服务器。因此,代理既是服务器又是客户机(如图 11.33 所示),它在接收进入的请求时作为服务器,在转发请求时作为客户机。会话建立后,应用程序代理作为一个转接,在一初始化应用程序的客户机和服务器之间拷贝数据。在客户机和服务器之间的所有数据都由应用程序代理拦截,它对会话拥有全部的控制,并详尽的处理记录。图 11.33 显示了作为客户机和服务器的代理。在众多的实现中,这是一个单应用程序模块的实现方法。

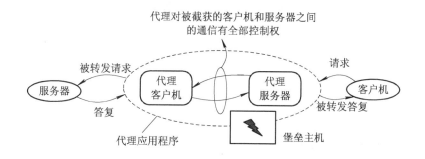

图 11.33　作为客户机和服务器的代理

为了与代理应用程序连接，许多应用层网关要求用户在内部机器上运行客户机应用程序。另外，用户可以用 Telnet 命令指定代理应用程序服务可用的端口。例如，代理主机 gatekeeper.kinetics.com 上，在端口 63 处，用户可以用下面的命令：

telnet gatekeeper.kinetics.com 63

在用户与代理服务器运行的端口建立连接后，将会看到一个特殊的提示符，它用来标识代理应用程序，用户也可以运行定制命令到指定的目的服务器。不管使用哪种方法，标准应用程序的用户接口都会改变。如果使用用户客户机，那么客户机通常会被修改，以便它能与代理机器相连并且通知代理机器连接的位置。这样，代理机器就可连接到最远目的端并转发数据。

2. 巡回网关

巡回网关是建立在应用程序网关上的一个更加灵活的方法，如图 11.34 所示。在巡回网关中，包被提交给用户应用层处理。巡回网关用来在两个通信的终点之间转包，它可简单地在两个终点之间来回拷贝字节。

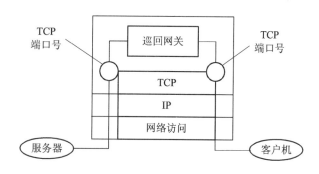

图 11.34　应用程序巡回网

巡回网关存在的问题是：

（1）在巡回网关中，可能需要安装特殊应用的客户机软件，用户可能就需要一个可变用户接口来相互协调。由于硬件平台和操作系统都存在差异，因此为异构网络的每一台主机安装和配置特定的应用程序既耗费时间，又容易出错。

（2）因为每一个包都通过运行于应用层的软件来处理，所以主机的工作会受到影响。每个包被所有的通信层处理两次，并且需要用户层处理和上下文转换。应用层网关（堡垒主机或双宿主主机)对网络层是暴露的。一般采用其他方法加以处理,如包过滤,可以用来保护应用程序网关主机。

11.4 防火墙的构成

11.4.1 防火墙的类型及构成

1. 常见的防火墙

最常见的防火墙是按照它的基本概念工作的逻辑设备,用于在公共网上保护个人网络。

配置一堵防火墙是很简单的,步骤如下:

(1) 选择一台具有路由能力的 PC;

(2) 加上两块接口卡,例如以太网或串行卡等;

(3) 禁止 IP 转发;

(4) 打开一个网卡通向 Internet;

(5) 打开另一个网卡通向内部网。

防火墙的设计类型有好几种,但大体可分为两类:网络级防火墙和应用级防火墙。它们采用不同的方式提供相同的功能。任何一种都能适合站点防火墙的保护需要,而现在有些防火墙产品具有双重特效,因此应该选择最适合当前配置的防火墙类型来构建防火墙。

2. 网络级防火墙

网络级防火墙通常使用简单的路由器,采用包过滤技术,检查个人的 IP 包并决定允许或不允许基于资源的服务、目的地址以及使用端口来构建。

最新式的防火墙较之前身更为复杂,它能监控通过防火墙的连接状态等。这是一类快速且透明的防火墙,易于实现,且性价比较好。

图 11.35 是一个隔离式主机防火墙的应用,它是最流行的网络级防火墙之一。在该种设计中,路由器在网络级上运行,控制所有出入内部网的访问,并将所有的请求传送给堡垒主机。

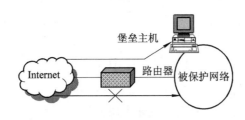

图 11.35 主机隔离式防火墙构成

尽管上述例子提供了良好的安全性,但仍需创建一个安全的子网来安置 Web 服务器。图 11.36 所示的隔离式子网防火墙就是这种设想的实例。

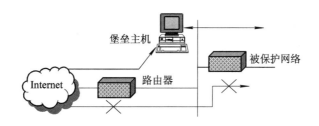

图 11.36　隔离式子网防火墙构成

注意，以上两个例子都是假定 Web 服务器安放在防火墙之内。在这种模式中，对 Web 服务器的访问由运行在网络上的路由器控制。这种设计与原先的隔离主机模式很相似。

3. 应用级防火墙

应用级防火墙通常是运行在防火墙之上的软件部分。这一类的设备称为应用网关，它是运用代理服务器软件的计算机。由于代理服务器在同一级上运行，因此它对采集访问信息并加以控制是非常有用的，例如记录什么样的用户在什么时候连接了什么站点，这对识别网络间谍是有价值的。因此，此类防火墙能提供关于出入站点访问的详细信息，从而较之网络级防火墙，其安全性更强。

图 11.37 是应用级防火墙的图例，也称为双宿主主机（dual-homed）网关。双宿主主机是一台有两块网络接口卡（NIC）的计算机。每块 NIC 有一个 IP 地址，如果网络上的一台计算机想与另一台计算机通信，它必须与双宿主主机上能"看到"的 IP 地址联系，代理服务器软件查看其规则是否允许连接，如果允许，代理服务器软件就通过另一块网卡（NIC）启动到其他网络的连接。

图 11.37　双宿主主机网关式防火墙的构成

4. 动态防火墙

动态防火墙是解决 Web 安全的防火墙，是一种新技术。防火墙的某些产品，一般称为 OS 保护程序，安装在操作系统上。OS 保护程序通过包过滤结合代理的某些功能（如监控任何协议下的数据和命令流）来保护站点，尽管这种方法在某种程度上已流行，但因为其配置所以并不成功。原因是系统管理员无法看见配置，并且它强迫管理员添加一些附加产品来实现服务器的安全。

动态防火墙技术（DFT）与静态防火墙技术的主要区别是：

（1）允许任何服务；

（2）拒绝于任何服务；

（3）允许/拒绝任何服务；

（4）动态防火墙技术适应于网上通信，动态比静态的包过滤模式要好，其优势是，动态防火墙提供自适应及流体方式控制网络访问的防火墙技术,即 Web 安全能力为防火墙所控制,基于其设置时所创建的访问平台能限制或禁止静态形式的访问。

(5) 动态防火墙还能适应 Web 上多样连接提出的变化及新的要求。当需要访问时,动态防火墙就允许通过 Web 服务器防火墙进行访问。

5. 防火墙的各种变化和组合

1) 内部路由器

内部路由器(有时也称为阻流路由器)的主要功能是保护内部网免受外部网与参数网络的侵扰。

内部路由器完成防火墙的大部分包过滤工作,它允许某些站点的包过滤系统使认为符合安全规则的服务在内外部网之间互传(各站点对各类服务的安全确认规则是不同的)。根据各站点的需要和安全规则,可允许的服务是以下这些外向服务中的若干种,如:Telnet、FTP、WAIS、Archie、Gopher 或者其他服务。

内部路由器可以设定,使参数网络上的堡垒主机与内部网之间传递的各种服务和内部网与外部网之间传递的各种服务不完全相同。限制一些服务在内部网与堡垒主机之间互传的目的是减少在堡垒主机被入侵后而受到入侵影响的内部网主机的数目。

应该根据实际需要来限制允许在堡垒主机与内部网站点之间可互传的服务数目,如:SMTP、DNS 等。还能对这些服务作进一步的限定,限定它们只能在提供某些特定服务的主机与内部网的站点之间互传。比如,对于 SMTP 就可以限定站点只能与堡垒主机或内部网的邮件服务器通信,对其余可以从堡垒主机上申请连接到的主机就更得加以仔细保护,因为这些主机将是入侵者打开堡垒主机的保护后首先能攻击到的机器。

2) 外部路由器

理论上,外部路由器(有时也称为接触路由器)既保护参数网络又保护内部网。实际上,在外部路由器上仅做一小部分包过滤,它几乎让所有参数网络的外向请求通过,而外部路由器与内部路由器的包过滤规则是基本上相同的。也就是说,如果安全规则上存在疏忽,那么,入侵者可以用同样的方法通过内、外部路由器。

由于外部路由器一般是由外界(如因特网服务供应商)提供的,因此对外部路由器可做的操作是受限制的。网络服务供应商一般仅会在该路由器上设置一些普通的包过滤,而不会专门设置特别的包过滤,或更换包过滤系统。因此,对于安全保障而言,不能像依赖内部路由器一样依赖于外部路由器。

外部路由器的包过滤主要是对参数网络上的主机提供保护。然而,一般情况下,因为参数网络上的主机的安全主要通过主机安全机制加以保障,所以由外部路由器提供的很多保护并非必要。

外部路由器真正有效的任务就是阻断来自外部网上伪造源地址进来的任何数据包。这些数据包自称是来自内部网,而其实它是来自外部网的。

3) 防火墙的各种变化和组合形式

建造防火墙时,一般很少采用单一的技术,通常是采用多种解决不同问题的技术的组合。这种组合主要取决于网管中心向用户提供什么样的服务,以及网管中心能接受什么等级的风险。采用哪种技术主要取决于投资的大小、设计人员的技术、时间等因素。防火墙的组合一般有以下几种形式:

（1）使用多堡垒主机；

（2）合并内部路由器与外部路由器；

（3）合并堡垒主机与外部路由器；

（4）合并堡垒主机与内部路由器；

（5）使用多台内部路由器；

（6）使用多台外部路由器；

（7）使用多个参数网络；

（8）使用双宿主主机与子网过滤。

11.4.2　防火墙的配置

防火墙极大地增强了内部和 Web 站点的安全性。根据不同的需要，防火墙在网中的配置有很多种方式。根据防火墙和 Web 服务器所处的位置，防火墙总的可以分为 3 种配置：Web 服务器置于防火墙之内、Web 服务器置于防火墙之外和 Web 服务器置于防火墙之上。

1. Web 服务器置于防火墙之内

Web 服务器置于防火墙之内，如图 11.38 所示。

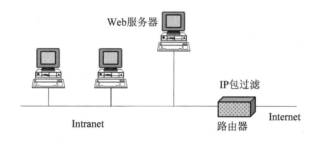

图 11.38　Web 服务器放在防火墙内

将 Web 服务器装在防火墙内的优点是它得到了安全保护，不容易被黑客闯入；但缺点是不易被外界所用。例如 Web 站点主要用于宣传企业形象，显然这不是好的配置，这时应当将 Web 服务器放在防火墙之外。

2. Web 服务器置于防火墙之外

Web 服务器置于防火墙之外的配置，如图 11.39 所示。

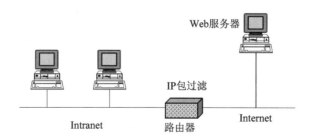

图 11.39　Web 服务器放在防火墙之外

事实上,为保证组织内部网络的安全,将 Web 服务器完全置于防火墙之外是比较合适的。

在这种模式中,Web 服务器不受保护,内部网则被保护,即使黑客闯入了你的 Web 站点,内部网络仍是安全的。但在这种配置中,防火墙对 Web 站点的保护几乎不起作用,这时就需要代理服务的支持。

3. Web 服务器置于防火墙之上

如前所述,一些管理者试图在防火墙机器上运行 Web 服务器,以此增强 Web 站点的安全性。这种配置的缺点是,一旦服务器有一处故障,整个组织和站点就全部处于危险之中,如图 11.40 所示。

图 11.40　Web 服务器放在防火墙之上

这种基本配置有许多种变化,包括利用代理服务器,双重防火墙利用成对的"入"、"出"服务器提供对公众信息的访问及内部网络对私人文档的访问。

一些防火墙不允许将 Web 服务器设置其外,在这种情况下要开通防火墙,一般的做法是:

(1)允许防火墙传递对端口 80 的请求,访问请求或被限制到 Web 站点或从 Web 站点返回(假定正在使用"screened host"型防火墙)。

(2)可在防火墙机器上安装代理服务器,但需一个"双宿主网关"类型的防火墙。来自 Web 服务器的所有访问请求被代理服务器截获后才传送到服务器,并对访问请求的回答应直接返回给请求者。

11.5　防火墙所采用的技术及其作用

防火墙系统主要解决因特网(Internet)与企业内部网络(Intranet)之间的网络安全问题。

所有防火墙的设计关键在于网络的隔离及连接的管理,其次是操作系统及通信堆叠的设计,以确保防火墙本身的安全性,即保障不同安全区域间的安全以及真正能够执行企业的安全策略,为此,防火墙所采用的技术及作用主要有以下几个方面。

11.5.1　隔离技术

1. 隔离的定义

最安全且简单的做法是将网络的物理线路切断,但完全的中断却失去了网络本身的优势及方便性。因此,解决的方法是设计防火墙系统在不同区域间执行连接的管理,即防火墙隔离技术,如图 11.41 所示。

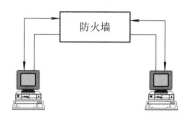

图 11.41　防火墙隔离技术

2. 防火墙隔离技术的分类

防火墙隔离技术根据其所能支持区域隔离网络的数量有三种分类法：

（1）Dual - Home。将网络区隔为两段，如图 11.42(a)所示。

（2）Tri - Hom。在防火墙上增加第三块网卡的网络，称为 SSN（Secure Server Network）或（Delimitation Military Zone），如图 11.42(b)所示。

（3）Multi - Home。支持区域隔离多端网络的防火墙，如图 11.42(c)所示。

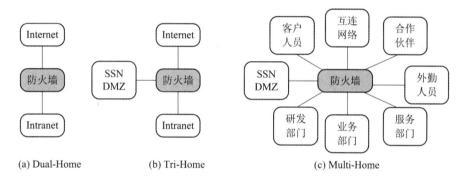

　　　(a) Dual-Home　　　　　　　(b) Tri-Home　　　　　　　　(c) Multi-Home

图 11.42　防火墙隔离技术的类型

11.5.2　管理技术

从管理网络互联的角度来说，防火墙主要管理下述内容：

（1）连接来源地址（IP 地址、主机名称、网络名称、子网络区段）；

（2）连接目的地址（IP 地址、主机名称、网络名称、子网络区段）；

（3）网络服务的类别（HTTP、Telnet、FTP、SMTP 等）；

（4）连接的时间；

（5）连接的方向（Ext→Int、Int→Ext 等）；

（6）连接的身份（Username/Password）。

11.5.3　防火墙操作系统的技术

不管是软件还是硬件，防火墙的设备都必须考虑防火墙的操作系统环境是否安全。如果采用不安全的防火墙操作系统，防火墙就很难保护网络的安全。

目前，市场上的防火墙大多数是建构在表 11.2 所示类型的操作系统上，其优缺点如表 11.2 所示。

表 11.2 防火墙操作系统安全性能比较表

操作系统名称	操作系统说明	优　点	缺　点
一般通用功能的操作系统（General Purpose OS）	设计的要求是全功能、开放式、可以整合所有应用系统，例如：Solaris、AIX、HPUX、IRIX、UnixWare、Windows NT 等	① 防火墙可扩充的应用较多；② 防火墙厂商不必考虑硬件兼容性的问题；③ 防火墙管理者不必学习另一种操作系统	① 防火墙能继承原开放操作的安全漏洞；② 使用者必须很熟悉操作系统的管理及配置；③ 硬件通常为较昂贵的工作站；④ 必须额外购买操作系统
经过安全强化的操作系统（Security Harden OS）	通常是由 Unix 操作系统改写而成的，去掉防火墙上具有安全威胁的漏洞并增强操作系统运作的安全性，例如：Sidewinder 及 Secure Zone 的 Secure OS	① 操作系统安全性较高；② 执行效率较高；③ 可继承原操作系统的扩充能力；④ 防火墙的可扩充功能较多	① 防火墙支持的硬件兼容性较差；② 为强调安全性，扩充功能更新速度较慢
厂商独自开发的操作系统（Proprietary OS）	由防火墙厂商自行开发的操作系统，通常指硬件防火墙使用的操作系统，例如：Cisco IOS	① 操作系统最精简，执行效率最佳；② 操作系统的安全性基于操作系统的封闭性及独特性；③ 稳定性较佳	① 由于操作系统的独特性难以整合扩充现有的网络应用；② 过于精简，功能受到限制；③ 通常只能做到封包过滤功能

11.5.4 通信堆叠技术

由于防火墙的主要功能是隔离和保护网络通信级连接管理，因此防火墙的安全级数及执行效率与防火墙所采用的通信堆叠技术有着密切的关系。防火墙的通信堆叠可检查到的资料多少关系着防火墙的安全级数及执行效率。以 OSI/RM 的网络体系结构为例来看，防火墙所采用的堆叠技术越在高层，所能检查到的通信资源越多，其安全级数也就越高，然而其执行效率反而越差；反之，如果防火墙所采用的通信堆叠技术越在低层，所能检查到的通信资源越少，其安全级数也就越低，然而其执行效率反而越佳。

若按所采用的通信堆叠来区分，目前在市场上可以看到的防火墙技术有下列类型：

（1）包过滤技术（Packet Filtering）；

（2）状态检查技术（Stateful Inspection）；

（3）传输级网关技术（Circuit-Level Gateway）；

（4）应用级网关技术（Application-Level Gateway）。

1. 包过滤技术

1）包过滤技术原理

包过滤技术原理如图 11.43 所示，具体内容见第 9 章。

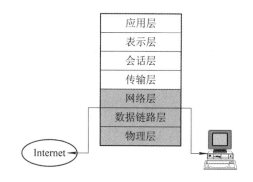

图 11.43 包过滤技术原理

2）运作方式

动作方式如下：

（1）在 TCP/IP 网络层（Network Layer）可以检查的资料：源 IP 地址；目的 IP 地址；封装包的类型；源地址通信端口号；目的地址通信端口号。

（2）内部网络与外部网络间是直接通信的。

（3）防火墙根据进出防火墙 IP 封包进行比较、检查、校验。

3）优点

（1）网络流量性能最好；

（2）与网络通信协议无关，可支持所有的通信协议。

4）缺点

（1）直接连接的危险性高，将使内部网络暴露在外部网络下；

（2）无法掌握连接的状态（state），例如：Telnet 连接何时建立，何时停止。

（3）只可以确认通信端口号，但无法识别是何种通信协议（SMTP、HTTP、FTP 等）；

（4）访问控制条件难以设定；

（5）无法检查应用程序的状态；

（6）它是一种较不安全的方法。

2. 状态检查技术

1）运作方式

状态检查技术（见图 11.44）的运作方式如下：

（1）在数据链路层（Data Link）及网络层（Network）之间插入一状态检查模块（Stateful Inspection Module）。

（2）由状态检查模块动态检查各层的网络连接状态，并将连接状态存放在动态状态表（Dynamic State Table）中。

（3）在动态状态表中可以检查的资源：源 IP 地址、目的 IP 地址、封装包的类型、网络

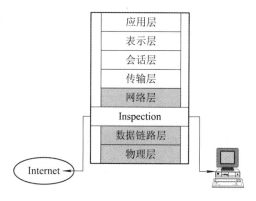

图 11.44 状态检查技术

服务的通信端口号、有限的 Circuit Level 的信息、有限的 Application Level 的信息;

(4) 内部网络与外部网络间是直接通信(direct connection)的;

(5) 防火墙根据进出防火墙的 IP 封包及其连接状态进行校验。

2) 优点

(1) 稍比 Packet Filtering 安全一点;

(2) 可掌握连接的状态及部分 Application – Level Gateway 状态信息;

(3) 较好的扩充性及延展性,支持未来新的网络协议时较简单;

(4) 网络流量性能比 Application – Level Gateway 好。

3) 缺点

(1) 直接连接危险性高,将使内部网络暴露在外部网络下;

(2) 只检查到连接状态,无法检查信息内容;

(3) 对于无状态(stateless)的通信协议,如 UDP 及 RPC 等,无法约束;

(4) 除非相当了解网络通信协议的状态特性,否则很难设定出无漏洞的检查语法;

(5) 对于新的通信协议需要以 Inspect 语言来设定。

3. 传输级网关技术(Circuit – Level Gateway)

1) 运作方式

传输级网关技术(见图 11.45)运作方式如下:

(1) 在传输层(Transport Layer)检查的信息有:源 IP 地址、目的 IP 地址、封装包的类型、源地址通信端口号、目的地址通信端口号、可掌握网络连接状态信息;

(2) 内部网络与外部网络间是透过防火墙转发的;

(3) 适当的识别所指定的通信端口,这个通信端口将保持开放直到连接终止;

(4) 应用程序使用公认的通信端口,例如:Telnet port=(23)。

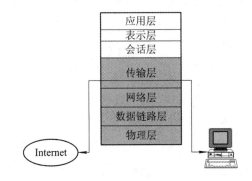

图 11.45 传输级网关技术

2) 优点

(1) 比 Packet Filtering 要安全;

(2) 可掌握连接的状态信息;

(3) 网络流量性能比 Application-Level Gateway 较好。

3) 缺点

(1) 信任所指定的通信端口是公认的服务或应用;

(2) 无法监督会话层(Session-level)的活动及无法检测应用程序的状态;

（3）Circuit-Level 比 packet filtering 数据包的流量慢。

4. 应用级网关技术

1）运作方式

应用级网关技术（见图 11.46）运作方式如下：

（1）内部使用者无法直接连接到外部主机，Application Gateway 起到外部主机的传递作用；

（2）内部网络的设定被保护且隐藏起来；

（3）Application Proxy 是安全强化过的程序；

（4）在应用层可直接解释及响应应用程序，不必知道通信口或者协议；

（5）完整检查应用层（Application‐level）。

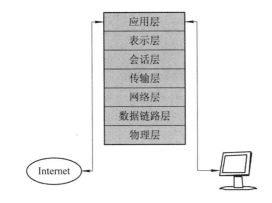

图 11.46 应用级网关技术

2）优点

（1）设定访问控制条件较简单；

（2）可以完全彻底地检查所有连接信息；

（3）防火墙的安全性最好。

3）缺点

（1）对于新的通信协议要用较长的时间来设计专门的代理程序；

（2）网络流量性能较差。

11.5.5 网络地址转换技术

当内部网络的计算机要与外部的网络互联时，防火墙会隐藏其 IP 地址并以防火墙的外部 IP 地址来取代。外部用户无法得知内部网络的地址信息，因为它被防火墙的外部 IP 地址所隐藏。这个转换内部网络 IP 地址的操作就叫做网络地址转换（NAT）。

11.5.6 多重地址转换技术

当 SSN/DMZ 或内部网络提供多个相同的网络服务时，必须通过多重地址转换技术，利用不同的外部 IP 地址将网络服务传递到内部的服务器上。通过 MAT（Multiple Address Translation）可以保护内部网络服务器的安全，也可以分散外部网络服务到不同的 IP 地址，如图 11.47 所示。

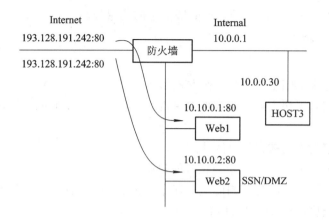

图 11.47　多重地址转换技术

11.5.7　虚拟私有网络技术(VPN)

所谓虚拟私有网络是指在低成本的公用网络主干上构建安全的公司内部企业网络,使得企业分散在各地的分公司必须通过数据专线将公司内部网络互联起来,但连接成本高。当今互联网络遍及全球,企业可通过互联网络来达到企业内部信息传递的目的,若在防火墙上增加 VPN 功能,则企业很容易在互联网络上建构虚拟私有网络,如图 11.48 所示。

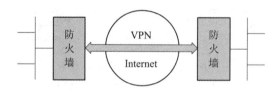

图 11.48　虚拟私有网络技术

当两个防火墙间的 VPN 构建起来后,所有在 VPN 上通信的信息都会完全加密。即使对于企业网分散在各地的分公司,使用者也完全不会觉得会有任何的障碍,可以很方便且安全地完成通信。

虚拟私有网络除了将防火墙两端的网络与加密的通道连接起来之外,对于出差在外的人员、异地办事处人员要访问公司内部资源时,可以通过单点 VPN 机制与防火墙建立虚拟私有网络。这样做不但可以对使用者进行身份认证,同时信息的通信也可以进行加密。这种方法的优点是,不必在防火墙上开放那些具有安全风险的内部通道,如图 11.49 所示。

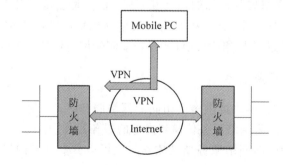

图 11.49　单点 VPN 机制与防火墙建立虚拟私有网络

目前大部分的防火墙产品都有可以选购符合 IETF 所定的 IPSec 标准的 VPN 功能，也有一些路由器或者专门的 VPN 设备来提供虚拟专用网络的服务，在此建议用户采用防火墙本身提供的 VPN 模块，其原因如下：

（1）外部 VPN 设备无法取代防火墙功能，所以企业还是需要采用防火墙。

（2）内建在防火墙中的 VPN 模块可以与防火墙的访问管理条件密切配合。

（3）如果没有防火墙，外部 VPN 设备可能导致安全上的漏洞。

11.5.8　动态密码认证技术

对于无法实施 VPN 的外出人员要访问公司的内部网络时，要求防火墙必须提供身份认证机制，确保访问人员身份的合法性。如果选用能提供动态密码认证技术的防火墙，就可确保访问者的身份不被假冒。

通常具有整合整个动态密码认证技术的防火墙有下列两种方式：

（1）防火墙内建动态密码认证服务器；

（2）防火墙与其他外部的动态密码认证服务器配合使用。

11.6　防火墙选择原则

设计和选用防火墙首先要明确哪些数据是必须保护的，这些数据被入侵会导致什么样的后果及网络不同区域需要什么等级的安全级别。不管采用原始设计还是使用现成的防火墙产品，对于防火墙的安全标准，首先需根据安全级别确定；其次，设计或选用防火墙必须与网络接口匹配，要防止你所能想到的威胁。防火墙可以是软件或硬件模块，并能集成于网桥、网关和路由器等设备之中。

11.6.1　防火墙安全策略

面对市场上众多的防火墙产品，如何选择最适合用户的产品呢？这应当从安全策略开始考虑。

1. 防火墙自身的安全性

大多数人在选择防火墙时都将注意力放在防火墙如何控制连接以及防火墙支持多少种服务上，但往往会忽略一点，防火墙也是网络上的主机设备，也可能存在安全问题。防火墙如果不能确保自身安全，则防火墙的控制功能再强，也不能完全保护内部网络。

大部分防火墙都安装在一般的操作系统上，如 UNIX、Windows NT 系统等。在防火墙主机上执行的除了防火墙软件外，所有的程序、系统核心也大多来自于操作系统本身的原有程序。当防火墙上所执行的软件出现安全漏洞时，防火墙本身也将受到威胁。此时，任何的防火墙控制机制都可能失效，因为当一个黑客取得了防火墙上的控制权以后，黑客几乎可以任意修改防火墙上的存取规则，进而入侵更多的系统。因此，防火墙自身仍应当有相当高的安全保护功能。

2. 考虑特殊的需求

企业安全策略中往往有些特殊需求不是每一个防火墙都会提供的，这是选择防火墙需考虑的因素之一，常见的需求如下：

1）IP 地址转换

进行 IP 地址转换有两个好处：其一是隐藏内部网络真正的 IP，这可以使黑客无法直接攻击内部网络，这也是要强调防火墙自身安全性问题的主要原因；另一个好处是可以让内部用户使用保留的 IP，这对许多 IP 不足的企业是有益的。

2）双重 DNS

当内部网络使用没有注册的 IP 地址，或是防火墙进行 IP 转换时，DNS 也必须经过转换。因为同样的一个主机在内部的 IP 与外界的 IP 将会不同，有的防火墙会提供双重 DNS，有的则必须在不同主机上各安装一个 DNS。

3）虚拟企业网络(VPN)

VPN 可以在防火墙与防火墙或移动的 Client 间对所有网络传输的内容加密，建立一个虚拟通道，让两者感觉是在同一个网络上，可以安全且不受拘束地互相存取。这对总公司与分公司之间或公司与外出的员工之间，需要直接联系又不愿花费大量资金，申请专线或用长途电话拨号连接时，将会非常有用。

4）病毒扫描功能

大部分防火墙都可以与防病毒防火墙搭配实现病毒扫描功能。有的防火墙则可以直接集成病毒扫描功能，差别只是病毒扫描工作是由防火墙或是由另一台专用的计算机完成的。

5）特殊控制需求

有时候企业会有特别的控制需求，如限制特定使用者才能发送 E - mail，FTP 只能得到档案，但不能上传档案，限制同时上网人数、使用时间等。

11.6.2　选择防火墙的原则

当我们在规划网络时，不能不考虑整体网络的安全性。而谈到网络安全，就不能忽略防火墙的功能，防火墙产品往往有上千种，如何在其中选择最符合需要的产品，是消费者最关心的事。

（1）一个好的防火墙应该是一个整体网络的保护者。一个好的防火墙应该以整体网络保护者自居，它所保护的对象应该是全部的 Intranet，并不仅是那些通过防火墙的使用者。

（2）一个好的防火墙必须能弥补其他操作系统的不足。一个好的防火墙必须是建立在操作系统之前而不是在操作系统之后，所以操作系统有些漏洞并不会影响到一个好的防火墙系统所提供的安全性。由于硬件平台的普及以及执行效率的因素，因此大部分企业经常把对外提供各种服务的服务器分散在许多操作平台上。我们在无法保证所有主机安全的情况下，只有选择防火墙作为整体安全的保护者。这正说明了操作系统提供 B 级或是 C 级的安全并不一定会直接对整体安全造成影响，因为一个好的防火墙必须能弥补操作系统的不足。

（3）一个好的防火墙应该为使用者提供不同平台的选择。因为防火墙并非完全由硬件构成，所以软件(操作系统)所提供的功能以及执行效率一定会影响到整体的表现，而使用者的操作意愿及对防火墙软件的熟悉程度也是必须考虑的重点。因此一个好的防火墙不但本身要有良好的执行效率，也应该提供多平台的执行方式供使用者选择，毕竟使用者才是完全的控制者。使用者应该选择一套符合现有环境需求的软件,而并非为了软件的限制而改变现有环境。

(4) 一个好的防火墙应能向使用者提供完善的售后服务。由于有新产品的出现,就会有人研究新的破解方法,因此一个好的防火墙提供者必须有一个庞大的组织作为使用者的安全后盾,也应该有众多的使用者所建立的口碑为防火墙作见证。防火墙安装和投入使用后,并非万事大吉。要想充分发挥它的安全防护作用,必须对它进行跟踪和维护,要与商家保持密切的联系,时刻注视商家的动态。因为商家一旦发现其产品存在安全漏洞,那么会尽快发布补救产品,此时应尽快确认真伪(防止特洛伊木马等病毒),并对防火墙软件进行更新。

11.7　防火墙建立实例

11.7.1　包过滤路由器的应用

包过滤路由器是最常用的因特网防火墙系统,该系统仅由部署在内部网和因特网之间的包过滤路由器构成,其作用是在网络间执行转发业务等典型的路由功能以及使用包过滤规则允许或拒绝业务流。包过滤规则的定义可使用内部网中的主机直接访问因特网,而对因特网中的主机访问内部网系统则加以限制,防火墙系统的这种外部姿态通常是拒绝每件未被特别许可的事情。

虽然这种防火墙系统有费用低廉、对用户透明等优点,但也有包过滤路由器所有的一切局限性,如过滤配置不合适,则易遭受攻击、被允许的服务以隧道形式的攻击。因为允许数据包在外部系统和内部系统之间进行直接交换,所以系统可能遭受的攻击程序由主机总数以及包过滤路由器允许的业务流得到的服务总数决定,这意味着可直接从因特网访问的某一主机必须支持严格的用户认证,网络管理员必须定期对这种主机进行检查,看是否有被攻击的迹象。如果有一个包过滤路由器被渗透,内部网中的每一系统都可能被破坏。

11.7.2　屏蔽主机防火墙的应用

屏蔽主机防火墙系统是由同时部署的包过滤路由器和堡垒主机构成的,如图 11.50 所示。由于这种防火墙系统实现了网络层安全(包过滤)和应用层安全(代理服务),因此它的安全登记比上一例更高,入侵者要想破坏内部网,首先必须渗透两个分开的系统。

该系统中,堡垒主机被配置在专用网中,而包过滤路由器则配置在因特网和堡垒主机之间,过滤规则的配置使得外部主机只能访问堡垒主机,发往其他内部系统的业务流则全部被阻塞。由于内部主机和堡垒主机在同一网络上,因此机构的安全策略决定内部系统是被允许直接访问因特网,还是要求使用堡垒主机上的代理服务。通过配置路由器的过滤规则,使其仅接受发自于堡垒主机的内部业务流,就可以迫使内部用户使用代理服务器。

这种防火墙系统的优点之一是可将一个用于提供 Web 服务和 FTP 服务的公共信息服务器放在可供包过滤路由器和堡垒主机共享的地方。如果系统要求最强的安全性,堡垒主机则运行代理服务,以要求内部用户和外部用户在和信息服务器通信之前,访问堡垒主

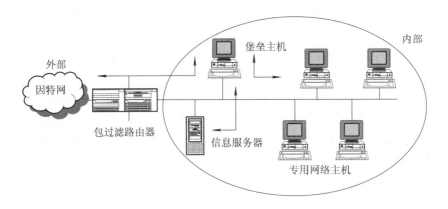

图 11.50　屏蔽主机防火墙系统(单连接点堡垒主机)

机。如果安全性要求稍低一些,则可对路由器进行配置以使其允许外部用户直接访问公共信息服务。

　　使用双连接点堡垒主机系统能构造更为安全的防火墙系统,如图 11.51 所示。双连接点堡垒主机有两个网络接口,但是该主机不能将业务流绕过代理服务而直接在两个接口间转发。如果允许外部用户能够直接访问信息服务器,则堡垒主机的拓扑结构将迫使外部用户发往内部网的业务流必须经过堡垒主机,以提供附加的安全性。

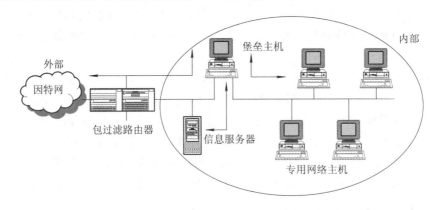

图 11.51　屏蔽主机防火墙系统(双连接点堡垒主机)

　　由于堡垒主机是可从因特网中直接访问的惟一的内部系统,所以内部网所受到的来自于外部网的安全威胁主要集中在堡垒主机上。然而如果允许用户进入堡垒主机,用户可能容易地破坏堡垒主机,从而使可能的安全威胁扩展到整个内部网络,所以必须保证堡垒主机的强度,以防用户的渗透和进入。

11.7.3　屏蔽子网防火墙的应用

　　屏蔽子网防火墙系统用了两个包过滤路由器和一个堡垒主机,如图 11.52 所示。由于它支持网络层和应用层的安全,而且还定义一个"非军事区"DMZ(Demilitarized Zone)网络,因此它建立的是最安全的防火墙系统。网络管理者将堡垒主机、信息服务器、公用调制解调区以及其他一些功用服务器都放在 DMZ 网络中。DMZ 网络很小,位于因特网和内部网之间,它的配置可以使因特网中的系统和内部网中的系统只能访问 DMZ 网络中有限数目的系统，且可禁止业务流穿过 DMZ 网络直接传输。

对于从因特网进来的信息流，外部路由器可以防止其实施一般的外部攻击（如源 IP 地址欺骗攻击、源路由攻击等），且还管理因特网对 DMZ 网络的访问，它只允许外部系统访问堡垒主机（也可能还有信息服务器）。内部路由器提供第二层防线，通过只接受来源于堡垒主机的业务流而管理 DMZ 对内部网络的访问。

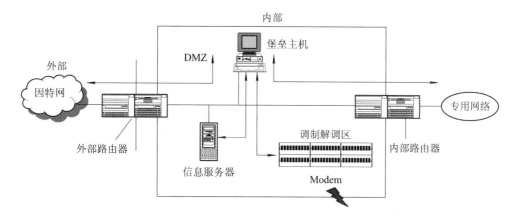

图 11.52　屏蔽子网防火墙系统

对于发往因特网的业务流，内部路由器管理内部网对 DMZ 网络的访问，它只允许内部系统访问堡垒主机（也可能有信息服务器）。外部路由器通过只接受由堡垒主机发往因特网的业务流，从而使得其上的过滤规则要求使用代理服务。

部署屏蔽子网防火墙系统有以下一些优点：

（1）入侵者必须闯过三个分开的设备才能够渗透到内部网，这三个设备是外部路由器、堡垒主机、内部路由器。

（2）由于外部路由器是 DMZ 网与因特网的惟一接口，因特网上的系统没有到受保护的内部网的路由，因此可使网络管理者保证内部网对因特网来说是"不可见的"，因特网只有通过路由表和域名系统 DNS 信息交换才能知道 DMZ 中的某些系统。

（3）由于内部路由器是 DMZ 网和内部网的惟一接口，内部网中的系统没有直接到因特网的路由，从而保证了内部网用户必须通过堡垒主机中的代理服务才能访问因特网。

（4）包过滤路由器将业务流发送到 DMZ 网中指定的设备，因此堡垒主机没有必要是双连接点。

（5）当内部路由器作为专用网和因特网之间的最后一道防火墙系统时，比双连接点堡垒主机有更大的业务流吞吐量。

（6）由于 DMZ 网是一个与内部网不同的网，因此可以在堡垒主机上安装网络地址转换器 NAT（Nerwork Address Translator），从而可不必对内部网重新记数和重新划分子集。

11.7.4　某企业防火墙建立实例

1. 企业需求分析

假设某企业下设有计划部、生产部、市场部、财务部、采购部、人事部。市场销售人员分散在各地，并在一些城市设有市场分部。

销售管理方式是：销售人员寻找客户并开订单，订单先传到本地分部，然后由分部传到市场部和财务部。财务部对订货方的信任度进行确认，将准许发货的通知发给市场部，市场部组织货源，并通知财务部。财务部对在规定的时间内不付款的订户提出警告，或与银行交涉处理。计划部研究分析市场部、财务部有关数据，结合其他信息，提出调整计划，报请总经理批准，然后向生产部、市场部和采购部下达计划。

2. 防火墙系统设计方案

1）方案一

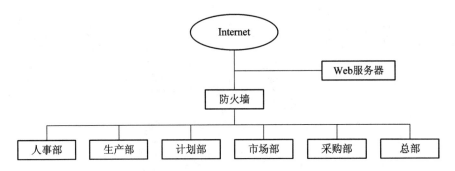

图 11.53　防火墙系统实例方案一

图 11.53 所示系统由于 Web 服务器在防火墙之外，可以满足企业建立主页以宣传企业的形象、企业内部信息交流和保护内部网络安全等基本要求，因此对于内部数据安全要求不高的小型企业，此方案是不合适的。

但是，一旦黑客攻破了防火墙，整个内部网络将处于完全暴露状态。而且，在外地的销售人员或市场分部与本部的联系易造成安全漏洞，内部的敏感数据只有依靠口令、加密和授权管理保护。

2）方案二

将 Web 服务器放在防火墙内，有利于企业对 Web 服务器上企业主页进行管理和维护，如图 11.54 所示。而且，外部用户访问它，必须通过防火墙，可防止大量的非法入侵，如果外部用户访问内部网络，还需再经过访问服务器的过滤，进一步加强了安全性。而且内部用户访问Internet 也会受到限制，例如：只允许 E-mail 通过。

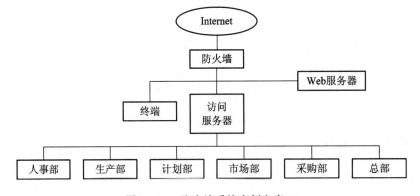

图 11.54　防火墙系统实例方案二

3）方案三

在前面的方案中，都没有考虑企业内部数据的保护问题。实际上，各个部门之间有些数据是互相公开的，而有些数据只能提供内部本部门或部门内的少数人使用，例如财务部的数据。这样，为了防止来自内部的攻击，需要对内部网络使用防火墙隔离，这样就可以构建比较完整的防火墙安全系统，如图11.55所示。

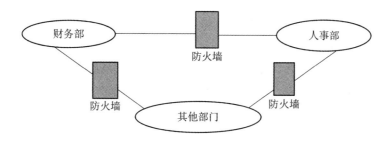

图11.55　防火墙系统实例方案三

习　题　11

1. 简述防火墙的工作原理。

2. 防火墙的体系结构有哪些？

3. 一个好的防火墙应具备哪些功能？

4. 介绍一个防火墙产品。

5. 安装一个简单的防火墙。

6. 自己设计一个具有完善功能的防火墙。

第 **12** 章　信息隐藏技术

　　信息隐藏技术是与密码术、多媒体、计算机网络紧密相关的一门新兴交叉性学科，它打破了传统密码学的思维范畴，通过将密码消息隐藏在其他消息之中达到藏匿消息存在的目的，在版权保护、保密通信等领域都具有广泛的应用价值。

　　本章总体介绍信息隐藏的基本概念、应用领域及分类，并分别介绍数字图像水印技术、数字文本水印技术、数字语音水印技术、数字视频水印技术的原理和关键技术。

12.1　信息隐藏概述

12.1.1　信息隐藏的基本概念

　　现代信息隐藏技术经过多年的发展，从相关理论、技术应用等各个方面都取得了显著的进展，本节对其发展历史、信息可隐藏原因、基本定义以及主要技术特性等相关内容进行介绍，有助于更好地理解、研究和应用信息隐藏技术。

1. 信息隐藏技术的发展

　　信息隐藏的发展历史可以一直追溯到"匿形术(Steganography)"的使用。"匿形术"一词来源于古希腊文中"隐藏的"和"图形"两个词语的组合。"匿形术"与"密码术(Cryptography)"都是致力于信息保密的技术，但两者的设计思想却完全不同。"密码术"主要通过设计加密技术，使非授权者不可读取保密信息，但是对于非授权者来讲，虽然他无法获知保密信息的具体内容，却能意识到保密信息的存在。而"匿形术"则致力于通过设计精妙的方法，使得非授权者根本无从得知保密信息是否存在。

　　现代信息隐藏技术发展主要为了应对数字化信息的大量出现，以及因特网快速发展条件下信息保护的问题。随着因特网的日益普及，多媒体等数字化信息的交流已达到了前所未有的深度和广度，其发布形式也愈加丰富了。人们如今可以通过因特网发布自己的作品、重要信息和进行网络交易等，但是随之而出现的版权和信息安全问题也十分严重：如作品侵权更加容易，篡改也更加方便。人们越来越认识到因特网时代知识产权保护的重要性，信息隐藏学就是为达到信息保护目的而诞生的一门新兴交叉学科。信息隐藏学作为隐蔽通信和知识产权保护等的主要技术手段，正得到广泛的研究与应用。

　　现代信息隐藏技术与古代"匿形术"相比，在理论和技术方法上已经有了很大差别。1996 年在剑桥大学召开的第一届国际信息隐藏研究大会，标志着现代信息隐藏技术的正式确立。国际机构和研究者在信息隐藏理论方面取得了大量成果，形成了数字水印、版权标识、可视密码学等研究领域，并使信息隐藏在版权保护、保密通信等各个领域得到广泛应用。

2. 信息可隐藏的原因

信息之所以能够隐藏在多媒体等数字化数据中，主要有两方面的原因：

（1）多媒体等数字化信息本身存在很大的冗余性，从信息论的角度看，未压缩的多媒体等信息的编码效率很低，所以将某些信息嵌入到多媒体等信息中进行秘密传送是完全可行的，并不会影响多媒体等信息本身的传送和使用。

（2）人眼和人耳本身对某些信息都有一定的掩蔽效应，如人眼对灰度的分辨率只有几十个灰度级，对边沿附近的信息不敏感等。利用人体感官的这些特点，可以很好地将信息隐藏而不被察觉。

3. 信息隐藏技术的概念

信息隐藏是与密码术、多媒体、计算机网络紧密相关的新兴交叉学科，它采用将秘密消息隐藏在其他消息之中的手段，对非授权者隐匿秘密消息的存在性和真实内容，达到秘密消息保护的目的。信息隐藏的方法是网络环境下保护信息机密性和完整性的重要手段。

信息隐藏技术主要包括隐写术、数字水印、可视密码、潜信道、隐匿协议等内容，在数字化版权保护、保密通信等领域具有极其重要的地位。信息隐藏技术起源于保密通信，但近几年来，由于互联网市场的迫切需求，数字多媒体水印技术及其应用已成为信息隐藏技术研究的重点。

信息隐藏技术中涉及到的主要对象包括待隐藏的信息、信息的载体、带有秘密信息的载体，具体内容如下：

（1）信息隐藏技术中待隐藏的信息称为秘密信息（Secret Message），该信息可以是版权信息或秘密数据，也可以是一个序列号；

（2）用来承载秘密信息的公开信息称为载体信息（Cover Message），如视频、音频、文本片段；

（3）隐藏有秘密信息的公开信息称为隐蔽载体（Stego Cover），如带有版权签名的视频、带有秘密文字的图片和音频等。

4. 信息隐藏技术的特性

信息隐藏不同于传统的加密，因为其目的不在于限制正常的资料存取，而在于保证隐藏数据不被侵犯和发现。因此，信息隐藏技术必须考虑正常的信息操作所造成的威胁，即要使机密资料不易被正常的数据操作（如通常的信号变换操作或数据压缩）所破坏。为保证信息隐藏和不影响正常操作的目的，信息隐藏技术需要具备以下特性。

（1）鲁棒性（robustness）：指不因数据文件的某种改动而导致隐藏信息丢失的能力。这里所谓"改动"包括传输过程中的信道噪音、滤波操作、重采样、有损编码压缩、D/A 或 A/D 转换等。

（2）不可检测性（undetectability）：指隐蔽载体与原始载体具有一致的特性。例如具有一致的统计噪声分布等，以便使非法拦截者无法判断是否有隐蔽信息。

（3）透明性（invisibility）：利用人类视觉系统或人类听觉系统属性，经过一系列隐藏处理，使目标数据没有明显的降质现象，且隐藏的数据无法人为地看见或听见。

（4）安全性(security)：指隐藏算法有较强的抗攻击能力，即它必须能够承受一定程度的人为攻击，而使隐藏信息不会被破坏。

（5）自恢复性：由于经过一些操作或变换后，可能会使原图产生较大的破坏，如果只从留下的片段数据仍能恢复隐藏信号，而且恢复过程不需要宿主信号，这就是所谓的自恢复性。

需要注意的是，对于某一特定的信息隐藏算法来讲，它不可能在上述的衡量准则下同时达到最优。显然，数据的嵌入量越大，签字信号对原始主信号感知效果的影响也会越大；而签字信号的鲁棒性越好，其不可检测性也就随之降低，反之亦然。

12.1.2　信息隐藏的基本过程

信息隐藏的过程一般由密钥(Key)来控制，通过嵌入式算法(Embedding algorithm)将秘密信息隐藏于公开信息中形成隐蔽载体，隐蔽载体通过信道(Communication channel)进行传递，接收方的检测器(Detector)利用密钥从隐蔽载体中恢复或检测出秘密信息。概括来说，信息隐藏包括了嵌入和检测两个基本过程。嵌入过程负责把秘密信息加到公开信息中形成可以公开传送的隐蔽载体；检测过程负责从获得的隐蔽载体中恢复秘密信息。

1. 信息隐藏嵌入过程

信息隐藏嵌入过程实际上就是一个数字化信号的变换过程，主要步骤包括：

（1）对原始主信号（载体信息）作信号变换；

（2）对原始主信号（载体信息）作感知分析；

（3）在步骤（2）的基础上，基于事先给定的关键字，在变换域上将签字信号（秘密信息）嵌入主信号，得到带有隐藏信息的主信号（隐蔽载体）。

信息隐藏的嵌入过程如图 12.1 所示。

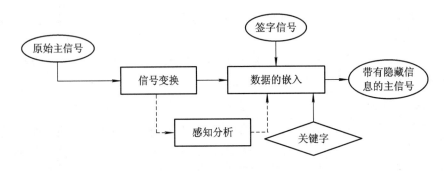

图 12.1　信息隐藏的嵌入过程

2. 信息隐藏检测过程

信息隐藏检测过程是嵌入过程的逆过程，是数字化信号的反向变换，主要步骤包括：

（1）对原始主信号（载体信息）作感知分析；

（2）在步骤（1）的基础上，基于事先给定的关键字，在变换域上将原始主信号和可能带有隐藏信息的主信号（隐蔽载体）作对比，判断是否存在签字信号（秘密信息）。

信息隐藏的检测过程如图 12.2 所示。

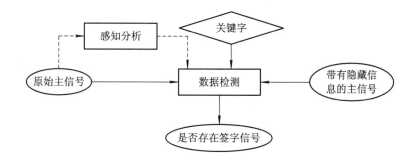

图 12.2　信息隐藏的检测过程

12.2　信息隐藏技术的分类及应用领域

12.2.1　信息隐藏的分类

信息隐藏技术有多种分类方法，常用的分类方法是根据应用领域进行分类，另一种比较常用的分类方法是根据隐藏数据的嵌入方法进行分类。

信息隐藏技术按照应用领域可以划分为版权保护、数据篡改验证以及扩充数据的嵌入等，具体内容在信息隐藏技术的应用领域部分已经作了介绍。

信息隐藏技术按照嵌入方法的不同，可分为空域（Spatial Domain）信息嵌入方法和变换域（Transformation Domain）信息嵌入方法两类，具体内容如下：

（1）空域信息嵌入方法。这类方法也被称做时域信息嵌入方法，主要优点是运算相对简单，信息嵌入速度快，计算量小，对于主信号的几何变换、数据压缩等基本操作具有一定的抵扰能力，但总体上抗攻击和抗破坏能力比较脆弱，对于信号滤波、加噪等操作的鲁棒性较差。

（2）变换域信息嵌入方法。这类方法也被称做频率域、频域信息嵌入方法，这类技术主要是通过修改主信号某些指定的频域系数来嵌入数据的。常用频率域包括傅立叶变换（FFT）域、离散余弦变换（DCT）域、离散小波变换（DWT）域等。信息隐藏技术一般选取信号中频区域上的系数来嵌入签字信号，从而使之既满足不可感知性，又满足对诸如失真压缩等操作的鲁棒性。其主要原因在于低频分量包含了图像的主要信息（如亮度），低频区域系数的改动可能会影响到主信号的感知效果，而高频系数容易被破坏，因此中频信号更符合信息隐藏技术的要求。

空域和变换域信息嵌入方法都有各自的应用前景，但变换域信息嵌入方法更具优点，主要表现在：

（1）在变换域中嵌入的信号能量可以分布到空域的所有像素上；

（2）在变换域中，人的感知系统的某些掩盖特性可以更方便地结合到编码过程中；

（3）变换域方法可以与图像压缩、视频压缩标准等兼容。

12.2.2　信息隐藏技术的应用领域

信息隐藏技术的应用领域十分广泛，不同的应用背景对其技术要求也不尽相同，应对各个分类分别加以研究，以满足不同的应用背景需要。目前最主要的应用集中在版权保护、数据篡改验证以及扩充数据的嵌入等几个领域。

1. 版权保护(Copyright Protection)

到目前为止，信息隐藏技术的绝大部分研究成果都集中在版权保护这一领域中，相关成果已经得到了应用。信息隐藏技术在应用于版权保护时，所嵌入的签字信号通常被称做"数字水印(Digital Watermark)"。版权保护所需嵌入的数据量最小，但对签字信号的安全性和鲁棒性要求也最高，甚至是十分苛刻的。为了避免混淆，应用于版权保护的信息隐藏技术一般称做"鲁棒型水印技术"，而所嵌入的签字信号则相应地称做"鲁棒型水印(Robust Watermark)"，从而与下文将要提到的"脆弱型水印"区别开来。一般在版权保护领域所提到的"数字水印"则多指鲁棒型水印。

鲁棒型数字水印用于确认主信号的原作者或版权的合法拥有者，相关技术必须保证对原始版权的准确无误标识。数字水印时刻面临着用户或侵权者无意或恶意的破坏，因此，鲁棒型水印技术必须保证对主信号可能发生的各种失真变换和各种恶意攻击都具备很高的抵抗能力。与此同时，信息隐藏技术要求保证原始信号的感知效果尽可能不被破坏，因此实际应用中对鲁棒型水印的不可见性也有很高的要求。如何设计一套完美的数字水印算法，并伴随以制订相应的安全体系结构和标准，从而实现真正实用的版权保护方案，是信息隐藏技术最具挑战性也极具吸引力的一个课题。目前，一些数字水印方法已经在版权保护中得到应用，但是尚无十分有效的鲁棒水印算法。

2. 数据篡改验证(Tamper Proof)

当数字作品被用于法律、医学、新闻及商业领域时，常常需要确定其内容是否被修改、伪造或进行过某些特殊的处理，"脆弱型水印(Fragile Watermark)"技术为数据篡改验证提供了一种新的解决途径。该水印技术在原始真实信号中嵌入某种标记信息，通过鉴别这些标记信息的改动，来达到对原始数据完整性检验的目的。因此，与鲁棒型水印不同的是，脆弱型水印应随着主信号的变动而作出相应的改变，即体现出脆弱性。但是，脆弱型水印的脆弱性并不是绝对的，对主信号的某些必要性操作，如修剪或压缩，脆弱型水印也应体现出一定的鲁棒性，从而将这些不影响主信号最终可信度的操作与那些蓄意破坏操作区分开来。另一方面，对脆弱型水印的不可见性和所嵌入数据量的要求与鲁棒型水印是近似的。

3. 扩充数据的嵌入(Augmentation Data Embedding)

扩充数据包括对主信号的描述或参考信息、控制信息以及其他媒体信号等等。描述信息可以是特征定位信息、标题或内容注释信息等，而控制信息的嵌入则可实现对主信号的存取控制和监测。扩充数据可以是多种附属描述信息，例如针对不同所有权级别的用户存取权限信息，跟踪某一特定内容对象创建、行为以及被修改历史的"时间戳(Time Stamp)"信息等。信息隐藏技术使得主信号无需在原信号上附加头文件或历史文件情况下附加扩充数据，记录主信号对象的使用权限描述、历史使用操作信息等，避免了扩充信息因为附加文件被改动或丢失造成的破坏，节省了传输带宽和存储空间。扩充数据还可以实现在给定的主信号中嵌入其他完整而有意义的媒体信号，例如在给定视频序列中嵌入另一视频序列等。信息隐藏技术通过扩充数据嵌入为多媒体信息的个性化剪裁提供了可能，可以按照用户需要提供不同的信息形式和内容，这种应用非常有意义，对用户极具魅力。例如，在某一频道内收看电视，可以通过信息隐藏方法在所播放的同一个电视节目中嵌入更多的镜头以及多种语言伴音及字幕，使用户能够按照个人的喜好和指定的语言方式播放，这种方法在某种意义上实现了视频点播(Video On Demand，VOD)的功能，而其最大的优点在于减少了一般 VOD 服务所需的传输带宽和存储空间。

12.3　数字图像水印技术

12.3.1　数字水印技术的基本原理

数字水印技术的基本原理是通过一定的算法将一些标志性信息直接嵌入到多媒体内容中，但不影响原内容的价值和使用，而且不会被人感知或注意。数字水印信息可以是作者的序列号，公司标志，有特殊意义的文本、图形、图像标记等，主要作用是识别文件、图像或音乐制品的来源、版本、原作者、拥有人、发行人以及合法使用人对数字产品的所有权。数字水印技术包含嵌入水印和提取水印两个过程。下面给出一般意义上的数字水印嵌入和提取过程。

1. 数字水印的嵌入过程

首先来看水印的嵌入过程，所谓水印嵌入过程就是将水印信息隐藏到宿主数据中，从图像处理的角度看，嵌入水印可以视为在原始图像下叠加一个水印信号，由于人的视觉系统分辨率有一定的限制，只要叠加信号的幅度低于对比度门限，就无法感觉到信号的存在。对比度门限受视觉系统的空间、时间和频率特性的影响。因此，通过对原始图像作一定的调整，有可能在不改变视觉效果的情况下嵌入一些信息。设 I 为待嵌入水印的数字图像，W 为水印信号，I'为加入水印信号后的图像，那么处理后的水印由函数 f 定义如下：
$$I' = f(I, W) \tag{12.1}$$
其中，f 函数包含了原始图像以及水印信号的预处理、嵌入水印处理和图像恢复处理。

图像水印嵌入的一般过程如图 12.3 所示。

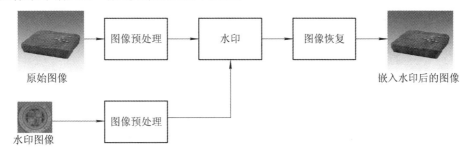

图 12.3　水印嵌入的一般过程

图 12.3 中，图像的预处理包含图像为了保证水印嵌入算法的高效以及实用而采取的一系列变换，如图像为了适应人类视觉系统而进行的颜色模型的调整、时频域转换等。图像恢复则是指在将水印信号嵌入原始图像以后对原始图像进行恢复显示，使得它转换到我们通常所看到的时域信号，或者转换到计算机所能进行一般处理的颜色模型中来的过程。

在图 12.3 中最关键的部分是水印嵌入，也就是水印嵌入函数 f 的作用。通常在水印嵌入的时候都是将水印信号转换成二进制码流嵌入到原始图像中，如果二进制码为 0，则对原始图像相应像素位进行一定处理；如果二进制码为 1，则对原始图像进行另外的处理，这样做的目的是方便将来的提取过程。我们用式（12.2）来表示嵌入函数作用：

$$B(W) = \begin{cases} 0, & P1(I) \\ 1, & P2(I) \end{cases} \tag{12.2}$$

式中：I 和 W 为经过预处理以后的数据；函数 B 是取水印图像的一位；$P1$ 和 $P2$ 是分别对原始图像的相应像素位进行函数处理。

经过这样的处理，最终得到的是不完全等同于原始图像，也不同于水印信息但又同时包含原始图像信息和水印信息的一幅新图像，其在视觉上与原始图像相比几乎没有变化，而在能量上不仅具有原始图像的能量还具有水印信息的能量。

2. 数字水印的提取过程

单纯水印嵌入的过程不是一个完整的数字水印处理过程，只有在嵌入水印信息后的图像中提取出预期的水印信息才能最终达到保护版权、保护完整性的目的。下面来看一下水印的提取过程。与嵌入过程相似，水印提取过程也可以用下式来表示：

$$I = f'(I', W) \tag{12.3}$$

式中：f' 为提取水印函数。

在对水印图像提取水印信息以前需要先对水印图像进行必要的预处理。在提取算法上，分为两种：一种是盲提取，也就是提取水印信息的算法在应用过程中不需要原始图像的参与；另外一种就是明文水印，也就是在水印信息提取算法中需要原始图像才能正确地提取出水印信息。目前水印算法研究的重点越来越趋向于盲水印。图像水印提取的一般过程如图 12.4 所示。

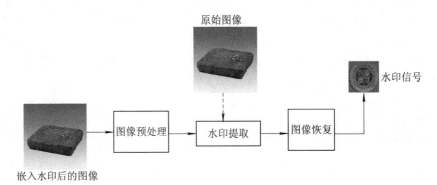

图 12.4　水印提取的一般过程

图 12.4 中的虚线部分对于不同算法可有可无，如果是明文水印算法则需要原始图像才能正确提取出水印信息；如果是盲水印算法，则不需要原始图像就能够完成水印信息的

提取过程。

在图 12.4 中最为主要的部分是水印提取函数，水印提取函数表示如下：

$$B(W) = \begin{cases} 0, & \text{if } (P1(I) == \text{True}) \\ 1, & \text{if } (P2(I) == \text{True}) \end{cases} \quad (12.4)$$

在检测水印图像的过程中，如果像素值符合 $P1(I) ==$ True 条件，则相应的水印信号二进制位为 0；如果像素值符合 $P2(I) ==$ True 条件，相应的水印信号二进制位为 1。经过对二进制流重新组合后就能恢复出水印信息，以确保图像的版权或者图像完整。

图像水印技术是目前数字水印技术研究的重点，相关文章非常多，而且也取得了非常多的成就，但大部分水印技术采用的原理基本相同，即在空域或频域中选定一些系数并对其进行微小的随机变动，改变系数的数目远大于待嵌入的数据位数，这种冗余嵌入有助于提高鲁棒性。早期图像水印技术基本上只在一幅图像中嵌入隐藏数据，水印信息提取也是对单幅图像进行分析。为了抵抗对水印的非法攻击，有效的方法是降低单幅图像中嵌入的信息量，因此可将水印数据嵌入到一组图像中，使用批量嵌入(Batch Steganography)提高安全性。

实际上，许多图像水印方法是相近的，只是在局部有差别或只是在水印信号设计、嵌入和提取的某个方面有所差别，下面我们分空域和频域两个方面分别加以介绍，给出一些算法。

12.3.2　空域图像水印技术

空域算法指的是实现数字水印嵌入和提取的过程全部在空域中完成，不需要进行频域的变换，最早提出的空域算法就是著名的 LSB(Least Significant Bits)方法，它是将水印信息安排在像素的最低位，也就是最不容易引起图像有较大视觉变换的位置。数字水印实用软件包 Stego 就采用了改变图像最低位信号的方法来实现图像水印。简单改变最低位的算法鲁棒性不够强，目前对于这种方法提出了很多改进算法：Lippman 曾经提出将水印信号隐藏在原始图像的色度通道中；Bender 曾经提出了两种改进方法，一种是基于统计学的"patchwork"方法，另一种是纹理块编码方法。空域水印算法以其简洁、高效的特性而在水印研究领域占有一席之地，在过去的十几年中，水印的空域算法也层出不穷，下面用一个具体的算法来说明。

(1) 嵌入过程。将水印信号经过颜色模型转换后再转化为二进制数据码流；原始图像同样经过颜色模型转换后，将其每个字节的高 7 位依次异或；最后再用原始图像像素字节位异或结果与二进制数码流异或后写入其最低位。图 12.5 所示为基于 LSB 算法的水印嵌入过程。

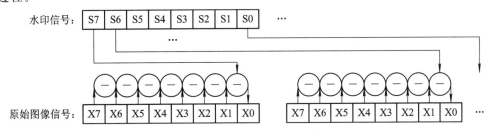

图 12.5　基于 LSB 算法的水印嵌入过程

（2）提取过程。将待提取水印图像（以下称为水印图像）经过颜色模型转换后每个字节8位依次异或，并保存其结果；再将其结果每8位组成一个字节；最后得到的数据经过颜色模型转换后就得到水印图像。基于 LSB 算法的水印提取过程如图 12.6 所示。

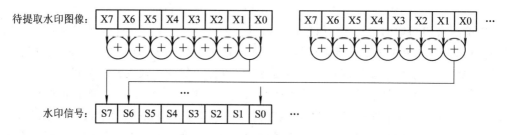

图 12.6　基于 LSB 算法的水印提取过程

例如，三个像素的原始数据分别是：（00100111，11101001，11001000），（00100111，11101000，11001001），（11001000，00100111，11101001）。所存的水印数据为：010001011。

嵌入过程计算：

$$0\oplus0\oplus1\oplus0\oplus0\oplus1\oplus1=1 \qquad 1\oplus0=1;$$
$$1\oplus1\oplus1\oplus0\oplus1\oplus0\oplus0=0 \qquad 0\oplus1=1;$$
$$1\oplus1\oplus0\oplus0\oplus1\oplus0\oplus0=1 \qquad 1\oplus0=1;$$
$$0\oplus0\oplus1\oplus0\oplus0\oplus1\oplus1=1 \qquad 1\oplus0=1;$$
$$\vdots$$

将水印嵌入后，像素数据变成：（00100111，11101001，11001001），（00100111，11101000，11001000），（11001001，00100110，11101001）

水印数据的提取过程：

$$0\oplus0\oplus1\oplus0\oplus0\oplus1\oplus1\oplus1=0; \qquad 1\oplus1\oplus1\oplus0\oplus1\oplus0\oplus0\oplus1=1;$$
$$1\oplus1\oplus0\oplus0\oplus1\oplus0\oplus0\oplus1=0; \qquad 0\oplus0\oplus1\oplus0\oplus0\oplus1\oplus1\oplus1=0;$$
$$\vdots$$

最后，提取出的水印数据为 010001011。

12.3.3　频域图像水印技术

频域算法与空域算法不同，频域算法指的是嵌入或者提取水印的过程中，需要进行频域的变换操作。这样做的目的是增强水印算法的鲁棒性，使得图像在有损压缩和滤波后仍能很好地提取出水印信息。NEC 实验室的 Cox 等人提出的基于扩展频谱的水印算法在数字水印算法中占有重要地位，这一算法提出了鲁棒型水印算法的几个重要原则：首先，水印信号应该嵌入数据中对人的感觉最重要的部分。在频域中这个重要部分就是低频分量，一般的图像处理技术并不去改变这部分数据。其次，水印信号应该由具有高斯分布的随机实数序列构成。这样可以大大增强水印经受多拷贝联合攻击的能力。NEC 的实现思想是：对整幅图像作 DCT（离散余弦变换）变换，选取除 DC 分量外的 1000 个最大的 DCT 系数插入由 N（0，1）所产生的一个实数序列水印信号。

静止图像通用压缩标准 JPEG（Joint Photographic Experts Group，联合图像专家小

组)的核心部分是 DCT 变换,它根据人眼的视觉特性把图像信号从时域空间转换到频域空间,由于低频信号是图像的实质而高频信号是图像的细节信息,因此,人眼对于细节信息即高频信号部分的改变并不是很敏感,JPEG 压缩通过丢弃高频部分来最大程度地满足压缩和人眼视觉的需要,可以针对 JPEG 压缩标准设计根据 DCT 变换系数性质来植入水印的算法。

Cox 等人曾经提出了鲁棒型水印算法的重要原则:为了使水印具有鲁棒性,水印信号应该嵌入原始数据中对人的感觉最重要的部分,其在频域空间中,这种重要部分就是低频分量。因为攻击者在破坏水印的过程中,将会不可避免地引起图像质量的严重下降,而一般的图像处理技术也并不去改变这部分数据,这样会使水印的鲁棒性大大提高。但是此鲁棒性算法在实现水印信息嵌入低频系数的过程中却破坏了图像本身的质量。而 Turner 在其文章中提出一种将水印信息添加至图像最不重要位置的算法,显然这样的水印算法健壮性不足,但是却能够保证图像质量最低限度的损失。综合考虑这两类算法的优缺点,基于 DCT 频域水印算法中将水印信息添加至图像的中频系数中,可以在保证水印算法的健壮性的同时,使得嵌入水印信息后的图像质量不会受到太大损坏。

采用中频系数的频域 DCT 变换水印嵌入的过程,主要包括颜色模型转换、频域 FDCT 变换、中频系数提取、水印信息嵌入、频域 IDCT 反变换和颜色模型恢复几个环节,具体嵌入过程如下:

(1) 图像和水印信息图像进行颜色模型转换,从 RGB 颜色空间到 YUV 颜色模型空间;然后将经过颜色模型转换后的图像分成 8×8 的块。

(2) 对每一个 8×8 图像块用滤波矩阵进行滤波实现 FDCT(快速离散余弦变换)。离散余弦变换是将信号从空域转换到频域的一种方法。

(3) 提取原始图像的中频系数,即将原始图像的频域系数经过量化后自适应选取中频系数作为将来嵌入水印信息的载体位。同时选取水印信息图像频域系数的低频和中频部分,并将其转换为二进制码流,作为嵌入的对象。

(4) 将水印信息嵌入到原始图像信息中,具体的嵌入过程是,先判断水印信息二进制码,如果其值为 1,而且待嵌入水印系数比其下一个系数的值小,则交换这两个系数的值;如果其值为 0,而待嵌入水印系数比其下一个系数的值大,则交换这两个系数。换句话说就是要保证嵌入 1 时,此系数大于下一个系数值,嵌入 0 时相反。

(5) 最后对嵌入水印信息的原始图像进行反离散余弦变换(IDCT),再将其从 YUV 颜色模型空间转换到 RGB 颜色空间,最终得到了嵌入水印后的图像。

频域 DCT 变换中频系数水印嵌入的具体算法流程如图 12.7 所示。

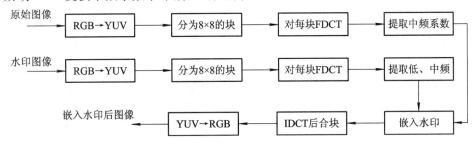

图 12.7　嵌入水印过程

频域 DCT 变换中频系数水印的提取算法，主要包括颜色空间转换、分块 FDCT 变换、从中频系数中提取出水印、水印信息进行 IDCT 及颜色空间恢复等环节，具体提取过程的步骤如下：

（1）先将嵌入水印信息后的图像从 RGB 颜色模型空间转换到 YUV 颜色模型空间，紧接着将其分成 8×8 的小块。

（2）对每一个 8×8 的小块进行 FDCT 操作。

（3）提取出经过 FDCT 变换后的中频系数。

（4）从中频系数中提取出水印信息，将二进制码流恢复为字节信息，得到其在频率域中的低频、中频系数，具体提取过程是，对于待提取水印信息的系数，如果其值大于下一个系数值则证明此系数中嵌入的水印信息位为 1，否则为 0。

（5）对提取出来的水印信息首先进行 IDCT，将其变换回到空间域中，然后将所有块整合，再从 YUV 颜色模型空间转换到 RGB 颜色空间，即得到提取出的水印图像。频域 DCT 变换中频系数水印提取算法的过程如图 12.8 所示。

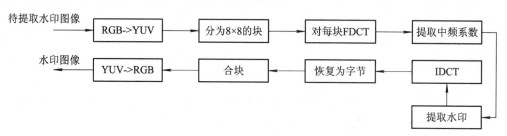

图 12.8 提取水印过程

图 12.9～图 12.13 为上述水印操作算法对应的实验结果。

(a) 嵌入水印后图像　　(b) 提取出的水印图像

图 12.9 基于 DCT 方法提取水印图

图 12.10 中心裁剪 75％后提取水印图　　图 12.11 图像旋转后提取水印图

图 12.12　JPEG 压缩后提取水印图　　　　　　图 12.13　亮度、对比度调整后提取水印图

　　数字水印尚未形成一个完善的技术体系，每个研究人员的介入角度各不相同，所以研究方法和设计策略也各不相同，但都是围绕着实现数字水印的各种基本特性进行设计的。同时，随着该技术的推广和应用的深入，逐步引入了其他领域的先进技术和算法，从而完备和充实了数据水印技术。例如在数字图像处理中的小波变换、分形理论，图像编码中的各种压缩算法等等。

12.4　数字文本水印技术

12.4.1　数字文本水印技术原理

　　现在数字化文档数量庞大，它已成为政府、企业、研究机构等单位日常办公的基础条件。数字化的文档和文本信息可以通过在线数据库、电子图书馆、CD‐ROM 等方式发布和传送，使得文档的传播非常容易，这就使得版权的保护尤为重要。目前数字水印的研究大多数集中在图像和视频方面，文本数字水印的研究非常有限。

　　最原始的文档，包括 ASCII 文本文件或计算机原码文件，是不能被插入水印的，因为这种类型的文档中不存在可插入标记的可辨认空间（Perceptual Headroom）。然而，一些高级形式的文档通常都是格式化的（如 PostScript、PDF、RTF、WORD、WPS），因此对于这些类型的文档可以将一个水印藏入版面布局信息（如字间距或行间距）或格式化编排中。可以将某种变化定义为 1，不变化定义为 0，这样嵌入的数字水印信号就是具有某种分布形式的伪随机序列。

　　一个英文文本文件一般由单词、行和段落等有规律的结构组合而成，对其作一些细微的改动是难以察觉的。这种方式既可以修改文档的图像表示，也可以修改文档格式文件。后者是一个包含文档内容及其格式的文件，基于此可以产生出可供阅读的文字（图像）。而图像表示则是将一个文本页面数字化为二值图像，其结果是一个二维数组：
$$f(x, y) = 0 \text{ 或 } 1 \quad (x = 0, 1, \cdots, W; y = 0, 1, \cdots, L) \tag{12.5}$$
式中，$f(x, y)$ 表示在坐标 (x, y) 处的像素强度；W 和 L 的取值取决于扫描解析度，分别表示一页的宽度和长度。

　　轮廓是文本图像的一维投影，单个文本行的水平轮廓表示为

$$h(y) = \sum_{x=0}^{W} f(x, y) \qquad y = t, t+1, \cdots, b \tag{12.6}$$

式中：t 和 b 分别是图像中处于该文本行最上方和最下方的像素行坐标。采用这种方法可以只修改第 2、4、6…行，而使第 1、3、5…行保持不变。这种方法能够抵御在传输过程中出现的意外或故意的图像损坏。

数据隐藏需要一个编码器和一个解码器。编码器的输入是原始文件，输出是加了标记的文件，编码器结构和编码过程如图 12.14 所示。首先对原始文档进行预处理，将所得到的图像页按照从密码本中选取的码字进行修改。编码器的输出即为修改过的文件并被分送出去。解码器的输入是修改过的文件，输出是其中所嵌入的数据信息。解码器结构和解码过程如图 12.15 所示。

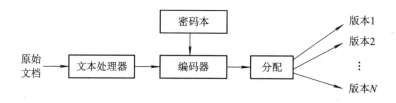

图 12.14　编码器结构和编码过程

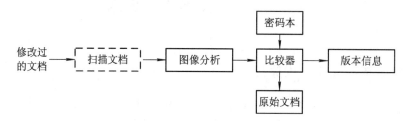

图 12.15　解码器结构和解码过程

在数字文本中隐藏信息主要有三种方法：行移编码、字移编码和特征编码，下面我们将详细地加以介绍。

12.4.2　行移编码

行移编码技术既可以用于文本文档也可以用于文件格式，它是通过垂直移动文本行的位置来实现的。经验告诉我们，当垂直位移量等于或小于 1/300 英寸时，肉眼无法辨认出。给文档预分配的码字规定了文档中的哪些文本行将被移动，如可以规定行上移表示"0"，下移表示"1"。当然也可以规定上移表示"1"，下移表示"-1"，不动表示"0"。该技术采用了差分编码技术以获得好的不可检测性和鲁棒性。同每行均可移动的方法相比较，可被隐藏的每个码字的长度减少了，但这个数字还是相当大的，足以完成一定量的信息隐藏。如一页有 40 行，则每页会有 $2^{20} = 1\,048\,576$ 个不同的码字。

根据要嵌入文件中标记的内容，编码器将文本行上移或下移。解码器测量文档文件中相邻行的行间距，可以用测量相邻行的基准线之间的距离或重心之间的距离来实现。基准线是一行中所有字符被放置的逻辑线，而重心则是具体文本行的点阵质量重心。

假定第 $i-1$ 行和 $i+1$ 行未被移动，而将第 i 行上移或下移，在未改动的文档文件中相邻行的基准线之间距为常数。令 S_{i-1} 和 S_i 分别是基线 $i-1$ 和 i 之间基线 $i+1$ 和 i 之间的距离。采用的检测准则算法为：如果 $S_{i-1} > S_i$，则第 i 行下移；如果 $S_{i-1} < S_i$，则第 i 行下移；其他情况不定。

重心调距同基线调距方法不同的是，重心调距方法不要求间距一致。重心间距的测量基于原始文档中的间距与修改后文档中重心间距的差异。可用下式来计算中心位置：

$$C_i = \frac{\sum_{j=t_i}^{b_i} [j \times n(j)]}{\sum_{j=t_i}^{b_i} n(j)} \tag{12.7}$$

式中：i 为当前行号，$i=1,2,\cdots,N$，（N 为一页中的行数）；t_i 和 b_i 表示第 i 行的顶和底；n 为计算被选中像素点数目的函数，即 $f(k,j)=1$，$k=0,\cdots,W$。

利用式(12.7)的结果，可计算第 $i-1$ 行和 i 行之间、第 i 行和第 $i+1$ 行之间的距离，令其为 S_{i-1} 和 S_i。类似地可以作下面的判断：如 $S_{i-1}-t_{i-1} > S_i-t_i$，则第 i 行上移；否则，第 i 行下移。采用行移编码改变后的文档片段如图 12.16 所示。

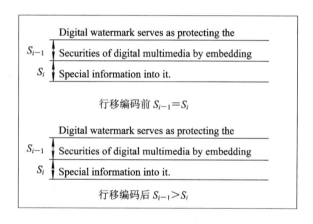

图 12.16　行移编码

12.4.3　字移编码

字移编码技术通过使文本行内字符发生平移嵌入特定标记。采用这种方式时，相邻字之间的距离各不相同。经验告诉我们，人眼无法辨认 1/150 英寸以内的单词的水平位移量。其实在文档对齐处理时经常采用调整空格的方法来改变字符间隔（如文本的排序）。因为作了变间隔处理，解码器需要掌握原始文档或关于原始文档字间隔的说明。编码器首先要观察文本行是否有足够的字数用于编码，过短的行不被采用，然后用差分编码方法对所选定的行进行编码。自左边起第 2、4、6…位置上的字被移动，但行首字和行尾字不移动用来保持整页中的列向对齐。最后将经字位移处理后的文档分发出去。

解码器需要原始文档的有关信息，不能实现盲检，只有那些拥有最初文档的组织或其代理人可以读到隐藏信息。我们需要知道每个字的起始位置或重心位置。假设第 i 个字被移动了位置，其自身和相邻两字的重心分别为 c_{i-1}、c_i 和 c_{i+1}，移动后的重心位置分别是 c'_{i-1}、c'_i 和 c'_{i+1}，则计算公式为

$$d_1 = c_i - c_{i-1} \qquad d_1' = c_i' - c_{i-1}' \qquad (12.8)$$

$$d_r = c_{i+1} - c_i \qquad d_r' = c_{i+1}' - c_i' \qquad (12.9)$$

然后再用下面的方法来决定第 i 个字是被左移还是右移。若 $d_1' - d_1 < d_r' - d_r$，则第 i 个字节被左移；若 $d_1' - d_1 > d_r' - d_r$，则第 i 个字节被右移。

字移编码的示例如图 12.17 所示。

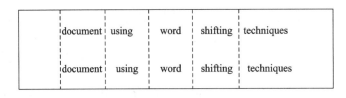

图 12.17　字移编码

12.4.4　特征编码

特征编码是一种通过改变某个字母的某一特征来插入标记的技术。字母特征改变可能是其高度等属性特征。同样，特征编码也会保留一些字母特征不作改变以帮助解码。例如，使用字母高度进行特征编码的文本水印处理中，水印检测算法会将那些被认为发生变化的字母与该页中没有变化的相同字母的高度进行比较，得到水印结果。

通过字母变化在文本中插入不易辨认的标记必须非常细心，必须保证不能改变该字母和上下文的结合关系。一个变化的字母如果与未作变化的同一个字母相邻，读者很容易辨认出字母的变化。不同的特征标记技术以及待变化字母的选择规律，决定了一个标记存在的检测是否需要掌握最初的未作标记的原文。

12.4.5　编码方式的综合运用

近年来文本信息隐藏出现了一些新的研究方法，比较多见的新方法是对以上方法的综合运用。水印的综合编码方式可以增加鲁棒性，在破坏严重的情况下，仍可以检测到水印。在一个文档被处理的过程中，在水平与竖直方向可能会受到不同程度的破坏。对同一行文字可能同时使用了行移和字移进行编码，可以结合控制行与被标记行来估计出水平与竖直轮廓哪一个被破坏，从而决定进行行移检测还是字移检测。

随着自然语言处理技术的进步，针对自然语言文本，首次出现了基于词典的隐写方法，可以实现文本水印，利用自然语言模型和 SVM 方法来判别自然语句和含密语句。Winstein 利用英文语言的统计规律及 Huffman 编码，在普通英语文本中嵌入了 0.5% 的隐蔽信息。新的隐写技术的出现使得文本水印的应用前景更加广阔。

12.5　数字语音水印技术

数字水印技术是把数据(水印)嵌入到多媒体文件中去，用来保护所有者对多媒体所拥有的版权，以便实现拷贝限制、使用跟踪、盗用确认等功能。当所有者权益被侵犯时，可通过对水印的检测来得到证明。由于人的听觉系统(HAS,Human Auditory System)要比视觉系统(HVS，Human Visual System)更加敏感，因此相对于静止图像和视频文件，在音频信号中嵌入数字水印更为困难。

在音频文件中嵌入数据的方法利用了人类听觉系统的特性。人类听觉系统对音频文件中附加的随机噪声敏感，并能察觉出微小的扰动。人的听觉系统作用于很宽的动态范围之上，HAS 能察觉到大于 $100,000,000:1$ 的能量，也能感觉大于 $1000:1$ 的频率范围，对加性的随机干扰也同样敏感，可以测出音频文件中低于 $1/10,000,000$(低于外界水平 80 dB)的干扰。

在音频文件中嵌入数据最为普通的方法是加入噪声，这种方法是在载体的最不重要位中引入秘密数据，该方法对原始信号质量降低的程度必须低于 HAS 可以感知的程度。较好的方法是在信号中较重要的区域里隐藏数据，在这种情况下，改动应当是不可感知的，因此可以抵御一些有损压缩算法的强攻击手段。

音频数字水印的算法可以分为两类，一类是直接在时域或空间域内嵌入水印；另一类是在变换域中嵌入水印。下面我们分别介绍时域中的最不重要位(LSB)方法，以及变换域中的小波变换方法。

12.5.1 最不重要位(LSB)方法

最不重要位(LSB)方法是将秘密数据嵌入到载体数据中的一种最简单方法，它是在空域中隐藏数据的。任何的秘密数据都可以看做是一串二进制位流，而音频文件的每一个采样数据也是用二进制数来表示的。这样，我们可以将部分采样值的最不重要位用代表秘密数据的二进位替换掉，达到在音频信号中编码加入秘密数据的目的。为了加大对秘密数据攻击的难度，可以用一段伪随机序列来控制嵌入秘密二进制位的位置。下面我们具体讲水印的嵌入和提取过程。

音频数字水印的 LSB 方法嵌入过程主要步骤如下：

(1) 以二进制数的形式读取载体音频数据，得到原始信号；

(2) 将秘密数据转换为二进制位流的形式，并计算秘密数据位的总数；

(3) 将步骤(2)中得到的数据流作置乱变换，得到待隐藏的数据流；

(4) 将秘密数据位的总数首先嵌入到载体文件中；

(5) 将原始数据的最低位用秘密数据位替代；

(6) 循环操作第(5)步，直至秘密信息全部被嵌入。

这样，我们就得到了含有数字水印的音频文件。由于水印数据是在载体数据的最低一位被嵌入的，因此保证了数字水印的不可见性。

音频数字水印的 LSB 方法水印提取过程主要步骤如下：

(1) 首先提出秘密数据位的总数；

(2) 提取水印信息的数据位；

(3) 循环操作(2)，直至所有的秘密二进制位全部被提取出来；

(4) 根据嵌入过程使用的置乱变换，采取逆变换，得到我们所需要的数据水印信息。

音频数字水印的最不重要位(LSB)方法有以下的优点：方法简单易行；音频信号里可编码的数据量大；信息嵌入和提取算法简单，速度快。它的缺点是：对信道干扰及数据操作的抵抗力很差；信道干扰、数据压缩、滤波、重采样等都会破坏编码信息。

为了提高鲁棒性，我们也可以将秘密数据位嵌入到载体数据的较高位，但这样带来的结果是大大降低了数据隐藏的隐蔽性。我们还可以在嵌入过程中根据音频的能量进行数据嵌入位选择的自适应。当然，在变换域进行数字水印的嵌入能获得很强的鲁棒性。

12.5.2　小波变换方法

小波变换是一种新的时频分析方法，随着新一代视频压缩标准 MPEG－4 的推出，小波水印技术日益受到重视。小波变换与传统的频域方法相比具有很多优势，变换算法在频域和时域同时具有良好的局部化特征，小波变换支持多分辨率分析与人眼视觉特性相匹配。小波水印可以将水印嵌入中频的不同子带中，形成的算法鲁棒性强，在经历各种处理和攻击后，如加噪、滤波、重采样、剪切、有损压缩和几何变形等，仍可以保持很高的可靠性。

小波水印嵌入算法有多种类型，嵌入算法的类型由四大要素决定，包括小波变换的类型、水印的种类、水印添加的位置以及水印的强度。水印的种类一般是预先就确定的，小波变换的类型也可以进行选择，因此也可以说动态决定算法类型的是水印添加的位置和水印的强度两大要素，同时也决定了算法的性能。

小波水印的嵌入算法和提取算法中，要求上述各要素与添加的过程保持一致，否则就无法将水印提取出来。

在嵌入时对语音信号序列按下式进行 Harr 小波分解：

$$c_{j+1, k} = \sum_m h_0(m - 2k) c_{j, m} \tag{12.10}$$

$$d_{j+1, k} = \sum_m h_1(m - 2k) c_{j, m} \tag{12.11}$$

式中：$h_1 = 0.7071$；$h_0 = -0.7071, 0.7071$。

在提取水印信息时数据重构按下式进行：

$$c_{j-1, m} = \sum_k c_{j, k} h_0(m - 2k) + \sum_k d_{j, k} h_1(m - 2k) \tag{12.12}$$

水印信息的嵌入和提取分别如图 12.18 和图 12.19 所示。

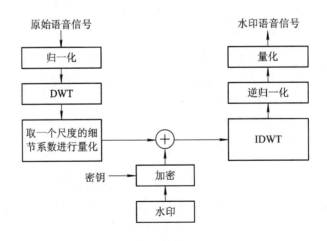

图 12.18　小波域音频水印的嵌入方案

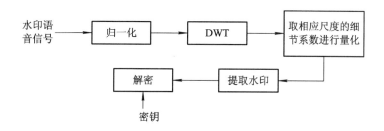

图 12.19　小波域音频水印的提取方案

12.6　数字视频水印技术

12.6.1　数字视频水印技术的一般原理

视频水印研究是当前数字水印技术研究方向中的一个热点和难点，热点在于大量消费类数字视频产品的推出，如 VCD、DVD，使得以数字水印为重要组成部分的数字产品版权保护更加迫切；难点是由于虽然数字水印技术近几年得到长足发展，但方向主要是集中于静止图像的水印技术。然而在视频水印的研究方面，由于包括时间域掩蔽效应等特性在内的更为精确的人眼视觉模型尚未完全建立，使得视频水印技术相对于图像水印技术发展滞后，同时现有的标准视频编码格式又造成了水印技术引入上的局限性。另一方面，由于一些针对视频水印的特殊攻击形式（如帧重组、帧间组合等）的出现，为视频水印提出了一些区别于静止图像水印的独特要求，主要有以下几个方面：

（1）实事处理性。水印嵌入和提取应该具有低复杂度。

（2）随机检测性。可以在视频的任何位置、在短时间内（不超过几秒种）检测出水印。

（3）与视频编码标准相结合。相对于其他的多媒体数据，视频数据的数据量极大，在存储、传输中通常先要对其进行压缩，现在最常用到的标准是一组由国际电信联盟和国际标准化组织制定并发布的音、视频数据的压缩标准，MPEG‐1、MPEG‐2、MPEG‐4。如果我们在压缩视频中嵌入水印，很显然应该与压缩标准相结合；但如果是在原始视频中嵌入水印，我们知道水印的嵌入是利用视频的冗余数据来携带信息的，而视频的编码技术则是尽可能除去视频中的冗余数据，如果不考虑视频的压缩编码标准而盲目地嵌入水印，则嵌入的水印很可能在编码的过程中丢失。

（4）盲水印方案。若检测时需要原始信号，则此水印被称为非盲水印；否则，称为盲水印（Blind Watermark）。由于视频数据量巨大，采用非盲水印技术是不现实的。因此，除了极少数方案外，目前主要研究的是盲视频水印技术。

通过分析现有的数字视频编解码系统，可以将目前的视频水印分为以下几类视频水印的嵌入与提取方案，如图 12.20 所示。

视频水印嵌入方案一：水印直接嵌入在原始视频流中。此类方案的优点是：水印嵌入的方法比较多，原则上数字图像水印方案均可以应用于此。缺点是：会增加视频码流的数据比特率；经 MPEG‐2 压缩后会丢失水印；降低视频质量；对于已压缩的视频，需先进行

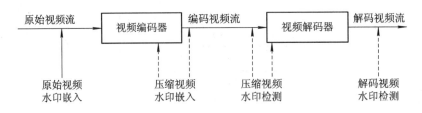

图 12.20　视频水印嵌入和提取方案

解码，然后嵌入水印后，再重新编码。

视频水印嵌入方案二：水印嵌入在编码阶段的离散余弦变换(DCT)域中的量化系数中。此类方案的优点是：水印仅嵌入在 DCT 系数中，不会增加视频流的数据比特率；易设计出抗多种攻击的水印。缺点是会降低视频的质量，因为一般它也有一个解码、嵌入、再编码的过程。

视频水印嵌入方案三：水印直接嵌入在 MPEG－2 压缩比特流中。此类方案的优点是没有解码和再编码的过程，因而不会造成视频质量的下降，同时计算复杂度低。缺点是由于压缩比特率的限制而限定了嵌入水印的数据量的大小。

12.6.2　原始视频水印

原始视频水印是指直接对未压缩的视频数据进行处理，与视频编码格式无关。因此，原始视频水印可以分为两种情况：可以直接获得原始视频流数据，此时，可以直接在原始的视频流中完成水印的嵌入或提取，这时的处理比较简单；只能得到编码的视频流数据，此时，首先对编码视频进行解码，然后再嵌入或提取水印，在水印处理之后，如果有必要再重新压缩，这时的处理相对复杂。

按照水印嵌入和提取之前是否对宿主信号进行某种变换，原始视频水印又可分为空域水印和频域水印两种方法。前者直接在原始视频数据中嵌入水印；后者对原始视频数据进行某种变换，如 DCT，然后进行水印的嵌入和提取处理。

空域水印是指直接在原始视频数据中嵌入水印，嵌入的水印信号一般是添加在亮度分量上，有时也有一部分被加入到颜色分量中，或全部加入到颜色分量中。其优点是思想简单、复杂度低，缺点也是明显的，在鲁棒性和不可感知性方面的性能较差。空域水印的一个简单的实现，是直接利用各种最低有效位方法，在原始视频中嵌入水印。

直接在原始像素值上进行水印嵌入和提取，主要目的是为了降低水印处理的复杂度，然而随着处理器速度的不断提高，在频域中进行水印嵌入和提取已经成为最为常见的方法。

Swanson 等提出采用三维小波变换的水印方案。小波变换是用多个分辨率表示信号的一个有力工具。小波分解的多分辨率特性在空域、频域提供了信号的局部特定信息，可以用于信号的分析和处理。利用小波技术的数字水印方案，是近几年来的一个研究热点。Swanson 将视频序列看成三维信号，并将视频序列分为场景，这样水印处理就能够考虑时域冗余。视频序列中视觉上类似的区域，即来自同一个场景的帧，必须嵌入一个一致的水印。小波变换的多分辨率特性，使得水印存在于多个时域分级。水印嵌入时，利用基于人类视觉系统的掩盖模型来保证嵌入到每个视频帧的水印是不可感知的和鲁棒的。先对视频

序列一个场景中的 k 个帧进行三维小波变换,将变换系数分为 8×8 的块 B_{ij},对每一块 B_{ij},通过其离散余弦变换(DCT)得到频率掩盖矩阵,进而得到水印矩阵 W_{ij},并根据空域掩盖矩阵 S_{ij},在该块中添加水印 W_{ij},所有块添加水印之后,进行逆变换则得到添加了水印的信号。

水印检测有两种方法,第一种检测方案需要原始宿主信号,是一种非盲水印方案,将待检测帧减取原始帧,并计算与水印信号 W 之间的相关值,可以确定视频序列中是否添加了水印。第二种检测方案不需要原始宿主信号,是盲水印方案,将待检测帧减去最低空域小波帧,然后计算与 W 之间的相关值,来确定是否添加了水印。

12.6.3 压缩视频水印

在视频中嵌入水印一般考虑 MPEG 编码标准。在 MPEG 标准中,有三种图像类型:内部编码帧(I 帧)、前向预测帧(P 帧)和双向预测帧(B 帧)。I 帧的编码类似于 JPEG,利用帧内相邻像素间的空域冗余来压缩信息;P 帧编码时要用到先前的帧,当前的帧又可以作为后面的预测帧的参考帧;B 帧的数据压缩效果最显著,它在预测时需要先前和后续的信息,且自身不能作为其他帧的预测参考帧。P 帧和 B 帧都利用了相邻帧间的时域冗余来压缩信息,同时预测误差信号还可以进一步去除空域冗余。去空域冗余主要用到了 DCT、量化和熵编码等技术;去时域冗余用到了运动补偿、运动表示和运动估计等技术。

Hartung 和 Girod 提出了用于 MPEG 格式压缩视频的数据嵌入法。其嵌入过程分为以下 7 个步骤:

(1) 进行 DCT 计算,将 DCT 系数按 Z 字型重扫描为一个 1×64 的矢量。令 W_0 为直流量(DC)系数,W_{63} 为最高频率的分量系数(AC)。

(2) 令 V_n、V_n' 分别为加入水印前后的信号,且 $V_0' = V_0 + W_0$。

(3) 在位流中寻找邻近的变长编码器(VLC),求出码字、位置和以 VLC 编码字表示的交直流分量 V_m 决定的运行指标对 (rm, lm)。

(4) 令 $V_m' = V_m + W_m$ 表示新 DCT 系数,确保采用 V_0' 之后不会增加位速率。

(5) 令 R、R' 分别为传送 (rm, lm)、(rm, lm') 的二进制位数。

(6) 若 $R \geqslant R'$,则传送 R';否则,传送 (rm, lm)。

(7) 重复(3)~(6),直到遇到数据块结尾码。

Hartung 与 Girod 研究了这一算法的鲁棒性。他们指出,其算法对压缩、滤波、轻度旋转具有鲁棒性。对程度更重的旋转,需要采用适当的检测及校正机制。去除或插入数据会导致收发双方丢失同步信息,因此还要有同步信息丢失检测及实现再次同步的机制。

数字水印技术从正式提出到现在时间较短,已有不少著名大学和研究机构投入相当大的人力和财力,致力于该项技术的研究,并取得了一定的成果(包括美国的麻省理工学院、Purdue 大学、英国的 George Mason 大学、瑞士洛桑联邦工技院、NEC 研究所、IBM 研究所等)。一些公司也已推出了数字水印的产品,如 HIGHWATER FBI、Digimarc Corporation、Fraunhofer's SYSCOP 等。各研究机构正努力设计出更高效、更通用、鲁棒性更强的数字水印产品。

数字水印技术和 Web 应用相结合,是今后该技术在信息领域的主要发展方向。在诸如电子商务、网络多媒体服务、远程诊断、教学等所有涉及版权或信息安全的领域,数字水印及其相关技术均能发挥重要作用。可以预见，随着计算机、网络及信息科学、密码学等学科的不断发展，安全可靠的数字水印技术将在很多领域得到更加广泛的应用。

习 题 12

1. 简述信息隐藏的基本嵌入及检测过程。

2. 数字水印的定义、内容各是什么？

3. 根据空域图像水印的 LSB 算法，原始数据为：(10100111，11101001，11001000)，(00100111，11101010，11001001)，(101001100，10100111，11101001)；所存的水印数据为：000101011，描述出水印嵌入的过程，及提取过程。

4. 请简述数字文本水印的几种基本方法。

5. 请简述数字视频水印的一般原理。

附录 A 《中华人民共和国计算机信息网络国际联网管理暂行办法》

国务院 1996 年 2 月 1 日颁布，1997 年 5 月 20 日修正

第一条　为了加强对计算机信息网络国际联网的管理，保障国际计算机信息交流的健康发展，制定本规定。

第二条　中华人民共和国境内的计算机信息网络进行国际联网，应当依照本规定办理。

第三条　本规定下列用语的含义是：

（一）计算机信息网络国际联网（以下简称国际联网），是指中华人民共和国境内的计算机信息网络为实现信息的国际交流，同外国的计算机信息网络相联接。

（二）互联网络，是指直接进行国际联网的计算机信息网络；互联单位，是指负责互联网络运行的单位。

（三）接入网络，是指通过接入互联网络进行国际联网的计算机信息网络；接入单位，是指负责接入网络运行的单位。

第四条　国家对国际联网实行统筹规划、统一标准、分级管理、促进发展的原则。

第五条　国务院信息化工作领导小组（以下简称领导小组），负责协调、解决有关国际联网工作中的重大问题。领导小组办公室按照本规定制定具体管理办法，明确国际出入口信道提供单位、互联单位、接入单位和用户的权利、义务和责任，并负责对国际联网工作的检查监督。

第六条　计算机信息网络直接进行国际联网，必须使用邮电部国家公用电信网提供的国际出入口信道。任何单位和个人不得自行建立或者使用其他信道进行国际联网。

第七条　已经建立的互联网络，根据国务院有关规定调整后，分别由邮电部、电子工业部、国家教育委员会和中国科学院管理。新建互联网络，必须报经国务院批准。

第八条　接入网络必须通过互联网络进行国际联网。接入单位拟从事国际联网经营活动的，应当报有权受理从事国际联网经营活动申请的互联单位主管部门或者主管单位申请领取国际联网经营许可证；未取得国际联网经营许可证的，不得从事国际联网经营业务。接入单位拟从事非经营活动的，应当报经有权受理从事非经营活动申请的互联单位主管部门或者主管单位审批；未经批准的，不得接入互联网络进行国际联网。申请领取国际联网经营许可证或者办理审批手续时，应当提供其计算机信息网络的性质、应用范围和主机地址等资料。国际联网经营许可证的格式，由领导小组统一制定。

第九条　从事国际联网经营活动的和从事非经营活动的接入单位都必须具备下列条件：

（一）是依法设立的企业法人或者事业法人；

（二）具有相应的计算机信息网络、装备以及相应的技术人员和管理人员；

（三）具有健全的安全保密管理制度和技术保护措施；

（四）符合法律和国务院规定的其他条件。接入单位从事国际联网经营活动的，除必须具备本条前款规定条件外，还应当具备为用户提供长期服务的能力。从事国际联网经营活

动的接入单位的情况发生变化，不再符合本条第一款、第二款规定条件的，其国际联网经营许可证由发证机构予以吊销；从事非经营活动的接入单位的情况发生变化，不再符合本条第一款规定条件的，其国际联网资格由审批机构予以取消。

第十条 个人、法人和其他组织(以下统称用户)使用的计算机或者计算机信息网络，需要进行国际联网的，必须通过接入网络进行国际联网。前款规定的计算机或者计算机信息网络，需要接入网络的，应当征得接入单位的同意，并办理登记手续。

第十一条 国际出入口信道提供单位、互联单位和接入单位，应当建立相应的网络管理中心，依照法律和国家有关规定加强对本单位及其用户的管理，做好网络信息安全管理工作，确保为用户提供良好、安全的服务。

第十二条 互联单位与接入单位，应当负责本单位及其用户有关国际联网的技术培训和管理教育工作。

第十三条 从事国际联网业务的单位和个人，应当遵守国家有关法律、行政法规，严格执行安全保密制度，不得利用国际联网从事危害国家安全、泄露国家秘密等违法犯罪活动，不得制作、查阅、复制和传播妨碍社会治安的信息和淫秽色情等信息。

第十四条 违反本规定第六条、第八条和第十条的规定的，由公安机关责令停止联网，给予警告，可以并处一万五千元以下的罚款；有违法所得的，没收违法所得。

第十五条 违反本规定，同时触犯其他有关法律、行政法规的，依照有关法律、行政法规的规定予以处罚；构成犯罪的，依法追究刑事责任。

第十六条 与台湾、香港、澳门地区的计算机信息网络的联网，参照本规定执行。

第十七条 本规定自发布之日起施行。

附录 B 《中华人民共和国计算机信息网络国际联网安全保护管理办法》

1997 年 12 月 11 日国务院批准，1997 年 12 月 30 日公安部发布

第一章 总 则

第一条 为了加强对计算机信息网络国际联网的安全保护，维护公共秩序和社会稳定，根据《中华人民共和国计算机信息系统安全保护条例》、《中华人民共和国计算机信息网络国际联网管理暂行规定》和其他法律、行政法规的规定，制定本办法。

第二条 中华人民共和国境内的计算机信息网络国际联网安全保护管理，适用本办法。

第三条 公安部计算机管理监察机构负责计算机信息网络国际联网的安全保护管理工作。公安机关计算机管理监察机构应当保护计算机信息网络国际联网的公共安全，维护从事国际联网业务的单位和个人的合法权益和公众利益。

第四条 任何单位和个人不得利用国际联网危害国家安全、泄露国家秘密，不得侵犯国家的、社会的、集体的利益和公民的合法权益，不得从事违法犯罪活动。

第五条 任何单位和个人不得利用国际联网制作、复制、查阅和传播下列信息：

（一）煽动抗拒、破坏宪法和法律、行政法规实施的；

（二）煽动颠覆国家政权，推翻社会主义制度的；

（三）煽动分裂国家、破坏国家统一的；

（四）煽动民族仇恨、民族歧视，破坏民族团结的；

（五）捏造或者歪曲事实，散布谣言，扰乱社会秩序的；

（六）宣扬封建迷信、淫秽、色情、赌博、暴力、凶杀、恐怖，教唆犯罪的；

（七）公然侮辱他人或者捏造事实诽谤他人的；

（八）损害国家机关信誉的；

（九）其他违反宪法和法律、行政法规的。

第六条 任何单位和个人不得从事下列危害计算机信息网络安全的活动：

（一）未经允许，进入计算机信息网络或者使用计算机信息网络资源的；

（二）未经允许，对计算机信息网络功能进行删除、修改或者增加的；

（三）未经允许，对计算机信息网络中存储、处理或者传输的数据和应用程序进行删除、修改或者增加的；

（四）故意制作、传播计算机病毒等破坏性程序的；

（五）其他危害计算机信息网络安全的。

第七条 用户的通信自由和通信秘密受法律保护。任何单位和个人不得违反法律规定，利用国际联网侵犯用户的通信自由和通信秘密。

第二章 安全保护责任

第八条 从事国际联网业务的单位和个人应当接受公安机关的安全监督、检查和指

导，如实向公安机关提供有关安全保护的信息、资料及数据文件，协助公安机关查处通过国际联网的计算机信息网络的违法犯罪行为。

第九条 国际出入口信道提供单位、互联单位的主管部门或者主管单位，应当依照法律和国家有关规定负责国际出入口信道、所属互联网络的安全保护管理工作。

第十条 互联单位、接入单位及使用计算机信息网络国际联网的法人和其他组织应当履行下列安全保护职责：

（一）负责本网络的安全保护管理工作，建立健全安全保护管理制度；

（二）落实安全保护技术措施，保障本网络的运行安全和信息安全；

（三）负责对本网络用户的安全教育和培训；

（四）对委托发布信息的单位和个人进行登记，并对所提供的信息内容按照本办法第五条进行审核；

（五）建立计算机信息网络电子公告系统的用户登记和信息管理制度；

（六）发现有本办法第四条、第五条、第六条、第七条所列情形之一的，应当保留有关原始记录，并在二十四小时内向当地公安机关报告；

（七）按照国家有关规定，删除本网络中含有本办法第五条内容的地址、目录或者关闭服务器。

第十一条 用户在接入单位办理入网手续时，应当填写用户备案表。备案表由公安部监制。

第十二条 互联单位、接入单位、使用计算机信息网络国际联网的法人和其他组织（包括跨省、自治区、直辖市联网的单位和所属的分支机构），应当自网络正式联通之日起三十日内，到所在地的省、自治区、直辖市人民政府公安机关指定的受理机关膘理备案手续。前款所列单位应当负责将接入本网络的接入单位和用户情况报当地公安机关备案，并及时报告本网络中接入单位和用户的变更情况。

第十三条 使用公用账号的注册者应当加强对公用账号的管理，建立账号使用登记制度。用户账号不得转借、转让。

第十四条 涉及国家事务、经济建设、国防建设、尖端科学技术等重要领域的单位办理备案手续时，应当出具其行政主管部门的审批证明。前款所列单位的计算机信息网络与国际联网，应当采取相应的安全保护措施。

第三章 安 全 监 督

第十五条 省、自治区、直辖市公安厅(局)，地(市)、县(市)公安局，应当有相应机构负责国际联网的安全保护管理工作。

第十六条 公安机关计算机管理监察机构应当掌握互联单位、接入单位和用户的备案情况，建立备案档案，进行备案统计，并按照国家有关规定逐级上报。

第十七条 公安机关计算机管理监察机构应当督促互联单位、接入单位及有关用户建立健全安全保护管理制度。监督、检查网络安全保护管理以及技术措施的落实情况。公安机关计算机管理监察机构在组织安全检查时，有关单位应当派人参加。公安机关计算机管理监察机构对安全检查发现的问题，应当提出改进意见，作出详细记录，存档备查。

第十八条 公安机关计算机管理监察机构发现含有本办法第五条所列内容的地址、目录或者服务器时，应当通知有关单位关闭或者删除。

第十九条 公安机关计算机管理监察机构应当负责追踪和查处通过计算机信息网络的违法行为和针对计算机信息网络的犯罪案件，对违反本办法第四条、第七条规定的违法犯罪行为，应当按照国家有关规定移送有关部门或者司法机关处理。

第四章 法律责任

第二十条 违反法律、行政法规，有本办法第五条、第六条所列行为之一的，由公安机关给予警告，有违法所得的，没收违法所得，对个人可以并处五千元以下的罚款，对单位可以并处一万五千元以下的罚款；情节严重的，并可以给予六个月以内停止联网、停机整顿的处罚，必要时可以建议原发证、审批机构吊销经营许可证或者取消联网资格；构成违反治安管理行为的，依照治安管理处罚条例的规定处罚；构成犯罪的，依法追究刑事责任。

第二十一条 有下列行为之一的，由公安机关责令限期改正，给予警告，有违法所得的，没收违法所得；在规定的限期内未改正的，对单位的主管负责人员和其他直接责任人员可以并处五千元以下的罚款，对单位可以并处一万五千元以下的罚款；情节严重的，并可以给予六个月以内的停止联网、停机整顿的处罚，必要时可以建议原发证、审批机构吊销经营许可证或者取消联网资格。

（一）未建立安全保护管理制度的；

（二）未采取安全技术保护措施的；

（三）未对网络用户进行安全教育和培训的；

（四）未提供安全保护管理所需信息、资料及数据文件，或者所提供内容不真实的；

（五）对委托其发布的信息内容未进行审核或者对委托单位和个人未进行登记的；

（六）未建立电子公告系统的用户登记和信息管理制度的；

（七）未按照国家有关规定，删除网络地址、目录或者关闭服务器的；

（八）未建立公用账号使用登记制度的；

（九）转借、转让用户账号的。

第二十二条 违反本办法第四条、第七条规定的，依照有关法律、法规予以处罚。

第二十三条 违反本办法第十一条、第十二条规定，不履行备案职责的，由公安机关给予警告或者停机整顿不超过六个月的处罚。

第五章 附 则

第二十四条 与香港特别行政区和台湾、澳门地区联网的计算机信息网络的安全保护管理，参照本办法执行。

第二十五条 本办法自发布之日起施行。

附录 C 《中华人民共和国计算机信息系统安全保护条例》

第一章 总 则

第一条 为了保护计算机信息系统的安全,促进计算机的应用和发展,保障社会主义现代化建设的顺利进行,制定本条例。

第二条 条例所称的计算机信息系统,是指由计算机及其相关的和配套的设备、设施(含网络)构成的,按照一定的应用目标和规则对信息进行采集、加工、存储、传输、检索等处理的人机系统。

第三条 计算机信息系统的安全保护,应当保障计算机及其相关的和配套的设备、设施(含网络)的安全,运行环境的安全,保障信息的安全,保障计算机功能的正常发挥,以维护计算机信息系统的安全运行。

第四条 计算机信息系统的安全保护工作,重点维护国家事务、经济建设、国防建设、尖端科学技术等重要领域的计算机信息系统的安全。

第五条 中华人民共和国境内的计算机信息系统的安全保护,适用本条例。未联网的微型计算机的安全保护办法,另行制定。

第六条 公安部主管全国计算机信息系统安全保护工作。国家安全部、国家保密局和国务院其他有关部门,在国务院规定的职责范围内做好计算机信息系统安全保护的有关工作。

第七条 任何组织或者个人,不得利用计算机信息系统从事危害国家利益、集体利益和公民合法利益的活动,不得危害计算机信息系统的安全。

第二章 安全保护制度

第八条 计算机信息系统的建设和应用,应当遵守法律、行政法规和国家其他有关规定。

第九条 计算机信息系统实行安全等级保护。安全等级的划分标准和安全等级保护的具体办法,由公安部会同有关部门制定。

第十条 计算机机房应当符合国家标准和国家有关规定。在计算机机房附近施工,不得危害计算机信息系统的安全。

第十一条 进行国际联网的计算机信息系统,由计算机信息系统的使用单位报省级以上人民政府公安机关备案。

第十二条 运输、携带、邮寄计算机信息媒体进出境的,应当如实向海关申报。

第十三条 计算机信息系统的使用单位应当建立健全安全管理制度,负责本单位计算机信息系统的安全保护工作。

第十四条 对计算机信息系统中发生的案件,有关使用单位应当在二十四小时内向当地县级以上人民政府公安机关报告。

第十五条 对计算机病毒和危害社会公共安全的其他有害数据的防治研究工作，由公安部管理。

第十六条 国家对计算机信息系统安全专用产品的销售实行许可证制度。具体办法由公安部会同有关部门制定。

第三章 安 全 监 督

第十七条 公安机关对计算机信息系统安全保护工作行使下列监督职权：

（一）监督、检查、指导计算机信息系统安全保护工作；

（二）查处危害计算机信息系统安全的违法犯罪案件；

（三）履行计算机信息系统安全保护工作的其他监督职责。

第十八条 公安机关发现影响计算机信息系统安全的隐患时，应当及时通知使用单位采取安全保护措施。

第十九条 公安部在紧急情况下，可以就涉及计算机信息系统安全的特定事项发布专项通令。

第四章 法 律 责 任

第二十条 违反本条例的规定，有下列行为之一的，由公安机关处以警告或者停机整顿：

（一）违反计算机信息系统安全等级保护制度，危害计算机信息系统安全的；

（二）违反计算机信息系统国际联网备案制度的；

（三）不按照规定时间报告计算机信息系统中发生的案件的；

（四）接到公安机关要求改进安全状况的通知后，在限期内拒不改进的；

（五）有危害计算机信息系统安全的其他行为的。

第二十一条 计算机机房不符合国家标准和国家其他有关规定的，或者在计算机机房附近施工危害计算机信息系统安全的，由公安机关会同有关单位进行处理。

第二十二条 运输、携带、邮寄计算机信息媒体进出境，不如实向海关申报的，由海关依照《中华人民共和国海关法》和本条例以及其他有关法律、法规的规定处理。

第二十三条 故意输入计算机病毒以及其他有害数据危害计算机信息系统安全的，或者未经许可出售计算机信息系统安全专用产品的，由公安机关处以警告或者对个人处以五千元以下的罚款、对单位处以一万五千元以下的罚款；有违法所得的，除予以没收外，可以处以违法所得 1 至 3 倍的罚款。

第二十四条 违反本条例的规定，构成违反治安管理行为的，依照《中华人民共和国治安管理处罚条例》的有关规定处罚；构成犯罪的，依法追究刑事责任。

第二十五条 任何组织或者个人违反本条例的规定，给国家、集体或者他人财产造成损失的，应当依法承担民事责任。

第二十六条 当事人对公安机关依照本条例所作出的具体行政行为不服的，可以依法申请行政复议或者提起行政诉讼。

第二十七条 执行本条例的国家公务员利用职权，索取、收受贿赂或者有其他违法、失职行为，构成犯罪的，依法追究刑事责任；尚不构成犯罪的，给予行政处分。

第五章　附　则

第二十八条　本条例下列用语的含义：

计算机病毒，是指编制或者在计算机程序中插入的破坏计算机功能或者毁坏数据，影响计算机使用，并能自我复制的一组计算机指令或者程序代码。

计算机信息系统安全专用产品，是指用于保护计算机信息系统安全的专用硬件和软件产品。

第二十九条　军队的计算机信息系统安全保护工作，按照军队的有关法规执行。

第三十条　公安部可以根据本条例制定实施办法。

第三十一条　本条例自发布之日起施行。

参 考 文 献

[1]　宋西军. 计算机网络安全技术. 北京：北京大学出版社，2009

[2]　王杰（美）. 计算机网络安全的理论与实践（英文版）. 北京：高等教育出版社，2008

[3]　杨艳春. 计算机网络安全案例教程. 北京：北京大学出版社，2008

[4]　刘晓辉，陈洪彬. 网络安全规划与管理实战详解. 北京：化学工业出版社，2010

[5]　程光. 信息与网络安全. 北京：清华大学出版社/北京交通大学出版社，2008

[6]　陈小兵，张艺宝. 黑客攻防实战案例解析. 北京：电子工业出版社，2008

[7]　杨哲. 无线网络安全攻防实战. 北京：电子工业出版社，2008

[8]　胡道元，闵京华. 网络安全. 2 版. 北京：清华大学出版社，2008

[9]　（美）斯托林斯. 密码编码学与网络安全：原理与实践. 4 版. 北京：电子工业出版社，
　　　2006

[10]　（美）麦克卢尔（Stuart McClure），（美）斯卡姆布智（Joel Scambray），（美）库尔茨
　　　（George Kurtz）. 黑客大曝光：网络安全机密与解决方案. 6 版. 北京：清华大学出
　　　版社，2010

[11]　（英）Chris Anley，（英）John Heasman，（德）Felix "FX"Linder. 黑客攻防技术宝典：
　　　系统实战篇. 2 版. 北京：人民邮电出版社，2010

[12]　（美）福罗赞（Behrouz A. Forouzan）. 密码学与网络安全. 北京：清华大学出版社，
　　　2009

[13]　黄河. 计算机网络安全：协议、技术与应用. 北京：清华大学出版社，2008

[14]　张仕斌. 网络安全技术. 北京：清华大学出版社，2004

[15]　卡哈特（Atul Kalate），金名. 密码学与网络安全. 2 版. 北京：清华大学出版社，
　　　2009

[16]　宋西军. 计算机网络安全技术. 北京：北京大学出版社，2009

[17]　马宜兴. 网络安全与病毒防范. 上海：上海交通大学出版社，2004

[18]　杜晔，张大伟，范艳芳. 网络攻防技术教程：从原理到实践. 武汉：武汉大学出版
　　　社，2008

[19]　胡爱群，陆哲明，等. 网络信息安全理论与技术. 武汉：华中科技大学出版社，2007

[20]　中国计算机安全专业委员会. 信息与网络安全研究新进展：全国计算机安全学术交
　　　流会论文集（第 24 卷）. 北京：中国科学技术大学出版社，2009

[21]　（美）（Mark Stamp）. 信息安全原理与实践. 北京：电子工业出版社，2007

[22]　沈昌祥，左晓栋. 信息安全. 杭州：浙江大学出版社，2007

[23]　陈忠文. 信息安全标准与法律法规. 武汉：武汉大学出版社，2008

[24]　罗森林. 信息系统安全与对抗技术. 北京：北京理工大学出版社，2005

[25]　蒋建春，杨凡，文伟平，等. 计算机网络信息安全理论与实践教程. 西安：西安电子
　　　科技大学出版社，2005

[26]　徐国爱，彭俊好，张淼. 信息安全管理. 北京：北京邮电大学出版社，2008

［27］ 凌捷，谢赞福. 信息安全概论. 广州：华南理工大学出版社，2005

［28］ 罗守山，陈萍，邹永忠. 密码学与信息安全技术. 北京：北京邮电大学出版社，2009

［29］ 张富态，李继国，王晓明，等. 密码学教程. 武汉：武汉大学出版社，2006

［30］ 任德斌，胡勇，方勇，等. 应用密码学. 北京：清华大学出版社，2008

［31］ 戴银华，网络安全综合评价技术研究［D］，天津：天津大学硕士论文，2007.6

［32］ 魏葆雅，基于 SNORT 的入侵检测系统的研究与应用［D］，夏门：厦门大学硕士论文，2009.6